問題チェックリ～

この本に掲載されている全問題の一覧
SELECT GUIDE をもとに，自分に合わ   しょう。
チェック欄は，解けた問題に✔，不安な問題に✔など，自由に活用しましょう。

三幣剛史の
ベストセレクト
物理
大学入試標準問題集

解答・解説編

三幣剛史 著

文英堂

この本の構成要素

解説	必要な知識や解き方をできるだけ丁寧に示しました。 解けなかった問題も，解説を読むことで，理解しながら進めていくことができます。また，類題に遭遇したときにも応用が利く解き方を示していますので，解けた問題も解説を読んでおくことをお勧めします。
▶	重要な用語や事項など，解説を読む手助けとなる内容を載せています。
🔷 Method	問題を解くための応用性の高い方法や手順を載せています。
①, ②, ③, …	問題を解く手助けとなる補足を載せています。

もくじ

1 速度と加速度

▦ 確認問題

■ 1 v-tグラフ①
(ア) -1.5　　(イ) 9.0

解説

(ア)　物体の加速度はv-tグラフの傾きに一致するから，

$$\frac{-9.0\,\text{m/s}}{6.0\,\text{s}} = -1.5\,\text{m/s}^2$$

である。

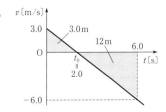

▶ v-tグラフ
〔1〕接線の傾きが加速度を表す。
〔2〕グラフとt軸で挟まれた部分の
　　　面積が移動距離を表す。

(イ)　速度が0になる時刻をt_0とすると，グラフの傾きより，

$$\frac{-3.0\,\text{m/s}}{t_0} = -1.5\,\text{m/s}^2 \quad \text{よって，} \quad t_0 = 2.0\,\text{s}$$

である。$0\,\text{s}\sim 2.0\,\text{s}$では，$v>0$より$x$軸の正の向きに進む。
その距離は，グラフとt軸で挟まれた部分の面積を考えると，

$$\frac{1}{2} \times 2.0\,\text{s} \times 3.0\,\text{m/s} = 3.0\,\text{m}$$

である。同様に，$2.0\,\text{s}\sim 6.0\,\text{s}$では負の向きに，

$$\frac{1}{2} \times 4.0\,\text{s} \times 6.0\,\text{m/s} = 12\,\text{m}$$

進む。$t = 0\,\text{s}$における物体の位置をx_0とおくと，$t = 6.0\,\text{s}$
に$x = 0\,\text{m}$を通過したことから，

$$x_0 + 3.0\,\text{m} - 12\,\text{m} = 0\,\text{m} \quad \text{よって，} \quad x_0 = 9.0\,\text{m}$$

となる。

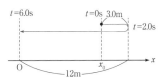

■ 2 速度の合成
問1　$V + v$　　　問2　$v - V$　　　問3　$\dfrac{V}{v}L$　　　問4　$\dfrac{V}{\sqrt{v^2 - V^2}}$

解説

▶問1，問2では速度が一直線上にあるので，川の流れに沿っ
て正の向きを決めて速度を合成すればよい。

問1　**川上から川下に向かう向きを正**とする。川の流れの速度
　　　Vと静水面に対する船の速度vを合成すると，川岸から見た
　　　船の速度（および速さ）は$V + v$となる。

問2　**川下から川上に向かう向きを正**とする。川の流れの速度
　　　$-V$と静水面に対する船の速度vを合成すると，川岸から見た船の速度は$v - V$である。
　　　$v>V$より，速さは$v - V$である。

▶ 相対速度
Aに対するBの相対速度$\vec{v}_{AB}$
$$\vec{v}_{AB} = \vec{v}_B - \vec{v}_A$$
$\left(\begin{array}{l}\vec{v}_A：\text{Aの速度}\\\vec{v}_B：\text{Bの速度}\end{array}\right)$

▶問3，問4では**速度が一直線上にならない**ので，速度の合成をベクトル図で行う。

問3　川岸から見て船が運動する方向と直線ABとがなす角をϕと
　　する。静水面に対する船の速度と川の流れの速度を合成すると右
　　図のようになるので，

$$\tan\phi = \frac{V}{v}$$

となる。よって，到着した対岸の位置とB点との距離は，

$$L\tan\phi = \frac{V}{v}L$$

である。

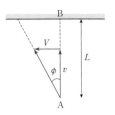

問4　右図のように，静水面に対する船の速度と川の流れの速度を
　　合成した速度が直線ABの方向になるので，三平方の定理より，

$$\tan\theta = \frac{V}{\sqrt{v^2 - V^2}}$$

となる。

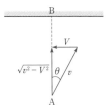

3　等加速度直線運動

問1　$-\dfrac{v_0^2}{2L}$　　問2　$v_0\left(1 - \dfrac{v_0}{2L}t\right)$　　問3　$\dfrac{2L}{v_0}$

問4　総移動距離：$L + \dfrac{v_0^2 T^2}{4L}$，変位：$L - \dfrac{v_0^2 T^2}{4L}$

解説

問1　台車の加速度をaとする。引き返す（速度が0になる）
　　までの台車の変位がLであることから，

$$0^2 - v_0^2 = 2aL \quad \text{よって，} \quad a = -\frac{v_0^2}{2L}$$

となる。

注意▶　減速しているので$a < 0$である。

問2　初速を与えてから時間t後の台車の速度vは，

$$v = v_0 + at = v_0 - \frac{v_0^2}{2L}t = v_0\left(1 - \frac{v_0}{2L}t\right)$$

である。

問3　台車が引き返すまでの時間をt_1とする。このとき台車の速度は0なので，問2より，

$$0 = v_0\left(1 - \frac{v_0}{2L}t_1\right) \quad \text{よって，} \quad t_1 = \frac{2L}{v_0}$$

である。

> ▶等加速度直線運動の公式
>
> $$\begin{cases} v = v_0 + at \\ \Delta x = v_0 t + \dfrac{1}{2}at^2 \\ v^2 - v_0^2 = 2a\Delta x \end{cases}$$
>
> 注　高校の教科書では変位をΔxで
> はなくxで表記しているが，
> 本書ではΔxとした。

問4 台車が斜面を下り始めてからの変位を Δx とすると,

$$\Delta x = 0 \cdot T + \frac{1}{2}aT^2 = -\frac{v_0^2 T^2}{4L}$$

である。

注意▶ 斜面を下り始める時刻を0としているので,初速は0とする。

つまり,最高点から斜面に沿って距離 $\dfrac{v_0^2 T^2}{4L}$ だけ下がるので,総移動距離は,

$$L + \frac{v_0^2 T^2}{4L}$$

で,初速を与えてからの変位は,

$$L + \Delta x = L - \frac{v_0^2 T^2}{4L}$$

である。

注意▶ 移動距離は物体が運動した道のりの和を表す。一方,変位は**位置**の**変化**なので,正負も考慮して和をとる。

4 自由落下と鉛直投げ下ろし

(ア) $\sqrt{\dfrac{2h}{g}}$　　(イ) $\dfrac{3}{4}\sqrt{2gh}$

解説

▶**鉛直下向きを正**とする。小球は加速度 g で等加速度直線運動をする。

(ア) 初速度0で落としたとき(自由落下),地面に到達するまでにかかる時間を t_1 とすると,

$$h = 0 \cdot t_1 + \frac{1}{2}gt_1^2 \quad \text{よって,} \quad t_1 = \sqrt{\frac{2h}{g}}$$

となる。

▶等加速度直線運動の公式を用いるときは,はじめに正の向きを決めておこう。正の向きは物体が運動し始めた向きにとるとよい。

(イ) 時間 $\dfrac{t_1}{2}$ で地面に到達するときに与えた初速を v_0 とすると,

$$h = v_0 \frac{t_1}{2} + \frac{1}{2}g\left(\frac{t_1}{2}\right)^2 = v_0 \cdot \frac{1}{2}\sqrt{\frac{2h}{g}} + \frac{1}{2}g\left(\frac{1}{2}\sqrt{\frac{2h}{g}}\right)^2$$

$$= v_0\sqrt{\frac{h}{2g}} + \frac{h}{4}$$

よって,

$$v_0 = \frac{3}{4}\sqrt{2gh}$$

となる。

5 斜方投射

(ア) $\dfrac{v_0\sin\theta}{g}$　　(イ) $\dfrac{v_0^2\sin^2\theta}{2g}$　　(ウ) $\dfrac{2v_0\sin\theta}{g}$　　(エ) $\dfrac{2v_0^2\sin\theta\cos\theta}{g}$　　(オ) $45°$

解説

▶水平方向は速さ $v_0\cos\theta$ の等速度運動，鉛直方向は**上向きを正**として，初速度 $v_0\sin\theta$，加速度 $-g$ の等加速度運動である。

(ア) 最高点では**速度の鉛直成分が 0 になる**。投げ出してから最高点に達するまでの時間を t_1 とすると，

$$0 = v_0\sin\theta + (-g)t_1$$

よって，

$$t_1 = \frac{v_0\sin\theta}{g}$$

となる。

(イ) 最高点の地上からの高さを H とすると，

$$0^2 - (v_0\sin\theta)^2 = 2(-g)H$$

よって，

$$H = \frac{v_0^2\sin^2\theta}{2g}$$

である。

▶放物運動

水平・鉛直の 2 方向に分けるのが原則である。

〔1〕水平方向：等速度運動
〔2〕鉛直方向：等加速度運動
　　加速度の向きは下向き，大きさは g

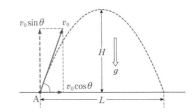

(ウ) 投げ出してから地上に落下するまでの時間を t_2 とすると，<u>地上から最高点に達するまでと最高点から地上に落下するまでは同じ時間がかかるので</u>，

$$t_2 = 2t_1 = \frac{2v_0\sin\theta}{g}$$

が成り立つ。

(エ) 点Aから着地点までの距離 L は，

$$L = (v_0\cos\theta)t_2 = \frac{2v_0^2\sin\theta\cos\theta}{g}$$

である。

(オ) 数学公式 $2\sin\theta\cos\theta = \sin2\theta$ より，

$$L = \frac{v_0^2\sin2\theta}{g}$$

と表せるので，θ のみを変えて L を最大にするには，

$$\sin2\theta = 1 \quad よって，\quad \theta = 45°$$

とすればよい。

■ 重要問題

6 v-tグラフ②

問1　3s　　　　問2　4.5m　　　　問3　3m　　　　問4　5s

問5　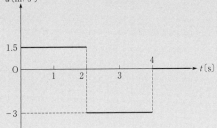

🔲 Method

v-tグラフの性質:

〔1〕 接線の傾きが加速度を表す。

　　→等加速度直線運動の場合, グラフは直線になる。

〔2〕 グラフとt軸で挟まれた部分の面積が移動距離を表す。

解説

▶0sから2sまでは加速しながら正の向きに運動する。2sから3sまでは減速しながらやはり正の向きに運動する。$t = 3$sで$v = 0$となり, 一瞬静止するが, 3sから4sまでは負の向きに速さを増しながら運動する。問4の条件より, 4s以後は一定の速さで負の向きに運動する。①

問1　上記の考察により, この物体が出発地点から正の向きに最も遠ざかるのは, 速度が正から負に変わる$t = 3$sのときである。

問2　0sから3sまでの**グラフとt軸で囲まれた三角形の面積**(右図のグレー部分)を計算して,

$$\frac{1}{2} \times 3s \times 3m/s = 4.5m$$

と求められる。

問3　3sから4sまでの移動距離は, 3sから4sまでのグラフとt軸で囲まれた三角形の面積(右図のグレー部分)を計算して,

$$\frac{1}{2} \times 1s \times 3m/s = 1.5m$$

となる。このとき, x軸の負の向きに運動していることに注意すると, $t = 4$sのとき, 出発地点からの距離は,

$$\underset{\text{0s〜3sの変位}}{\underline{4.5m}} - 1.5m = 3m$$

である。

① グラフから物体の運動をイメージしよう。特に運動の向きに注意。

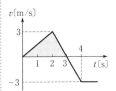

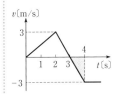

問4　$t = 4\,\mathrm{s}$ 以後，速さ $3\,\mathrm{m/s}$ で負の向きに等速直線運動する。問3の結果より，$t = 4\,\mathrm{s}$ のとき出発地点からの距離は $3\,\mathrm{m}$ なので，その後 $3\,\mathrm{m}$ だけ負の向きに運動すればよい。それにかかる時間を t_0 とすると，

$$t_0 = \frac{3\,\mathrm{m}}{3\,\mathrm{m/s}} = 1\,\mathrm{s}\ ^{②}$$

となる。したがって，出発地点に戻る時刻は

$$t = 4\,\mathrm{s} + 1\,\mathrm{s} = 5\,\mathrm{s}$$

である。

② 等速直線運動なので，時間は距離を速さで割ればよい。

問5　加速度 a は与えられたグラフの傾きに等しいので，

$$a = \begin{cases} \dfrac{3\,\mathrm{m/s}}{2\,\mathrm{s}} = 1.5\,\mathrm{m/s^2} & (0\,\mathrm{s} \sim 2\,\mathrm{s}) \\[2mm] \dfrac{-6\,\mathrm{m/s}}{2\,\mathrm{s}} = -3\,\mathrm{m/s^2} & (2\,\mathrm{s} \sim 4\,\mathrm{s}) \\[2mm] 0\,\mathrm{m/s^2} & (4\,\mathrm{s} \sim) \end{cases}$$

となる。これをグラフに表すと，解答 ^{③} のようになる。

③ 加速度は $t = 2\,\mathrm{s}$ と $t = 4\,\mathrm{s}$ で不連続に変化するが，等号の有無やグラフの端点をどちらに含むかなどは気にしなくてよい。

7　放物運動①

問1　$\left(V_0 t,\ h - \dfrac{1}{2}gt^2\right)$　　　問2　$V_0 t - \dfrac{1}{2}gt^2$

問3　$t_3 = \dfrac{h}{V_0}$, $d = h$, $y_3 = h\left(1 - \dfrac{gh}{2V_0{}^2}\right)$　　　問4　$V_0 - \dfrac{gh}{V_0}$

⬡ Method

等加速度直線運動の公式：

$$\begin{cases} v = v_0 + at \\[1mm] \Delta x = v_0 t + \dfrac{1}{2}at^2 \\[1mm] v^2 - v_0{}^2 = 2a\Delta x \end{cases}$$

注意▸ 高校の教科書では変位を x としているが，本書では Δx とした。

放物運動：

原則として，**水平・鉛直の2方向に分解して考える。**
水平方向は等速度運動，鉛直方向は下向きに大きさ g の等加速度運動になる。

　　g：重力加速度の大きさ

鉛直方向については，上記の公式を用いればよい。

解説

問1　物体は x 軸の正の向きに速さ V_0 の等速度運動をするので，

$$x_1 = V_0 t$$

である。
また，y 軸方向は初速度が 0（V_0 ではない），加速度が $-g$ の等加速度運動なので，y 軸方向の変位 Δy_1 は，

$$\Delta y_1 = 0 \cdot t + \frac{1}{2}(-g)t^2 = -\frac{1}{2}gt^2 \text{①}$$

と表せる。$t = 0$ のとき $y = h$ なので，

$$y_1 = \underset{\text{はじめの位置}}{\underline{h}} + \underset{\text{変位}}{\underline{\Delta y_1}} = h - \frac{1}{2}gt^2 \text{②}$$

となる。よって，

$$(x_1,\ y_1) = \left(V_0 t,\ h - \frac{1}{2}gt^2\right)$$

である。

問2　弾丸の y 軸方向の運動は初速度が V_0，加速度が $-g$ の等加速度運動なので，

$$y_2 = V_0 t + \frac{1}{2}(-g)t^2 = V_0 t - \frac{1}{2}gt^2 \text{③}$$

と表せる。

問3　$t = t_3$ のときに弾丸は物体に命中する，つまりこのとき $(x_1,\ y_1) = (d,\ y_2)$ を満たすので，問1，問2の結果より，

$$\left(V_0 t_3,\ h - \frac{1}{2}gt_3^2\right) = \left(d,\ V_0 t_3 - \frac{1}{2}gt_3^2\right)$$

が成り立つ。これを整理して，

$$\begin{cases} V_0 t_3 = d \\ h = V_0 t_3 \end{cases} \quad \text{よって，}\ t_3 = \frac{h}{V_0},\ d = h$$

が得られる。以上より，命中したときの y 座標 y_3 は，

$$y_3 = h - \frac{1}{2}gt_3^2 = h - \frac{g}{2}\left(\frac{h}{V_0}\right)^2 = h\left(1 - \frac{gh}{2V_0^2}\right)$$

である。

補足▶　物体と弾丸は加速度が等しいので，物体に対する弾丸の相対加速度は 0，つまり物体から見れば弾丸は等速直線運動して見える。$t = 0$ における物体に対する弾丸の相対速度は

$$(0,\ V_0) - (V_0,\ 0) = (-V_0,\ V_0)$$

なので，弾丸は x 軸の正の向きに対して $135°$ の方向に運動して見える。したがって，命中する条件は $d = h$ であり，V_0 によらない。

問4　弾丸が命中する直前の弾丸の速度の y 成分は，

$$V_0 + (-g)t_3 \text{④} = V_0 - \frac{gh}{V_0} \quad (\text{問3より})$$

である。

補足▶　与えられた条件 $V_0 > \sqrt{gh}$ より，問4の結果は正である。よって，弾丸は物体の下側から上向きに突き刺さる（もし問4の結果が負ならば，弾丸は最高点に達したあと，落下中に物体に命中することになる）。

① 等加速度運動の公式

$$\Delta x = v_0 t + \frac{1}{2}at^2$$

において $\Delta x = \Delta y_1$，$v_0 = 0$，$a = -g$ とした。この公式は変位の公式であり，位置の公式ではない。

② はじめの位置に変位を足したものが変化後の位置である。

③ 等加速度運動の公式

$$\Delta x = v_0 t + \frac{1}{2}at^2$$

において $\Delta x = y_2$，$v_0 = V_0$，$a = -g$ とした。なお，弾丸は $t = 0$ のとき $y = 0$ なので，変位と位置は一致する。

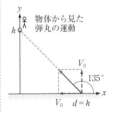

物体から見た弾丸の運動

④ 等加速度運動の公式

$$v = v_0 + at$$

において $v_0 = V_0$，$a = -g$ とした。

問1 $\sqrt{\dfrac{2gh}{3}}$ 　　問2 $\dfrac{4}{3}h$ 　　問3 $v\sqrt{\dfrac{6h}{g}}$ 　　問4 $\sqrt{v^2+\dfrac{8}{3}gh}$

📦 **Method**

相対速度：Aに対するBの相対速度 $\vec{v_{AB}} = \vec{v_B} - \vec{v_A}$

$(\vec{v_A}$：Aの速度，　$\vec{v_B}$：Bの速度$)$

解説

▶鉛直方向は上向きを正として考える①

問1 　小球を投げ出したときの気球の速度を u とおく。気球は初速 0，加速度 $\dfrac{g}{3}$ の等加速度直線運動をするので，

$$u^2 - 0^2 = 2\frac{g}{3}h② \quad \text{よって，} \quad u = \sqrt{\frac{2gh}{3}}$$

となる。

問2 　小球が投げ出されたときの気球の速度は u である。また，気球内の**乗組員から見た**小球の相対速度は，水平方向で大きさが v である。これらの速度を合成すると，投げ出されたときの小球の**地面に対する**速度は右図のようになり，小球は地面から見ると斜方に投射されることになる。鉛直方向には初速度 u，加速度 $-g$ の等加速度運動をするので，投げ出されてから最高点に達するまでの鉛直方向の変位を h' とすると，

$$0^2 - u^2 = 2(-g)h' \quad \text{よって，} \quad h' = \frac{u^2}{2g}③$$

となる。これに問1の結果を代入すると，

$$h' = \frac{\dfrac{2gh}{3}}{2g} = \frac{h}{3}$$

が得られる。よって，最高点の地面からの高さ H は，

$$H = h + h' = h + \frac{h}{3} = \frac{4}{3}h$$

となる。

① 等加速度運動の公式を用いるときは正の向きを決めておこう。

② 等加速度運動の公式
$v^2 - v_0^2 = 2a\Delta x$
において $v = u$，$v_0 = 0$,
$a = \dfrac{g}{3}$，$\Delta x = h$ とした。

地面から見た小球の速度

③ 等加速度運動の公式
$v^2 - v_0^2 = 2a\Delta x$
において $v = 0$，$v_0 = u$,
$a = -g$，$\Delta x = h'$ とした。

問3 小球が投げ出されてから地面に衝突するまでの時間をtとする。**時間tの間に鉛直方向の変位が$-h$ [4] になるので**,

$$-h = ut + \frac{1}{2}(-g)t^2 \text{ [5]}$$

よって,

$$t = \frac{u + \sqrt{u^2 + 2gh}}{g} \text{ [6]}$$

となる。これに問1の結果を代入すると,

$$t = \frac{\sqrt{\frac{2}{3}gh} + \sqrt{\frac{2}{3}gh + 2gh}}{g}$$

$$= \frac{\sqrt{\frac{2}{3}gh} + 2\sqrt{\frac{2}{3}gh}}{g}$$

$$= \frac{3}{g}\sqrt{\frac{2}{3}gh} = \sqrt{\frac{6h}{g}}$$

が得られる。一方,水平方向には速さvの等速度運動をするので,小球が地面に衝突した位置と気球が出発した位置との距離は,

$$vt = v\sqrt{\frac{6h}{g}}$$

となる。
問4 地面に衝突する直前の小球の速度の鉛直成分をu'とすると,

$$u' = u + (-g)t \text{ [7]} = \sqrt{\frac{2}{3}gh} - g \cdot \sqrt{\frac{6h}{g}}$$

$$= \frac{\sqrt{6gh}}{3} - \sqrt{6gh}$$

$$= -\frac{2\sqrt{6gh}}{3}$$

となる。これと速度の水平成分（大きさv）とを合成すると衝突直前の小球の速さが得られる。すなわち,

$$\sqrt{v^2 + u'^2} = \sqrt{v^2 + \left(-\frac{2\sqrt{6gh}}{3}\right)^2}$$

$$= \sqrt{v^2 + \frac{8}{3}gh}$$

である。

[4] 鉛直方向には,いったん上向きに運動してから下向きに運動するが,変位はそのような変化の仕方には無関係で,はじめと終わりの位置だけで決まる。

[5] 等加速度運動の公式

$$\Delta x = v_0 t + \frac{1}{2}at^2$$

において$\Delta x = -h$, $v_0 = u$, $a = -g$とした。

[6] もう一方の実数解

$$t = \frac{u - \sqrt{u^2 + 2gh}}{g}$$

は$t < 0$となって不適。

[7] 等加速度運動の公式
$$v = v_0 + at$$
において$v = u'$, $v_0 = u$, $a = -g$とした。

9 放物運動③

(ア) $2\sqrt{\dfrac{h}{g}}$　　(イ) h　(ウ) $4e$　(エ) $\dfrac{3}{4}$　(オ) $4e\sqrt{\dfrac{h}{g}}$

(カ) $4e^n\sqrt{\dfrac{h}{g}}$　(キ) $\dfrac{2(1+e-2e^{n+1})}{1-e}\sqrt{\dfrac{h}{g}}$　(ク) 7

解説

(ア) 1回目の衝突時刻を $t = t_1$ とすると，

$$-2h = 0 \cdot t_1 + \frac{1}{2}(-g)t_1{}^2 \text{①} \quad \text{よって，} \quad t_1 = 2\sqrt{\frac{h}{g}}$$

となる。

(イ) $t = t_1$ での x 座標を x_1 とすると，

$$x_1 = \frac{\sqrt{gh}}{2}t_1 = h \quad (\text{(ア)より})$$

となる。

(ウ) 1回目の衝突直前の速度の y 成分を v_{1y} とすると，

$$v_{1y} = 0 + (-g)t_1 = -2\sqrt{gh}$$

となるので，その直後の速度の y 成分 $v_{1y}{}'$ は，

$$v_{1y}{}' = -ev_{1y} = 2e\sqrt{gh} \text{②}$$

である。一方，速度の x 成分は $\dfrac{\sqrt{gh}}{2}$ のまま不変なので，

$$\tan\theta = \frac{2e\sqrt{gh}}{\dfrac{\sqrt{gh}}{2}} = 4e$$

となる。

(エ) 1回目の衝突点からついたてまでの水平距離は，

$$2h - x_1 = h \quad (\text{(イ)より})$$

なので，1回目の衝突からついたてを通過するまでの時間は t_1 である。③ このときの小球の y 座標 Y は，

$$Y = v_{1y}{}'t_1 + \frac{1}{2}(-g)t_1{}^2$$

$$= 2e\sqrt{gh} \cdot 2\sqrt{\frac{h}{g}} - \frac{1}{2}g \cdot 4\frac{h}{g} \quad (\text{(ア)，(ウ)より})$$

$$= 4eh - 2h = 2(2e - 1)h$$

である。また，小球がついたてを飛び越えるための条件は，

$$Y > h$$

であるから，

$$2(2e - 1)h > h \quad \text{よって，} \quad e > \frac{3}{4}$$

となる。

① 鉛直上向きを正としていることに注意。

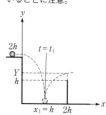

② 水平な床との衝突により，小球の速度の y 成分は向きが変わり，大きさが e 倍になる。このとき，e を反発係数という。なお，x 成分は変化しない。

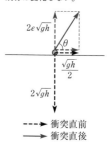

‐‐‐‐▶ 衝突直前
──▶ 衝突直後

③ 衝突点から台およびついたてまでの距離は等しいので，x 方向の速度が衝突の前後でつねに一定であることを考えると，発射されてから1回目の衝突までと衝突からついたてまでの時間は等しくなる。

(オ)　1回目の衝突から2回目の衝突までにかかる時間をt_2とすると,

$$0 = v_{1y}' t_2 + \frac{1}{2}(-g)t_2^2$$

が成り立つ。$t_2 \neq 0$より,

$$t_2 = \frac{2v_{1y}'}{g} \qquad\qquad \cdots ①$$

$$= \frac{2 \cdot 2e\sqrt{gh}}{g} = 4e\sqrt{\frac{h}{g}}$$

となる。

(カ)　n回目の衝突から$n+1$回目の衝突までにかかる時間をt_{n+1}とする。①式より,次に衝突するまでの時間は衝突直後の速度のy成分の大きさに比例する。よって,衝突の前後で速度のy成分の大きさがe倍になることから,衝突の時間間隔もe倍になるので,

$$t_{n+1} = e t_n \quad (n \geqq 2) \qquad\qquad \cdots ②$$

が成り立つ。これより,

$$t_{n+1} = e t_n = e^2 t_{n-1} = \cdots = e^{n-1} t_2 = 4e^n \sqrt{\frac{h}{g}} \quad (\text{(オ)より})$$

が得られる。

(キ)　$n+1$回目の衝突時刻を$t = T_{n+1}$とすると,(ア),(オ)より,

$$
\begin{aligned}
T_{n+1} &= t_1 + t_2 + t_3 + \cdots t_{n+1} \\
&= t_1 + t_2 + e t_2 + \cdots + e^{n-1} t_2 \quad (②\text{より}) \\
&= t_1 + \frac{1 - e^n}{1 - e} t_2 \quad ④⑤ \\
&= 2\sqrt{\frac{h}{g}} + \frac{1 - e^n}{1 - e} \cdot 4e\sqrt{\frac{h}{g}} \quad (\text{(ア), (オ)より}) \\
&= \frac{2(1 + e - 2e^{n+1})}{1 - e}\sqrt{\frac{h}{g}}
\end{aligned}
$$

となる。

(ク)　nが十分に大きいとき,$0 < e < 1$より$e^n = 0$と考えられるので,十分多数回衝突して小球の速度のy成分が0になるときの時刻は(キ)の結果より,$\dfrac{2(1 + e)}{1 - e}\sqrt{\dfrac{h}{g}}$となる。このときの$x$座標は,

$$x = \frac{\sqrt{gh}}{2} \cdot \frac{2(1 + e)}{1 - e}\sqrt{\frac{h}{g}} = \frac{1 + e}{1 - e} h$$

である。$e > \dfrac{3}{4}$であることから,

$$x = \frac{1 + e}{1 - e} h > \frac{1 + \dfrac{3}{4}}{1 - \dfrac{3}{4}} h = 7h$$

となる。

④　$t_{n+1} = e t_n$が成り立つのは$n \geqq 2$のときなので,t_1だけ別扱いして和をとる。

⑤　数学公式:
$e \neq 1$のとき,
$1 + e + e^2 + \cdots + e^{n-1}$
$= \dfrac{1 - e^n}{1 - e}$

2 力と運動

≡ **確認問題**

▌10 弾性力と力のつり合い

問1 $l - \dfrac{mg}{2k}$　　　問2 $2l + \dfrac{mg}{k}$

解説

問1　上下のばねの伸び縮みはどちらも $l - h$
である。小球にはたらく力のつり合いの式は,

$$k(l-h) + k(l-h) - mg = 0$$

となるので, これを整理すると,

$$h = l - \frac{mg}{2k}$$

が得られる。

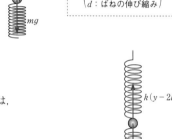

▶フックの法則
　ばねの弾性力の大きさ
　　　　kd
$\begin{pmatrix} k : ばね定数 \\ d : ばねの伸び縮み \end{pmatrix}$

問2　下側のばねは自然長であるが, 上側のばねは,

$$\underbrace{(y-l)}_{ばねの長さ} - \underbrace{l}_{自然長} = y - 2l$$

だけ伸びている。小球にはたらく力のつり合いの式は,

$$k(y - 2l) - mg = 0$$

となるので, これを整理すると,

$$y = 2l + \frac{mg}{k}$$

が得られる。

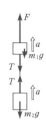

▌11 運動方程式

問1 $\dfrac{F}{m_1 + m_2} - g$　　　問2 $\dfrac{m_2}{m_1 + m_2}F$

解説

問1・2　物体A, Bにはたらく力を図示すると右のようになる。運動方程式は,

$$\begin{cases} m_1 a = F - m_1 g - T \\ m_2 a = T - m_2 g \end{cases}$$

となる。これを a, T について解くと,

$$a = \frac{F}{m_1 + m_2} - g \quad \text{(問1)}$$

$$T = \frac{m_2}{m_1 + m_2}F \quad \text{(問2)}$$

が得られる。

12 静止摩擦力と最大摩擦力

(ア) $F\cos\theta - R = 0$　　(イ) $F\sin\theta + N - mg = 0$　　(ウ) $\dfrac{\mu}{\cos\theta + \mu\sin\theta}mg$

解説

(ア)　水平方向の力のつり合いの式は，

$$F\cos\theta - R = 0$$

である。

(イ)　鉛直方向の力のつり合いの式は，

$$F\sin\theta + N - mg = 0$$

である。

(ウ)　(ア)，(イ)の2式より，

$$R = F\cos\theta, \quad N = mg - F\sin\theta$$

が得られる。$F = F_a$のとき，$R = \mu N$となるので，

$$F_a\cos\theta = \mu(mg - F_a\sin\theta) \quad \text{よって，} \quad F_a = \frac{\mu}{\cos\theta + \mu\sin\theta}mg$$

となる。

> ▶静止摩擦力
> 向き・大きさともに未知。
> ただし，大きさには限界値がある
> ことが知られている。これを最大
> 摩擦力といい，その大きさはμN
> である。μを静止摩擦係数という。

13 静止摩擦力と動摩擦力

問1　重力，mg，b　　垂直抗力，$mg\cos\theta$，g　　静止摩擦力，$mg\sin\theta$，e

問2　$\tan\theta_0$　　問3　$g(\sin\theta - \mu'\cos\theta)$　　問4　$g(\sin\theta - \mu'\cos\theta)t$

問5　$\dfrac{1}{2}g(\sin\theta - \mu'\cos\theta)t^2\sin\theta$

解説

問1　物体にはたらく3力は，重力，垂直抗力，静止摩擦力
であり，それぞれの向きは右下図のようになる。重力の大
きさはmgである。垂直抗力の大きさをN，静止摩擦力の
大きさをRとおく。斜面に平行，垂直な方向の力のつり合
いの式は，

$$\begin{cases} R - mg\sin\theta = 0 \\ N - mg\cos\theta = 0 \end{cases}$$

となる。これらより，

$$R = mg\sin\theta, \quad N = mg\cos\theta$$

が得られる。

問2　$\theta = \theta_0$のとき$R = \mu N$が成り立つので，問1の結果より，

$$mg\sin\theta_0 = \mu mg\cos\theta_0 \quad \text{よって，} \quad \mu = \tan\theta_0$$

となる。

> ▶動摩擦力
> 向き：接触面に対してすべる
> 　　　向きと逆向き
> 大きさ：$\mu'N$
> μ'を動摩擦係数という。

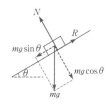

問3　物体には斜面に沿って上向きに大きさ $\mu'N = \mu'mg\cos\theta$ の動摩擦力がはたらく。物体の加速度の大きさを a とすると，斜面に沿った方向の運動方程式は，

$$ma = mg\sin\theta - \mu'mg\cos\theta$$

となるので，

$$a = g(\sin\theta - \mu'\cos\theta)$$

である。

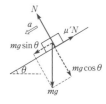

問4　$a =$（一定）より，時刻 t における速さ v は，

$$v = 0 + at = g(\sin\theta - \mu'\cos\theta)t$$

となる。

問5　時刻 0 から t までの間に物体がすべった距離 l は，

$$l = 0 \cdot t + \frac{1}{2}at^2 = \frac{1}{2}g(\sin\theta - \mu'\cos\theta)t^2$$

となる。よって，すべり落ちた鉛直距離 h は，

$$h = l\sin\theta = \frac{1}{2}g(\sin\theta - \mu'\cos\theta)t^2\sin\theta$$

である。

---

14 水圧と浮力

(ア) $p_0 + \rho_0 gz_1$ 　　(イ) $(p_0 + \rho_0 gz_1)A$ 　　(ウ) $p_0 + \rho_0 gz_2$

(エ) $(p_0 + \rho_0 gz_2)A$ 　　(オ) $\rho_0 g(z_2 - z_1)A$ 　　(カ) $\rho_0 Vg$

解説

(ア)　物体の上面にはたらく水圧 p_1 は，

$$p_1 = p_0 + \rho_0 gz_1$$

である。

(イ)　物体の上面にはたらく水圧による力の大きさ F_1 は，

$$F_1 = p_1 A = (p_0 + \rho_0 gz_1)A$$

である。

(ウ)　物体の下面にはたらく水圧 p_2 は，

$$p_2 = p_0 + \rho_0 gz_2$$

である。

(エ)　物体の下面にはたらく水圧による力の大きさ F_2 は，

$$F_2 = p_2 A = (p_0 + \rho_0 gz_2)A$$

である。

(オ)　物体に水が作用する力は，**物体の上面と下面にはたらく力の合力**であるから，その大きさ F は，(イ)と(エ)の結果より，

$$F = F_2 - F_1 = \rho_0 g(z_2 - z_1)A$$

と表せる。

(カ)　(オ)の結果に物体の体積が $V = (z_2 - z_1)A$ であることを用いると，

$$F = \rho_0 Vg$$

となる。これが**浮力**の大きさである。

> ▶水圧
> 水中の物体が水分子の衝突によって受ける圧力。水深 h の位置における水圧 p は，
>
> $$p = p_0 + \rho gh$$
>
> $\begin{pmatrix} p_0 : 大気圧 \\ \rho : 水の密度 \end{pmatrix}$
>
> となる。向きは物体の表面に垂直である。

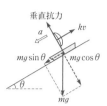

15 速度に比例する抵抗力

問1 $g\sin\theta - \dfrac{k}{m}v$ 　　問2 $\dfrac{mg\sin\theta}{k}$ 　　問3 3.5kg/s

解説

問1 そりの速さが v のときの
そりの加速度を a とする。斜
面に沿った方向の運動方程式
は,

$$ma = mg\sin\theta - kv$$

となる。よって,

$$a = g\sin\theta - \dfrac{k}{m}v$$

である。

▶抵抗力

速度をもった物体の運動を妨げる
力。
向き：速度と逆向き
大きさ：kv とすることが多い。
$\left(\begin{array}{l} k：比例定数 \\ v：速さ \end{array}\right)$

問2 そりの速さが一定となったとき,その速さを v_f とおく。このとき,$a = 0$ なので,問1
の結果より,

$$0 = g\sin\theta - \dfrac{k}{m}v_\mathrm{f} \quad よって,\quad v_\mathrm{f} = \dfrac{mg\sin\theta}{k}$$

である。

問3 問2の結果より,

$$k = \dfrac{mg\sin\theta}{v_\mathrm{f}}$$

である。また,$\theta = 30°$,$m = 1.0\,\mathrm{kg}$,$g = 9.8\,\mathrm{m/s^2}$,図2より $v_\mathrm{f} = 1.4\,\mathrm{m/s}$ なので,

$$k = \dfrac{1.0\,\mathrm{kg} \times 9.8\,\mathrm{m/s^2} \times \sin 30°}{1.4\,\mathrm{m/s}}$$

$$= 3.5\,\mathrm{kg/s}$$

となる。

注意▶ 数値計算では単位付きで計算し,解答にも単位を付けること。

16 加速するエレベーター内から見た運動

問1 $m(a+g)$ 　　問2 $\sqrt{\dfrac{2h}{a+g}}$ 　　問3 $\sqrt{2(a+g)h}$

解説

▶エレベーター内にいる人から見て考えると，小物体には鉛直下向きに大きさ ma の慣性力がはたらく。

問1 糸の張力の大きさを T とすると，力のつり合いの式は，

$$T - mg - ma = 0$$

となるので，

$$T = m(a+g)$$

である。

問2 糸が切れたあとの小物体の加速度の大きさを α とおく。運動方程式は，

$$m\alpha = mg + ma$$

となるので，

$$\alpha = a + g$$

である。糸が切れてからエレベーターの床に達するまでにかかる時間を t とすると，

$$h = 0 \cdot t + \frac{1}{2}\alpha t^2$$

が成り立つので，

$$t = \sqrt{\frac{2h}{\alpha}} = \sqrt{\frac{2h}{a+g}}$$

である。

問3 床に衝突する直前の小物体の速さを v とすると，

$$v^2 - 0^2 = 2\alpha h$$

となるので，

$$v = \sqrt{2\alpha h} = \sqrt{2(a+g)h}$$

である。

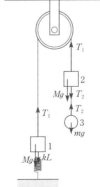

■ 重要問題

17 力のつり合いと運動方程式

問1　おもり1：$T_1 - Mg - kL = 0$，おもり2：$Mg + T_2 - T_1 = 0$，
　　おもり3：$mg - T_2 = 0$

問2　$L = \dfrac{mg}{k}$，$T_1 = (M + m)g$，$T_2 = mg$　　　　問3　$\dfrac{m}{2M + m}g$

問4　$\sqrt{\dfrac{2m}{2M + m}gX_1}$　　　問5　$\sqrt{\dfrac{2m}{2M + m}gX_1} + gt_1$　　　問6　②

⬡ Method

ニュートンの運動の3法則：

第一法則：慣性の法則

　物体にはたらく合力が $\vec{0}$ のとき，その物体は**静止または等速直線運動を続ける**（速度が変化しない）。

第二法則：運動の法則

　　　$m\vec{a} = \vec{f}$（m：質量，$\vec{a}$：加速度，$\vec{f}$：力）：**運動方程式**

　力がわかれば，運動の変化のしかたがわかる！

　力を描いて運動方程式を立てるのが力学（運動を調べる）の第一歩!!

　特に，$\vec{f} = \vec{0}$（$\vec{a} = \vec{0}$）の場合を**力のつり合い**という。

　以上の2法則は**慣性系**（加速度をもたない座標系 → 23 参照）に対して成り立つ。

第三法則：作用・反作用の法則　→ 18 参照。

力の描き方：

〔1〕　着目物体を決める。

〔2〕　重力を描く。

〔3〕　接触するものから受ける力を描く。

注意▶　接触していないものからは力を受けない！（重力を除く）

解説

問1　各おもりにはたらく力は右図のようになる①。力のつり合いの式②は，

　　　おもり1：$T_1 - Mg - kL = 0$
　　　おもり2：$Mg + T_2 - T_1 = 0$
　　　おもり3：$mg - T_2 = 0$

となる。

問2　問1の結果より，

　　　$T_2 = mg$
　　　$T_1 = Mg + T_2 = (M + m)g$
　　　$L = \dfrac{T_1 - Mg}{k} = \dfrac{mg}{k}$

が得られる。

① おもり3にはたらく重力はおもり3だけにかかり，おもり2にはかからない。力は「なんとなく」描かずに，**Method**の力の描き方に忠実に描いていくとよい。

② おもり1は上向きを正に，おもり2と3は下向きを正にして，合力が0の形で記述した。このように，「合力 = 0」の形でつり合いの式を書いておくと，その後加速度をもって運動するときに運動方程式が立てやすくなる。

問3 　ばねをはずしたあと，おもり1と2，おもり2と3をつなぐ
糸の張力の大きさをそれぞれ T_1'，T_2' とする。各おもりにはたら
く力は右図のようになる。また，おもり3の加速度の大きさを a
とすると，他のおもりの加速度の大きさも a なので，[3] 運動方程式は，

$$\begin{cases} Ma = T_1' - Mg \\ Ma = Mg + T_2' - T_1' \\ ma = mg - T_2' \end{cases}$$

である。辺々の和をとると，

$$(2M + m)a = mg \quad \text{よって,} \quad a = \frac{m}{2M + m}g$$

となる。

問4 　時刻0でのおもり3の速さを V_0 とする。a が一定なので，

$$V_0{}^2 - 0^2 = 2aX_1$$

よって，

$$\begin{aligned} V_0 &= \sqrt{2aX_1} \\ &= \sqrt{\frac{2m}{2M + m}gX_1} \quad \text{（問3より）} \end{aligned}$$

となる。

問5 　時刻0以後，おもり3は重力のみを受けて運動するので，鉛
直下向きに一定の加速度（大きさ g）で運動する。時刻 t_1 での速さ
を V_1 とすると，

$$\begin{aligned} V_1 &= V_0 + gt_1 \\ &= \sqrt{\frac{2m}{2M + m}gX_1} + gt_1 \quad \text{（問4より）} \end{aligned}$$

となる。

問6 　おもり1と2は質量が等しいので，**どちらも力がつり合って
いる**。すなわち，加速度が0[4]なので，糸を切断した瞬間の速度
のまま等速直線運動を続ける。すなわち，②が正しい。

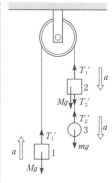

③ 　糸は伸び縮みしないの
で，加速度の大きさはすべ
ての物体に共通である。

④ 　力がつり合うというこ
とは，物体にはたらく合力
が0，すなわち加速度が0
であるということ。つり合
っているのは静止している
場合に限らない。等速直線
運動のときも力はつり合う。

18 作用・反作用の法則

問1　$mg - F_1$　　問2　$(M + m)g - 2F_1$

問3　$\dfrac{2F_2}{m + M} - g$　　問4　$\dfrac{m - M}{m + M} F_2$

Method

作用・反作用の法則：

$$\overrightarrow{f_{AB}} = -\overrightarrow{f_{BA}}$$

（$\overrightarrow{f_{AB}}$：AがBから受ける力，$\overrightarrow{f_{BA}}$：BがAから受ける力）

つまり，$\overrightarrow{f_{AB}}$と$\overrightarrow{f_{BA}}$は同じ大きさで互いに逆向きである。

接触するものから受ける力は作用・反作用の法則を満たすように描くこと。

解説

問1　人がゴンドラから受ける力の大きさをN_1
とすると，人にはたらく力は右図のようにな
る①。人が綱から受ける力は下向きではない。人
が綱を下向きに引いているので，綱が人から受
ける力が下向きである。その反作用として，人
は綱から上向きに力を受ける。力のつり合いの
式は，

$$F_1 + N_1 - mg = 0 ②$$

となるので，

$$N_1 = mg - F_1$$

である。

① 力のはたらき方がやや
こしいときは，着目物体ご
とに図示するとよい。

② 鉛直上向きを正として，
合力が 0 の形で記述した。
問 2 の式も同様である。

問2　ゴンドラが床から受ける垂直抗力の大きさ
をN_1'とすると，ゴンドラにはたらく力は右図
のようになる。ゴンドラが人から受ける力は，
人がゴンドラから受ける力の反作用なので，作
用・反作用の法則により，鉛直下向きで大きさ
はN_1である③。力のつり合いの式は，

$$F_1 + N_1' - Mg - N_1 = 0$$

となるので，これに問1の結果を代入して整理
すると，

$$F_1 + N_1' - Mg - (mg - F_1) = 0$$

よって，$N_1' = (M + m)g - 2F_1$が得られる。

③ この力は重力ではない
ので，大きさをmgとして
はならない。

補足▶　人がゴンドラに乗ったままで，ゴンドラが床から離れないた
めの条件は，

$$N_1 > 0, \ N_1' > 0$$

である。この条件は問1，問2の結果より，

$$F_1 < mg \quad かつ \quad F_1 < \frac{m + M}{2} g$$

と表すことができる。

ここで，与えられた条件$m > M$より，

$m > \dfrac{m+M}{2}$なので，結局，

$$F_1 < \dfrac{m+M}{2}g \qquad\qquad \cdots(*)$$

となる。

問3・4 人がゴンドラから受ける力の大きさをN_2，上昇の加速
度の大きさをaとする。人およびゴンドラにはたらく力はそれぞ
れ右図のようになる。運動方程式は，

$$\begin{cases} ma = F_2 + N_2 - mg \\ Ma = F_2 - Mg - N_2 \end{cases}$$

となる。これをa，N_2について解くと，

$$a = \dfrac{2F_2}{m+M} - g$$

$$N_2 = \dfrac{m-M}{m+M}F_2$$

が得られる。

補足▶ 問題文に与えられた条件$m > M$より，$N_2 > 0$なので，人がゴン
ドラから離れることはない。また，ゴンドラが床から離れな
い条件は($*$)で与えられるので，逆にゴンドラが上昇するには，

$$F_1 > \dfrac{m+M}{2}g$$

でなければならない。

$$F_2 > F_1 \text{④}$$

であることと合わせると，

$$F_2 > \dfrac{m+M}{2}g$$

となり，$a > 0$であることがわかる。

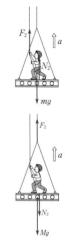

④ ゴンドラが床で静止し
ていたときよりも大きな力
で綱を引かないとゴンドラ
は上昇できない。

22

19 動滑車①

問1 $\dfrac{1}{2}mg$ 問2 $\dfrac{5}{6}mg$ 問3 $2\sqrt{\dfrac{gl}{3}}$

🔷 Method

糸にいくつかの物体がつながれているとき,物体はそれぞれ自由に運動することはできず,互いに束縛し合いながら運動する。糸が伸び縮みしないことから,各物体の加速度が満たすべき条件(**拘束条件**や**束縛条件**と呼ばれることがある→問2)に注意する必要がある。

解説

問1 全体が静止しているとき,小物体Pにはたらく糸の張力の大きさをT_0とする。また,小物体Pに加えている斜面方向の力の大きさをFとする。小物体Pと(小物体Q + 動滑車)①にはたらく力を図示するとそれぞれ下図のようになる。

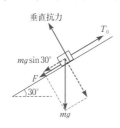 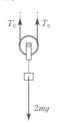

① 小物体Qと動滑車は一体化して運動するので,まとめて考えるのがよい。別々に着目すると動滑車と小物体Qをつなぐ糸の張力が必要となる。

力のつり合いの式は,

$$\begin{cases} T_0 - mg\sin30° - F = 0 \,② \\ 2mg - 2T_0 = 0 \end{cases}$$

となるので,これより,

$$T_0 = mg, \quad F = \dfrac{1}{2}mg$$

が得られる。

② Pについては斜面に沿って上向きを正,Qについては鉛直下向きを正とした。

問2 小物体Pと天井をつないでいる糸の張力の大きさをT_1とする。また,小物体Pの加速度の大きさをa_1とする。**動滑車と小物体QがΔxだけ落下すると,動滑車にかかっている糸は右図のように$2\Delta x$だけ下向きに引っぱられるので,小物体Pは斜面に沿って上向きに$2\Delta x$だけ上昇する。小物体PとQの移動距離の比はつねに2:1なので,加速度の大きさの比もつねに2:1である。**したがって,小物体Qの加速度の大きさは$\dfrac{a_1}{2}$と表せる。小物体P,Qの運動方程式は,

$$\begin{cases} ma_1 = T_1 - mg\sin30° \\ 2m\dfrac{a_1}{2} = 2mg - 2T_1 \end{cases}$$

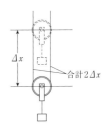

合計$2\Delta x$

となるので，これより，

$$T_1 = \frac{5}{6}mg, \quad a_1 = \frac{g}{3}$$

が得られる。

問3　小物体Qが距離lだけ落下するとき，小物体Pは距離$2l$だけ移動する。この間，小物体Pは初速度0，加速度a_1の等加速度運動をするので，点Bでの小物体Pの速さをVとすると，

$$V^2 - 0^2 = 2a_1 \cdot 2l \quad よって，\quad V = 2\sqrt{a_1 l} = 2\sqrt{\frac{gl}{3}}$$

となる。

■20　摩擦力①

問1　$\dfrac{1}{2}mg$　　　問2　m　　　問3　$ma = T - \dfrac{3}{4}mg$

問4　$\dfrac{5}{12}$倍　　　問5　$\sqrt{\dfrac{5}{6}gl}$

📦 **Method**

摩擦力：
〔1〕　静止摩擦力
　　向き，大きさともに未知。運動の法則などに基づいてその都度考える。
　　ただし，大きさには限界値がある。このときの摩擦力を**最大摩擦力**といい，その大きさはμNである。μを**静止摩擦係数**という。
〔2〕　動摩擦力
　　・向き…接触する面に対してすべる向きと逆向き。
　　・大きさ…一定値$\mu' N$（μ'：動摩擦係数）

解説

問1　物体が斜面から受ける垂直抗力の大きさをNとする。物体の斜面に垂直な方向の力のつり合いの式は，

$$N - mg\cos 30° = 0 \quad よって，\quad N = \frac{\sqrt{3}}{2}mg$$

である。したがって，物体にはたらく最大摩擦力の大きさR_0は，

$$R_0 = \frac{1}{\sqrt{3}}N = \frac{1}{2}mg ①$$

となる。

① 静止摩擦係数が$\dfrac{1}{\sqrt{3}}$なので，最大摩擦力の大きさは$\dfrac{1}{\sqrt{3}}N$となる。これに$N = \dfrac{\sqrt{3}}{2}mg$を代入した。

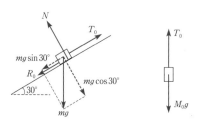

問2　糸の張力の大きさを T_0 とすると，物体とおもりの力のつり合いの式は，

$$\begin{cases} M_0 g - T_0 = 0 \\ T_0 - mg \sin 30° - R_0 = 0 \end{cases}$$

となる。これと問1の結果より，

$$T_0 = \frac{1}{2} mg + R_0 = mg, \quad M_0 = m$$

が得られる。

問3　動摩擦力が斜面に沿って下向きにはたらく。その大きさは，

$$\frac{1}{2\sqrt{3}} N = \frac{1}{4} mg ②$$

なので，物体の斜面に平行な方向の運動方程式は，

$$ma = T - mg \sin 30° - \frac{1}{4} mg$$

よって，

$$ma = T - \frac{3}{4} mg$$

である。

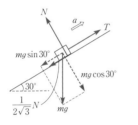

問4　おもりの運動方程式は，

$$2ma = 2mg - T$$

となるので，これと問3の結果から T を消去すると，

$$a = \frac{5}{12} g$$

が得られる。

問5　物体は初速度0，加速度 a で等加速度運動をするので，

$$v^2 - 0^2 = 2al \quad \text{よって，} \quad v = \sqrt{2al} = \sqrt{\frac{5}{6} gl} ③$$

となる。

② 動摩擦係数が $\frac{1}{2\sqrt{3}}$ なので，動摩擦力の大きさは $\frac{1}{2\sqrt{3}} N$ となる。これに $N = \frac{\sqrt{3}}{2} mg$ を代入した。

③ 問4の結果を代入した。

(ア) $\dfrac{F}{m+M}$　　(イ) $\dfrac{m}{m+M}F$　　(ウ) $\mu(m+M)g$　(エ) $\mu'g$

(オ) $\dfrac{F-\mu'mg}{M}$　(カ) $\sqrt{\dfrac{2Ml}{F-\mu'(m+M)g}}$　(キ) $\mu'g$

(ク) $-\dfrac{\mu'mg}{M}$　(ケ) $\dfrac{MV}{\mu'(m+M)g}$　(コ) $\dfrac{MV^2}{2\mu'(m+M)g}$

⬡ Method

静止摩擦力の向きに悩んだら…

　静止摩擦力以外の力をすべて描き，運動法則 (運動方程式や作用・反作用の法則) に矛盾する点を探してみよう。その矛盾を解消するように (辻褄を合わせるように) 静止摩擦力を導入するとよい。そのやり方を本問で身につけよう。

解説

(ア)・(イ)　板とおもりの加速度をa_0。[1] 板とおもりの間にはたらいている静止摩擦力の大きさをRとする。[2] おもりは板とともに水平右向きの加速度をもつ。**運動方程式より，力は加速度と同じ向きにはたらかなければならないので，おもりにはたらく静止摩擦力は右向きである。**[3] その反作用として，板には水平左向きに静止摩擦力がはたらく。以上より，水平方向の運動方程式は，

$$\begin{cases} ma_0 = R \\ Ma_0 = F - R \end{cases}$$

となる。2式より，

$$a_0 = \dfrac{F}{m+M} \text{ (ア)}, \quad R = \dfrac{m}{m+M}F \text{ (イ)}$$

が得られる。

(ウ)　おもりにはたらく鉛直方向の力のつり合いより，板とおもりの間にはたらく垂直抗力の大きさNは$N = mg$となる。よって，おもりが板上をすべらない条件[4]は，

$$R \leq \mu N = \mu mg \,[5]$$

となるので，これに(イ)の結果を代入すると，

$$\dfrac{m}{m+M}F \leq \mu mg \quad \text{よって，} \quad F \leq \mu(m+M)g$$

を得る。したがって，

$$F > \mu(m+M)g$$

となったときにおもりは板上をすべり始める。

[1]　問題文と同様に，水平右向きを正としている。以下，速度と加速度はすべて同様である。

[2]　うっかりμNとしないように注意。

[3]　おもりにはたらく水平方向の力は静止摩擦力だけである。この力によって右向きに加速されるので，静止摩擦力は当然右向きにはたらかなければならない。

[4]　すべり出す条件を直接求めようとせず，すべらない条件を求めて，その逆を考えるとよい。

[5]　最大摩擦力の大きさはμNである。これを超えなければすべらない。

(エ)・(オ)　おもりが板上をすべっているとき，おもりと板の加速度を
それぞれa_1，A_1とする。**おもりは板に対して水平左向きにすべ
るので，おもりにはたらく動摩擦力は右向きになる。**[6]その反作用
として，**板には左向きに動摩擦力がはたらく。**その大きさは，

$$\mu' N = \mu' mg$$

である。よって，おもりと板の運動方程式はそれぞれ，

$$\begin{cases} ma_1 = \mu' mg \\ MA_1 = F - \mu' mg \end{cases}$$

と表せる。これらより，

$$a_1 = \mu' g \quad \text{(エ)}$$

$$A_1 = \frac{F - \mu' mg}{M} \quad \text{(オ)}$$

が得られる。

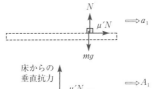

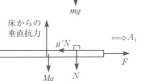

⑥　動摩擦力は接触する面
に対してすべる向きと逆向
きなのであり，運動する向
きと逆向きではない。おも
りは床から見れば右向きに
運動するが，板に対しては
左向きにすべっているので，
動摩擦力の向きは右向きに
なる。

(カ)　おもりが板上をすべり始めてから，板の左端から落下するまで
の時間をt_1とする。この間のおもりと板の移動距離をそれぞれd_1，
D_1とおくと，

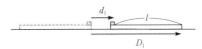

$$d_1 = 0 \cdot t_1 + \frac{1}{2} a_1 t_1^2, \quad D_1 = 0 \cdot t_1 + \frac{1}{2} A_1 t_1^2$$

と表せる。このとき，上図より$D_1 - d_1 = l$が成り立つ[7]ので，

$$\frac{1}{2}(A_1 - a_1) t_1^2 = l \quad [8]$$

よって，

$$t_1 = \sqrt{\frac{2l}{A_1 - a_1}} = \sqrt{\frac{2Ml}{F - \mu'(m + M)g}} \quad (\text{(エ)，(オ)より})$$

となる。

(キ)・(ク)　おもりと板の加速度をそれぞれa_2，A_2とする。(エ)，(オ)の
結果それぞれで$F = 0$とすると，

$$a_2 = \mu' g \quad \text{(キ)}, \quad A_2 = -\frac{\mu' mg}{M} \quad \text{(ク)}$$

が得られる。

⑦　おもりの大きさは無視
できる。

⑧　この式は，板に対する
おもりの相対加速度が
$a_1 - A_1$，相対変位が$-l$で
ある（左向きなので負。lで
はない！）ことに着目して，

$$-l = 0 \cdot t_1 + \frac{1}{2}(a_1 - A_1) t_1^2$$

と立式しても得られる。

(ケ) おもりが板上をすべった時間を t_2 とする。おもりが板上で静止した、すなわち**おもりと板が一体となったとき、両者の速度は等しいので、**

$$\underbrace{0 + a_2 t_2}_{\text{おもりの速度}} = \underbrace{V + A_2 t_2}_{\text{板の速度}}$$

が成り立つ。よって、

$$t_2 = \frac{V}{a_2 - A_2} = \frac{V}{\dfrac{\mu'(m+M)g}{M}} = \frac{MV}{\mu'(m+M)g} \quad \text{⑨}$$

となる。

(コ) おもりと板の移動距離をそれぞれ d_2, D_2 とすると、

$$d_2 = 0 \cdot t_2 + \frac{1}{2} a_2 t_2^2, \quad D_2 = V t_2 + \frac{1}{2} A_2 t_2^2$$

となる。よって、おもりが板上をすべった距離 L は、

$$
\begin{aligned}
L = D_2 - d_2 &= V t_2 + \frac{1}{2}(A_2 - a_2) t_2^2 \\
&= V \frac{MV}{\mu'(m+M)g} - \frac{1}{2} \frac{\mu'(m+M)g}{M} \left\{ \frac{MV}{\mu'(m+M)g} \right\}^2 \quad \text{⑩} \\
&= \frac{MV^2}{2\mu'(m+M)g}
\end{aligned}
$$

となる。

別解 v-t グラフと t 軸で挟まれた部分の面積が移動距離に等しい性質を用いると、より簡単に計算できる。おもりの移動距離 d_2 は右図の灰色部分の面積に、板の移動距離 D_2 は太枠内の面積に等しいことから、**L は 2 つの v-t グラフに挟まれた部分（赤色部分）の面積に等しいので、**これを計算して、

$$L = \frac{1}{2} V t_2 = \frac{MV^2}{2\mu'(m+M)g}$$

と求めることができる。

⑨ ⑧と同様に、板に対するおもりの相対運動を考えて、

$$0 = (-V) + (a_2 - A_2) t_2$$

と立式してもよい。

⑩ やはり⑧と同様に、

$$L = \left| (-V) t_2 + \frac{1}{2}(a_2 - A_2) t_2^2 \right|$$

または

$$0^2 - (-V)^2 = 2(a_2 - A_2)(-L)$$

と立式してもよい。

22 浮力と抵抗力

(ア) ρV　　(イ) $\rho_0 Vg$　　(ウ) $\dfrac{\rho - \rho_0}{\rho}g$　　(エ) $\dfrac{(\rho - \rho_0)Vg - kv}{\rho V}$

(オ) $\dfrac{(\rho - \rho_0)Vg}{k}$　　(カ) 4.1

🔷 Method

浮力：

　液体または気体中の物体が押し上げられる力。液体や気体から受ける圧力による力の合力。

　・向き：鉛直上向き

　・大きさ：ρVg（ρ：液体や気体の密度，V：物体の体積）

　これを**アルキメデスの原理**という。

抵抗力：

　液体や気体が速度をもった物体の運動を妨げる力。

　・向き：速度と逆向き

　・大きさ：kv（k：比例定数，v：速さ）とすることが多い。

解説

(ア)　金属球は密度がρで体積がVなので，その質量はρVである。

(イ)　水中の金属球にはたらく浮力の大きさは，アルキメデスの原理より$\rho_0 Vg$[①]である。

(ウ)　金属球が落下し始めた直後の加速度の大きさをa_0とする。このとき運動方程式は，

$$\rho V a_0 = \rho Vg - \rho_0 Vg$$

となるので，

$$a_0 = \frac{\rho - \rho_0}{\rho}g$$

となる。

(エ)　金属球の速さがvのとき，抵抗力の大きさはkvと表せる。このときの加速度の大きさをaとすると，運動方程式は，

$$\rho V a = \rho Vg - \rho_0 Vg - kv$$

となるので，

$$a = \frac{(\rho - \rho_0)Vg - kv}{\rho V} \quad[②]$$

となる。

(オ)　$v = v_{\mathrm{f}}$となったとき，**速度は一定なので，$a = 0$となっている**。(エ)の結果より，

$$0 = \frac{(\rho - \rho_0)Vg - kv_{\mathrm{f}}}{\rho V} \quad \text{よって，} \quad v_{\mathrm{f}} = \frac{(\rho - \rho_0)Vg}{k} \quad[③]$$

が得られる。

① 密度は金属球を取り囲む液体の密度を用いる。金属球の密度にしないように注意。

(ウ)

(エ)

② もちろん，$v = 0$のとき$a = a_0$となる。

③ v_{f}を終端速度という。

(カ) アルミニウムの密度を $\rho_A = 2.7 \times 10^3\,\mathrm{kg/m^3}$，鉄の密度を
$\rho_B = 7.9 \times 10^3\,\mathrm{kg/m^3}$ とおく。また，アルミニウム球と鉄球の v_f
をそれぞれ v_A，v_B とする。体積 V と比例定数 k が共通であること
から，(オ)の結果より，

$$\frac{v_B}{v_A} = \frac{\rho_B - \rho_0}{\rho_A - \rho_0}$$

$$= \frac{7.9 \times 10^3\,\mathrm{kg/m^3} - 1.0 \times 10^3\,\mathrm{kg/m^3}}{2.7 \times 10^3\,\mathrm{kg/m^3} - 1.0 \times 10^3\,\mathrm{kg/m^3}} \text{④}$$

$$\fallingdotseq 4.1$$

となる。

④ 問題文より，
$\rho_0 = 1.0 \times 10^3\,\mathrm{kg/m^3}$ である。

■23 慣性力

問1 $g\tan\theta$ 　　問2 $Mg\cos\theta + Mb\sin\theta$ 　　問3 $\sqrt{2(b\cos\theta - g\sin\theta)l}$

🔲 Method

慣性系と非慣性系：

慣性系 …加速度をもたない座標系(加速度をもたない観測者から見る場合)。運動方
程式が成り立つ。

非慣性系…加速度をもつ座標系(加速度をもつ観測者から見る場合)。運動方程式が成
り立たない。ただし，慣性力を導入すれば非慣性系でも運動方程式を立て
ることができる。

慣性力：

・向き…観測者の加速度と逆向き

・大きさ…ma (m：物体の質量，a：観測者の加速度の大きさ)

解説

▶水平面上の観測者から見ると三角台と小物体Pの運動は右図の矢
印のようになり，やや難しい。そこで，**三角台上の観測者から見て
考え，慣性力を導入して運動方程式を立てると簡単になる**①。

問1　三角台上の観測者から見て考えると，Pには水平右向きに大
きさ Mb の慣性力がはたらく。Pが斜面を上がるためには，斜面
に沿った方向の合力が上向きでなければならないから，

$$Mg\sin\theta < Mb\cos\theta \quad \text{よって，} b > g\tan\theta$$

が必要である。

問2　Pが斜面から受ける垂直抗力の大きさを N とすると，斜面に
垂直な方向の力のつり合いの式は，

$$N - Mg\cos\theta - Mb\sin\theta = 0$$

となるので，

$$N = Mg\cos\theta + Mb\sin\theta$$

である。

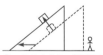

① このように，「慣性系
で考えると難しいが，非慣
性系で考えると運動が単純
になる」場合に慣性力が役
に立つ。

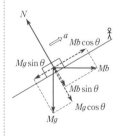

問3　三角台に対するPの加速度の大きさを a とすると，斜面に沿
　　った方向の運動方程式は，

$$Ma = Mb\cos\theta - Mg\sin\theta$$

　　となるので，

$$a = b\cos\theta - g\sin\theta$$

　　である。b は一定のため，a も一定となり，

$$v^2 - 0^2 = 2al$$

　　よって，

$$v = \sqrt{2al} = \sqrt{2(b\cos\theta - g\sin\theta)\,l}$$

　　となる。

24 動滑車②

問1 $\dfrac{1}{3}g$　　　問2 $\dfrac{8}{3}mg$　　　問3 $a + b + 2c = 0$

問4 $\dfrac{1}{17}g$　　　問5 $\dfrac{24}{17}mg$

解説

問1　おもりAとBをつなぐ糸の張力の大きさをT_0，おもりAの加速度を**鉛直下向きを正**としてa_0とおく。このとき，おもりBの加速度は**鉛直上向きに**a_0となる。[①] おもりAとBの運動方程式は，

$$\begin{cases} 2ma_0 = 2mg - T_0 \\ ma_0 = T_0 - mg \end{cases}$$

となる。これを解くと，

$$a_0 = \dfrac{1}{3}g, \quad T_0 = \dfrac{4}{3}mg$$

が得られる。

問2　おもりCと滑車Kをつなぐ糸の張力の大きさをT_0'とおく。滑車Kの力のつり合いより，

$$T_0' = 2T_0 = \dfrac{8}{3}mg \quad (\text{問1より})$$

である。

問3　滑車Kの加速度を鉛直下向きを正としてdとおくと，

$$d = -c \quad [②]$$

が成り立つ。よって，滑車Kに対するおもりA，Bの**相対加速度**はそれぞれ，

$$\begin{cases} a - d = a + c \\ b - d = b + c \end{cases}$$

と表せる。滑車Kから見ると，おもりA，Bは**互いに逆向きに同じ大きさの加速度をもつ**[③]ので，

$$a + c = -(b + c) \quad \text{よって，} \quad a + b + 2c = 0$$

が成り立つ。

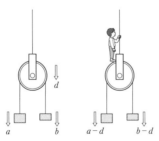

① おもりAとBをつなぐ糸の長さが一定であることによる条件。

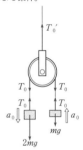

② おもりCと滑車Kをつなぐ糸の長さが一定であることによる条件。

③ おもりAとBをつなぐ糸の長さが一定であることによる条件。

問4・5　おもりAとBをつなぐ糸の張力の大きさを T_1，おもりC と滑車Kをつなぐ糸の張力の大きさを T_1' とおく。おもりA，B，C および滑車K（質量0）の運動方程式[4]は，

$$\begin{cases} 2ma = 2mg - T_1 & \cdots ① \\ mb = mg - T_1 & \cdots ② \\ 3mc = 3mg - T_1' & \cdots ③ \\ 0 \cdot c = T_1' - 2T_1 & \cdots ④ \end{cases}$$

となる。④式を③式に代入し，①〜③式より a，b，c それぞれを T_1 を用いて表すと，

$$a = g - \frac{T_1}{2m}, \quad b = g - \frac{T_1}{m}, \quad c = g - \frac{2T_1}{3m}$$

となる。これらを問3の結果に代入すると，

$$\left(g - \frac{T_1}{2m}\right) + \left(g - \frac{T_1}{m}\right) + 2\left(g - \frac{2T_1}{3m}\right) = 0$$

よって，

$$T_1 = \frac{24}{17}mg \quad \text{(問5)}$$

が得られる。これを①〜④式に代入すると，

$$a = \frac{5}{17}g, \quad b = -\frac{7}{17}g, \quad c = \frac{1}{17}g \quad \text{(問4)}, \quad T_1' = \frac{48}{17}mg \quad [5]$$

となる。

補足▶　おもりAとBをまとめて質量 $3m$ の物体とみなし，おもりCと つり合うのではないかという考えは誤りである。複数の物体を まとめて考えるときは，その重心に全重力をかけることになるが， Kから見ればAは下に，Bは上に運動するため，AとBの重心は 落下してきてしまう。したがって，Cとつり合うと考えることは できない。

④　運動方程式は加速度を もたない観測者から見て立 てなければならない。その ため，たとえば $2m\{a - (-c)\} = 2mg - T_1$ とするのは誤りである。

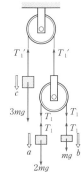

⑤　$a > 0$，$c > 0$ より，お もりAとおもりCは下向き に，$b < 0$ より，おもりB は上向きに運動することが わかる。

25　摩擦力③

(ア) $\dfrac{a}{g-a}(m_A + m_B)$　　(イ) $(m_A + m_B)a$　　(ウ) $m_B a$　　(エ) $\dfrac{a}{g}$

(オ) $\dfrac{m_B(m_C g - kx)}{m_A + m_B + m_C}$　　(カ) $\dfrac{\{\mu(m_A + m_B + m_C) + m_C\}g}{k}$

問

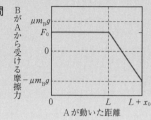

縦軸：BがAから受ける摩擦力　$\mu m_B g$、F_0、0、$-\mu m_B g$
横軸：Aが動いた距離　0、L、$L + x_0$

解説

(ア)〜(ウ)　物体Cの質量をm_Cとする。また，糸の張力の大きさをT_0，物体Aと小物体Bの間にはたらく静止摩擦力の大きさをF_0とおく。[①]

① 静止摩擦力の向きについては **21** を参照。

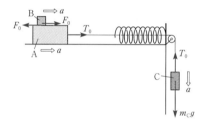

A，B，Cの運動方程式はそれぞれ，

$$\begin{cases} m_A a = T_0 - F_0 \\ m_B a = F_0 \\ m_C a = m_C g - T_0 \end{cases}$$

となる。3式を連立して解くと，[②]

$$m_C = \frac{a}{g-a}(m_A + m_B) \text{ (ア)}, \quad T_0 = (m_A + m_B)a \text{ (イ)}$$

$$F_0 = m_B a \text{ (ウ)}$$

が得られる。

② ここではaを既知の値として結果に用いてよい。むしろm_Cが未知であることに注意。

(エ)　小物体Bが物体Aから受ける垂直抗力の大きさをNとすると，鉛直方向の力のつり合いより，

$$N = m_B g$$

である。よって，最大摩擦力の大きさは，

$$\mu N = \mu m_B g$$

と表せるので，小物体Bが物体A上ですべらないためには，

$$F_0 \leq \mu m_B g \quad \text{よって，} \quad \mu \geq \frac{a}{g} \quad \text{（(ウ)より）}$$

でなければならない。

(オ) 小物体Bが物体A上をすべらないとき，A，B，Cの加速度の大きさはすべて等しいので，これをa'とおく。また，糸の張力の大きさをT'，Bにはたらく静止摩擦力を**水平右向きを正として**F'とする[3]と，A，B，Cの運動方程式はそれぞれ，

$$\begin{cases} m_A a' = T' - kx - F' \\ m_B a' = F' \\ m_C a' = m_C g - T' \end{cases}$$

となる。3式を連立して解くと，

$$F' = \frac{m_B (m_C g - kx)}{m_A + m_B + m_C}$$

が得られる。

③ 弾性力が左向きにはたらくようになるため，物体Aがばねに接触しない場合と違い，物体Aや小物体Bの加速度の向きは決定できない。そのため小物体Bにはたらく静止摩擦力の向きも決定できない。そこで右向きを正としてF'とおき，F'の計算結果（符号）によって向きを判断することにするのである。

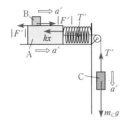

(カ) (オ)の結果より，静止摩擦力F'はばねが縮むとともに単調減少していき，$x = \dfrac{m_C g}{k}$のときに0となる。そこからさらに縮むと，$F' < 0$，すなわち静止摩擦力の向きは負の向きに変わり，次第に大きくなっていく。やがて大きさが$\mu m_B g$となったときにすべり始める。このとき，$x = x_0$とすると，

$$\frac{m_B (kx_0 - m_C g)}{m_A + m_B + m_C} = \mu m_B g \quad ④$$

よって，

$$x_0 = \frac{\{\mu (m_A + m_B + m_C) + m_C\} g}{k}$$

となる。

④ $F' < 0$より，静止摩擦力の大きさは(オ)の結果の符号を変えたものになる。

問　物体Aがばねに接触するまで（$0 \leqq x \leqq L$）は静止摩擦力はF_0で一定である。その後，すべり始めるまで（$L \leqq x \leqq L + x_0$）はF'なので，直線的に減少し，やがて$F' = -\mu m_B g$となってすべり始める。以上より，グラフは**解答**のようになる。

3 剛体のつり合い

▌26 接合した棒の重心

問1 $\dfrac{5}{6}l$ 問2 $\dfrac{2l-l_1}{l_1}$

解説

問1 質量$2m$の棒の重心をG_1，質量mの棒の重心をG_2とする。どちらの棒も一様なので，重心G_1，G_2はそれぞれの棒の中点にある。G_1に大きさ$2mg$の重力が，G_2に大きさmgの重力がかかっているとしてよい(g：重力加速度の大きさ)。右下の図より，棒ABの重心Gまわりの力のモーメントのつり合いの式は，

$$2mg\left(l_1-\frac{l}{2}\right)-mg\left(2l-l_1-\frac{l}{2}\right)=0$$

となる。これより，

$$l_1=\frac{5}{6}l$$

が得られる。

注意▶ 力のモーメントは反時計回りを正とし，そのつり合いの式は力のモーメントの総和が0になるという形で表現した。以下，すべての問題に共通である。

▶重心
物体を回転させずに支えることができる点。
2物体の重心は2物体間の距離を質量の逆比に内分した点になる。

▶力のモーメントの大きさN
$$N=fl$$
$\begin{pmatrix} f：力の大きさ \\ l：うでの長さ \end{pmatrix}$

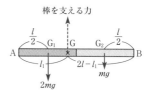

別解 G_1，G_2に質量$2m$，mの質点があると考える。接合後の2つの棒の重心は**質点間の距離を質量の逆比に内分した点**にあるので，

$$G_1G : GG_2 = 1 : 2$$

が成り立つ。これより，

$$\left(l_1-\frac{l}{2}\right):\left(2l-l_1-\frac{l}{2}\right)=1:2 \quad \text{よって，} \quad l_1=\frac{5}{6}l$$

となる。

問2 接合後の棒の重心に大きさ$3mg$の重力がはたらくので，Gまわりの力のモーメントのつり合いの式は，

$$-T_\text{A}l_1+T_\text{B}(2l-l_1)=0$$

となる。これより，

$$\frac{T_\text{A}}{T_\text{B}}=\frac{2l-l_1}{l_1}$$

が得られる。

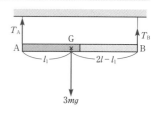

27 一様な棒のつり合い

問1 $\dfrac{1}{4}mg$　　　問2 右向き　　　問3 $\dfrac{\sqrt{3}}{8}mg$　　　問4 $\dfrac{\sqrt{3}}{7}$

解説

問1　糸の張力の大きさをTとする。Pまわりの力のモーメントのつり合いの式は,

$$TL - mg\dfrac{L}{2}\cos60° = 0$$

となる。これより,

$$T = \dfrac{1}{4}mg$$

である。

▶剛体のつり合い
・力のつり合い
　　　かつ
・力のモーメントのつり合い

問2　張力が水平左向きの成分をもつので,水平方向の力のつり合いより,静止摩擦力は床に沿って右向きでなければならない。

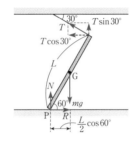

問3　静止摩擦力の大きさをRとおく。水平方向の力のつり合いの式は,

$$R - T\cos30° = 0$$

となる。これと問1の結果より,

$$R = \dfrac{\sqrt{3}}{2}T = \dfrac{\sqrt{3}}{8}mg$$

が得られる。

問4　Pにはたらく垂直抗力の大きさをNとおく。鉛直方向の力のつり合いの式は,

$$N + T\sin30° - mg = 0$$

となる。これと問1の結果より,

$$N = mg - \dfrac{1}{2}T = \dfrac{7}{8}mg$$

が得られる。これと問3の結果より,棒がすべらないための条件$R \leqq \mu_0 N$は,

$$\dfrac{\sqrt{3}}{8}mg \leqq \mu_0 \cdot \dfrac{7}{8}mg \quad \text{よって,} \quad \mu_0 \geqq \dfrac{\sqrt{3}}{7}$$

となる。

問1　$N - T\cos\theta = 0$　　　　問2　$S + T\sin\theta - mg = 0$

問3　$(T\sin\theta)L - mg\dfrac{L}{2} = 0$　　問4　$T = \dfrac{mg}{2\sin\theta},\ F = \dfrac{mg}{2\sin\theta}$

解説

問1　水平方向の力のつり合いの式は,

$$N - T\cos\theta = 0$$

である。

問2　鉛直方向の力のつり合いの式は,

$$S + T\sin\theta - mg = 0$$

である。

問3　A点まわりの力のモーメントのつり合いの式は,

$$(T\sin\theta)L - mg\frac{L}{2} = 0$$

である。

問4　問1〜問3の3式より,

$$T = \frac{mg}{2\sin\theta},\ N = \frac{mg}{2\tan\theta},\ S = \frac{1}{2}mg$$

が得られる。よって, NとSの合力の大きさFは,

$$F = \sqrt{N^2 + S^2} = \sqrt{\left(\frac{mg}{2\tan\theta}\right)^2 + \left(\frac{1}{2}mg\right)^2}$$

$$= \frac{1}{2}mg\sqrt{1 + \frac{1}{\tan^2\theta}} = \frac{mg}{2\sin\theta}$$

となる。

考察▶　$F = T$が成り立っている。これは, 右に示した作用線に関する性質より, 力が重力に関して左右対称にはたらかなければならないためである。

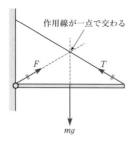

作用線が一点で交わる

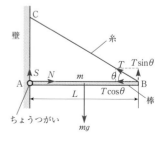

壁

糸

S　N　m

A

ちょうつがい

L

$T\cos\theta$

T　$T\sin\theta$

θ

B

棒

mg

▶作用線に関する性質

どの2つも互いに平行でない3つの力によって剛体がつりあっているとき, 3本の作用線は1点で交わる。

重要問題

29 重心と力のモーメント

問 1 $\dfrac{3}{4}mg$　　問 2 $\dfrac{r}{3}$　　問 3 $T_\mathrm{A} = \dfrac{5}{8}mg,\ T_\mathrm{B} = \dfrac{1}{8}mg$

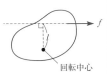

📦 **Method**

重心：
　回転を起こさずに物体を支えられる点。この点に全重力がはたらくとしてよい。2物体の重心は，それぞれの重心を結んだ線分を質量の逆比に内分した点になる。

力のモーメント：
　物体を回転させる能力のこと。その大きさNは，
$$N = fl$$
　　（f：力の大きさ，l：うでの長さ）
　注意▶ うでの長さ：回転中心から力の作用線までの距離

解説

問 1 　単位面積あたりの質量をρとすると，
$$\rho = \frac{m}{\pi(2r)^2} = \frac{m}{4\pi r^2}$$
である。よって，この物体の質量は，
$$\rho \times \left\{ \underbrace{\pi(2r)^2}_{\substack{\text{元の円板の面積}}} - \underbrace{\pi r^2}_{\substack{\text{取り除いた}\\\text{円板の面積}}} \right\} = 3\pi\rho r^2 = \frac{3}{4}m$$
となり，はたらく重力の大きさは$\dfrac{3}{4}mg$となる。

問 2 　**この物体と取り除いた円板を合わせたもの（元の円板）の重心がOである。** この物体の重心GとOとの距離をxとおくと，Oまわりの力のモーメントのつり合いの式は，
$$\frac{1}{4}mg \cdot r - \frac{3}{4}mg \cdot x = 0$$
となる。これより，
$$x = \frac{r}{3}$$
が得られる。

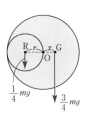

別解　線分RGを，取り除いた円板とこの物体の質量の逆比に内分した点がOになるので，
$$r : x = \frac{3}{4}m : \frac{1}{4}m \quad \text{よって，} \quad x = \frac{r}{3}$$
である。

問3　鉛直方向の力のつり合いの式は，

$$T_A + T_B - \frac{3}{4}mg = 0$$

である。また，Gまわりの力のモーメントのつり合いの式は，

$$-T_A \cdot \frac{r}{3} + T_B \cdot \frac{5}{3}r = 0$$

である。この2式より，

$$T_A = \frac{5}{8}mg, \quad T_B = \frac{1}{8}mg$$

が得られる。

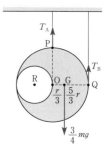

30　剛体のつり合い

問1　(a)　Mg　　(b)　$\dfrac{Mg}{2\tan\theta}$

問2　$\mu \geqq \dfrac{1}{2\tan\theta}$

問3　(a)　$R - F = 0$　　(b)　$N - (m + M)g = 0$

　　　(c)　$mg \cdot x\cos\theta + Mg \cdot \dfrac{L}{2}\cos\theta - R \cdot L\sin\theta = 0$

問4　(a)　L　　(b)　$\left(m + \dfrac{1}{2}M\right)\dfrac{g}{\tan\theta}$

🔷 Method

剛体のつり合い：

・力のつり合い（←並進運動しない）

　　　かつ

・力のモーメントのつり合い（←回転運動しない）

解説

問1　壁からの垂直抗力の大きさをN_A，床からの垂直抗力の大きさをN_B，静止摩擦力の大きさをfとおく。これらの力を図示すると下図のようになる。

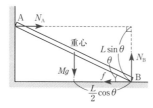

水平・鉛直方向の力のつり合いの式はそれぞれ,
$$\begin{cases} N_A - f = 0 \\ N_B - Mg = 0 \end{cases}$$
となる。また, Bまわりの力のモーメントのつり合いの式は,
$$Mg \cdot \frac{L}{2}\cos\theta - N_A \cdot L \sin\theta = 0$$
である。[1] 以上より,
$$N_A = \frac{Mg}{2\tan\theta} \text{ (b)}, \quad N_B = Mg \text{ (a)}, \quad f = \frac{Mg}{2\tan\theta}$$
が得られる。

問2 棒がすべらずに静止する条件は,
$$f \le \mu N_B$$
である。これに問1の結果を代入すると,
$$\frac{Mg}{2\tan\theta} \le \mu Mg \quad \text{よって, } \mu \ge \frac{1}{2\tan\theta} \text{ [2]}$$
が得られる。

問3 棒にはたらく力を図示すると下図のようになる。[3]

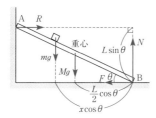

水平・鉛直方向の力のつり合いの式はそれぞれ,
$$\begin{cases} R - F = 0 \text{ (a)} \\ N - (m + M)g = 0 \text{ (b)} \end{cases}$$
となる。また, Bまわりの力のモーメントのつり合いの式は,
$$mg \cdot x\cos\theta + Mg \cdot \frac{L}{2}\cos\theta - R \cdot L \sin\theta = 0 \text{ (c)}$$
である。

問4 問3の結果より,
$$F = R = \left(\frac{x}{L}m + \frac{1}{2}M\right)\frac{g}{\tan\theta}, \quad N = (m + M)g$$
が得られる。これより, **Fはxの増加関数である**ことがわかる。
$0 \le x \le L$ より, $x = L$ (a) のときにFは最大値をとる。その値F_{max}
は,
$$F_{max} = \left(m + \frac{1}{2}M\right)\frac{g}{\tan\theta} \text{ (b)} \text{ [4]}$$
である。

[1] 力を棒に平行・垂直の2方向に分解して考えてもよい。ただし, どの成分とどの距離をかければよいか, 注意すること。

[2] 等号はあってもなくてもよい。

[3] 図では棒と小物体を一体と考え, 棒の重力の作用点はその重心に, 小物体の重力の作用点は小物体中に描いた。

[4] $F_{max} \le \mu N$ であれば小物体を棒上のどの位置に置いても棒は床上をすべらない。

31 すべらない条件と倒れない条件

(ア) $mg\cos\theta$　　(イ) $\dfrac{b}{2}-\dfrac{a}{2}\tan\theta$　　(ウ) μ　　(エ) $\dfrac{b}{a}$　　(オ) $\mu>\dfrac{b}{a}$

Method

作用線に関する性質：

どの2つも互いに平行でない3つの力によって剛体がつり合っているとき，3本の力の作用線は1点で交わる。

解説

(ア) 垂直抗力の大きさをN，静止摩擦力の大きさをRとする。斜面に平行・垂直な方向の力のつり合いの式はそれぞれ，

$$\begin{cases} R - mg\sin\theta = 0 \\ N - mg\cos\theta = 0 \end{cases}$$

となる。これより，

$$R = mg\sin\theta, \quad N = mg\cos\theta$$

となる。

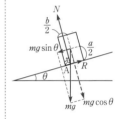

(イ) 垂直抗力の作用点とA点との距離をxとする。A点まわりの力のモーメントのつり合いの式は，

$$N\cdot x + mg\sin\theta\cdot\dfrac{a}{2} - mg\cos\theta\cdot\dfrac{b}{2} = 0$$

となる。これに(ア)の結果を代入して，

$$mg\cos\theta\cdot x + mg\sin\theta\cdot\dfrac{a}{2} - mg\cos\theta\cdot\dfrac{b}{2} = 0$$

よって，

$$x = \dfrac{b}{2} - \dfrac{a}{2}\tan\theta$$

が得られる。

考察▶ 垂直抗力の作用点は重心の真下にある。このことは(イ)の結果と右図からもわかるが，次のように**Method**の性質を用いてもよい。静止摩擦力の作用線は斜面上にあるので，これと重力の作用線とは重心の真下で交わる。垂直抗力の作用線はこの交点を通らなければならないので，重心の真下になる。

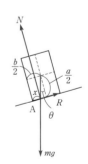

(ウ) **すべる直前（$\theta = \theta_1$のとき）は最大摩擦力がはたらくので，**
$R = \mu N$となる。このとき，(ア)の結果より，

$$mg\sin\theta_1 = \mu mg\cos\theta_1 \quad\text{よって，}\quad \tan\theta_1 = \mu$$

である。

(エ) **直方体が傾かないとき，直方体には垂直抗力がはたらいている。**

このとき $x \geqq 0$ でなければならない[①]。よって，傾く直前（$\theta = \theta_2$ のとき）は $x = 0$ なので，(イ)の結果より，

$$\frac{b}{2} - \frac{a}{2}\tan\theta_2 = 0 \quad \text{よって，} \quad \tan\theta_2 = \frac{b}{a}\left(= \frac{\text{横幅}}{\text{高さ}}\right)$$

となる。

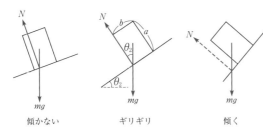

傾かない　　　　ギリギリ　　　　傾く

(オ) すべり出すより先に A 点を支点として傾くとき，$\theta_1 > \theta_2$ なので，

$$\tan\theta_1 > \tan\theta_2$$

である。これに(ウ)と(エ)の結果を代入すると，

$$\mu > \frac{b}{a}$$

となる。

① 垂直抗力の作用点は直方体の底面内に存在しなければならない。

32 自転車の走行条件

問1 $\dfrac{l_B}{l_A + l_B}mg$　　問2 $\dfrac{l_A}{l_A + l_B}mg$　　問3 $\dfrac{m(gl_B - ah)}{l_A + l_B}$

問4 $\dfrac{m(gl_A + ah)}{l_A + l_B}$　　問5 $\dfrac{l_B}{h}g$　　問6 $\dfrac{\mu l_A}{l_A + l_B - \mu h}g$

解説

問1・2　鉛直方向の力のつり合いの式は，

$$N_A + N_B - mg = 0$$

である。また，Gまわりの力のモーメントのつり合いの式は，

$$N_A l_A - N_B l_B = 0 \;①$$

である。2式より，

$$N_A = \frac{l_B}{l_A + l_B}mg \;_{(問1)}, \quad N_B = \frac{l_A}{l_A + l_B}mg \;_{(問2)}$$

が得られる。

問3・4　問1と同様に，

$$N_A + N_B - mg = 0$$

が成り立つ。一方，Gまわりの力のモーメントのつり合いの式は，

$$N_A l_A + f_B h - N_B l_B = 0 \;②$$

になる。さらに，x軸方向の運動方程式は，

$$ma = f_B$$

となる。以上の3式より，

$$N_A = \frac{m(gl_B - ah)}{l_A + l_B} \;_{(問3)}, \quad N_B = \frac{m(gl_A + ah)}{l_A + l_B} \;_{(問4)} \;③$$

$$f_B = ma$$

が得られる。

問5　$a = a_1$のとき$N_A = 0$となって，直後に前輪が浮き上がる。④ 問3の結果より，

$$gl_B - a_1 h = 0 \quad よって，\quad a_1 = \frac{l_B}{h}g$$

である。

問6　$a = a_2$のとき$f_B = \mu N_B$となって，直後に後輪がすべり出す。問4の結果と$f_B = ma$より，

$$ma_2 = \mu\frac{m(gl_A + a_2 h)}{l_A + l_B} \quad よって，\quad a_2 = \frac{\mu l_A}{l_A + l_B - \mu h}g$$

となる。

① $f_B = 0$に注意。

② 後輪を駆動させると後輪は地面に対してすべらない（スリップしない）ので，後輪と地面の間に静止摩擦力がはたらく。このとき後輪は地面をx軸の負の向きに押す。その反作用で後輪はx軸の正の向きに力を受け，前方に加速される。

③ $a = 0$とすると，問1，問2の結果に一致する。

④ $N_B > 0$より，後輪は浮き上がらない。

4 仕事とエネルギー

確認問題

33 仕事の計算

 (ア) 147 (イ) -98 (ウ) 0 (エ) 7.0

解説

(ア) 力Fのした仕事W_Fは,

$$W_F = 14.7\,\mathrm{N} \times 10\,\mathrm{m}$$
$$= 147\,\mathrm{J}$$

である。

(イ) 重力と変位のなす角は120°な

ので,重力のした仕事W_gは,

$$W_g = 2.0\,\mathrm{kg} \times 9.8\,\mathrm{m/s^2} \times 10\,\mathrm{m} \times \cos 120°$$
$$= -98\,\mathrm{J}$$

である。

(ウ) 垂直抗力と変位のなす角は90°なので,垂直抗力のした仕事W_Nは$\cos 90° = 0$より,

$$W_N = 0\,\mathrm{J}$$

である。

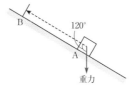

▶仕事 W
$$W = fl\cos\theta$$
$\left(\begin{array}{l} f:力の大きさ(一定) \\ l:移動距離 \\ \theta:力と変位のなす角 \end{array}\right.$

▶仕事と運動エネルギー変化
力のした仕事は物体の運動エネルギー変化に等しい。

(エ) B点に達したときの物体の速さをvとする。**物体にはたらく力のした仕事が運動エネルギー変化に等しい**ので,

$$\frac{1}{2} \times 2.0\,\mathrm{kg} \times v^2 - \frac{1}{2} \times 2.0\,\mathrm{kg} \times (0\,\mathrm{m/s})^2 = W_F + W_g + W_N$$

が成り立つ。これに(ア)～(ウ)の結果を代入すると,

$$v^2 = 49\,\mathrm{J/kg}\quad よって,\quad v = 7.0\,\mathrm{m/s}$$

である。

注意▶ $\mathrm{J} = \mathrm{kg \cdot m^2/s^2}$

34 重力または弾性力の下での力学的エネルギー保存則

 問1 mgh 問2 $\sqrt{2gh}$ 問3 $x\sqrt{\dfrac{k}{m}}$ 問4 $\sqrt{\dfrac{2mgh}{k}}$

解説

問1 小球を斜面の頂上Cまで持ち上げるために必要な**仕事Wは小球の位置エネルギー変化に等しい**ので,

$$W = mgh$$

である。

注意▶ ゆっくりと動かしたので,運動エネルギーの変化は考えなくてよい。

▶重力による位置エネルギー
$$mgh$$
$\left(\begin{array}{l} m:質量 \\ g:重力加速度の大きさ \\ h:基準からの高さ \\ (基準はどこでもよい) \end{array}\right.$

問2　力学的エネルギー保存則より，

$$\underbrace{\frac{1}{2}mv_1{}^2 + mg\cdot 0}_{A'} = \underbrace{\frac{1}{2}m\cdot 0^2 + mgh}_{C}$$

よって，

$$v_1 = \sqrt{2gh}$$

となる。

問3　力学的エネルギー保存則より，

$$\underbrace{\frac{1}{2}mv_2{}^2 + \frac{1}{2}k\cdot 0^2}_{A'} = \underbrace{\frac{1}{2}m\cdot 0^2 + \frac{1}{2}kx^2}_{\text{ばねを}x\text{だけ縮めたとき}}$$

よって，

$$v_2 = x\sqrt{\frac{k}{m}}$$

となる。

問4　力学的エネルギー保存則より，

$$\underbrace{\frac{1}{2}m\cdot 0^2 + mgh}_{C} = \underbrace{\frac{1}{2}m\cdot 0^2 + mg\cdot 0 + \frac{1}{2}kx_2{}^2}_{\text{ばねを}x_2\text{だけ縮めたとき}}$$

よって，

$$x_2 = \sqrt{\frac{2mgh}{k}}$$

となる。

別解　v_2がv_1に等しければ頂上Cに達したときの速さがちょうど0になるので，問2・問3の結果より，

$$x_2\sqrt{\frac{k}{m}} = \sqrt{2gh} \quad \text{よって，} \ x_2 = \sqrt{\frac{2mgh}{k}}$$

となる。

■ 35　鉛直ばね振り子における力学的エネルギー保存則

(ア)　$\dfrac{mg}{k}$　　(イ)　$h\sqrt{\dfrac{k}{m}}$　　(ウ)　0　　(エ)　h

解説

(ア)　つり合いの位置におけるばねの伸びをdとおく。力のつり合いの式$kd - mg = 0$より，

$$d = \frac{mg}{k}$$

が得られる。

(イ)　つり合いの位置を通過するときの速度の大きさをv_1とおく。重力による位置エネルギーの基準を力のつり合いの位置にとると，力学的エネルギー保存則より，

$$\underbrace{\frac{1}{2}mv_1^2 + mg \cdot 0 + \frac{1}{2}kd^2}_{\text{つり合いの位置}} = \underbrace{\frac{1}{2}m \cdot 0^2 + mgh + \frac{1}{2}k(d-h)^2}_{\text{はじめ}}$$

よって，

$$\frac{1}{2}mv_1^2 = mgh - kdh + \frac{1}{2}kh^2$$

が成り立つ。(ア)の結果を用いて d を消去すると，

$$\frac{1}{2}mv_1^2 = \frac{1}{2}kh^2 \quad \text{よって，} \quad v_1 = h\sqrt{\frac{k}{m}}$$

となる。

注意▶ $d > h$ の場合を想定したが，$d < h$ でも同じ式になる。

(ウ)　ばねの伸びが最大のとき，小球は運動の方向を変えるから，その速度の大きさは 0 である。

(エ)　(ウ)のときの，つり合いの位置からの距離を l とおく。(イ)と同様に，力学的エネルギー保存則より，

$$\underbrace{\frac{1}{2}m \cdot 0^2 + mg(-l) + \frac{1}{2}k(d+l)^2}_{\text{ばねの伸びが最大のとき}} = \underbrace{\frac{1}{2}m \cdot 0^2 + mgh + \frac{1}{2}k(d-h)^2}_{\text{はじめ}}$$

よって，

$$-mgl + kdl + \frac{1}{2}kl^2 = mgh - kdh + \frac{1}{2}kh^2$$

が得られる。(ア)の結果を用いて d を消去すると，

$$\frac{1}{2}kl^2 = \frac{1}{2}kh^2 \quad \text{よって，} \quad l = h$$

となる。

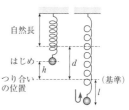

■36　動摩擦力のした仕事と力学的エネルギー

問1　$\sqrt{2gh}$　　　問2　$\dfrac{3h}{10L}$

解説

問1　小物体が点Pを出発してから初めて点Aを通過するときの速さを v_1 とする。力学的エネルギー保存則より，

$$\underbrace{\frac{1}{2}mv_1^2 + mg \cdot 0}_{A} = \underbrace{\frac{1}{2}m \cdot 0^2 + mgh}_{P} \quad \text{よって，} \quad v_1 = \sqrt{2gh}$$

となる。

問2　動摩擦係数を μ' とする。動摩擦力の大きさは $\mu' mg$ であり，ABを通過するときにした仕事は，

$$\mu' mgL \cos 180° = -\mu' mgL$$

となる。これが Q に達するまでの力学的エネルギー変化に等しくなるので，

$$\underbrace{\left(\frac{1}{2}m \cdot 0^2 + mg \cdot \frac{7}{10}h \right)}_{Q} - \underbrace{\left(\frac{1}{2}m \cdot 0^2 + mgh \right)}_{P} = -\mu' mgL$$

▶非保存力のした仕事
非保存力のした仕事は物体の力学的エネルギー変化に等しい。

よって,

$$\mu' = \frac{3h}{10L}$$

となる。

重要問題

37 仕事と運動エネルギー

問1 $\dfrac{mv_0^2}{L}$　　　問2 $\sqrt{2}\,v_0$　　　問3 $\dfrac{3}{32}L$　　　問4 $\dfrac{3}{8}L$

Method

運動エネルギーの変化量はその間に物体がされた仕事に等しい。

仕事の計算:

〔1〕 力が一定のとき
$W = f|\Delta x|\cos\theta$

〔2〕 力が一定でないとき
力と変位が同じ向き $(\theta = 0)$ ならば, f-xグラフとx軸に
挟まれた部分の面積が仕事の大きさに一致する。

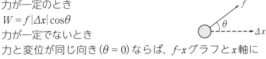

解説

問1　抵抗力の大きさをfとする。**弾丸の運動エネルギー変化は弾丸が受けた抵抗力のした仕事に等しい**ので,

$$\frac{1}{2}m\cdot 0^2 - \frac{1}{2}mv_0^2 = f\frac{L}{2}\cos 180°^{①}　　よって, f = \frac{mv_0^2}{L}$$

となる。

① 弾丸にはたらく抵抗力は弾丸の変位と逆向きなので, 2つのベクトルのなす角は180°である。

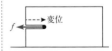

問2　弾丸を貫通させるために必要な最小の速さをv_1とする。問1と同様に,

$$\frac{1}{2}m\cdot 0^2 - \frac{1}{2}mv_1^2 = fL\cos 180° = -mv_0^2 \quad (\text{問1より})$$

が得られる。これより,

$$v_1 = \sqrt{2}\,v_0$$

である。

問3　**作用・反作用の法則**より, 木片は水平右向きに大きさfの力を受けて動き出す。**この力のした仕事が木片の運動エネルギー変化に等しい**ので, 木片の移動距離をlとすると,

$$\frac{1}{2}\cdot 3m\cdot\left(\frac{v_0}{4}\right)^2 - \frac{1}{2}\cdot 3m\cdot 0^2 = fl^{②}$$

が成り立つ。これに問1の結果を代入すると,

$$\frac{3}{32}mv_0^2 = \frac{mv_0^2}{L}l　　よって, l = \frac{3}{32}L$$

となる。

② 問題文中に, 弾丸が木片に対して静止したときの速さが $\dfrac{v_0}{4}$ であることが書かれているが, これは次のようにしてわかる。
運動量保存則より,
$mv_2 + 3mv_2 = mv_0 + 3m\cdot 0$
よって, $v_2 = \dfrac{v_0}{4}$
となる。運動量は $\boxed{5}$ 運動量と力積, 保存則の活用で扱う。

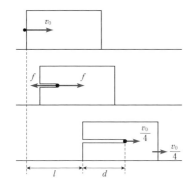

問4　弾丸が木片中を移動した距離を d とおく。**弾丸が木片に接触してから木片中で静止するまでに移動した距離は $l+d$ となる**[③]ので，問3と同様に，

$$\frac{1}{2}m\left(\frac{v_0}{4}\right)^2 - \frac{1}{2}mv_0^2 = f(l+d)\cos180°$$

が成り立つ。これに問1・問3の結果を代入して整理すると，

$$-\frac{15}{32}mv_0^2 = -\frac{mv_0^2}{L}\left(\frac{3}{32}L+d\right)\quad\text{よって，}\quad d=\frac{3}{8}L$$

が得られる。

③　運動エネルギー変化と仕事の関係は運動方程式から得られたものであるため，変位は慣性系に対するものでなければならない。d は<u>木片に対する弾丸の変位の大きさ</u>であるから，弾丸がされた仕事を $-fd$ とするのは誤りである。

■38　力学的エネルギー保存則①

(ア) $a\sqrt{\dfrac{k}{m}}$ 　　(イ) $\sqrt{\dfrac{ka^2}{m}-2gh}$ 　　(ウ) $\sqrt{\dfrac{2mgh}{k}}$ 　　(エ) $\dfrac{ka^2}{4mg}+\dfrac{h}{2}$

◇ **Method**

力学的エネルギー保存則：

非保存力が仕事をしないとき，力学的エネルギーが保存する。

保存力の例：**重力・弾性力・万有引力・静電気力**

<u>上記以外が非保存力であると考えてよい。</u>

解説

(ア)　小球Aがばねから離れたとき[①]の速さを v_1 とする。力学的エネルギー保存則より，

$$\underbrace{\frac{1}{2}mv_1^2 + \frac{1}{2}k\cdot0^2}_{\text{ばねから離れたとき}} = \underbrace{\frac{1}{2}m\cdot0^2 + \frac{1}{2}ka^2}_{\text{はじめ}}\quad\text{よって，}\quad v_1 = a\sqrt{\frac{k}{m}}$$

となる。

①　小球Aはばねに接しているだけなので，ばねは小球Aを引っぱることはできない。よって，ばねが自然長になったときに小球Aはばねから**離れる**。

(イ) 点Pでの速さをv_2とする。力学的エネルギー保存則より，

$$\underbrace{\frac{1}{2}mv_2^2 + mgh}_{\text{点P}} = \underbrace{\frac{1}{2}m \cdot 0^2 + mg \cdot 0 + \frac{1}{2}ka^2}_{\text{はじめ}} \quad ②$$

よって，

$$v_2 = \sqrt{\frac{ka^2}{m} - 2gh}$$

となる。

(ウ) 小球Aが点Pから飛び出すとき，v_2は正の実数でなければならないから，(イ)の結果より，

$$\frac{ka^2}{m} - 2gh > 0 \quad \text{よって，} \quad a > \sqrt{\frac{2mgh}{k}}$$

である。

(エ) 点Pを飛び出したあと，小球Aの水平方向の運動は速さ$\dfrac{v_2}{\sqrt{2}}$の等速度運動となるので，最高点での速さは$\dfrac{v_2}{\sqrt{2}}$である。[3] 水平面からの最高点の高さをHとすると，力学的エネルギー保存則より，

$$\underbrace{\frac{1}{2}m\left(\frac{v_2}{\sqrt{2}}\right)^2 + mgH}_{\text{最高点}} = \underbrace{\frac{1}{2}m \cdot 0^2 + mg \cdot 0 + \frac{1}{2}ka^2}_{\text{はじめ}}$$

よって，

$$H = \frac{ka^2}{2mg} - \frac{v_2^2}{4g} = \frac{ka^2}{4mg} + \frac{h}{2} \quad ((イ)より)$$

となる。

② 点Pでの力学的エネルギーをばねから離れたときと等しいと考えてもよいが，v_1の代入が面倒になるので，はじめの状態と等しいとする方がよい。

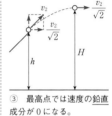

③ 最高点では速度の鉛直成分が0になる。

■39 力学的エネルギー保存則②

問1 $\sqrt{gh}$　　問2 $\sqrt{gh + \dfrac{mg^2}{k}}$　　問3 $k > \dfrac{8mg}{h}$

解説

問1 物体が地上から$\dfrac{h}{2}$の高さまで落下したときの物体の速さをv_1とする。力学的エネルギー保存則より，

$$\underbrace{\frac{1}{2}mv_1^2 + mg\frac{h}{2}}_{\text{高さ}\frac{h}{2}} = \underbrace{\frac{1}{2}m \cdot 0^2 + mgh}_{\text{高さ}h（はじめ）} ① \quad \text{よって，} \quad v_1 = \sqrt{gh}$$

となる。

① 重力による位置エネルギーの基準は地面にとった。

50

問2　物体の速さが最大のとき，加速から減速に転じるので，加速
度が0，つまり力がつり合う[2]。このとき，ゴムひもの伸びをdと
すると，力のつり合いの式は，

$$kd - mg = 0$$

となるので，

$$d = \frac{mg}{k} \qquad\qquad \cdots①$$

である。このとき，物体の地上からの距離は$\frac{h}{2} - d$であるから，

物体の速さの最大値をv_{max}とすると，力学的エネルギー保存則よ
り，

$$\underbrace{\frac{1}{2}mv_{max}^2 + mg\left(\frac{h}{2} - d\right) + \frac{1}{2}kd^2}_{\text{高さ}\frac{h}{2} - d} = \underbrace{\frac{1}{2}m \cdot 0^2 + mgh}_{\text{高さ}h\,(\text{はじめ})}$$

が成り立つ。これに①を代入すると，

$$\frac{1}{2}mv_{max}^2 + mg\frac{h}{2} - \frac{(mg)^2}{k} + \frac{(mg)^2}{2k} = mgh$$

よって，

$$v_{max} = \sqrt{gh + \frac{mg^2}{k}}$$

となる。

問3　物体が地面に到達するとして，その直前の速さをv_2とする。
力学的エネルギー保存則より，

$$\underbrace{\frac{1}{2}mv_2^2 + mg \cdot 0 + \frac{1}{2}k\left(\frac{h}{2}\right)^2}_{\text{地上}} = \underbrace{\frac{1}{2}m \cdot 0^2 + mgh}_{\text{高さ}h\,(\text{はじめ})}$$

よって，

$$v_2 = \sqrt{2gh - \frac{kh^2}{4m}}$$

となる。これより，物体が地面に衝突しないための条件は，

$$2gh - \frac{kh^2}{4m} < 0 \quad[3] \qquad \text{よって，} \quad k > \frac{8mg}{h}$$

である。

別解　物体が地面に到達しないとき，最下点の地上からの高さ
をlとする。力学的エネルギー保存則より，

$$\frac{1}{2}m \cdot 0^2 + mgl + \frac{1}{2}k\left(\frac{h}{2} - l\right)^2 = \frac{1}{2}m \cdot 0^2 + mgh$$

が成り立つ。これを解くと

$$l = \frac{h}{2} - \frac{mg}{k} \pm \sqrt{\left(\frac{mg}{k}\right)^2 + \frac{mgh}{k}}$$

[2]　ゴムひもが自然長にな
った直後は弾性力より重力
のほうが大きく，物体は力
がつり合うまでの間加速を
続ける。

[3]　物体が地面に衝突する
とき，v_2は0以上の実数で
なければならないので，
ルートの中が0以上でなけ
ればならない。逆に，地面
に衝突しないときは，ルー
トの中は負になる。

が得られるが，①より $\dfrac{h}{2} - \dfrac{mg}{k}$ はつり合いの位置の地上

からの高さを表すので，大きい方の解は不適。

よって，

$$l = \frac{h}{2} - \frac{mg}{k} - \sqrt{\left(\frac{mg}{k}\right)^2 + \frac{mgh}{k}}$$

となる。$l > 0$ であればよいので，

$$\frac{h}{2} - \frac{mg}{k} > \sqrt{\left(\frac{mg}{k}\right)^2 + \frac{mgh}{k}}$$

よって，

$$k > \frac{8mg}{h}$$

である。

■ 40 非保存力のした仕事と力学的エネルギー

(ア) $-\mu mg(l_1 + l_2)\cos\theta$　　(イ) $mg(l_1 + l_2)\sin\theta$　　(ウ) $\dfrac{1}{2}k(l_2{}^2 - l_1{}^2)$

(エ) $\dfrac{2mg(\sin\theta + \mu\cos\theta)}{k}$

◇ Method

非保存力のした仕事はその間の力学的エネルギー変化に等しい。

解説

(ア) 斜面に垂直な方向の力のつり合いより，物体Pにはたらく垂直
　　抗力の大きさ N は，
$$N = mg\cos\theta$$
　　となる。よって，物体Pにはたらく動摩擦力の大きさ F は，
$$F = \mu N = \mu mg\cos\theta$$
　　である。斜面に沿って $l_1 + l_2$ だけ上昇するので，動摩擦力のする
　　仕事 W は，
$$W = F(l_1 + l_2)\cos180° = -\mu mg(l_1 + l_2)\cos\theta\,^{①}$$
　　である。

(イ) 物体Pの高さが $(l_1 + l_2)\sin\theta$ だけ高くなるので，重力による位
　　置エネルギーの変化量 U_g は，
$$U_g = mg(l_1 + l_2)\sin\theta$$
　　である。

(ウ) 弾性力による位置エネルギーの変化量 U_k は，
$$U_k = \frac{1}{2}kl_2{}^2 - \frac{1}{2}kl_1{}^2 = \frac{1}{2}k(l_2{}^2 - l_1{}^2)$$
　　である。

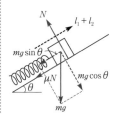

（図はばねが縮んだとき）
① 物体Pにはたらく動摩
擦力は物体Pの変位と逆向
き（力と変位のなす角が180°）
であり，仕事は負になる。

㈢　物体Pの力学的エネルギーの変化量は，非保存力のした仕事に
　　等しいので，
$$U_\mathrm{g} + U_\mathrm{k} = W \quad ②$$
　　が成り立つ。これに㈠〜㈢の結果を代入すると，
$$mg(l_1 + l_2)\sin\theta + \frac{1}{2}k(l_2{}^2 - l_1{}^2) = -\mu mg(l_1 + l_2)\cos\theta$$
　　となる。ここで，
$$l_2{}^2 - l_1{}^2 = (l_2 + l_1)(l_2 - l_1)$$
　　と因数分解できることと，$l_1 + l_2 \neq 0$であることを用いると，
$$mg\sin\theta + \frac{1}{2}k(l_2 - l_1) = -\mu mg\cos\theta$$
　　よって，
$$l_2 = l_1 - \frac{2mg(\sin\theta + \mu\cos\theta)}{k}$$
　　となる。

② 　運動エネルギーは変化
していない。また，非保存
力としては動摩擦力のほか
に垂直抗力も存在するが，
変位と直交するため，その
仕事は0である。

41 2物体系の力学的エネルギー

(ア)　$\tan\theta$　　(イ)　$-\dfrac{1}{2}mgl\sin\theta$　　(ウ)　$-mgl\sin\theta$　　(エ)　$\sqrt{\dfrac{1}{3}gl\sin\theta}$

(オ)　$\dfrac{l}{2}$　　(カ)　$\dfrac{9}{4}m$

📦 **Method**

2物体系の力学的エネルギーの総和を考える問題：
　物体それぞれの力学的エネルギーを考えると難しいが，2物体の和をとるとよい場合がある。

解説

(ア)　Aが**すべり出す直前**にはたらく糸の張力の大きさを T，垂直抗力の大きさを N とする。このとき，**Aには大きさ μN の最大摩擦力がはたらく**ので，力のつり合いの式は，

$$A:\begin{cases} T - mg\sin\theta - \mu N = 0 \\ N - mg\cos\theta = 0 \end{cases}$$

$$B:2mg\sin\theta - T = 0$$

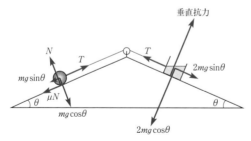

となる。これらより，

$$N = mg\cos\theta,\quad T = 2mg\sin\theta,\quad \mu = \tan\theta$$

が得られる。

(イ)　Pに達するまでにはたらく動摩擦力の大きさは(ア)より，

$$\frac{\mu}{2}N = \frac{1}{2}mg\sin\theta$$

である。その仕事 W_1 は，

$$W_1 = \frac{1}{2}mg\sin\theta\cdot l\cdot\cos180°$$

$$= -\frac{1}{2}mgl\sin\theta①$$

となる。

①　Aにはたらく動摩擦力はAの変位と逆向きであり，仕事は負になる。

㈡　AがPに達するまでにAは高さが$l\sin\theta$だけ上昇し，Bは$l\sin\theta$
下降するので，位置エネルギー変化の和ΔU_1は，

$$\Delta U_1 = mgl\sin\theta - 2mgl\sin\theta$$
$$= -mgl\sin\theta$$

である。

㈢　AがPに達したときの速さをvとすると，AとBの運動エネルギー
の変化の和ΔK_1は，

$$\Delta K_1 = \frac{1}{2}mv^2 + \frac{1}{2}\cdot 2m\cdot v^2 = \frac{3}{2}mv^2$$

となる。**AとBの力学的エネルギーの和の変化量は動摩擦力がし
た仕事に等しい**。すなわち$\Delta K_1 + \Delta U_1 = W_1$である[2]から，㈠，
㈡の結果より，

$$\frac{3}{2}mv^2 - mgl\sin\theta = -\frac{1}{2}mgl\sin\theta$$

よって，

$$v = \sqrt{\frac{1}{3}gl\sin\theta}$$

が得られる。

㈣　AがPを通過したあと静止するまでに移動した距離をxとおく。
AとBは運動エネルギーをすべて失うので，その変化量ΔK_2は㈢
より，

$$\Delta K_2 = -\Delta K_1 = -\frac{3}{2}mv^2 = -\frac{1}{2}mgl\sin\theta$$

である。また，位置エネルギーの和の変化量ΔU_2は㈡と同様に，

$$\Delta U_2 = mgx\sin\theta - 2mgx\sin\theta$$
$$= -mgx\sin\theta$$

と表せる。さらに，この間にはたらく動摩擦力の大きさは，

$$2\mu N = 2mg\sin\theta \quad （㈠より）$$

となるので，その仕事W_2は，

$$W_2 = 2mg\sin\theta\cdot x\cdot\cos180° = -2mgx\sin\theta$$

である。㈢と同様に，$\Delta K_2 + \Delta U_2 = W_2$であるから，

$$-\frac{1}{2}mgl\sin\theta - mgx\sin\theta = -2mgx\sin\theta$$

よって，

$$x = \frac{l}{2}$$

が得られる。

[2]　糸の張力の大きさをS
とする。A，Bにはたらく
張力のする仕事はそれぞれ
Sl，$-Sl$となり，A，B単
独で力学的エネルギーを考
えると煩雑になる。しかし，
張力のする仕事の和は0に
なるので，A，Bの力学的
エネルギー変化の和をとる
と，動摩擦力のした仕事に
等しくなる。

(カ) Aがちょうど頂上に達する場合の箱Bと水の質量の合計をMとする。手を離してから頂上に達するまでにおいて，以上と同様に考えると，

運動エネルギー変化$\Delta K_3 = 0$

位置エネルギー変化$\Delta U_3 = \underbrace{mg \times 2l\sin\theta}_{\text{A}} - \underbrace{Mg \times 2l\sin\theta}_{\text{箱B + 水}}$

動摩擦力のした仕事$W_3 = \underbrace{\left(-\dfrac{\mu}{2}Nl\right)}_{\text{A→P}} + \underbrace{(-2\mu Nl)}_{\text{P→頂上}}$

$$= -\frac{5}{2}mgl\sin\theta \quad (\text{(ア)より})$$

となるので，$\Delta K_3 + \Delta U_3 = W_3$より，

$$2mgl\sin\theta - 2Mgl\sin\theta = -\frac{5}{2}mgl\sin\theta$$

よって，

$$M = \frac{9}{4}m$$

が得られる。

5 運動量と力積，保存則の活用

確認問題

42 力積の計算

問1 $\dfrac{Ft^2}{2T}$ 問2 $v_0 + \dfrac{Ft^2}{2MT}$

解説

問1 グラフの傾きは $\dfrac{F}{T}$ なので，

時刻 t における力の大きさは

$\dfrac{F}{T}t$ と表せる。時刻 t までに**小**

物体に与えられた力積の大きさ
は時刻 0 から t までのグラフと
t 軸で挟まれた部分の面積に等
しいので，

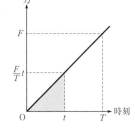

$$\frac{1}{2} \cdot \frac{F}{T}\,t \cdot t = \frac{Ft^2}{2T}$$

である。

▶運動量と力積

運動量：$m\vec{v}$

力積：
（力 $\vec{f}$ が一定ならば）$\vec{f}\Delta t$
力 $\vec{f}$ が一定でないときはその
大きさが f-t グラフの面積に
一致することを用いる。
あるいは，力の平均と時間の
積を計算する。

問2 小物体の運動量変化は与えられた力積に等しいので，

$$Mv - Mv_0 = \frac{Ft^2}{2T} \quad \text{よって，} \quad v = v_0 + \frac{Ft^2}{2MT}$$

となる。

▶運動量の変化と力積

物体の運動量変化は与えられ
た力積に等しい。

43 平面内での運動量と力積

向き：北西，大きさ：$1.4\,\text{kg·m/s}$

解説

ラケットで打たれる前のボールの運動量は東向きで，大きさは，

$$6.5 \times 10^{-2}\,\text{kg} \times 15\,\text{m/s} = 9.75 \times 10^{-1}\,\text{kg·m/s}$$

である。ラケットで打たれた後の運動量は北向きに変わるが，大き
さは $9.75 \times 10^{-1}\,\text{kg·m/s}$ で不変である。ラケットから受けた力積は
ボールの運動量変化に等しいので，右図より，**北西の向き**である。
また，その大きさは，

$$9.75 \times 10^{-1}\,\text{kg·m/s} \times \sqrt{2} \fallingdotseq 1.4\,\text{kg·m/s である。}$$

注意▶ 運動量も力積もベクトルなので，平面内で運動量の変化を考える
　　　ときはベクトルの引き算をしなければならない。

補足▶ 運動量や力積の単位は N·s とも表せる。

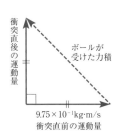

衝突直後の運動量

ボールが
受けた力積

$9.75 \times 10^{-1}\,\text{kg·m/s}$
衝突直前の運動量

44 2物体の合体

$$\frac{m^2}{2(m + M)}v^2$$

解説

　2物体が合体するとき，水平方向に関しては2物体どうしで力を及ぼし合うだけで**外力がはたらかないので，運動量が保存する。**
一体となったあとの物体の速さをVとすると，

$$(m + M)V = mv + M \cdot 0$$

が成り立つので，

$$V = \frac{m}{m + M}v$$

となる。よって，このときの運動エネルギーは，

$$\frac{1}{2}(m + M)V^2 = \frac{1}{2}(m + M)\left(\frac{m}{m + M}v\right)^2$$

$$= \frac{m^2}{2(m + M)}v^2$$

である。

▶運動量保存則
　2物体系に対して外力（着目した2物体以外から受ける力）がはたらかないとき，運動量の和が保存する。

注意▸ 運動エネルギーは，衝突して合体したときに変形や熱の発生などに用いられるため，減少する。

45 2物体の分裂

$$\frac{m + M}{M}v$$

解説

　動き出した直後の物体Aの**速さ**をVとおく。物体Bが打ち出されるとき，2物体には**外力がはたらかないので，運動量の和が保存するため，**右向きを正とすると，

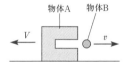
物体A　物体B

$$mv + \underset{\text{左向き}}{(-MV)} = m \cdot 0 + M \cdot 0 = 0 \quad \text{よって，} \quad V = \frac{m}{M}v$$

となる。よって，物体Aに対する物体Bの相対速度uは，右向きを正とすると，

$$u = v - \underset{\text{左向き}}{(-V)} = \frac{m + M}{M}v$$

となる。

注意▸ vもVも速度の大きさをおいているので，運動量や相対速度の計算では符号をつけて向きを表現すること。

≡ 重要問題

▌46 一直線上の衝突

(ア) $-v_0$ (イ) $-ev_0$ (ウ) $\dfrac{m_1 - em_2}{m_1 + m_2}v_0$ (エ) $\dfrac{(1+e)m_1}{m_1 + m_2}v_0$

(オ) $-(1+e)\dfrac{m_1 m_2}{m_1 + m_2}v_0$ (カ) $-(1+e)\dfrac{m_1 m_2}{m_1 + m_2}\cdot\dfrac{v_0}{\Delta t}$ (キ) $\dfrac{(1-e^2)m_1 m_2}{2(m_1 + m_2)}v_0^2$

📦 Method

反発係数(はねかえり係数) e:

〔1〕 一直線上を運動する物体が固定された物体に衝突して速度の大きさが e 倍になったとき，e を**反発係数**または**はねかえり係数**という。

$$v' = \underbrace{-}_{\text{向きが変化}}\ \underbrace{e}_{\text{大きさが}e\text{倍}}\ v$$

(v：衝突直前の速度，v'：衝突直後の速度)

$$\begin{cases} e = 1 \cdots \text{弾性衝突,} \\ 0 \leq e < 1 \cdots \text{非弾性衝突} \quad (\text{特に } e = 0 \cdots \text{完全非弾性衝突}) \end{cases}$$

〔2〕 運動する 2 物体が衝突するときは相対速度の大きさが e 倍になる。

$$\underbrace{v' - V'}_{\text{衝突直後の相対速度}} = \underbrace{-}_{\text{向きが変化}}\ \underbrace{e}_{\text{大きさが}e\text{倍}}\ \underbrace{(v - V)}_{\text{衝突直前の相対速度}}$$

運動量保存則:

2 物体系にはたらく外力による力積が無視できるとき，
運動量の和が保存する。

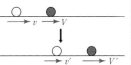

〖解説〗

(ア) **弾性衝突**では反発係数が 1，つまり速度の大きさは変わらず向きだけ変化するので，衝突後の小球の速度は $-v_0$ である。

(イ) 反発係数が e のとき，速度の大きさは e 倍に，向きは逆向きになるので，衝突後の小球の速度は $-ev_0$ である。

(ウ)・(エ) 衝突後の小球と物体の速度をそれぞれ v_1，v_2 とおく。運動量保存則より，

$$m_1 v_1 + m_2 v_2 = m_1 v_0 + m_2 \cdot 0$$

が成り立つ。また，反発係数が e なので，

$$v_1 - v_2 = -e(v_0 - 0)^{①}$$

となる。これらを連立して解くと，

$$v_1 = \underset{(ウ)}{\dfrac{m_1 - em_2}{m_1 + m_2}v_0}, \quad v_2 = \underset{(エ)}{\dfrac{(1+e)m_1}{m_1 + m_2}v_0}$$

となる。

① 衝突後の相対速度
$v_1 - v_2$ は衝突前の相対速度
$v_0 - 0$ に対して大きさが e 倍で向きが変わる(すなわち $-e$ 倍になる)。

(オ)　小球が物体から受けた力積 I [2] は小球の運動量変化に等しいので，

$$I = m_1 v_1 - m_1 v_0$$

$$= m_1 \left(\frac{m_1 - e m_2}{m_1 + m_2} v_0 - v_0 \right) \quad (\text{(ウ)より})$$

$$= -(1 + e) \frac{m_1 m_2}{m_1 + m_2} v_0 \,[3]$$

となる。

(カ)　小球が物体から受ける平均の力を f とすると，$I = f \Delta t$ と表すことができるので，(オ)の結果より，

$$f \Delta t = -(1 + e) \frac{m_1 m_2}{m_1 + m_2} v_0$$

よって，

$$f = -(1 + e) \frac{m_1 m_2}{m_1 + m_2} \cdot \frac{v_0}{\Delta t}$$

となる。

(キ)　衝突により失われた力学的エネルギーは，

$$\frac{1}{2} m_1 v_0^2 - \left(\frac{1}{2} m_1 v_1^2 + \frac{1}{2} m_2 v_2^2 \right)$$

$$= \frac{1}{2} m_1 v_0^2$$

$$\quad - \left[\frac{1}{2} m_1 \left(\frac{m_1 - e m_2}{m_1 + m_2} v_0 \right)^2 + \frac{1}{2} m_2 \left\{ \frac{(1 + e) m_1}{m_1 + m_2} v_0 \right\}^2 \right]$$

$$= \frac{m_1 (m_1 + m_2)^2 - m_1 (m_1 - e m_2)^2 - (1 + e)^2 m_1^2 m_2}{2 (m_1 + m_2)^2} v_0^2$$

$$= \frac{(1 - e^2) m_1 m_2}{2 (m_1 + m_2)} v_0^2$$

となる。[4]

[2]　力積も向きをもつ量（ベクトル）であるから，問題文に従い，I は右向きを正とした。

[3]　$I < 0$ ということは，力積は左向きであることを意味する。これは小球にはたらく力が左向きであるためである。

[4]　弾性衝突，すなわち $e = 1$ のとき，失われた力学的エネルギーは 0 となり，力学的エネルギーが保存することがわかる。

60

47 平面との斜衝突

問1 $\dfrac{V}{\sqrt{3}}$　問2 $\dfrac{1}{3}$　問3 $\dfrac{2}{\sqrt{3}}mV$　問4 $\dfrac{1}{3}\sqrt{\dfrac{7}{3}}V$

> ⬡ **Method**
>
> 平面との斜衝突:
>
> 物体が平面と斜衝突するとき,
> ・平面に**平行**な方向…速度成分が不変
> ・平面に**垂直**な方向…速度成分の大きさが e 倍になり,向きが変わる。

解説

問1 ボールの速度を斜面に平行・垂直な方向に分解する。**衝突直後の斜面に平行な成分の大きさは,直前の値に等しく**[①]

$$V\cos 60° = \frac{V}{2}$$

である。衝突直後,ボールは鉛直上向きに運動したことから,そのときのボールの速さは下図より,

$$\frac{\dfrac{V}{2}}{\cos 30°} = \frac{V}{\sqrt{3}}$$

となる。

① 斜面に平行な方向には重力の成分が作用するが,衝突は一瞬であるため,重力の力積は無視できる。一方,斜面に垂直な方向の垂直抗力は一瞬だが速度の向きを変えるほどに大きい(このような力を撃力という)ので,その力積は無視できない。

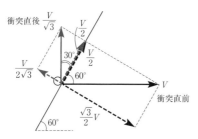

問2 衝突直後の斜面に垂直方向の速度成分の大きさは,上図より,

$$\frac{V}{\sqrt{3}}\sin 30° = \frac{V}{2\sqrt{3}}$$

である。反発係数を e とすると,

$$e = \frac{\dfrac{V}{2\sqrt{3}}}{\dfrac{\sqrt{3}}{2}V} = \frac{1}{3}\ ②$$

となる。

② 斜面に垂直な成分の大きさが何倍になったかを計算する。

問3 　ボールが斜面から受ける力積はボールの運動量変化に等しい。運動量の斜面に平行な成分は変化しないから，**斜面に垂直な成分の変化を考える。**求める力積の大きさを I とすると，

$$I = m\frac{V}{2\sqrt{3}} - m\left(-\frac{\sqrt{3}}{2}V\right) = \frac{2}{\sqrt{3}}mV \quad ③$$

となる。

③ 斜面に垂直で上向きを正とした。

問4 　1度目の衝突直後，ボールは速さ $\dfrac{V}{\sqrt{3}}$ で投げ上げられ，最高

点に達したあと，鉛直下向きに速さ $\dfrac{V}{\sqrt{3}}$ で2度目の衝突を起こす。

このときのボールの速度を斜面に平行・垂直の2方向に分解して問1，問2と同様に考える。2度目の衝突直後の斜面に平行な速度成分の大きさは直前と同じで，

$$\frac{V}{\sqrt{3}}\sin60° = \frac{V}{2}$$

である。

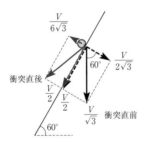

一方，斜面に垂直な速度成分の大きさは直前の e 倍になるので，

$$e\frac{V}{\sqrt{3}}\cos60° = \frac{1}{3}\cdot\frac{V}{2\sqrt{3}} \quad （問2より）$$

$$= \frac{V}{6\sqrt{3}}$$

となる。よって，2度目の衝突直後のボールの速さは，

$$\sqrt{\left(\frac{V}{2}\right)^2 + \left(\frac{V}{6\sqrt{3}}\right)^2} = \frac{1}{3}\sqrt{\frac{7}{3}}V$$

である。

48 2物体の斜衝突

(ア) $v_0 - v_2\cos\theta_2$ (イ) $v_2\sin\theta_2$ (ウ) $v_0^2 - v_2^2$ (エ) $\cos\theta_2$
(オ) $\sin\theta_2$ (カ) $\theta_1 + \theta_2 = 90°$

📦 **Method**

2物体の斜衝突:

2物体が平面内で斜衝突するとき，入試では多くの場合が弾性衝突である。この場合，
・運動量保存則(2方向に分解)
・エネルギー保存則
の2式を連立すればよい。

解説

(ア)

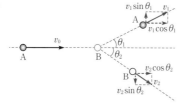

小物体Aの入射方向の運動量保存則より，
$$mv_1\cos\theta_1 + mv_2\cos\theta_2 = mv_0 + m\cdot 0$$
よって，
$$v_1\cos\theta_1 = v_0 - v_2\cos\theta_2 \qquad \cdots ①$$
が成り立つ。

(イ) 小物体Aの入射方向に垂直な方向の運動量保存則より，
$$mv_1\sin\theta_1 - mv_2\sin\theta_2 = m\cdot 0 + m\cdot 0^{①}$$
よって，
$$v_1\sin\theta_1 = v_2\sin\theta_2 \qquad \cdots ②$$
が成り立つ。

① 入射方向に垂直な方向は，衝突後，AとBが逆向きに運動しているので，符号に注意すること。

(ウ) 2つの小物体は**弾性衝突をするので，衝突前後で運動エネルギーが保存する**。すなわち，
$$\frac{1}{2}mv_1^2 + \frac{1}{2}mv_2^2 = \frac{1}{2}mv_0^2 + \frac{1}{2}m\cdot 0^{2②}$$
よって，
$$v_1^2 = v_0^2 - v_2^2 \qquad \cdots ③$$
となる。

② エネルギーは向きをもたないので，分解してはならない。

(エ) ①，②式の両辺を2乗して和をとると，
$$v_1^2 = v_0^2 - 2v_0v_2\cos\theta_2 + v_2^{2③}$$
が得られる。これと③式より，
$$v_0^2 - v_2^2 = v_0^2 - 2v_0v_2\cos\theta_2 + v_2^{2④}$$
よって，
$$v_2^2 = v_0v_2\cos\theta_2$$

③ θ_1を消去した。

④ v_1を消去した。

となるが，$v_2 \neq 0$ より，
$$v_2 = \cos\theta_2 \times v_0 \qquad \cdots ④$$
である。

(オ)　④式を③式に代入すると，
$$v_1{}^2 = v_0{}^2 - v_0{}^2\cos\theta_2{}^2 \quad \text{⑤}$$
$$= v_0{}^2\sin\theta_2{}^2$$
となる。$v_1 > 0$ より，
$$v_1 = \sin\theta_2 \times v_0 \qquad \cdots ⑤$$
である。

(カ)　④，⑤式を②式に代入すると，⑥
$$\sin\theta_1\sin\theta_2 = \sin\theta_2\cos\theta_2$$
となる。$\sin\theta_2 \neq 0$ より，
$$\sin\theta_1 = \cos\theta_2$$
$$= \sin(90° - \theta_2)$$
となるので，$0 < \theta_1 < 90°$，$0 < \theta_2 < 90°$ より，
$$\theta_1 = 90° - \theta_2 \quad よって，\quad \theta_1 + \theta_2 = 90°$$
である。

参考▶　衝突前の小物体Aの速度を$\vec{v_0}$，衝突後の小物体A，Bの速度をそれぞれ$\vec{v_1}$，$\vec{v_2}$とする。運動量保存則より，
$$m\vec{v_1} + m\vec{v_2} = m\vec{v_0} \quad よって，\quad \vec{v_1} + \vec{v_2} = \vec{v_0}$$
が成り立つので，右図のような三角形ができる。また，エネルギー保存則より，
$$\frac{1}{2}mv_1{}^2 + \frac{1}{2}mv_2{}^2 = \frac{1}{2}mv_0{}^2 \quad よって，\quad v_1{}^2 + v_2{}^2 = v_0{}^2$$
が成り立つので，三平方の定理より，この三角形は長さv_0の辺を斜辺とした直角三角形である。したがって，
$$\theta_1 + \theta_2 = 90°$$
となることがわかる。

⑤　v_2を消去した。

⑥　これ以降の計算方針は知らないと難しい。しっかり覚えておこう。

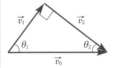

この図より，(エ)，(オ)の結果も明らかである。

▌49　保存則の活用①

問1　$\dfrac{2m}{m + M}v_0$　　問2　$V\sqrt{\dfrac{M}{k}}$　　問3　$2MV$

問4　縮んだ長さ：$V\sqrt{\dfrac{mM}{(m + M)k}}$，速さ：$\dfrac{M}{m + M}V$

⬡ Method

2物体をつなぐばねが水平面上を伸縮しながら運動する場合：
〔1〕　2物体とばねからなる物体系には水平方向に外力がはたらかないので，**運動量の水平成分が保存する**。
〔2〕　非保存力が仕事をしないので，**力学的エネルギーの総和が保存する**。

解説

問1　衝突直後の小球Cの速さをv_1とおく。運動量保存則より，
$$MV + m(-v_1) = M \cdot 0 + mv_0 \quad ①$$
が成り立つ。また，反発係数が1なので，
$$V - (-v_1) = -1 \cdot (0 - v_0)$$
となる。これらより，
$$V = \frac{2m}{m+M}v_0, \quad v_1 = \frac{M-m}{m+M}v_0$$
が得られる。

問2　小球Bが静止したときのばねの縮みをd_1とおく。力学的エネルギー保存則より，
$$\frac{1}{2}M \cdot 0^2 + \frac{1}{2}kd_1^2 = \frac{1}{2}MV^2 + \frac{1}{2}k \cdot 0^2$$
よって，
$$d_1 = V\sqrt{\frac{M}{k}}$$
となる。

問3　**小球A，Bとばねを1つの物体系（まとまり）として考える。壁から与えられた力積I（右向きを正とする）は小球A，Bの運動量変化に等しいので，**②
$$I = MV - (-MV) \quad ③ = 2MV$$
となる。

問4　小球Aが壁から離れたあと，ばねが最も縮んだときのばねの縮みをd_2とおく。このとき，**小球Aに対する小球Bの相対速度が0，すなわち，小球Aと小球Bの（床に対する）速度は等しい。**これをv_2とおくと，運動量保存則より，
$$mv_2 + Mv_2 = m \cdot 0 + MV \quad \text{よって，} \quad v_2 = \frac{M}{m+M}V$$
となる。また，力学的エネルギー保存則より，
$$\frac{1}{2}mv_2^2 + \frac{1}{2}Mv_2^2 + \frac{1}{2}kd_2^2 = \frac{1}{2}m \cdot 0^2 + \frac{1}{2}MV^2 + \frac{1}{2}k \cdot 0^2$$
が成り立つ。これにv_2を代入して，
$$\frac{1}{2}(m+M)\left(\frac{M}{m+M}V\right)^2 + \frac{1}{2}kd_2^2 = \frac{1}{2}MV^2$$
よって，
$$d_2 = V\sqrt{\frac{mM}{(m+M)k}}$$
が得られる。

① 左向きを正としたので，衝突直後の小球Cの速度は$-v_1$である。

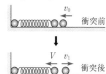

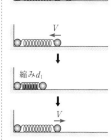

② ただし，小球Aの運動量は変化しない。

③ 右向きを正としているので，衝突直後のBの運動量は$-MV$となる。

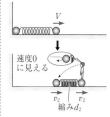

Method

なめらかな水平面に置かれた台上を物体が運動する場合：

〔1〕 台と物体からなる物体系には水平方向に外力がはたらかないので，運動量の水平成分が保存する。

〔2〕 また，摩擦がない場合，力学的エネルギーの総和が保存する。

解説

問1 (1) 垂直抗力は小球の変位に垂直にはたらくので，その仕事は 0 である。

(2) 斜面Aを下り終えたときの小球の速さを v_0 とする。力学的エネルギー保存則より，

$$\frac{1}{2}mv_0{}^2 + mg\cdot 0 = \frac{1}{2}m\cdot 0^2 + mgh$$

よって，

$$v_0 = \sqrt{2gh}$$

となる。

問2 (3) 小球が一瞬静止したときの台車の速さを V_1 とする。このとき，台車に対する小球の相対速度が 0 になるので，床に対する小球の速さは台車の速さに等しく，V_1 となる。[1] 運動量保存則より，

$$\underbrace{mV_1 + 3mV_1}_{\text{一瞬静止したとき}} = \underbrace{mv_0 + 3m\cdot 0}_{\text{水平面B上にいるとき}}$$

よって，

$$V_1 = \frac{v_0}{4} = \sqrt{\frac{gh}{8}} \quad ((2)\text{より})$$

となる。

(4) 小球が一瞬静止したときの水平面Bからの高さを h_1 とおく。力学的エネルギー保存則より，

$$\underbrace{\frac{1}{2}mV_1{}^2 + \frac{1}{2}\cdot 3mV_1{}^2 + mgh_1}_{\text{一瞬静止したとき}}$$

$$= \underbrace{\frac{1}{2}mv_0{}^2 + \frac{1}{2}\cdot 3m\cdot 0^2 + mg\cdot 0}_{\text{水平面B上にいるとき}}$$

が成り立つ。これを整理していくと，

[1] 小球が斜面Aを下りているとき，台車は壁から力を受けている。この力が台車と小球の物体系に対して外力となるので，この間は運動量が保存しない。一方，小球が斜面Cを運動しているときは壁から離れていて水平方向に外力がはたらかないので，運動量の水平成分が保存する。

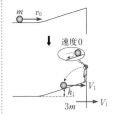

$$\frac{1}{2}\cdot 4m\left(\sqrt{\frac{gh}{8}}\right)^2 + mgh_1 = \frac{1}{2}m\left(\sqrt{2gh}\right)^2 \quad ((2),\ (3)より)$$

$$\frac{1}{4}mgh + mgh_1 = mgh \quad ②$$

$$h_1 = \frac{3}{4}h$$

となる。

(5) 小球が台車を押す力のした仕事は台車の運動エネルギー変化に等しいので，

$$\frac{1}{2}\cdot 3m\cdot V_1{}^2 = \frac{3}{16}mgh \quad ((3)より)$$

である。

問3 (6)・(7) 小球が再び水平面B上を運動しているとき，小球と台車の速度を**右向きを正**としてそれぞれ v_2，V_2 とおく。③ 運動量保存則より，

$$mv_2 + 3mV_2 = \underbrace{mv_0 + 3m\cdot 0}_{\substack{\text{小球がはじめて}\\\text{水平面Bを通るとき}}}$$

よって，

$$v_2 + 3V_2 = \sqrt{2gh} \quad ((2)より) \qquad \cdots①$$

が成り立つ。また，力学的エネルギー保存則より，

$$\frac{1}{2}mv_2{}^2 + \frac{1}{2}\cdot 3m\cdot V_2{}^2 = \underbrace{\frac{1}{2}mv_0{}^2 + \frac{1}{2}\cdot 3m\cdot 0^2}_{\substack{\text{小球がはじめて}\\\text{水平面Bを通るとき}}}$$

$$= mgh \quad ④ \quad ((2)より)$$

よって，

$$v_2{}^2 + 3V_2{}^2 = 2gh \qquad \cdots②$$

が成り立つ。①，②式より，

$$v_2 = -\sqrt{\frac{gh}{2}},\quad V_2 = \sqrt{\frac{gh}{2}} \quad ⑤$$

が得られる。よって，小球と台車の速さはいずれも $\sqrt{\dfrac{gh}{2}}$ である。

② 右辺が mgh になることからわかるように，力学的エネルギーははじめからずっと保存し続けている。

③ 小球は台に対しては左向きに運動するが，床に対してはどちら向きか断定できないので，右向きを正として速度をおいた。

④ 力学的エネルギーははじめからずっと保存し続けている。

⑤ この連立方程式には $v_2 = \sqrt{2gh}$，$V_2 = 0$ という解も存在するが，これは小球が初めて水平面Bを右向きに通過するときなので不適である。

51 一直線上の繰り返し衝突

(ア) $\dfrac{m - eM}{m + M}u$　　(イ) $\dfrac{(1 + e)m}{m + M}u$　　(ウ) $\dfrac{l}{eu}$　　(エ) $mu_n + Mv_n = mu$

(オ) $(-e)^n u$　　(カ) $\dfrac{m}{m + M}u$

解説

(ア)・(イ)　運動量保存則より,

$$mu_1 + Mv_1 = mu + M\cdot 0 \quad ① \qquad\qquad \cdots①$$

である。また, 反発係数が e なので,

$$\underbrace{u_1 - v_1}_{\substack{1回目の衝突直後の\\相対速度}} = \underbrace{-e}_{\substack{大きさが e 倍で\\向きが変わる}} (\underbrace{u - 0}_{はじめの相対速度}) \qquad\qquad \cdots②$$

が成り立つ。①, ②式より,

$$u_1 = \underset{(ア)}{\dfrac{m - eM}{m + M}u}^{②}, \quad v_1 = \underset{(イ)}{\dfrac{(1 + e)m}{m + M}u}$$

が得られる。

(ウ)　1回目の衝突直後の箱Bに対する小球Aの相対速度は②式より,

$$u_1 - v_1 = -eu$$

である。1回目の衝突から2回目の衝突まで, 小球Aは箱Bに対して左向きに距離 l だけ移動するので, 要した時間は,

$$\dfrac{-l}{-eu} = \dfrac{l}{eu} \quad ③$$

となる。

(エ)　衝突を何回繰り返しても小球Aと箱Bの運動量の和は一定であるから,

$$mu_n + Mv_n = \underbrace{mu + M\cdot 0}_{はじめの運動量}$$

よって,

$$mu_n + Mv_n = mu$$

が成り立つ。

(オ)　反発係数の定義より, **1回衝突するたびに箱Bに対する小球Aの相対速度は $-e$ 倍になる**ので,

$$\begin{aligned}
u_n - v_n &= -e(u_{n-1} - v_{n-1})\\
&= (-e)^2(u_{n-2} - v_{n-2})\\
&\vdots\\
&= (-e)^{n-1}(u_1 - v_1)\\
&= (-e)^n u \quad (②より)
\end{aligned}$$

となる。

① u_1 は右向きを正として向きを含んでいるので,

$$-mu_1 + Mv_1 = \cdots$$

としてはならない。

② $m > eM$ ならば $u_1 > 0$ となり小球Aは右向きに, $m < eM$ ならば $u_1 < 0$ となり小球Aは左向きにはねかえる。

③ 右向きを正としているので, 箱Bに対する小球Aの変位は負 $(-l)$ であることに注意。

(カ) 十分に多数回衝突を繰り返したあとの小球Aと箱Bの速度をそれぞれ u_∞, v_∞ とおく。(オ)の結果において，$n \to \infty$ とすると，$0 < e < 1$ より，$e^n \to 0$ となるので，

$$u_\infty - v_\infty = 0 \quad \text{よって，} \quad u_\infty = v_\infty \qquad \cdots ③$$

が得られ，小球Aと箱Bは一体となって運動することがわかる。さらに(エ)の結果においても $n \to \infty$ として③式を用いると，

$$m u_\infty + M v_\infty = mu \quad \text{よって，} \quad u_\infty = \frac{m}{m+M} u$$

となる。

■52 保存則の活用③

問1 $\sqrt{2gR}$ 　　問2 $2R$ 　　問3 $\dfrac{m}{m+M}$ 倍

問4 $\sqrt{\dfrac{2(m+M)}{M} gR}$ 　　問5 $\sqrt{2}$ 倍

解説

問1 小球に大きさ v_0 の初速を与えると，点Bで速度が0になる。力学的エネルギー保存則より，[1]

$$\underbrace{\frac{1}{2} m v_0^2 + mg \cdot 0}_{\text{床}} = \underbrace{\frac{1}{2} m \cdot 0^2 + mgR}_{\text{点B}} \quad \text{よって，} \quad v_0 = \sqrt{2gR}$$

となる。

問2 点Pの床からの高さを h とすると，力学的エネルギー保存則より，

$$\underbrace{\frac{1}{2} m \cdot 0^2 + mgh}_{\text{点P}} = \underbrace{\frac{1}{2} m (\sqrt{2}\, v_0)^2 + mg \cdot 0}_{\text{床}}$$

よって，

$$h = \frac{v_0^2}{g} = 2R \quad (\text{問1より})$$

となる。

問3 台に入射する前の小球の速さを v とする。**小球が点Bに達するとき，台に対する小球の相対速度は鉛直上向きになるので，その水平成分は0である。したがって，床に対する小球の速度の水平成分の大きさは台の速さ V に等しくなる。**水平方向に対する運動量保存則より，[2]

$$\underbrace{mV + MV}_{\text{点B}} = \underbrace{mv + M \cdot 0}_{\text{床上}} \quad \text{よって，} \quad \frac{V}{v} = \frac{m}{m+M} \text{倍}$$

① 垂直抗力は仕事をしないので，力学的エネルギーが保存する。

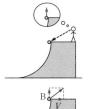

② 小球と台からなる2物体系には水平方向に外力がはたらかないので，運動量の水平成分が保存する。

問4 小球に大きさ v_1 の初速を与えたとき，点Bにおける小球と台の速度の水平成分の大きさを V_1 とすると，問3の結果より，

$$V_1 = \frac{m}{m + M} v_1$$

が成り立つ。また，力学的エネルギー保存則より，[3]

$$\underbrace{\frac{1}{2} m v_1^2 + \frac{1}{2} M \cdot 0^2 + mg \cdot 0}_{床上} = \underbrace{\frac{1}{2} m V_1^2 + \frac{1}{2} M V_1^2 + mgR}_{点B}\text{[4]}$$

が成り立つ。これに上式を代入すると，

$$\frac{1}{2} m v_1^2 = \frac{1}{2} (m + M) \left(\frac{m}{m + M} v_1 \right)^2 + mgR$$

よって，

$$v_1 = \sqrt{\frac{2(m + M)}{M} gR}$$

が得られる。

問5 小球に大きさ v_2 の初速を与えたとき，点Bにおける小球と台の速度の水平成分の大きさを V_2 とする。問3の結果より，

$$V_2 = \frac{m}{m + M} v_2$$

が成り立つ。小球は点Bから打ち上げられたあと放物運動をするので，水平方向の速さは V_2 のまま一定である。また，このとき台も等速度運動をするので，速さは V_2 のまま一定である。

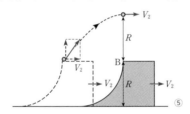

したがって，力学的エネルギー保存則より，

$$\underbrace{\frac{1}{2} m v_2^2 + \frac{1}{2} M \cdot 0^2 + mg \cdot 0}_{床上} = \underbrace{\frac{1}{2} m V_2^2 + \frac{1}{2} M V_2^2 + mg \cdot 2R}_{点Bから真上にRだけ打ち上がったとき}$$

が成り立つ。以上の2式は問4において $v_1 \to v_2$，$V_1 \to V_2$，$R \to 2R$ とおき換えたものになっているので，問4の結果より，

$$v_2 = \sqrt{\frac{2(m + M)}{M} g \cdot 2R}$$

となることがわかる。よって，

$$\frac{v_2}{v_1} = \sqrt{2} 倍$$

である。

③ 摩擦がないので2物体の力学的エネルギーの和が保存すると考えてよい。

④ 点Bで小球の速度の鉛直成分は0になる。

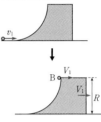

⑤ 放物運動の最高点は点Bの真上になる。

6 円運動と楕円運動

確認問題

53 円運動の公式の証明

(ア) $\dfrac{2\pi r}{v}$　(イ) $\dfrac{2\pi}{T}$　(ウ) $\dfrac{v}{r}$　(エ) $\dfrac{\overrightarrow{\Delta v}}{\Delta t}$　(オ) $v\Delta\theta$

(カ) $\omega\Delta t$　(キ) $v\omega$　(ク) $r\omega^2$

解説

(ア) 周期 T は円周の長さ $2\pi r$ を速さ v で割って，

$$T = \frac{2\pi r}{v}$$

と表せる。

(イ) 角速度 ω は1回転の角度 2π を周期 T で割って，

$$\omega = \frac{2\pi}{T}$$

と表せる。

(ウ) (ア)，(イ)の結果より，

$$\frac{2\pi r}{v} = \frac{2\pi}{\omega} \quad よって，\quad \omega = \frac{v}{r}$$

が得られる。

(エ) 加速度の定義より，

$$\vec{a} = \frac{\overrightarrow{\Delta v}}{\Delta t}$$

である。

(オ) $|\vec{v}| = |\vec{v}'|$ なので，図3より，$|\overrightarrow{\Delta v}|$ は半径 v，中心角 $\Delta\theta$ の扇形の弧の長さに近似できるので，

$$|\overrightarrow{\Delta v}| = v\Delta\theta$$

となる。

(カ) 角速度の定義より，

$$\Delta\theta = \omega\Delta t$$

となる。

(キ) 加速度の大きさ a は(エ)〜(カ)の結果より，

$$a = \frac{|\overrightarrow{\Delta v}|}{\Delta t} = \frac{v\Delta\theta}{\Delta t} = \frac{v\omega\Delta t}{\Delta t} = v\omega$$

となる。

(ク) 加速度の大きさ a は(ウ)，(キ)の結果より，

$$a = r\omega^2$$

とも表せる。

▶円運動の公式

周期（等速の場合）

$$T = \frac{2\pi}{\omega} = \frac{2\pi r}{v}$$

速度
・接線方向
・大きさ $v = r\omega$

加速度
・中心方向
・大きさ $a = r\omega^2 = \dfrac{v^2}{r}$

この加速度を向心加速度と呼ぶ。

問1 $\dfrac{mg}{\cos\theta}$　　問2 $\sqrt{\dfrac{g}{l\cos\theta}}$　　問3 $\sin\theta\sqrt{\dfrac{gl}{\cos\theta}}$

問4 $2\pi\sqrt{\dfrac{l\cos\theta}{g}}$

解説

問1　糸の張力の大きさをSとする。**鉛直方向の力のつり合い**
の式は,

$$S\cos\theta - mg = 0$$

となるので,

$$S = \frac{mg}{\cos\theta}$$

である。

問2　円運動の角速度をωとする。円運動
の半径は$l\sin\theta$なので, 中心方向(水平
方向)の運動方程式は,

$$m(l\sin\theta)\omega^2 = S\sin\theta$$

とかける。これに問1の結果を代入すると,

$$ml\omega^2 = \frac{mg}{\cos\theta}\quad よって,\quad \omega = \sqrt{\frac{g}{l\cos\theta}}$$

が得られる。

問3　円運動の速さvは問2の結果より,

$$v = (l\sin\theta)\omega = l\sin\theta\sqrt{\frac{g}{l\cos\theta}} = \sin\theta\sqrt{\frac{gl}{\cos\theta}}$$

となる。

問4　円運動の周期Tは問2の結果より,

$$T = \frac{2\pi}{\omega} = 2\pi\sqrt{\frac{l\cos\theta}{g}}$$

である。

▶等速円運動の解法
中心方向の運動方程式
$$mr\omega^2 = f_{中心}$$
または
$$m\frac{v^2}{r} = f_{中心}$$
を立てる。
中心方向にはたらく力$f_{中心}$
を向心力と呼ぶ。

55 摩擦力による等速円運動

問1　$mr\omega^2$　　問2　$\sqrt{\dfrac{\mu g}{r}}$

解説

問1　小物体は**静止摩擦力を向心力として等速円運動をしているの
で,静止摩擦力は円の中心を向かなければならない。**その大きさ
をRとおくと,中心方向の運動方程式は,

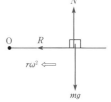

$$mr\omega^2 = R$$

となるので,

$$R = mr\omega^2$$

が得られる。

問2　鉛直方向の力のつり合いより,垂直抗力の大きさNは$N = mg$となるので,最大摩擦力
の大きさは$\mu N = \mu mg$である。小物体がすべり出すときの角速度をω_0とすると,問1の結
果より,

$$mr\omega_0^2 = \mu mg \quad \text{よって,} \quad \omega_0 = \sqrt{\dfrac{\mu g}{r}}$$

が得られる。

56 鉛直面内の振り子の運動

問1　$m\dfrac{v^2}{L}$　　問2　$\sqrt{v_0^2 - 2gL(1 - \cos\theta)}$　　問3　$m\left\{\dfrac{v_0^2}{L} - g(2 - 3\cos\theta)\right\}$

問4　$\dfrac{2}{3}\pi$　(120°)

解説

問1　円運動の半径はLなので,向心力の大きさは$m\dfrac{v^2}{L}$で
ある。

問2　糸が鉛直からθだけ傾いたときのおもりの速さをvと
する。**力学的エネルギー保存則**より,

$$\dfrac{1}{2}mv^2 + mgL(1 - \cos\theta) = \dfrac{1}{2}mv_0^2 + mg\cdot 0$$

よって,

$$v = \sqrt{v_0^2 - 2gL(1 - \cos\theta)}$$

となる。

問3　糸の張力の大きさをT
とする。**中心方向の運動方
程式**は,

$$m\dfrac{v^2}{L} = T - mg\cos\theta$$

となるので,これより,

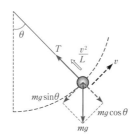

▶非等速円運動の解法
中心方向の運動方程式

$$mr\omega^2 = f_{中心}$$

または

$$m\dfrac{v^2}{r} = f_{中心}$$

を立てる。
接線方向の運動方程式

$$m\dfrac{\Delta v}{\Delta t} = f_{接線}$$

は一般に解きづらいことが多
いので,その代わりに**力学的
エネルギー保存則**を用いる。

$$T = m\left(\frac{v^2}{L} + g\cos\theta\right)$$

$$= m\left\{\frac{v_0^2}{L} - g(2 - 3\cos\theta)\right\} \quad (\text{問 2 より})$$

が得られる。

問4　$\theta = \theta_1$のとき$T = 0$となるので，問3の結果より，

$$\frac{v_0^2}{L} - g(2 - 3\cos\theta_1) = 0 \quad \text{よって，} \quad \cos\theta_1 = \frac{1}{3}\left(2 - \frac{v_0^2}{gL}\right)$$

である。これに与えられた数値を代入すると，

$$\cos\theta_1 = \frac{1}{3}\times\left\{2 - \frac{(4.9\,\text{m/s})^2}{9.8\,\text{m/s}^2\times 0.70\,\text{m}}\right\} = -0.50 \quad \text{よって，} \quad \theta_1 = \frac{2}{3}\pi \quad (= 120°)$$

が得られる。

57　円筒面の外側に沿ってすべる運動

問1　$\sqrt{2gr(1 - \cos\theta)}$　　　　問2　$mg(3\cos\theta - 2)$

問3　$\dfrac{2}{3}$　　　　　　　　　　問4　$\sqrt{\dfrac{2}{3}gr}$

解説

問1　点Qを通過するときの速さをvとおく。力学的エネルギー保存則より，

$$\frac{1}{2}mv^2 + mgr\cos\theta = \frac{1}{2}m\cdot 0^2 + mgr$$

よって，

$$v = \sqrt{2gr(1 - \cos\theta)}$$

となる。

問2　小物体が円筒表面から受ける垂直抗力の大きさをNとおく。
中心方向の運動方程式は，

$$m\frac{v^2}{r} = mg\cos\theta - N$$

となるので，これより，

$$N = m\left(g\cos\theta - \frac{v^2}{r}\right)$$

が得られる。これに問1の結果を代入すると，

$$N = m\{g\cos\theta - 2g(1 - \cos\theta)\}$$
$$= mg(3\cos\theta - 2)$$

となる。

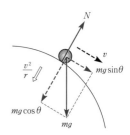

問3 $\theta = \theta_0$ のときに $N = 0$ となるので，問2の結果より，

$$3\cos\theta_0 - 2 = 0 \quad \text{よって，} \quad \cos\theta_0 = \frac{2}{3}$$

となる。

問4 $\theta = \theta_0$ のとき，問1の結果に問3の結果を代入すると，

$$v = \sqrt{2gr(1 - \cos\theta_0)} = \sqrt{\frac{2}{3}gr}$$

が得られる。

---

58 第一宇宙速度

(ア) $\sqrt{\dfrac{GM}{R}}$ (イ) $2\pi\sqrt{\dfrac{R^3}{GM}}$ (ウ) $-\dfrac{GMm}{2R}$

解説

(ア) 人工衛星が地表すれすれを円運動しているとき，地球から受ける万有引力の大きさは $G\dfrac{Mm}{R^2}$ である。地球の中心方向の運動方程式は，

$$m\frac{v^2}{R} = G\frac{Mm}{R^2}$$

となるので，これより

$$v = \sqrt{\frac{GM}{R}}$$

が得られる。

注意▶ 数値では $v \fallingdotseq 7.9\,\text{km/s}$ である。これを<u>第一宇宙速度</u>という。

(イ) 周期 T は

$$T = \frac{2\pi R}{v} = 2\pi\sqrt{\frac{R^3}{GM}} \quad (\text{(ア)より})$$

となる。

(ウ) 人工衛星がもつ力学的エネルギー E は，

$$E = \frac{1}{2}mv^2 + \left(-G\frac{Mm}{R}\right)$$

$$= \frac{1}{2}m\frac{GM}{R} - G\frac{Mm}{R} \quad (\text{(ア)より})$$

$$= -\frac{GMm}{2R}$$

である。

▶万有引力の法則

質量 M と m の2物体の重心が距離 r だけ離れているときにはたらく万有引力の大きさ

$$f = G\frac{Mm}{r^2}$$

(G：万有引力定数)

▶万有引力による位置エネルギー

$$U = -G\frac{Mm}{r}$$

(基準は無限遠)

59 等速円運動①

問1　$\dfrac{ml\omega^2}{k - m\omega^2}$　　　問2　$l\left(\dfrac{1}{\cos\theta} - 1\right)$　　　問3　$\sqrt{\dfrac{k(1 - \cos\theta)}{m}}$

問4　$1 - \dfrac{mg}{kl}$　　　問5　$mg < kl$　　　問6　$\sqrt{\dfrac{g}{l}}$

⬡ Method

等速円運動：

中心方向の運動方程式

$$mr\omega^2 = f_{中心} \quad または，\quad m\dfrac{v^2}{r} = f_{中心}$$

を立てればよい。加速度が円の中心を向くので，円の中心方向とそれに垂直な方向に分解するとよいことが多い。

解説

問1　ばねの伸びをdとすると円運動の半径は$l + d$となるので，中心方向の運動方程式は，

$$m(l + d)\omega^2 = kd$$

と表せる。これより，

$$d = \dfrac{ml\omega^2}{k - m\omega^2} \quad ①$$

となる。

問2　ばねの長さは$\dfrac{l}{\cos\theta}$なので，伸びは，

$$\dfrac{l}{\cos\theta} - l = l\left(\dfrac{1}{\cos\theta} - 1\right)$$

である。

問3　問2の結果より，ばねの弾性力の大きさは$kl\left(\dfrac{1}{\cos\theta} - 1\right)$となる。中心方向の運動方程式は，

$$m(l\tan\theta)\omega'^2 = kl\left(\dfrac{1}{\cos\theta} - 1\right)\sin\theta$$

となる。これより，

$$ml\omega'^2\dfrac{\sin\theta}{\cos\theta} = kl\dfrac{(1 - \cos\theta)\sin\theta}{\cos\theta}$$

よって，

$$\omega' = \sqrt{\dfrac{k(1 - \cos\theta)}{m}}$$

が得られる②

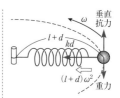

①　$k > m\omega^2$という条件が与えられているため，$d > 0$である。

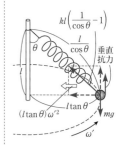

②　ばねの長さは一定だが，ばねに沿った方向の力はつり合っていない。力がつり合うとは加速度が0であることを意味するが，ばねに沿った方向には向心加速度の成分が存在しているため，つり合っているとはいえない。

問4　おもりがちょうど浮き上がるとき，おもりには平面からの垂
　　　直抗力がはたらかなくなるので，鉛直方向の力のつり合いの式は，

$$kl\left(\frac{1}{\cos\theta_0} - 1\right)\cos\theta_0 - mg = 0^{③}$$

③　$\theta = \theta_0$ である。

　　　となる。これより，

$$kl(1 - \cos\theta_0) - mg = 0 \quad \text{よって，} \quad \cos\theta_0 = 1 - \frac{mg}{kl}$$

　　　となる。

問5　$0 < \theta_0 < \dfrac{\pi}{2}$ なので，$0 < \cos\theta_0 < 1$ でなければならない。よっ

　　　て，問4の結果より，

$$0 < 1 - \frac{mg}{kl} < 1 \quad \text{よって，} \quad mg < kl$$

　　　という条件が必要になる。

問6　おもりがちょうど浮き上がるとき，問3，問4の結果より，
　　　角速度は

$$\omega' = \sqrt{\frac{k(1 - \cos\theta_0)}{m}}$$

$$= \sqrt{\frac{k\left\{1 - \left(1 - \dfrac{mg}{kl}\right)\right\}}{m}}$$

$$= \sqrt{\frac{g}{l}}$$

　　　となる。

問1 $\dfrac{v^2}{L\sin\theta}$　　　問2 $m\left(g\sin\theta - \dfrac{v^2}{L\tan\theta}\right)$　　　問3 $\sqrt{gL\sin\theta\tan\theta}$

🔷 **Method**

円運動では，円の中心方向とそれに垂直な方向に分解するとよいことが多いが，必ずそうしなければいけないわけではない。本問では計算を楽にするためにどの方向に分解するのがよいかを考えてみよう。

解説

問1　小球は半径 $L\sin\theta$，速さ v の等速円運動をするので，向心加速度の大きさは $\dfrac{v^2}{L\sin\theta}$ である。

問2　小球にはたらく垂直抗力と糸の張力の大きさをそれぞれ N，T とする。円の中心方向（水平方向）とそれに垂直な方向（鉛直方向）に分解する。まず，水平方向の運動方程式を立てると，

$$m\frac{v^2}{L\sin\theta} = T\sin\theta - N\cos\theta \qquad\cdots①$$

となる。次に，鉛直方向のつり合いの式を立てると，

$$T\cos\theta + N\sin\theta - mg = 0 \qquad\cdots②$$

となる。①$\times\cos\theta$ + ②$\times\sin\theta$ より，

$$m\frac{v^2}{L\sin\theta}\cos\theta + N\sin^2\theta - mg\sin\theta = -N\cos^2\theta$$

よって，

$$N = m\left(g\sin\theta - \frac{v^2}{L\tan\theta}\right)②$$

が得られる。

別解　円錐面に平行・垂直な2方向に分解して，垂直方向の運動方程式を立てると，

$$m\frac{v^2}{L\sin\theta}\cos\theta = mg\sin\theta - N$$

となる。これより直ちに，

$$N = m\left(g\sin\theta - \frac{v^2}{L\tan\theta}\right)$$

が得られる③。

問3　小球が面から離れないためには $N \geqq 0$ でなければならない。このとき，問2の結果より，

$$m\left(g\sin\theta - \frac{v^2}{L\tan\theta}\right) \geqq 0 \quad よって，\ v \leqq \sqrt{gL\sin\theta\tan\theta}$$

である。

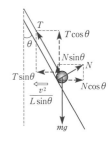

① このように分解するとやや煩雑な連立方程式を解かなければならなくなる。

② なお，糸の張力の大きさは
$$T = m\left(\frac{v^2}{L} + g\cos\theta\right)$$
である。

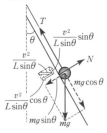

③ こちらの分解のほうがはるかに計算が楽になる。ただし，向心加速度の分解も忘れないこと。

61 非等速円運動①

問1 $\sqrt{v_0^2 - 2gL(1 - \cos\theta)}$　　　問2 $\sqrt{4gL}$

問3 $m\left\{\dfrac{v_0^2}{L} - g(2 - 3\cos\theta)\right\}$　　　問4 $\sqrt{5gL}$

◇ Method

非等速円運動：

運動方程式は,

中心方向：$mr\omega^2 = f_{中心}$　または，$m\dfrac{v^2}{r} = f_{中心}$

接線方向：$m\dfrac{\Delta v}{\Delta t} = f_{接線}$

となるが，接線方向の運動方程式は解けないことが多いので，その代わりに力学的エネルギー保存則を用いればよい。

解説

問1　力学的エネルギー保存則より，

$$\underbrace{\frac{1}{2}mv^2 + mgL(1 - \cos\theta)}_{角度\theta回転したとき} = \underbrace{\frac{1}{2}mv_0^2 + mg\cdot 0}_{はじめ} \quad ①$$

よって，

$$v = \sqrt{v_0^2 - 2gL(1 - \cos\theta)}$$

となる。

問2　問1の結果より，角度 θ が0から大きくなっていくにつれて v は小さくなっていき，$\theta = \pi$ で最小値をとる。このときに**$v > 0$ であれば小球は回転運動を続ける** [2] ので，

$$v_0^2 - 2gL(1 - \cos\pi) > 0 \quad よって，v_0 > \sqrt{4gL}$$

が必要である。

問3　糸が角度 θ 回転したときの張力の大きさを T とする。中心方向の運動方程式は，

$$m\frac{v^2}{L} = T - mg\cos\theta$$

となるので，

$$T = m\left(\frac{v^2}{L} + g\cos\theta\right)$$

$$= m\left\{\frac{v_0^2 - 2gL(1 - \cos\theta)}{L} + g\cos\theta\right\} \quad (問1より)$$

$$= m\left\{\frac{v_0^2}{L} - g(2 - 3\cos\theta)\right\}$$

が得られる。

① 重力による位置エネルギーは最下点を基準とした。

② $0 < \theta < \pi$ で $v = 0$ になってしまうと小球は逆まわりに円運動して戻ってきてしまう。

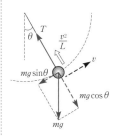

問4　小球が最高点を越えるためには問2と同様に,
$$v_0 > \sqrt{4gL} \qquad \cdots ①$$
が必要である。さらに，問3の結果より，角度 θ が0から大きくなっていくにつれて T は小さくなっていき，$\theta = \pi$ で最小値をとるので，糸がたるまないためには,
$$m\left\{ \frac{v_0^2}{L} - g(2 - 3\cos\pi) \right\} \geq 0$$
よって,
$$v_0 \geq \sqrt{5gL} \qquad \cdots ②$$
が必要である。[3] ①，②式を同時に満たす条件は,
$$v_0 \geq \sqrt{5gL} \quad ^{[4]}$$
である。

③　棒は変形しないため小球が円軌道から外れることはないが，糸は円運動の途中でたるんでしまう可能性がある。そのため，問2の条件と同時に糸がたるまない条件も必要となる。

④　要するに，つねに糸が張っていればよい。

■62　非等速円運動②

問1　$\sqrt{2g\{h - r(1 - \cos\theta)\}}$　　　問2　$mg\left\{ \dfrac{2h}{r} - (2 - 3\cos\theta) \right\}$　　　問3　$\dfrac{5}{3}r$

問4　$\dfrac{5}{2}r$

解説

問1　C点における小物体の速さを v_C とおく。力学的エネルギー保存則より,
$$\underbrace{\frac{1}{2}mv_C^2 + mgr(1 - \cos\theta)}_{\text{C点}} = \underbrace{\frac{1}{2}m\cdot 0^2 + mgh}_{\text{A点}} \qquad ①$$
よって,
$$v_C = \sqrt{2g\{h - r(1 - \cos\theta)\}}$$
となる。

①　重力による位置エネルギーの基準はB点にとった。

問2　C点における垂直抗力の大きさを N_C とおく。C点における中心方向の運動方程式は,
$$m\frac{v_C^2}{r} = N_C - mg\cos\theta$$
となることから,
$$N_C = m\left(\frac{v_C^2}{r} + g\cos\theta \right)$$
$$= m\left[\frac{2g\{h - r(1 - \cos\theta)\}}{r} + g\cos\theta \right] \quad (\text{問1より})$$
$$= mg\left\{ \frac{2h}{r} - (2 - 3\cos\theta) \right\}$$
が得られる。

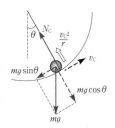

問3　問2の結果に $h = 2r$ を代入すると,
$$N_C = mg(2 + 3\cos\theta)$$

となる。小物体が半円筒面から離れるのは，

$$N_C = 0 \quad \text{よって，} \quad \cos\theta = -\frac{2}{3}$$

のときである。このときのB点からの高さは，

$$r(1 - \cos\theta) = \frac{5}{3}r$$

である。

問4　問2の結果より，N_Cはθの増加とともに小さくなっていき，D点($\theta = \pi$)で最小値をとる。このときに小物体にはたらく垂直抗力の大きさをN_Dとすると，

$$N_D = mg\left\{ \frac{2h}{r} - (2 - 3\cos\pi) \right\} = mg\left(\frac{2h}{r} - 5 \right)②$$

である。$N_D \geqq 0$であれば小物体は半円筒面から離れずにD点を通過するので，

② 問2の結果に$\theta = \pi$を代入した。

$$h \geqq \frac{5}{2}r$$

でなければならない。

補足▶ $h = 2r$，つまりD点と同じ高さから静かに放してもD点に到達できない。D点を通過するときは水平方向に速度をもっていなければならないので，D点において運動エネルギーを残すために，$h = 2r$より高い位置から静かに放す必要がある。

63　万有引力

(ア) $\dfrac{gR^2}{M}$　　(イ) $\sqrt{2gR}$　　(ウ) $\sqrt{\dfrac{2gR(r-R)}{r}}$　　(エ) $\sqrt{\dfrac{gR^2}{r}}$

(オ) $\dfrac{m}{u}\sqrt{\dfrac{gR^2}{r}}$　　(カ) $\left(\dfrac{gR^2 T_E^2}{4\pi^2} \right)^{\frac{1}{3}}$

🔷 Method

万有引力の法則：

〔1〕　距離r離れた質量M，mの2物体間にはたらく万有引力の大きさ

$$f = G\frac{Mm}{r^2} \quad (G = 6.67 \times 10^{-11}\,\mathrm{m^3/(kg\cdot s^2)} : \text{万有引力定数})$$

〔2〕　万有引力による位置エネルギー

$$U = -G\frac{Mm}{r} \quad (\text{基準は無限遠})$$

必ず負であることに注意。

解説

(ア)　万有引力定数をGとする。地球の自転による遠心力を無視するとき，地表面上の物体にはたらく重力は地球からの万有引力に等しいので，

$$mg = G\frac{Mm}{R^2} \quad \text{よって，} \quad G = \frac{gR^2}{M} \text{①}$$

となる。

(イ) 打ち上げ直後の人工衛星の速さを v_0，無限遠方に到達したときの速さを v_∞ とおく。力学的エネルギー保存則より，

$$\frac{1}{2}mv_0^2 + \left(-G\frac{Mm}{R}\right) = \frac{1}{2}mv_\infty^2 + 0 \text{②}$$

が成り立つ。よって，無限遠に飛び去る条件は，

$$\frac{1}{2}mv_\infty^2 \geqq 0 \quad \text{よって，} \quad v_0 \geqq \sqrt{\frac{2GM}{R}} = \sqrt{2gR} \text{③} \quad (\text{(ア)より})$$

となる。

(ウ) 地球の中心からの距離が r の高さまで上昇して速さが 0 になった場合，打ち上げ直後の速さを v_1 とすると，力学的エネルギー保存則より，

$$\frac{1}{2}mv_1^2 + \left(-G\frac{Mm}{R}\right) = \frac{1}{2}m\cdot 0^2 + \left(-G\frac{Mm}{r}\right)$$

よって，

$$v_1 = \sqrt{\frac{2GM(r-R)}{rR}} = \sqrt{\frac{2gR(r-R)}{r}} \quad (\text{(ア)より})$$

が得られる。

(エ) 円軌道に乗ったあとの人工衛星の質量を m'，速さを v_2 とする。運動方程式は，

$$m'\frac{v_2^2}{r} = G\frac{Mm'}{r^2}$$

と表せるので，

$$v_2 = \sqrt{\frac{GM}{r}} = \sqrt{\frac{gR^2}{r}} \quad (\text{(ア)より})$$

となる。

(オ) 噴出した燃料ガスの質量を Δm とすると，噴出後の人工衛星の質量は $m' = m - \Delta m$ と表せる。また，噴出直後の人工衛星の速度の向きを正とすると，燃料ガスの速度は $v_2 - u$ と表せる。[④] 運動量保存則より，

$$(m - \Delta m)v_2 + (\Delta m)(v_2 - u) = m\cdot 0$$

よって，

$$\Delta m = \frac{v_2}{u}m = \frac{m}{u}\sqrt{\frac{gR^2}{r}} \quad (\text{(エ)より})$$

となる。

(カ) 人工衛星の円運動の周期 T は，

$$T = \frac{2\pi r}{v_2} = 2\pi\sqrt{\frac{r^3}{gR^2}} \quad (\text{(エ)より})$$

---

① よく用いられる式なので，公式として覚えておくと役に立つ。

② 位置エネルギーが mgh で表せるのは，重力が一様に mg と表せる地表面付近だけであり，ここでは使えないことに注意すること。

③ これは地球の重力から逃れて無限遠に飛び去るために必要な初速であり，第二宇宙速度または脱出速度と呼ぶ。数値でいえばおよそ 11.2 km/s である。なお，第一宇宙速度については [58] を参照すること。

燃料ガス

④ 燃料ガスは，噴出されたあと人工衛星とは逆向きに速度をもつので，人工衛星に対する相対速度は $-u$ である。人工衛星の速度 v_2 と人工衛星に対する燃料ガスの相対速度 $-u$ を合成した $v_2 - u$ が燃料ガスの速度になる(上図参照)。

である。これが地球の自転の周期と一致するとき，人工衛星は静止衛星[5]となるので，その条件は $T = T_E$ である。すなわち，

$$2\pi\sqrt{\frac{r^3}{gR^2}} = T_E \quad よって，\quad r = \left(\frac{gR^2 T_E^2}{4\pi^2}\right)^{\frac{1}{3}}$$

である。

[5] 静止衛星とは，地表面上から見て静止して見える衛星のことであり，静止しているわけではない。(カ)の結果を用いて数値計算を行うと，その軌道半径はおよそ $r = 3.6 \times 10^4\,\mathrm{km}$ であり，これは地球の半径 $R = 6.4 \times 10^3\,\mathrm{km}$ の約6倍である。

■64 楕円運動とケプラーの法則

問1 $\sqrt{\dfrac{GM}{r}}$ 問2 $2\pi\sqrt{\dfrac{r^3}{GM}}$

問3 $\dfrac{1}{2}mV_A{}^2 + \left(-G\dfrac{Mm}{r}\right) = \dfrac{1}{2}mV_B{}^2 + \left(-G\dfrac{Mm}{R}\right)$ 問4 $\dfrac{r}{R}V_A$

問5 $\sqrt{\dfrac{2GMR}{r(R+r)}}$ 問6 $\sqrt{\dfrac{2R}{R+r}}$ 問7 $\left(\dfrac{R+r}{2r}\right)^{\frac{3}{2}}$

⬡ Method

楕円運動の解法：

〔1〕 **ケプラーの法則を用いる。**

第一法則

惑星は太陽を焦点の1つとして楕円運動をしている。

第二法則(**面積速度一定の法則**)

惑星と太陽を結ぶ線分(動径)が単位時間あたりに通過する面積(面積速度)は一定である。

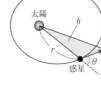

補足▶ 面積速度 h の公式： $h = \dfrac{1}{2}rv\sin\theta$

第三法則

惑星の公転周期 T の2乗と楕円の半長軸 a の3乗の比 $\dfrac{T^2}{a^3}$ はどの惑星も等しい。

〔2〕 **力学的エネルギー保存則を用いる。**

解説

問1 中心方向の運動方程式は，

$$m\frac{V_0{}^2}{r} = G\frac{Mm}{r^2} \quad ①$$

となるので，

$$V_0 = \sqrt{\frac{GM}{r}}$$

となる。

① 万有引力を向心力として等速円運動している。

問2　問1の結果より，

$$T_0 = \frac{2\pi r}{V_0} = 2\pi \sqrt{\frac{r^3}{GM}}$$

となる。

問3　力学的エネルギー保存則より，

$$\underbrace{\frac{1}{2}mV_A{}^2 + \left(-G\frac{Mm}{r}\right)}_{\text{点A}} = \underbrace{\frac{1}{2}mV_B{}^2 + \left(-G\frac{Mm}{R}\right)}_{\text{点B}}$$

が成り立つ。

問4　ケプラーの第二法則（面積速度一定の法則）より，

$$\underbrace{\frac{1}{2}rV_A}_{\text{点A}} = \underbrace{\frac{1}{2}RV_B}_{\text{点B}} \quad\text{よって，}\quad V_B = \frac{r}{R}V_A$$

が成り立つ。

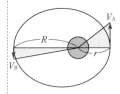

問5　問4の結果を問3の結果に代入すると，

$$\frac{1}{2}mV_A{}^2 - G\frac{Mm}{r} = \frac{1}{2}m\left(\frac{r}{R}V_A\right)^2 - G\frac{Mm}{R}$$

よって，

$$\frac{1}{2}m\cdot\frac{R^2 - r^2}{R^2}V_A{}^2 = GMm\frac{R - r}{Rr}$$

となる。ここで$R^2 - r^2 = (R + r)(R - r)$と因数分解できることに注意すると，

$$\frac{1}{2}\cdot\frac{R + r}{R}V_A{}^2 = GM\frac{1}{r} \quad\text{よって，}\quad V_A = \sqrt{\frac{2GMR}{r(R + r)}}$$

となる。

問6　問1と問5の結果より，ただちに，

$$\frac{V_A}{V_0} = \sqrt{\frac{2R}{R + r}} \quad②$$

が得られる。

問7　ケプラーの第三法則より，

$$\underbrace{\frac{T_0{}^2}{r^3}}_{\substack{\text{加速前の}\\\text{円軌道}}} = \underbrace{\frac{T^2}{\left(\dfrac{R + r}{2}\right)^3}}_{\text{加速後の楕円軌道}} \quad ③④ \quad\text{よって，}\quad \frac{T}{T_0} = \left(\frac{R + r}{2r}\right)^{\frac{3}{2}}$$

が成り立つ。

② $R > r$より，$\dfrac{V_A}{V_0} > 1$となるので，確かに点Aで人工衛星は加速されていることがわかる。その結果，描く軌道が大きくなり，$R > r$となったのである。

③ 円は楕円の特別な場合（半長軸と半短軸が等しい場合）なので，楕円で成り立つ性質は円でも成り立つ。したがって，ケプラーの第三法則は円軌道に対しても成り立つ。

④ 楕円の半長軸をRとしないように注意。また，円軌道における半長軸aは半径rとなる。

65 非等速円運動③

 (ア) $\sqrt{2gh}$ (イ) $2mg\dfrac{h+x}{r}$ (ウ) $mg\dfrac{r-3x-2h}{r}$

 (エ) $\dfrac{3\sqrt{3}-4}{4}r$ (オ) $\dfrac{r}{2}$

解説

(ア) 点Cにおける速さをv_Cとおく。力学的エネルギー保存則より，

$$\frac{1}{2}mv_C{}^2 + mg\cdot 0 = \frac{1}{2}m\cdot 0^2 + mgh①$$

よって，

$$v_C = \sqrt{2gh}$$

となる。

(イ) 点Dにおける速さをv_Dとおく。力学的エネルギー保存則より，

$$\frac{1}{2}mv_D{}^2 + mg(-x) = \frac{1}{2}m\cdot 0^2 + mgh$$

よって，

$$mv_D{}^2 = 2mg(h+x)$$

が得られる。よって，点Dにおける向心力の大きさは，

$$m\frac{v_D{}^2}{r} = 2mg\frac{h+x}{r}②$$

となる。

(ウ) $\angle COD = \theta$とおき，点Dにおける抗力の大きさをNとする。③
重力の中心方向成分と抗力の合力が向心力の役目を果たすので，

$$2mg\frac{h+x}{r} = mg\cos\theta - N$$

よって，

$$N = mg\left\{\cos\theta - \frac{2(h+x)}{r}\right\}$$

である。ここで，

$$\cos\theta = \frac{r-x}{r}$$

であることを用いると，

$$N = mg\left\{\frac{r-x}{r} - \frac{2(h+x)}{r}\right\} = mg\frac{r-3x-2h}{r}$$

となる。

① 重力による位置エネルギーの基準は点B，Cにとった。

② 向心力の大きさは運動方程式より，質量と向心加速度の大きさの積である。

③ Nはθまたはxの関数である。

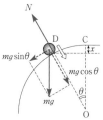

(エ) $\theta = 30°$ のとき，

$$\cos 30° = \frac{r - x}{r} \quad \text{よって，} \quad x = \frac{2 - \sqrt{3}}{2} r \qquad \cdots ①$$

である。このとき点Eにおいて小球は曲面から離れるので，(ウ)の結果より，

$$N = 0 \quad \text{よって，} \quad x = \frac{r - 2h}{3} \qquad \cdots ②$$

である。①，②式より，

$$\frac{2 - \sqrt{3}}{2} r = \frac{r - 2h}{3} \quad \text{よって，} \quad h = \frac{3\sqrt{3} - 4}{4} r$$

となる。

(オ) 点Cで離れるとき，$x = 0$ で $N = 0$ となるので，(ウ)の結果より，

$$r - 2h = 0 \quad \text{よって，} \quad h = \frac{r}{2}$$

である。

---

66 ケプラーの法則の導出

(ア) $\dfrac{R + r}{2}$ (イ) $\sqrt{Rr}$ (ウ) $\dfrac{1}{2} mV^2 - G\dfrac{Mm}{R}$ (エ) $\sqrt{\dfrac{2RGM}{r(R + r)}}$

(オ) $\sqrt{\dfrac{\pi^2 (R + r)^3}{2GM}}$ (カ) $\dfrac{4\pi^2}{GM}$

解説

▶ケプラーの第一法則と第二法則から第三法則を導く問題である。[1]

(ア)

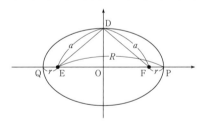

楕円上の点はどこでも2つの焦点E，Fからの距離の和が等しいので，

$$\begin{aligned} ED + FD &= EP + FP \\ &= EP + EQ \\ &= R + r \end{aligned}$$

が成り立つ。
$ED = FD = a$ より，

$$2a = R + r \quad \text{よって，} \quad a = \frac{R + r}{2}$$

となる。

① ケプラーの法則は元々太陽のまわりを公転する惑星に関する法則として発見されたが，太陽を惑星に，惑星を人工衛星におき換えても同様に成立することが知られている。

(イ)　OFの長さは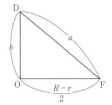②

$$\mathrm{OF} = \mathrm{OP} - \mathrm{FP} = a - r = \frac{R+r}{2} - r \quad (\text{(ア)より})$$

$$= \frac{R-r}{2}$$

である。△ODFに対する三平方の定理より，

$$\mathrm{OD}^2 = \mathrm{DF}^2 - \mathrm{OF}^2$$

$$b^2 = a^2 - \left(\frac{R-r}{2}\right)^2$$

$$= \left(\frac{R+r}{2}\right)^2 - \left(\frac{R-r}{2}\right)^2 \quad (\text{(ア)より})$$

$$= Rr$$

が成り立つ。よって，

$$b = \sqrt{Rr}$$

となる③。

(ウ)　点Pにおける力学的エネルギーは，

$$\frac{1}{2}mV^2 - G\frac{Mm}{R}$$

である。

(エ)　(ウ)と同様に，点Qにおける力学的エネルギーは

$\dfrac{1}{2}mv^2 - G\dfrac{Mm}{r}$ と表せるので，力学的エネルギー保存則より，

$$\frac{1}{2}mV^2 - G\frac{Mm}{R} = \frac{1}{2}mv^2 - G\frac{Mm}{r}$$

が成り立つ。さらに，ケプラーの第二法則より，

$$\frac{1}{2}VR = \frac{1}{2}vr \quad \text{よって，} \quad V = \frac{r}{R}v$$

が成り立つので，これを代入すると，

$$\frac{1}{2}m\left(\frac{r}{R}v\right)^2 - G\frac{Mm}{R} = \frac{1}{2}mv^2 - G\frac{Mm}{r}$$

よって，

$$\frac{r^2 - R^2}{2R^2}v^2 = \frac{GM(r-R)}{rR}$$

が成り立つ。これを整理すれば，

$$\frac{R+r}{2R}v^2 = \frac{GM}{r} \text{④} \quad \text{よって，} \quad v = \sqrt{\frac{2RGM}{r(R+r)}}$$

が得られる。

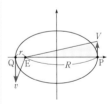

② △ODFに対して三平方の定理を適用するために，まずはOFの長さを求める。

③ 相加相乗平均の関係

$$\frac{R+r}{2} \geqq \sqrt{Rr}$$

$$(R>0, \ r>0)$$

より，

$$a \geqq b$$

となる。等号が成立するのは $R = r$ すなわち2つの焦点E，Fが一致する円の場合である。

④ 因数分解の公式

$$r^2 - R^2 = (r+R)(r-R)$$

を用いた。

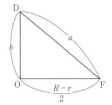 DDOF直角三角形（D, b, a, O, F, (R−r)/2）

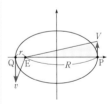 楕円の図（Q, E, r, R, P, V, v）

㋙　人工衛星の公転周期 T は楕円の面積 $S = \pi ab$ を面積速度の大き

さ $U = \dfrac{vr}{2}$ で割って,

$$T = \frac{\pi ab}{\dfrac{vr}{2}} = \frac{\pi \dfrac{R+r}{2}\sqrt{Rr}}{\dfrac{r}{2}\sqrt{\dfrac{2RGM}{r(R+r)}}} \quad ((\text{ア}),(\text{イ}),(\text{エ}) \text{より})$$

$$= \sqrt{\frac{\pi^2(R+r)^3}{2GM}}$$

である。

㋚　㋐の結果より,

$$R + r = 2a$$

である。これを㋙の結果に代入すると,

$$T = \sqrt{\frac{\pi^2(2a)^3}{2GM}} = \sqrt{\frac{4\pi^2 a^3}{GM}}$$

よって,

$$\frac{T^2}{a^3} = \frac{4\pi^2}{GM} \quad ⑤$$

が得られる。

⑤　$\dfrac{T^2}{a^3}$ が人工衛星によらない定数となり, ケプラーの第三法則が導かれた。

7 単振動

67 単振動を表す方程式

(ア) A　(イ) $\dfrac{2\pi}{\omega}$　(ウ) $m\omega^2$　(エ) ωA　(オ) $\dfrac{1}{2}m\omega^2A^2$

解説

(ア)　振幅は変位の最大値 A である。

(イ)　周期 T は,

$$T = \frac{2\pi}{\omega}$$

と表せる。

(ウ)　ばねKのばね定数を k, 小球Aの加速度を a とすると, 小球Aの運動方程式は,

$$ma = -kx$$

となる。これより,

$$a = -\frac{k}{m}x$$

と表せるので, 角振動数 ω は,

$$\omega = \sqrt{\frac{k}{m}}$$

となる。よって,

$$k = m\omega^2$$

である。

(エ)　Aの速さの最大値 $v_{\max}$ は,

$$v_{\max} = \omega A$$

である。

(オ)　ばねが最も伸びたとき, 小球Aの速さは 0, ばねKの伸びは A なので, 運動エネルギーと弾性エネルギーの和(力学的エネルギー)は,

$$\frac{1}{2}m \cdot 0 + \frac{1}{2}kA^2 = \frac{1}{2}m\omega^2A^2 \quad (\text{(ウ)より})$$

となる。力学的エネルギー保存則より, この値はつねに一定である。

▶単振動

〔1〕位置 x における物体の加速度 a が,
$$a = -\omega^2(x - x_{\mathrm{C}})$$
と表せるとき, 物体は単振動をするという。

$\begin{pmatrix} \omega : \text{角振動数} \\ T = \dfrac{2\pi}{\omega} : \text{周期} \\ x_{\mathrm{C}} : \text{振動中心} \end{pmatrix}$

x を t の関数として表すと,
$$x = x_{\mathrm{C}} + A\sin(\omega t + \alpha)$$
となる。
(A : 振幅)

〔2〕速度の最大値
$$v_{\max} = \omega A$$

68 2本のばねに挟まれた物体の単振動

問1 　$-(k_1 + k_2)x$ 　　問2 　$2\pi\sqrt{\dfrac{m}{k_1 + k_2}}$ 　　問3 　$A\sqrt{\dfrac{k_1 + k_2}{m}}$

問4 　$x = A\cos\sqrt{\dfrac{k_1 + k_2}{m}}\,t$

解説

問1 　位置xにおいて物体にはたらく弾性力は,
$$(-k_1 x) + (-k_2 x) = -(k_1 + k_2)x$$
である。

問2 　物体の加速度をaとすると, 運動方程式は,
$$ma = -(k_1 + k_2)x$$
となるので,
$$a = -\frac{k_1 + k_2}{m}x$$
である。よって, この物体は$x = 0$を中心に,

角振動数 $\omega = \sqrt{\dfrac{k_1 + k_2}{m}}$, 周期 $T = \dfrac{2\pi}{\omega} = 2\pi\sqrt{\dfrac{m}{k_1 + k_2}}$

の単振動をする。

注意▶ 加速度aは右向きを正とした。このように, 加速度の正の向きは必ず座標軸の正の向きに合わせて設定すること。

問3 　時刻$t = 0$で$x = A$, 速さ0であることから, 振幅はAである。振動中心$x = 0$を通過するときに速さが最大となるので, その値$v_{\max}$は,
$$v_{\max} = \omega A = A\sqrt{\frac{k_1 + k_2}{m}}$$
となる。

問4 　位置xを縦軸に, 時刻tを横軸にとってグラフを描くと下図のようになる。

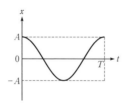

▶単振動のグラフの描き方
単振動をし始めたときの物体の位置と速度を基に, 物体の振動を表すグラフを描くとよい。

よって, xをtの関数として表すと,
$$x = A\cos\omega t = A\cos\sqrt{\frac{k_1 + k_2}{m}}\,t$$
である。

69 鉛直ばね振り子①

問1 $\dfrac{mg}{k}$　　問2 $\sqrt{\dfrac{k}{m}}$　　問3 $x(t) = x_0 + A\cos\omega t$

問4 ωA　　問5 $\dfrac{\pi}{2\omega}$

解説

問1 力のつり合いの式は，$mg - kx_0 = 0$ となるので，これより，$x_0 = \dfrac{mg}{k}$ が得られる。

問2 小球の加速度を鉛直下向きを正として a とおく。小球の運動方程式は，$ma = mg - kx$ である。これを変形して，問1の結果を用いると，

$$a = -\frac{k}{m}\left(x - \frac{mg}{k}\right) = -\frac{k}{m}(x - x_0)$$

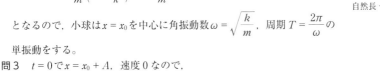

となるので，小球は $x = x_0$ を中心に角振動数 $\omega = \sqrt{\dfrac{k}{m}}$，周期 $T = \dfrac{2\pi}{\omega}$ の

単振動をする。

問3 $t = 0$ で $x = x_0 + A$，速度 0 なので，

$$x(t) = x_0 + A\cos\omega t$$

と表せる（右のグラフ参照）。

問4 つり合いの位置で速さは最大値 $v_{\max}$ をとるので，

$$v_{\max} = \omega A$$

である。

問5 求める時刻は，$\dfrac{T}{4} = \dfrac{\pi}{2\omega}$ である。

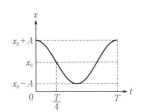

注意▶ 単振動で時間を求めるときは，周期の何倍かを考えるとよいことが多い。

70 微小振幅の単振り子の周期

㋐ $2T$　　㋑ T

解説

㋐ 糸の長さを4倍にすると，振り子の周期は2倍になるので，$2T$ である。

㋑ 振り子の周期はおもりの質量によらないので，周期は T である。

▶微小振幅の単振り子の周期

$$T = 2\pi\sqrt{\frac{l}{g}}$$

$\left(\begin{array}{l} l：振り子の長さ \\ g：重力加速度の大きさ \end{array}\right)$

証明は 73 参照

71 水平ばね振り子

問1 $\pi\sqrt{\dfrac{m}{k}}$ 　　　問2 $\dfrac{x_0}{2}\sqrt{\dfrac{k}{m}}$ 　　　問3 $\dfrac{\pi}{2}\sqrt{\dfrac{3m}{k}}$ 　　　問4 $\dfrac{\sqrt{3}}{2}x_0$

⬡ Method

単振動の基本解法：

(Step1) 任意の位置 x での加速度を a として運動方程式を立てる。

(Step2) $a = -\omega^2(x - x_\mathrm{C})$ と比較して角振動数 ω，振動中心 x_C，周期 $T = \dfrac{2\pi}{\omega}$ を求める。

(Step3) 時刻 $t = 0$ における位置 x，速度 v から振動の様子を決定する。
以下の2パターンはグラフを描くとよい。

【パターン1】 $t = 0$ で $x = x_\mathrm{C} \pm A$, $v = 0$
$x = x_\mathrm{C} \pm A\cos\omega t$ 　A：振幅

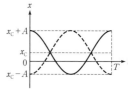

【パターン2】 $t = 0$ で $x = x_\mathrm{C}$, $v = \pm v_0$
公式 $v_{\max} = \omega A$ より，

$$v_0 = \omega A \quad \text{よって，} \quad A = \dfrac{v_0}{\omega}$$

$$x = x_\mathrm{C} \pm A\sin\omega t = x_\mathrm{C} \pm \dfrac{v_0}{\omega}\sin\omega t$$

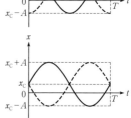

解説

問1　ばねが自然長となるときの物体Aの位置を原点として，水平右向きを正とする x 軸をとる。物体Aの位置が x のとき，加速度を a とする。[①]物体AとBを1つの物体としてまとめて考えるとき，質量は $4m$ となるので，運動方程式は，

$$4ma = -kx$$

となる。これより，

$$a = -\dfrac{k}{4m}x \quad\text{②}$$

と表せるので，原点を中心に，

角振動数 $\omega_0 = \sqrt{\dfrac{k}{4m}} = \dfrac{1}{2}\sqrt{\dfrac{k}{m}}$ 　　　…①

周期 $T_0 = \dfrac{2\pi}{\omega_0} = 4\pi\sqrt{\dfrac{m}{k}}$ 　　　…②

の単振動をすることがわかる。

① 加速度の向きは x の正負によって変わるので，大きさを a とおくのではなく，必ず x 軸の正の向きを正として a とおく。

② $a = -\omega_0^2(x - x_\mathrm{C})$ と比較する。

はじめ，ばねをx_0だけ伸ばして静かに放したことから，ばねが自然長になるまでの時間t_0は，

$$t_0 = \frac{T_0}{4} = \pi \sqrt{\frac{m}{k}} \quad (②より)$$

となる。

問2　物体Aの振幅A_0は，

$$A_0 = x_0 \qquad\qquad\qquad\qquad\qquad …③$$

である。ばねが自然長になったとき，物体Aの速さは最大値をとるので，これを$v_{\max}$とすると，

$$v_{\max} = \omega_0 A_0{}^{③}$$

$$= \frac{x_0}{2} \sqrt{\frac{k}{m}} \quad (①，③より) \qquad …④$$

である。

③　公式 $v_{\max} = \omega A$ を用いた。

問3　**ばねが自然長に達したあと糸はたるむので，物体Aは糸の張力を受けずに単振動をし始める。**物体Aの質量は$3m$なので，問1において$4m$を$3m$におき換えると，物体Aは原点を中心に，

$$角振動数 \, \omega_1 = \sqrt{\frac{k}{3m}} \qquad\qquad …⑤$$

$$周期 \, T_1 = \frac{2\pi}{\omega_1} = 2\pi \sqrt{\frac{3m}{k}} \qquad …⑥$$

の単振動をすることがわかる。よって，ばねが自然長になってから最も縮むまでの時間t_1は，

$$t_1 = \frac{T_1}{4} = \frac{\pi}{2} \sqrt{\frac{3m}{k}} \quad (⑥より)$$

となる。

問4　糸がたるんだあとの物体Aの振幅をA_1とすると，

$$v_{\max}{}^{④} = \omega_1 A_1$$

が成り立つ。これに④，⑤を代入すると，

$$\frac{x_0}{2} \sqrt{\frac{k}{m}} = \sqrt{\frac{k}{3m}} A_1 \quad よって，\, A_1 = \frac{\sqrt{3}}{2} x_0$$

となる。

④　糸がたるんだ瞬間，速さは変化しない。

問1 $kd = Mg$　　　　問2 　直前：$\sqrt{2gh}$，直後：$\dfrac{m}{m+M}\sqrt{2gh}$

問3 　$(m+M)a = mg - kx$　　　　問4 　$x_0 = \dfrac{mg}{k}$，$T = 2\pi\sqrt{\dfrac{m+M}{k}}$

問5 　$\dfrac{m}{M}d + \sqrt{\left(\dfrac{m}{M}d\right)^2 + \dfrac{2m^2dh}{M(m+M)}}$

🎲 Method

重力と弾性力の合力による位置エネルギー：

$$\frac{1}{2}kX^2 \ (X：つり合いの位置からの変位)$$

注意▶ 重力と弾性力の両方を含んだ位置エネルギーが1つの式で表されている。Xは重力と弾性力がつり合う位置からの変位であり，ばねの伸び縮みではないので，弾性エネルギーとは異なる。また，この式は重力の影響も含んでいるので，mghと和をとらないように注意。

解説

問1　円板にはたらく力のつり合いの式は，
　　$Mg - kd = 0$
となるので，dとkを結びつける関係式は，
　　$kd = Mg$ ①
と表せる。

① 数学的に等しければ，どのような表し方でもかまわない。

問2　衝突直前の粘土塊の速さをv_0とおく。力学的エネルギー保存則より，

$$\frac{1}{2}mv_0^2 + mg\cdot 0 = \frac{1}{2}m\cdot 0^2 + mgh \quad よって，v_0 = \sqrt{2gh}$$

となる。また，衝突直後の粘土塊＋円板の速さをv_1とおく。衝突直前と直後に対する運動量保存則より，②

$$\underbrace{(m+M)v_1}_{直後} = \underbrace{mv_0 + M\cdot 0}_{直前}$$

よって，

$$v_1 = \frac{m}{m+M}v_0 = \frac{m}{m+M}\sqrt{2gh}$$

である。

② 厳密には粘土塊と円板には外力として重力と弾性力がはたらいているが，その力積は無視してよい。粘土塊と円板の間にはたらく抗力は極めて短時間だが大きい（このような力を撃力という）ので，その力積に比べれば重力と弾性力の力積は無視できるほど小さいからである。

問3　円板は粘土塊と一体化して質量$m+M$の物体となる。運動方程式は，
　　$(m+M)a = (m+M)g - k(x+d)$
であるが，問1の結果を用いてdを消去すると，
　　$(m+M)a = mg - kx$
となる。

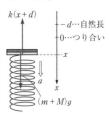

問4 問3の結果より,

$$a = -\frac{k}{m+M}x + \frac{m}{m+M}g$$

$$= -\frac{k}{m+M}\left(x - \frac{mg}{k}\right)$$

と表せる。よって,振動中心は$x_0 = \dfrac{mg}{k}$,[3]角振動数は

$\omega = \sqrt{\dfrac{k}{m+M}}$,周期は$T = 2\pi\sqrt{\dfrac{m+M}{k}}$である。

問5 力学的エネルギー保存則より(右下図参照),[4]

$$\frac{1}{2}(m+M)v_1^2 + \frac{1}{2}kx_0^2 = \frac{1}{2}(m+M)\cdot 0^2 + \frac{1}{2}k(x_1 - x_0)^2 \text{[5]}$$

よって,

$$\frac{1}{2}(m+M)v_1^2 = \frac{1}{2}kx_1^2 - kx_0x_1$$

が成り立つ。これに問2,問4の結果を代入すると,

$$\frac{1}{2}(m+M)\left(\frac{m}{m+M}\sqrt{2gh}\right)^2 = \frac{1}{2}kx_1^2 - k\frac{mg}{k}x_1$$

よって,

$$\frac{m^2gh}{m+M} = \frac{1}{2}kx_1^2 - mgx_1$$

となる。さらに,問1の結果を用いてkを消去すると,

$$\frac{m^2gh}{m+M} = \frac{Mg}{2d}x_1^2 - mgx_1$$

よって,

$$\frac{M}{2d}x_1^2 - mx_1 - \frac{m^2h}{m+M} = 0$$

となる。$x_1 > 0$より,

$$x_1 = \frac{m}{M}d + \sqrt{\left(\frac{m}{M}d\right)^2 + \frac{2m^2dh}{M(m+M)}}$$

が得られる。

[3] $x_0 \neq 0$。はじめは円板だけでつり合っていたが,粘土塊が固着することでつり合いの位置が下がることに注意。

[4] 71 のMethodの2パターンにあてはまらないので,力学的エネルギー保存則を用いるのがよい。

[5] 重力と弾性力の合力による位置エネルギーを用いている(Method参照)。粘土塊の衝突により,つり合いの位置は0からx_0に変わることに注意。

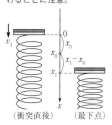

(衝突直後)　(最下点)

(ア) 復元力 (イ) $-mg\sin\theta$ (ウ) $\dfrac{x}{l}$ (エ) $-mg\dfrac{x}{l}$

(オ) $\sqrt{\dfrac{g}{l}}$ (カ) $2\pi\sqrt{\dfrac{l}{g}}$ (キ) 等時性

Method

微小振幅の単振り子の周期：

$$T = 2\pi\sqrt{\frac{l}{g}} \quad (l：振り子の長さ)$$

これを公式として覚えることも必要だが，入試ではその証明も問われることがあるので，必ず導出できるようにしておきたい。本問はその導出の問題である。

解説

(ア) 物体を振動中心に戻す向きにはたらく力を**復元力**という。

(イ) 重力の接線方向成分の大きさは $mg\sin\theta$ である。$\theta > 0$ のとき $F<0$，$\theta<0$ のとき $F>0$ であることに注意すると，

$$F = -mg\sin\theta$$

と表せる。

(ウ) θ が十分に小さいとき，水平方向の変位はほぼ x に等しいので，

$$\sin\theta \fallingdotseq \frac{x}{l}$$

と近似できる。

(エ) (ウ)の結果を(イ)の結果に代入すると，

$$F = -mg\frac{x}{l}$$

と表せる。

(オ) (エ)の結果より，**おもりの接線方向の運動方程式**は，

$ma = -\dfrac{mg}{l}x$ となるので，$a = -\dfrac{g}{l}x$ が成り立つ。よって，振り子の角振動数 ω は，

$$\omega = \sqrt{\frac{g}{l}}$$

となる。

(カ) (オ)の結果より，振り子の周期 T は，

$$T = \frac{2\pi}{\omega} = 2\pi\sqrt{\frac{l}{g}}$$

である。

(キ) T は糸の長さだけで決まり，振幅によらない。これを振り子の**等時性**という。

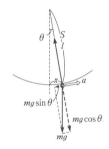

74 浮力による単振動

(ア) ρShg (イ) $\dfrac{m}{\rho S}$ (ウ) $\rho S(h + x)g$ (エ) $ma = -\rho Sgx$

(オ) $2\pi\sqrt{\dfrac{m}{\rho Sg}}$ (カ) $-h\cos\sqrt{\dfrac{\rho Sg}{m}}\,t$

🔷 Method

物体の一部が液体の表面から出ているとき，浮力が復元力となって単振動をすることができる。浮力に関しては 14 を参照のこと。

解説

(ア) **水中に沈んだ部分の体積はShなので**，容器にはたらく浮力の大きさはρShgである。

(イ) 容器にはたらく力のつり合いの式は，

$$mg - \rho Shg = 0$$

となる。これより，

$$h = \frac{m}{\rho S}$$

が得られる。

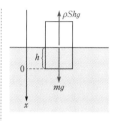

(ウ) 容器の下面の座標がxのとき，容器は水面より下に$h + x$だけ沈んでいるので，水中に沈んでいる部分の体積は$S(h + x)$である。よって，容器にはたらく浮力の大きさは$\rho S(h + x)g$である。

(エ) 容器の運動方程式は，

$$ma = mg - \rho S(h + x)g$$

と表せる。これに(イ)の結果を代入すると，

$$ma = -\rho Sgx$$

となる。

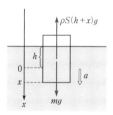

(オ) (エ)の結果より，

$$a = -\frac{\rho Sg}{m}x$$

となる。これより，容器は$x = 0$を中心に，

角振動数$\omega = \sqrt{\dfrac{\rho Sg}{m}}$，周期$T = \dfrac{2\pi}{\omega} = 2\pi\sqrt{\dfrac{m}{\rho Sg}}$

の単振動をする。

(カ) $t = 0$で$x = -h$，速さが0であることから，x-tグラフを描くと右図のようになる。よって，

$$x = -h\cos\omega t = -h\cos\sqrt{\frac{\rho Sg}{m}}\,t$$

と表せる。

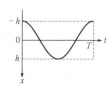

問1 密度：$\dfrac{3M}{4\pi R^3}$，万有引力定数：$\dfrac{gR^2}{M}$　　**問2** $\dfrac{mgr}{R}$

問3 $f_x = -\dfrac{mg}{R}x$，運動方程式：$ma = -\dfrac{mg}{R}x$，

物体の運動：$x = 0$ を中心とした角振動数 $\sqrt{\dfrac{g}{R}}$ の単振動

問4 式：$u = \pi\sqrt{\dfrac{R}{g}}$，値：42分　　**問5** 式：$\sqrt{\dfrac{g(2RH - H^2)}{R}}$，値：$8.0 \times 10^3$ m/s

---

🛡 **Method**

距離を隔てた2物体間にはたらく万有引力はニュートンの万有引力の法則を満たす。しかし，球対称な物体Aの中に小物体Bが入り込んだ場合（本問の**問2**にも書かれているように），

　物体Aの中心から距離 r の位置にある小物体Bにはたらく万有引力は，半径 r の球内の全質量が球の中心に集中していると考えて得られる万有引力に等しく，球の外側にある質量には影響されない

ことが知られている。

この事実は教科書に掲載されていないため，解く上で必要な場合は問題文中に明記されるのが通例である。そのため，かならずしもその性質を暗記しておく必要はないが，初見で理解して用いるのは難しいので，考え方を知っているほうが望ましい。

解説

問1 地球は質量が M，体積が $\dfrac{4}{3}\pi R^3$ の一様な球とみなしているので，その密度 ρ は，

$$\rho = \dfrac{M}{\dfrac{4}{3}\pi R^3} = \dfrac{3M}{4\pi R^3}$$

である。また，**自転に伴う遠心力を無視しているので，地表面上で物体にはたらく重力は地球からの万有引力に等しい**。万有引力定数を G とすると，

$$mg = G\dfrac{Mm}{R^2} \quad \text{よって，} \quad G = \dfrac{gR^2}{M}①$$

が成り立つ。

問2 半径 r の球の内部に含まれる質量を M' とすると，

$$M' = \left(\dfrac{r}{R}\right)^3 M②$$

となる。地球の中心から距離 r $(r \leqq R)$ の位置における物体にはたらく重力は**質量 M' の質点が地球の中心に存在した場合に物体にはたらく万有引力に等しい**ので，その大きさ f は，

① **63** にも登場した。

② 密度が一様なので，質量比は半径比の3乗に等しい。

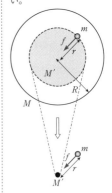

$$f = G\frac{M'm}{r^2} = \frac{GMm}{R^3}r$$

である。これに問1の結果 $G = \dfrac{gR^2}{M}$ を代入すると，

$$f = \frac{mgr}{R}$$

と表せる。

問3　トンネル内の位置 x にある物体にはたらく万有引力の x 成分 f_x は，

$$f_x = -f\frac{x}{r} = -\frac{mg}{R}x \,③$$

③　向きに注意。

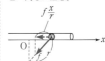

となる。よって，物体の x 軸方向の運動方程式は，

$$ma = -\frac{mg}{R}x$$

となるので，

$$a = -\frac{g}{R}x$$

が成り立つ。これより，物体は $x = 0$ を中心とした**角振動数**

$\omega = \sqrt{\dfrac{g}{R}}$ の**単振動**をすることがわかる。

問4　物体の単振動の周期 T は，

$$T = \frac{2\pi}{\omega} = 2\pi\sqrt{\frac{R}{g}} \,④$$

④　T は H によらず一定なので，トンネルをどこに掘っても単振動の周期は同じになる。

と表せる。トンネルの入り口で静かに放してから出口に達するまでの時間 u は単振動の**半周期**に相当するので，

$$u = \frac{T}{2} = \pi\sqrt{\frac{R}{g}}$$

である。これに $R = 6.4 \times 10^6$ m，$g = 10$ m/s^2 を代入すると，

$$u = 3.14 \times \sqrt{\frac{6.4 \times 10^6\,\text{m}}{10\,\text{m/s}^2}} = 3.14 \times \sqrt{64 \times 10^4}\,\text{s}$$

$$= 2.51 \times 10^3\,\text{s} \fallingdotseq 42\text{分}$$

となる。

問5　トンネルの入り口から中心までの距離は三平方の定理より，

$$\sqrt{R^2 - (R-H)^2} = \sqrt{2RH - H^2}$$

である。これが単振動の振幅に相当する。よって，物体の最大の速さ v_M は，

$$v_M = \omega\sqrt{2RH - H^2} \,⑤ = \sqrt{\frac{g(2RH - H^2)}{R}} \quad (\text{問3より})$$

⑤　$v_{max} = \omega A$

である。特に，トンネルが地球の中心を通る場合，$H = R$ なので，

$$v_M = \sqrt{gR} = \sqrt{10\,\text{m/s}^2 \times 6.4 \times 10^6\,\text{m}}$$

$$= 8.0 \times 10^3\,\text{m/s}$$

となる。

76 遠心力と単振動

問1 $-(k-m\omega^2)x+mL\omega^2$ 　　問2 $k>m\omega^2$ 　　問3 $2\pi\sqrt{\dfrac{m}{k-m\omega^2}}$

問4 $\dfrac{2m\omega^2}{k-m\omega^2}L$

🔷 Method

遠心力:

回転する座標系で考えるときにはたらく慣性力の一種。

・向き:回転中心から遠ざかる向き。

・大きさ:$mr\omega^2$

（m:物体の質量,　r:回転中心からの距離,　ω:座標系の回転の角速度）

解説

▶静止系で考える（水平面上で静止した観測者から見る）と,小物体の運動は複雑なものとなるが,円板とともに回転する座標系で考えると,小物体の運動はシンプルになる。

問1　小物体の座標がxのとき,小物体に作用する遠心力の大きさは$m(L+x)\omega^2$である[①]。また,弾性力は$-kx$と表せるので,小物体に作用する力は,

$$f=m(L+x)\omega^2-kx$$
$$=-(k-m\omega^2)x+mL\omega^2$$

となる。

① 回転軸から小物体までの距離はxではなく$L+x$であることに注意。

問2　小物体が単振動するためには,作用する力が復元力にならなければならない。すなわち,fをxの関数として表したとき,xの1次の係数が負でなければならないので,

$$k-m\omega^2>0 \quad \text{よって,}\ k>m\omega^2$$

を満たす必要がある。

問3　加速度のx成分をaとすると,小物体の運動方程式は,

$$ma=-(k-m\omega^2)x+mL\omega^2$$
$$=-(k-m\omega^2)\left(x-\dfrac{m\omega^2}{k-m\omega^2}L\right)$$

となるので,

$$a=-\dfrac{k-m\omega^2}{m}\left(x-\dfrac{m\omega^2}{k-m\omega^2}L\right)$$

となる。よって,小物体は$x=\dfrac{m\omega^2}{k-m\omega^2}L$（$=x_c$とおく）を中心に,

角振動数$\sqrt{\dfrac{k-m\omega^2}{m}}$,周期$2\pi\sqrt{\dfrac{m}{k-m\omega^2}}$の単振動をする。

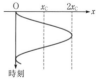

問4　小物体は$x=x_c$を中心に,原点Oから初速0で単振動をし始めるので,位置の最大値は,

100

$$x = 2x_{\mathrm{c}} = \frac{2m\omega^2}{k - m\omega^2} L$$

となる。

| 77 | 鉛直ばね振り子③ |

問1 $\dfrac{3mg}{d}$ 問2 加速度：$-\dfrac{g}{d}x$, 垂直抗力：$mg\left(1-\dfrac{x}{d}\right)$

問3 条件：$\alpha \geqq 1$, 位置：$x = d$, 速さ：$\sqrt{(\alpha^2 - 1)\,dg}$

問4 $\dfrac{\alpha^2 + 1}{2}d$ 問5 振動中心：$\dfrac{d}{3}$, 振幅：$\sqrt{\dfrac{2}{3}\left(\alpha^2 - \dfrac{1}{3}\right)}\,d$

問6 $\sqrt{\dfrac{2}{3}\pi^2 + 1}$

解説

問1 小球と板を一体とみなして考える。ばね定数をkとすると，原点で静止しているときの力のつり合いの式は，

$$kd - 3mg = 0$$

となる。これより，

$$k = \dfrac{3mg}{d}$$

である。

問2 板と小球が一体となって運動しているとき，位置xにおける加速度をa，小球が板から受ける垂直抗力の大きさをNとすると，小球と板にはたらく力はそれぞれ右図のようになる。よって，小球の運動方程式は，

$$ma = N - mg$$

となり，板の運動方程式は，

$$2ma = k(d - x) - 2mg - N$$
$$= \dfrac{3mg}{d}(d - x) - 2mg - N \quad （問1より）$$
$$= mg - \dfrac{3mg}{d}x - N$$

となる。これらを連立して解くと，

$$a = -\dfrac{g}{d}x, \quad N = mg\left(1 - \dfrac{x}{d}\right)$$

が得られる。

問3 小球が板から離れるときは$N = 0$である。このとき，問2の結果より，

$$mg\left(1 - \dfrac{x}{d}\right) = 0 \quad よって，\quad x = d^{①}$$

となる。また，$a = -\dfrac{g}{d}x$より，小球と板は位置$x = 0$を中心とする単振動をすることがわかる。静かに放した瞬間の位置は，

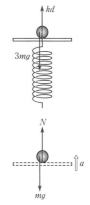

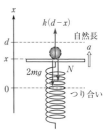

① ばねが自然長となる位置で離れることがわかった。

$x = -\alpha d$, 速度は 0 であることから, 単振動の振幅は αd となる。したがって, 最高点の位置は αd となるので, 板が小球から離れないためには,

$$\alpha d < d \quad \text{よって,} \quad \alpha < 1$$

でなければならない。逆に, 小球が板から離れるための条件は,

$$\alpha \geqq 1 \quad [2]$$

となる。この条件を満たす場合, 離れるときの速さを v とする。力学的エネルギー保存則より,

$$\underbrace{\frac{1}{2} \cdot 3m \cdot v^2 + \frac{1}{2} kd^2}_{\substack{\text{小球が板から離れるとき} \\ (x=d)}} = \underbrace{\frac{1}{2} \cdot 3m \cdot 0^2 + \frac{1}{2} k(\alpha d)^2}_{\substack{\text{つり合いの位置}(x=0)\text{から} \\ \alpha d\text{押し下げたとき}(x=-\alpha d)}} \quad [3]$$

よって,

$$3mv^2 = k(\alpha^2 - 1)d^2$$

が成り立つ。これに問 1 の結果を代入すると,

$$3mv^2 = 3mg(\alpha^2 - 1)d \quad \text{よって,} \quad v = \sqrt{(\alpha^2 - 1)dg}$$

である。

問4 問 3 の結果より, 小球は $x = d$ で板から離れたあと, 初速 v で鉛直に投げ上げられる。その後の最高到達点の位置を $x = H$ とすると,

$$0^2 - v^2 = 2(-g)(H - d) \quad [4]$$

よって,

$$H = d + \frac{v^2}{2g}$$

$$= d + \frac{\alpha^2 - 1}{2} d \quad (問 3 より)$$

$$= \frac{\alpha^2 + 1}{2} d$$

となる。

問5 小球が離れたあと, 位置 x における板の加速度を a' とすると, 右図より, 板の運動方程式は,

$$2ma' = -k(x - d) - 2mg$$

$$= -\frac{3mg}{d}(x - d) - 2mg \quad (問 1 より)$$

$$= -\frac{3mg}{d} x + mg$$

となる。これより,

$$a' = -\frac{3g}{2d} x + \frac{g}{2} = -\frac{3g}{2d}\left(x - \frac{d}{3}\right)$$

と表せるので, 板は位置 $x = \dfrac{d}{3}$ を中心とした

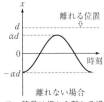

② 等号は板から離れる場合と離れない場合のどちらに含めても構わない。

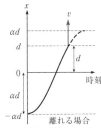

③ 重力と弾性力の合力による位置エネルギーを用いている(■72 Method参照)。つり合いの位置(すなわち振動中心)は $x = 0$ なのでここからの距離を考える。

④ 位置 $x = d$ で離れるので, そこから最高到達点までの変位は $H - d$ である。変位を H としてしまわないように注意。

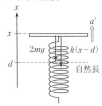

$$\text{角振動数}\,\omega = \sqrt{\frac{3g}{2d}}, \quad \text{周期}\,T = \frac{2\pi}{\omega} = 2\pi\sqrt{\frac{2d}{3g}}$$

の単振動をする。振幅を A とすると，力学的エネルギー保存則より，

$$\underbrace{\frac{1}{2}\cdot 2m\cdot 0^2 + \frac{1}{2}kA^2}_{\text{最高到達点}} = \underbrace{\frac{1}{2}\cdot 2m\cdot v^2 + \frac{1}{2}k\left(\frac{2}{3}d\right)^2}_{\text{小球が板から離れるとき}\,(x=d)} \,\text{⑤}$$

が成り立つ。問1，問3より，

$$\frac{1}{2}\cdot\frac{3mg}{d}A^2 = (\alpha^2-1)mgd + \frac{1}{2}\cdot\frac{3mg}{d}\cdot\frac{4}{9}d^2$$

よって，

$$A = \sqrt{\frac{2}{3}\left(\alpha^2 - \frac{1}{3}\right)}\,d$$

となる。

問6 板が小球と離れてちょうど1周期が経過したときに小球が板上に戻ってくるので，その位置は両者が離れた位置 $x=d$ である。

よって，この間の小球の変位は0であるから，かかった時間を t_0 とすると，

$$0 = vt_0 + \frac{1}{2}(-g)t_0^2 \,\text{⑥}$$

が成り立つ。$t_0 \neq 0$ より，

$$0 = v - \frac{1}{2}gt_0$$

よって，

$$t_0 = \frac{2v}{g} = 2\sqrt{\frac{(\alpha^2-1)d}{g}} \quad (\text{問3より})$$

である。この時間 t_0 は板の単振動の周期 T に等しいので，

$$\underbrace{2\sqrt{\frac{(\alpha^2-1)d}{g}}}_{t_0} = \underbrace{2\pi\sqrt{\frac{2d}{3g}}}_{T} \quad (\text{問5より})$$

よって，

$$\alpha = \sqrt{\frac{2}{3}\pi^2 + 1}$$

である。

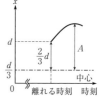

⑤ 小球が板から離れたあと，板の振動中心は $x = \dfrac{d}{3}$ に変化していることに注意。小球が板から離れた直後，振動中心からの距離は，

$$d - \frac{d}{3} = \frac{2}{3}d$$

となる。

⑥ 小球は初速 v の鉛直投げ上げである。

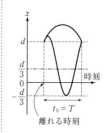

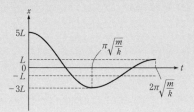

78 摩擦のある水平面上での単振動

(ア) $-8kL^2$　(イ) $-8\mu' mgL$　(ウ) $\dfrac{kL}{mg}$　(エ) $-k(x-L)$

(オ) L　(カ) $4L\sqrt{\dfrac{k}{m}}$　(キ) $\pi\sqrt{\dfrac{m}{k}}$　(ク) $-k(x+L)$

(ケ) $-L$

問1

x

$5L$

L
0
$-L$
$-3L$

$\pi\sqrt{\dfrac{m}{k}}$

$2\pi\sqrt{\dfrac{m}{k}}$

t

問2 $\dfrac{kL}{mg}\leqq\mu<\dfrac{3kL}{mg}$

 Method

動摩擦力の向き：

運動方程式を書き表すとき，弾性力はばねの伸び縮みや物体の運動の向きによらずつねに同じ形で書くことができる。しかし，物体が静止したあらい面上をすべるとき，動摩擦力は運動している向きと逆向きにはたらくので，運動の向きによって場合分けして考えなければならない。

解説

(ア) 点Pから点Qまでの間において，ばねは$5L$伸びた状態から$3L$縮んだ状態に変化するので，蓄えられた弾性エネルギーの変化は，

$$\frac{1}{2}k(3L)^2-\frac{1}{2}k(5L)^2=-8kL^2$$

である。

(イ) 物体にはたらく鉛直方向の力のつり合いより，垂直抗力の大きさNは$N=mg$となる。よって，動摩擦力の大きさは，

$$\mu' N=\mu' mg$$

となる。したがって，動摩擦力が点Pから点Qまでにした仕事は，

$$-\mu' mg\cdot 8L=-8\mu' mgL\ ^{①}$$

である。

① 動摩擦力は変位と逆向きなので，仕事は負になる。

(ウ) **ばねに蓄えられた弾性エネルギーの変化は動摩擦力がした仕事に等しい**ので，(ア)，(イ)の結果より，

$$-8kL^2=-8\mu' mgL\quad よって，\quad \mu'=\frac{kL}{mg}$$

となる。

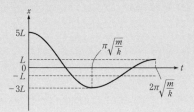

(エ)　**物体が左向きにすべっているとき，動摩擦力は右向きにはたら**
　　くので，物体にはたらく合力は，

$$-kx + \mu'mg$$
$$= -kx + kL \quad (\text{(ウ)より})$$
$$= -k(x - L)$$

　　となる。

(オ)　物体の加速度を右向きを正として a とすると，運動方程式は，

$$ma = -k(x - L)$$

　　と表せる。これより，

$$a = -\frac{k}{m}(x - L)$$

　　が得られるので，この物体は，$x = L$ [2] を中心に，

$$\text{角振動数}\,\omega = \sqrt{\frac{k}{m}}, \quad \text{周期}\,T = 2\pi\sqrt{\frac{m}{k}}$$

　　の単振動をすることがわかる。

(カ)　物体は $x = 5L$ から速度 0 で運動を開始し，$x = L$ を中心に単振
　　動することから，その振幅 A_1 は，

$$A_1 = 5L - L = 4L$$

　　となる。よって，最大の速さ $v_{\max}$ は，

$$v_{\max} = \omega A_1 = 4L\sqrt{\frac{k}{m}} \quad (\text{(オ)より})$$

　　である。

(キ)　物体が点 Q で速度が 0 になる時刻は，

$$\frac{T}{2} = \pi\sqrt{\frac{m}{k}} \quad (\text{(オ)より})$$

　　である。

(ク)　**物体が右向きに運動しているとき，動摩擦力は左向きにはたら**
　　くので，物体にはたらく合力は，

$$-kx - \mu'mg\,[3]$$
$$= -kx - kL \quad (\text{(ウ)より})$$
$$= -k(x + L)$$

　　となる。

(ケ)　物体が右向きに運動するとき，運動方程式は，

$$ma = -k(x + L)$$

　　と表せる。これより，

$$a = -\frac{k}{m}(x + L)$$

　　が得られるので，この物体は，$x = -L$ を中心に，

$$\text{角振動数}\,\omega = \sqrt{\frac{k}{m}}, \quad \text{周期}\,T = 2\pi\sqrt{\frac{m}{k}}\,[4]$$

　　の単振動をする。

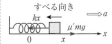

② 　$x = L$ は物体が左向き
に運動するときの振動中心
である。

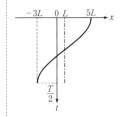

③ 　ばねの弾性力は物体の
運動の向きやばねの伸び縮
みによって場合分けする必
要がない。

$x < 0$ のとき，弾性力の大
きさは，

$$k(0 - x) = -kx$$

と表せることに注意。

④ 　物体が左右どちらの向
きに運動するかによって振
動中心は変わるが，角振動
数や周期は変わらない。

問1　物体は点Qに達したあと，$x = -3L$ から速度0で運動を開始し，$x = -L$ を中心に単振動することから，点R $(x = L)$ で速度が0になる。点Pから点Qまでの運動も合わせると，グラフは下図のようになる。

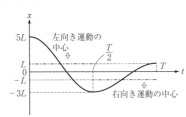

問2　**物体の速度が0となる振動の端点QとRでは静止摩擦力がはたらく。**点Q $(x = -3L)$ ではその大きさが最大摩擦力 μmg を超えて再びすべり出すが，点R $(x = L)$ ではそれを超えなかったためにそのまま静止した。したがって，

$$3kL > \mu mg \quad かつ \quad kL \leqq \mu mg$$

すなわち

$$\frac{kL}{mg} \leqq \mu < \frac{3kL}{mg}$$

を満たさなければならない。

┃79┃　重心運動と相対運動

問1　$\dfrac{m_A v_A + m_B v_B}{m_A + m_B}$

問2　台車A：$m_A \alpha_A = -k(x_A - x_B)$，台車B：$m_B \alpha_B = k(x_A - x_B)$

問3　(ア)　$-\dfrac{k(m_A + m_B)}{m_A m_B}$　　(イ)　$-l$　　(ウ)　$\sqrt{\dfrac{k(m_A + m_B)}{m_A m_B}}$

　　　(エ)　$2\pi\sqrt{\dfrac{m_A m_B}{k(m_A + m_B)}}$

問4　グラフ：(d)，
　　　理由：衝突直後，すなわち $t = 0$ におけるBの速度は正であり，その後は一定の周期と振幅で振動するから。

🔲 **Method**

重心速度：

$$v_G = \frac{m_1 v_1 + m_2 v_2}{m_1 + m_2} = \frac{全運動量}{全質量}$$

m_1 →v_1　　重心 →v_G　　m_2 →v_2

この定義により，運動量の和が保存することと重心速度が一定であることは同値となる。したがって，2物体系に外力がはたらかないとき，重心速度は一定である。

問1 2つの台車が連結する前，台車Aと台車Bの重心速度v_Gは，

$$v_G = \frac{m_A v_A + m_B v_B}{m_A + m_B}$$

である。**台車Aと台車Bからなる2物体系には水平方向に外力がはたらかないので，重心速度は一定となる。**したがって，連結した時刻0以後も，重心速度は，

$$\frac{m_A v_A + m_B v_B}{m_A + m_B}$$

のまま不変である。

問2 ばねの伸び（伸びているときを正，縮んでいるときを負とする）は$x_A - x_B$とかけるので，ばねが台車A，Bに及ぼす弾性力はそれぞれ $-k(x_A - x_B)$，$k(x_A - x_B)$ となる。よって，台車A，Bの運動方程式はそれぞれ，

A：$m_A \alpha_A = -k(x_A - x_B)$
B：$m_B \alpha_B = k(x_A - x_B)$

と表せる。

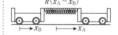

問3 問2の結果より，

$$\alpha_A = -\frac{k}{m_A}(x_A - x_B), \quad \alpha_B = \frac{k}{m_B}(x_A - x_B)$$

が得られる。辺々の差をとると，

$$\alpha_A - \alpha_B = -k\left(\frac{1}{m_A} + \frac{1}{m_B}\right)(x_A - x_B)$$

$$= -\frac{k(m_A + m_B)}{m_A m_B} \underset{(\mathcal{ア})}{(x_A - x_B)} ①$$

となる。これより台車Bから見た台車Aの相対運動は，

$$角振動数 \omega = \sqrt{\frac{k(m_A + m_B)}{m_A m_B}} \quad (\mathcal{ウ})$$

$$周期 T = \frac{2\pi}{\omega} = 2\pi\sqrt{\frac{m_A m_B}{k(m_A + m_B)}} \quad (\mathcal{エ})$$

の単振動となる。ばねの最大の縮みはlであるから，台車Bから見た台車Aの相対変位の振幅はlである。さらに，時刻$t=0$において，相対変位が0の状態で負の向きの相対速度をもつ②ので，

$$x_A - x_B = -l\underset{(\mathcal{イ})}{\sin}\omega t$$

となる。

問4 衝突直後，すなわち$t=0$におけるBの速度は正であるから，このときのグラフの傾きは正である。また，問3の結果より，その後の相対運動の周期と振幅は一定であるから，(d)のグラフのようになる。

① $x_A - x_B$はBに対するAの相対変位，$\alpha_A - \alpha_B$はBに対するAの相対加速度を表す。それぞれをx_r，α_rとすると，

$$\alpha_r = -\omega^2 x_r$$

を満たすので，Bに対するAの相対運動は単振動であることがわかる。

② $t=0$における台車Bに対する台車Aの相対速度は，$v_A < v_B$より，

$$v_A - v_B < 0$$

である。

8 熱と温度

確認問題

80 熱量の保存①

問1 6.3×10^3 J　　　問2 8.5×10^2 J　　　問3 0.85 J/(g·K)

解説

問1 水の温度上昇は10Kであるから，水が得た熱量は，
$$150\,\text{g} \times 4.2\,\text{J/(g·K)} \times 10\,\text{K} = 6.3 \times 10^3\,\text{J}$$
である。

問2 容器の温度上昇も10Kなので，容器が得た熱量は，
$$85\,\text{J/K} \times 10\,\text{K} = 8.5 \times 10^2\,\text{J}$$
である。

問3 金属球の温度低下は70Kなので，金属球が失った熱量は，
$$120\,\text{g} \times c \times 70\,\text{K}$$
と表せる。これは水と容器が得た熱量に等しいので，
$$120\,\text{g} \times c \times 70\,\text{K} = 6.3 \times 10^3\,\text{J} + 8.5 \times 10^2\,\text{J}$$
よって，
$$c \fallingdotseq 0.85\,\text{J/(g·K)}$$
となる。

注意▶ 温度1℃の変化と1Kの変化は等しいので，温度"変化"を計算するときに単位の換算は必要ない。

> ▶熱量の保存
> 高温物質が失った熱量と低温物質が得た熱量は等しい。
> ・熱容量
> $$C = \frac{Q}{\Delta T}$$
> ・比熱
> $$c = \frac{Q}{m\Delta T}$$
> $\begin{cases} Q & : 熱量 \\ \Delta T : 温度変化 \\ m & : 質量 \end{cases}$

81 熱量の保存②

問1 1.18×10^3 J　　　問2 9.24×10^3 J　　　問3 29.2℃

解説

問1 -20.0℃の氷が0℃になるまでに得た熱量は，
$$28.0\,\text{g} \times 2.10\,\text{J/(g·K)} \times 20\,\text{K} = 1176\,\text{J}$$
$$\fallingdotseq 1.18 \times 10^3\,\text{J}$$
である。

問2 0℃の氷がすべて融解して0℃の水になるまでに得た熱量は，
$$28.0\,\text{g} \times 330\,\text{J/g} = 9.24 \times 10^3\,\text{J}$$
である。

> ▶潜熱
> 物質が状態変化するときに用いられる1gあたりの熱量。
> ・融解熱
> 固体を融かすのに必要な1gあたりの熱量
> ・蒸発熱（気化熱）
> 液体を気化するのに必要な1gあたりの熱量

問3　熱平衡状態に達したときの温度を t〔℃〕とする。融解して 0 ℃になった水が熱平衡に達するまでに得た熱量は，

$$28.0\,\text{g} \times 4.20\,\text{J}/(\text{g}\cdot\text{K}) \times (t - 0)\,\text{〔K〕}$$

と表せる。また，80.0 ℃の水が失った熱量は，

$$65.0\,\text{g} \times 4.20\,\text{J}/(\text{g}\cdot\text{K}) \times (80 - t)\,\text{〔K〕}$$

と表せる。熱量の保存と問1，問2の結果より，

$$\underbrace{1176\,\text{J} + 9.24 \times 10^3\,\text{J} + 28.0\,\text{g} \times 4.20\,\text{J}/(\text{g}\cdot\text{K}) \times t\,\text{〔K〕}}_{-20.0℃の氷が得た熱量}$$

$$= \underbrace{65.0\,\text{g} \times 4.20\,\text{J}/(\text{g}\cdot\text{K}) \times (80 - t)\,\text{〔K〕}}_{80.0℃の水が失った熱量}$$

よって，

$$t \fallingdotseq 29.2℃$$

が得られる。

注意▸　容器は熱容量が無視できるので，容器の得た熱量は無視してよい。

▌82　分子の平均運動エネルギーと2乗平均速度

問1　$\dfrac{2N_\text{A}}{3R}K$　　　問2　$1.5 \times 10^3\,\text{m/s}$

解説

問1　単原子分子理想気体の分子1個の平均運動エネルギー K は，

$$K = \frac{3}{2}\cdot\frac{R}{N_\text{A}}T$$

と表せるので，

$$T = \frac{2N_\text{A}}{3R}K$$

である。

> ▶単原子分子理想気体の分子
> 1個の平均運動エネルギー
>
> $$\frac{3}{2}kT \quad \left(k = \frac{R}{N_\text{A}}\right)$$
>
> $\left\{\begin{array}{l} k\ :ボルツマン定数 \\ N_\text{A}:アボガドロ定数 \\ R\ :気体定数 \\ T\ :絶対温度 \end{array}\right.$

問2　分子の質量を m，速さを v とすると，2乗の平均 $\overline{v^2}$ は，

$$\frac{1}{2}m\overline{v^2} = \frac{3}{2}\cdot\frac{R}{N_\text{A}}T$$

を満たす。よって，分子の2乗平均速度 $\sqrt{\overline{v^2}}$ は，

$$\sqrt{\overline{v^2}} = \sqrt{\frac{3RT}{mN_\text{A}}}$$

$$= \sqrt{\frac{3 \times 8.31\,\text{J}/(\text{mol}\cdot\text{K}) \times 360\,\text{K}}{4.0 \times 10^{-3}\,\text{kg}}}$$

$$\fallingdotseq \sqrt{2.24 \times 10^6}\,\text{m/s}$$

$$= \sqrt{224} \times 10^2\,\text{m/s}$$

$$\fallingdotseq 15 \times 10^2\,\text{m/s} = 1.5 \times 10^3\,\text{m/s}$$

となる。

注意▸　mN_A はモル質量であり，〔g/mol〕で表した値は分子量に等しい。分子量の値は 1 mol あたりの質量を g 単位で表したものなので，数値計算をするときには kg 単位に換算する必要がある。

注意▸　$\sqrt{224} \fallingdotseq \sqrt{225} = 15$

83 密度を含んだ状態方程式

$$(\text{ア})\quad PV = nRT \qquad (\text{イ})\quad \frac{nw}{V} \qquad (\text{ウ})\quad \frac{P}{\rho T}$$

解説

(ア) 理想気体の状態方程式は,

$$PV = nRT$$

である。

(イ) 物質量 n の気体の質量を m とすると, $m = nw$ と表すことができるので, 気体の密度 ρ は,

$$\rho = \frac{m}{V} = \frac{nw}{V}$$

と表せる。

(ウ) (ア)・(イ)の結果から体積 V を消去すると,

$$P\frac{nw}{\rho} = nRT \quad \text{よって,} \quad \frac{P}{\rho T} = \frac{R}{w}$$

が得られる。

注意▶ $\dfrac{R}{w}$ は一定なので, 圧力 P が一定の場合, ρT が一定となる。これは ■ 86 **熱気球**で便利である。

≡ **重要問題**

84 熱量の保存③

$$(\text{ア})\quad 3.33 \times 10^2 \qquad (\text{イ})\quad 36.7 \qquad (\text{ウ})\quad 2.16 \qquad (\text{エ})\quad 0.494$$

⬡ Method

熱量の保存：

高温物質が失った熱量と低温物質が得た熱量は等しい。

熱容量 $C = \dfrac{Q}{\Delta T}$ …物質を1K上昇させるために必要な熱量

比熱 $c = \dfrac{Q}{m\Delta T}$ …物質1gを1K上昇させるために必要な熱量

潜熱：

物質1gの状態を変化させるのに必要な熱量

融解熱…物質1gを融解するのに必要な熱量

蒸発熱（気化熱）…物質1gを蒸発させるのに必要な熱量

(ア)　9 s から 134 s までの 125 s 間でヒーターによって与えられた熱量は，

$$4.00 \times 10^2 \, W \times 125 \, s = 5.00 \times 10^4 \, J^{①}$$

である。この熱は 0℃ の氷を 0℃ の水にするのに使われたので，氷の融解熱は，

$$\frac{5.00 \times 10^4 \, J}{1.50 \times 10^2 \, g} \fallingdotseq 3.33 \times 10^2 \, J/g^{②}$$

である。

(イ)　134 s から 184 s までの 50.0 s 間でヒーターによって与えられた熱量は，

$$4.00 \times 10^2 \, W \times 50.0 \, s = 2.00 \times 10^4 \, J$$

である。この熱は容器と水（融けた氷）の温度を 30 K 上昇させるのに用いられる。容器の熱容量を C とすると，熱量の保存より，

$$\underbrace{C \times 30.0 \, K}_{\text{容器が得た熱量}} + \underbrace{1.50 \times 10^2 \, g \times 4.20 \, J/(g \cdot K) \times 30.0 \, K}_{\text{水（融けた氷）が得た熱量}}$$
$$= \underbrace{2.00 \times 10^4 \, J}_{\text{ヒーターの加熱量}}$$

よって，

$$C = \frac{110}{3} \, J/K \fallingdotseq 36.7 \, J/K$$

が得られる。

(ウ)　0 s から 9.00 s までの 9.00 s 間でヒーターによって与えられた熱量は，

$$4.00 \times 10^2 \, W \times 9.00 \, s = 3.60 \times 10^3 \, J$$

である。この熱は容器と氷の温度を 10.0 K 上昇させるのに用いられる。氷の比熱を c とすると，熱量の保存より，

$$\underbrace{\frac{110}{3} \, J/K \times 10.0 \, K}_{\text{容器が得た熱量}} + \underbrace{1.50 \times 10^2 \, g \times c \times 10.0 \, K}_{\text{氷が得た熱量}} = \underbrace{3.60 \times 10^3 \, J}_{\text{ヒーターの加熱量}}$$

よって，

$$c \fallingdotseq 2.16 \, J/(g \cdot K)$$

が得られる。

(エ)　金属球の比熱を c' とする。金属球が失った熱量は容器と水が得た熱量に等しいので，

$$\underbrace{1.35 \times 10^2 \, g \times c' \times 50.0 \, K}_{\text{金属球が失った熱量}}$$
$$= \underbrace{\frac{110}{3} \, J/K \times 5.00 \, K}_{\text{容器が得た熱量}} + \underbrace{1.50 \times 10^2 \, g \times 4.20 \, J/(g \cdot K) \times 5.00 \, K}_{\text{水が得た熱量}}^{③}$$

よって，

$$c' \fallingdotseq 0.494 \, J/(g \cdot K)$$

となる。^{④}

① 単位 W = J/s

② 1 g あたりにするのを忘れないこと。

③ 金属球の温度低下は 50.0 K，容器と水の温度上昇は 5.00 K である。

④ 身近な代表的金属は比熱が 1 より小さいものが多い。

85 気体分子運動論①

(ア) $-v_x$	(イ) $2mv_x$	(ウ) $\dfrac{v_x t}{2L}$	(エ) $\dfrac{mv_x^2 t}{L}$	(オ) $\dfrac{mv_x^2}{L}$	(カ) $\dfrac{N m \overline{v_x^2}}{L}$
(キ) $\dfrac{1}{3}\overline{v^2}$	(ク) $\dfrac{N m \overline{v^2}}{3L^3}$	(ケ) $\dfrac{NRT}{N_A L^3}$	(コ) $\dfrac{3RT}{2N_A}$	(サ) $\dfrac{3NRT}{2N_A}$	

🔷 Method

気体分子運動論:

　気体を高速で動き回る分子の集合体とみなして圧力と温度を考察する。

気体の内部エネルギー:

$$\begin{cases} \text{運動エネルギー} \begin{cases} \text{並進運動のエネルギー} \\ \text{回転や振動のエネルギー(単原子分子の場合,無視できる)} \end{cases} \\ \text{分子間力による位置エネルギー(理想気体の場合,無視できる)} \end{cases}$$

単原子分子理想気体の場合

　　分子1個の平均運動エネルギー…$\dfrac{3}{2}kT$ (k:ボルツマン定数)

　　内部エネルギー…$U = N \cdot \dfrac{3}{2}kT = \dfrac{3}{2}nRT$

解説

▶ **1個の分子が1回の衝突で与える影響を考える。**

(ア)　分子はSと弾性衝突するので,衝突直後の速度のx成分は$-v_x$となる①

(イ)　分子がSとの衝突により受ける力積iは,衝突時における分子の運動量変化に等しいので,

$$i = m(-v_x) - mv_x = -2mv_x \quad ②$$

となる。作用・反作用の法則より,分子が1回の衝突でSに与える力積は,

$$-i = 2mv_x$$

である。

▶ **1個の分子が多数回の衝突で与える影響を考える。**

(ウ)　時間tの間に分子がx軸方向に運動する距離は$v_x t$である。分子はx軸方向に距離$2L$移動するごとにSと衝突するので,tの間にSと衝突する回数Xは,

$$X = \frac{v_x t}{2L}$$

である。

① 動かない壁と弾性衝突するとき,速度の大きさは変わらず,向きだけが変化する。

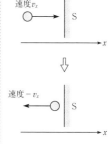

速度 v_x

速度 $-v_x$

② 向きに注意。

$2L$

(エ)　1個の分子が t の間にSに与える力積の大きさ I は，(イ), (ウ)の結果より，

$$I = (-i)X = 2mv_x \cdot \frac{v_x t}{2L} = \frac{mv_x^2 t}{L}$$

となる。

(オ)　Sが1個の分子から受ける力の大きさを時間的に平均した値を f とすると，

$$f = \frac{I}{t} = \frac{mv_x^2}{L} \quad ((エ)より)$$

である。[3]

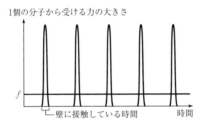

1個の分子から受ける力の大きさ

壁に接触している時間　　　時間

▶**すべての分子が与える影響を考える。**

(カ)　SがN個の分子から受ける平均の力の大きさ F は，

$$F = N\overline{f} = \frac{Nm\overline{v_x^2}}{L} \quad [4]$$

となる。

(キ)　$\overline{v^2} = \overline{v_x^2} + \overline{v_y^2} + \overline{v_z^2}$，および分子運動の等方性[5] $\overline{v_x^2} = \overline{v_y^2} = \overline{v_z^2}$ より，

$$\overline{v_x^2} = \frac{1}{3}\overline{v^2}$$

が成り立つ。

(ク)　Sに生じる圧力 p は(カ)の結果より，

$$p = \frac{F}{L^2} = \frac{Nm\overline{v_x^2}}{L^3}$$

となる。これに(キ)の結果を代入すると，

$$p = \frac{Nm\overline{v^2}}{3L^3}$$

が得られる。

(ケ)　気体の物質量は $\dfrac{N}{N_A}$ [6]なので，状態方程式は $pL^3 = \dfrac{N}{N_A}RT$ と表される。よって，圧力 p は，

$$p = \frac{NRT}{N_A L^3}$$

とも表される。

③　Sが分子から力を受けるのは，分子が壁に接触している間だけなので，その大きさのグラフは図のような断続的なものになる。これを時間的に平均した値が f である。

④　$\overline{f}$ は時間的な平均ではなく，全分子についての平均を表す。

⑤　分子の運動はどの方向にも偏りがないので，平均すればどの方向の速さも等しくなる。

⑥　アボガドロ定数は単位物質量あたりの粒子数である。

(コ) (ク), (ケ)の結果より,

$$\frac{Nm\overline{v^2}}{3L^3} = \frac{NRT}{N_A L^3} \quad \text{よって,} \quad m\overline{v^2} = \frac{3RT}{N_A}$$

が得られる。よって，分子の平均運動エネルギーは，

$$\frac{1}{2}m\overline{v^2} = \frac{3RT}{2N_A} \text{⑦}$$

となる。

(サ) 単原子分子理想気体の内部エネルギー U は気体分子の並進運動

のエネルギー $\frac{1}{2}m v^2$ の総和なので，

$$U = N \cdot \frac{1}{2}m\overline{v^2} = \frac{3NRT}{2N_A} \text{⑧} \quad (\text{(コ)より})$$

である。

⑦ ボルツマン定数

$k = \dfrac{R}{N_A}$ を用いると,

$$\frac{1}{2}m\overline{v^2} = \frac{3}{2}kT$$

と表される。

⑧ 物質量を n とすれば,

$$U = \frac{3}{2}nRT$$

となる。

■ 86 熱気球

(ア) $\dfrac{p_0 m}{RT_0}$ (イ) $\dfrac{T_0}{T}$ (ウ) $\rho_0 Vg$ (エ) $\dfrac{\rho_0 V}{\rho_0 V - M}$

(オ) 360 (カ) 8

⬡ Method

熱気球のしくみ：

圧力一定の環境下で空気を加熱すると，気球内の空気が膨張し，その一部が表皮内に入り切らなくなって外部に排出される。それにより，気球内の空気にはたらく重力の大きさは加熱とともに減少していき，重力の総和が浮力よりも小さくなると気球は浮上し始める。

なお，加熱しても浮力の大きさは変化しないことに注意すること。

解説

(ア) 状態方程式 $p_0 m = \rho_0 RT_0$ ① より，

$$\rho_0 = \frac{p_0 m}{RT_0}$$

と表せる。

(イ) 気球内の空気の圧力はつねに大気圧に等しく p_0 である② よって，(ア)と同様に，温度 T の気球内の空気の密度 ρ は，

$$\rho = \frac{p_0 m}{RT}$$

と表せるので，(ア)の結果より，

$$\rho T = \rho_0 T_0 \text{③} \quad \text{よって,} \quad \rho = \frac{T_0}{T} \times \rho_0$$

である。

① 密度を含んだ状態方程式として熱気球の問題で便利である。導出は ■ 83 を参照のこと。

② 気球内の空気は外気に通じているためである。

③ 気体の圧力が一定のとき，

$\rho T = $ 一定

となる。この関係式は熱気球の問題で頻繁に用いられる。これにより，温度が上昇すると密度が低下することがわかる。

(ウ) 気球にはたらく浮力の大きさは $\rho_0 Vg$ である。

(エ) 気球本体と乗員にはたらく重力の大きさは Mg，気球内の空気にはたらく重力の大きさは ρVg なので，気球が浮き上がる条件は，

$$\underbrace{\rho_0 Vg}_{\text{浮力}} > \underbrace{Mg + \rho Vg}_{\text{重力}}$$

である。これに(イ)の結果を代入すると，

$$\rho_0 Vg > Mg + \frac{T_0}{T}\rho_0 Vg$$

よって，

$$T > \frac{\rho_0 V}{\rho_0 V - M} \cdot T_0 = T_1 \quad ④$$

となる。

④ $\rho_0 V > M$ より，
$\rho_0 V - M > 0$
である。この条件が満たされない場合，$\rho_0 Vg < Mg$ すなわち，仮に気球内空気をすべて排出しても浮力より重力の方が大きいことになり，いくら加熱しても気球は浮上できない。

(オ) 乗員 2 人が気球に乗ったとき，

$$M = 280\,\text{kg} + 60.0\,\text{kg} \times 2 = 4.00 \times 10^2\,\text{kg}$$

である。これと与えられた数値を(エ)の結果に代入すると，

$$T_1 = \frac{1.20\,\text{kg/m}^3 \times 2.00 \times 10^3\,\text{m}^3}{1.20\,\text{kg/m}^3 \times 2.00 \times 10^3\,\text{m}^3 - 4.00 \times 10^2\,\text{kg}} \times 300\,\text{K}$$

$$= 360\,\text{K}$$

が得られる。

(カ) 体重 60.0 kg の乗員数の上限を N とすると，上限まで乗った場合，

$$M = 280\,\text{kg} + 60.0\,\text{kg} \cdot N$$

である。気球内の空気の温度の上限が 450 K のとき，気球が浮き上がるためには $T_1 < 450\,\text{K}$ でなければならないので，(エ)の結果より，

$$\frac{1.20\,\text{kg/m}^3 \times 2.00 \times 10^3\,\text{m}^3}{1.20\,\text{kg/m}^3 \times 2.00 \times 10^3\,\text{m}^3 - (280\,\text{kg} + 60.0\,\text{kg} \times N)} \times 300\,\text{K}$$
$$< 450\,\text{K}$$

よって，

$$N < 8.66\cdots \quad ⑤$$

となる。したがって，乗員の上限は 8 人である。

⑤ N は整数なので，この不等式を満たす最大の整数が乗員の上限である。

87 気体分子運動論②

問1 (1) $2mv\cos\theta$ (2) $2r\cos\theta$ (3) $\dfrac{v}{2r\cos\theta}$ (4) $\dfrac{mv^2}{r}$

問2 (5) $\dfrac{nN_{\mathrm{A}}m\overline{v^2}}{r}$ (6) $\dfrac{nN_{\mathrm{A}}m\overline{v^2}}{3V}$ (7) $\dfrac{3RT}{2N_{\mathrm{A}}}$ (8) $\dfrac{3}{2}nRT$

解説

問1 (1) 分子が点Pで衝突するとき，直線OPに垂直な速度成分は変化しない。一方，OPに平行な速度成分は大きさが$v\cos\theta$のまま変化せず，向きだけが逆になる[①]。よって，この分子の運動量変化の大きさは，

$$mv\cos\theta - (-mv\cos\theta) = 2mv\cos\theta$$

となる。

(2) 分子が器壁に衝突してから次に衝突するまでの距離は右図より$2r\cos\theta$である。

(3) 分子は単位時間あたりに距離vだけ進む。(2)の結果より，$2r\cos\theta$進むごとに器壁に衝突するので，単位時間あたりの衝突回数Xは，

$$X = \frac{v}{2r\cos\theta}$$

である。

(4) 分子が1回の衝突で器壁から受ける力積の大きさは分子の運動量変化の大きさに等しいので，(1)の結果より，$2mv\cos\theta$である。作用・反作用の法則より，器壁が分子から1回の衝突で受ける力積の大きさも$2mv\cos\theta$である。(3)の結果より，単位時間あたりに器壁が受ける力積は，

$$2mv\cos\theta \cdot X = \frac{mv^2}{r}$$

である。**単位時間あたりの力積は力に等しい**ので，器壁がひとつの分子から単位時間あたりに受ける力の大きさの平均は$\dfrac{mv^2}{r}$である。

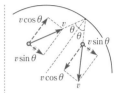

① 弾性衝突のため。

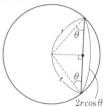

問2 (5) 気体分子の総数はnN_Aなので，気体分子全体が器壁に与える力の大きさfは，(4)の結果より，

$$f = nN_A \frac{m\overline{v^2}}{r} = \frac{nN_A m\overline{v^2}}{r}$$

である。

(6) 圧力pは，(5)の結果より，

$$p = \frac{f}{4\pi r^2} \textcircled{2} = \frac{nN_A m\overline{v^2}}{4\pi r^3}$$

である。気体の体積Vが，

$$V = \frac{4\pi r^3}{3}$$

と表せることを用いると，

$$p = \frac{nN_A m\overline{v^2}}{3V}$$

となる。

(7) 気体分子の平均運動エネルギーは(6)の結果を用いると，

$$\frac{1}{2}m\overline{v^2} = \frac{3pV}{2nN_A}$$

となる。理想気体の状態方程式$pV = nRT$を用いると，

$$\frac{1}{2}m\overline{v^2} = \frac{3RT}{2N_A} \textcircled{3}$$

と表せる。

(8) **理想気体の場合，気体分子の運動エネルギーの和が内部エネルギーUである。特に単原子分子の場合，$\dfrac{1}{2}m\overline{v^2}$の和が内部エネルギーなので，**

$$U = \frac{1}{2}m\overline{v^2} \cdot nN_A = \frac{3}{2}nRT \quad ((7)より)$$

である。

② 半径rの球の表面積は$4\pi r^2$である。

③ ■85 [コ]の結果と一致する。

9 理想気体の状態変化

▊ 確認問題

▊ 88 ボイル・シャルルの法則

問1 (1) $\dfrac{V_1}{V_0}T_0$　(2) $P_0(V_0 - V_1)$

問2 (3) 0　(4) $\dfrac{V_1}{V_0}P_0$　(5) $\left(1 - \dfrac{V_1}{V_0}\right)P_0S$

解説

問1 (1) 状態1における気体の絶対温度を T_1 とおく。状態0から状態1では圧力が一定なので，シャルルの法則より，

$$\underbrace{\frac{V_1}{T_1}}_{状態1} = \underbrace{\frac{V_0}{T_0}}_{状態0} \quad よって，\quad T_1 = \frac{V_1}{V_0}T_0$$

となる。

> ▶ボイル・シャルルの法則
> 一定量の理想気体の圧力 P，体積 V，温度 T の間には，
> $$\frac{PV}{T} = 一定$$
> が成り立つ。

(2) 圧力が一定なので，気体が<u>した仕事</u>は，
$$P_0(V_1 - V_0)$$
と表せるので，気体が<u>された仕事</u>は，
$$-P_0(V_1 - V_0) = P_0(V_0 - V_1)$$
である。

問2 (3) 気体の内部エネルギーは温度のみに依存するので，等温変化での内部エネルギー変化は0である。

(4) 状態2における圧力を P_2 とおく。状態1から状態2では温度が一定なので，ボイルの法則より，

$$\underbrace{P_2 V_0}_{状態2} = \underbrace{P_0 V_1}_{状態1} \quad よって，\quad P_2 = \frac{V_1}{V_0}P_0$$

となる。

(5) 手が加えている力の大きさを F とすると，ピストンにはたらく力のつり合いの式は，
$$F + P_2 S - P_0 S = 0$$
となる。これと(4)の結果より，
$$F = (P_0 - P_2)S$$
$$= \left(1 - \frac{V_1}{V_0}\right)P_0 S$$
が得られる。

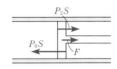

■89 熱力学第一法則

(ｱ) $Q-W$　(ｲ) 上昇　(ｳ) 吸収　(ｴ) 下降　(ｵ) 放出
(ｶ) 上昇　(ｷ) 上昇

解説

(ｱ) 熱力学第一法則より,
$$\Delta U = Q - W$$
である。

(ｲ) シャルルの法則より, 体積が増加すると温度は**上昇**する。

(ｳ) 気体が膨張するので, $W>0$ である。また, 温度が上昇することから, $\Delta U>0$ である。熱力学第一法則より, $Q>0$, つまり熱を**吸収**する。

(ｴ) ボイル・シャルルの法則より, 体積が一定のまま圧力が低下すると温度は**下降**する。

(ｵ) 体積が一定なので, $W=0$ である。また, 温度が下降することから, $\Delta U<0$ である。熱力学第一法則より, $Q<0$, つまり熱を**放出**する。

(ｶ) 断熱なので, $Q=0$ である。また, 気体を圧縮することから, $W<0$ である。熱力学第一法則より, $\Delta U>0$ となるので, 温度は**上昇**する。

(ｷ) ボイル・シャルルの法則より, 体積が減少して温度が上昇すると, 圧力は**上昇**する。

> ▶熱力学第一法則
> $$Q = \Delta U + W$$
> または
> $$\Delta U = Q - W$$
> Q : 吸熱量
> ΔU : 内部エネルギー変化
> W : 気体が外部にした仕事

■90 モル比熱

(ｱ) $nC_V\Delta T$　(ｲ) 0　(ｳ) $nC_V\Delta T$
(ｴ) $p\Delta V$　(ｵ) $nR\Delta T$　(ｶ) C_V+R

解説

(ｱ) 定積モル比熱の定義により,
$$C_V = \frac{Q}{n\Delta T} \quad \text{よって,} \quad Q = nC_V\Delta T$$
となる。

(ｲ) 体積が一定に保たれているので, 気体が外部にする仕事は,
$$W = 0$$
となる。

(ｳ) 熱力学第一法則より, 気体の内部エネルギー変化 ΔU は,
$$\Delta U = Q - W$$
$$= nC_V\Delta T$$
と表せる。

注意▶ ΔU は温度変化 ΔT のみによって決まり, 変化のしかたによらないので, 温度変化が ΔT でありさえすれば, 定積変化以外のどんな変化でも $\Delta U = nC_V\Delta T$ が成り立つ。

(ｴ) 圧力が一定のとき, 気体がした仕事は,
$$W = p\Delta V$$
と表せる。

> ▶モル比熱 C
> 気体 $1\,\text{mol}$ を $1\,\text{K}$ 上昇させるのに必要な熱量。
> 特に定積変化の場合の C を定積モル比熱といい, C_V とおく。また, 定圧変化の場合の C を定圧モル比熱といい, C_p とおく。
> どんな変化においても,
> $$\Delta U = nC_V\Delta T$$
> マイヤーの関係式
> $$C_p = C_V + R$$

(オ)　圧力が一定のとき，状態方程式より，
$$p\Delta V = nR\Delta T$$
が成り立つので，これを(エ)の結果に代入すると，
$$W = nR\Delta T$$
とも表せる。

(カ)　定圧モル比熱の定義より，定圧変化における吸熱量 Q は，
$$Q = nC_p\Delta T$$
である。これと(ウ)，(オ)の結果を熱力学第一法則
$$Q = \Delta U + W$$
に代入すると，
$$nC_p\Delta T = nC_V\Delta T + nR\Delta T$$
よって，
$$C_p = C_V + R$$
が得られる。

91　熱効率

$$1 - \frac{Q_2}{Q_1}$$

解説

熱効率 e は気体がした正味の仕事を W_{total} として，
$$e = \frac{W_{\text{total}}}{Q_1}$$
で定義される。熱サイクルでは，気体はいくつかの状態を経てはじめの温度に戻る。つまり，**内部エネルギー変化の総和は 0 になる**ので，熱力学第一法則より，
$$Q_1 - Q_2 = W_{\text{total}}$$
が成り立つ。したがって，
$$e = \frac{Q_1 - Q_2}{Q_1} = 1 - \frac{Q_2}{Q_1}$$
と表せる。

▶熱サイクル
　熱効率
$$e = \frac{W_{\text{total}}}{Q_{\text{in}}} = 1 - \frac{Q_{\text{out}}}{Q_{\text{in}}}$$

$$\left(\begin{array}{l} W_{\text{total}}：気体がした\underline{正味の}仕事 \\ Q_{\text{in}}　：気体が\underline{実際に}\underline{吸収した熱量} \\ Q_{\text{out}}：気体が放出した熱量 \end{array}\right)$$

92 状態方程式と熱力学第一法則①

問1 $p_0 + \dfrac{Mg}{S}$ 問2 $\dfrac{(p_0S + Mg)x_1}{nR}$ 問3 $p_1S(x_2 - x_1)$

問4 $\Delta U = \dfrac{3}{2}p_1S(x_2 - x_1)$, $Q = \dfrac{5}{2}p_1S(x_2 - x_1)$ 問5 $\dfrac{5p_1S(x_2 - x_1)}{3nR}$

🔷 **Method**

理想気体の状態方程式：
$$pV = nRT$$

→nが一定ならば $\dfrac{pV}{T} = (一定)$：ボイル・シャルルの法則

→さらに $\begin{cases} T が一定ならば pV = (一定)：ボイルの法則 \\ p が一定ならば \dfrac{V}{T} = (一定)：シャルルの法則 \end{cases}$

熱力学第一法則：
$$Q = \Delta U + W$$
$\begin{pmatrix} Q ：気体の吸熱量(吸熱のとき正，放熱のとき負) \\ \Delta U ：内部エネルギー変化 \\ W ：気体が外部にした仕事(仕事をするとき正，されるとき負) \end{pmatrix}$

解説

問1　ピストンにはたらく力のつり合いの式は，
$$p_1S - p_0S - Mg = 0$$
となるので，これより，
$$p_1 = p_0 + \frac{Mg}{S}$$
が得られる。

問2　状態方程式 $p_1Sx_1 = nRT_1$ より，
$$T_1 = \frac{p_1Sx_1}{nR} = \frac{(p_0S + Mg)x_1}{nR} \quad (問1 より)$$
が得られる。

問3　ピストンは大気圧による力，重力，シリンダー内の気体が及ぼす力がつり合った状態で上昇する。**大気圧と重力は一定なので，シリンダー内の気体の圧力も一定である。**つまり，気体は定圧変化をするので，
$$W = p_1S(x_2 - x_1) \quad ①$$
である。

問4　状態2における気体の温度を T_2 とする。状態方程式は $p_1Sx_2 = nRT_2$ となる。状態1から状態2に至る過程における気体の内部エネルギー変化 ΔU は，

① 定圧変化において気体のした仕事 W は，
$$W = p\Delta V$$
と表せる。ここでは，
$$p = p_1,$$
$$\Delta V = S(x_2 - x_1)$$
である。

$$\Delta U = \frac{3}{2}nR(T_2 - T_1)\,^{②} = \frac{3}{2}p_1S(x_2 - x_1)\,^{③}$$

となる。熱力学第一法則より，この間に吸収した熱量は，

$$Q = \Delta U + W$$

$$= \frac{3}{2}p_1S(x_2 - x_1) + p_1S(x_2 - x_1) \quad (問3より)$$

$$= \frac{5}{2}p_1S(x_2 - x_1)$$

となる。

問5 ピストンを固定したので，**気体は定積変化をする。定積変化では気体は仕事をしないので，熱力学第一法則より，吸熱量 Q は気体の内部エネルギー変化に等しく，**

$$Q = \frac{3}{2}nR\Delta T\,^{④}$$

と表せる。これに問4の結果を代入すると，

$$\frac{5}{2}p_1S(x_2 - x_1) = \frac{3}{2}nR\Delta T \quad よって，\quad \Delta T = \frac{5p_1S(x_2 - x_1)}{3nR}$$

となる。

② 単原子分子理想気体の内部エネルギー U は，

$$U = \frac{3}{2}nRT$$

と表せる。

③ 状態1と状態2における状態方程式を用いた。

④ 定積モル比熱を C_V とすると，定積変化における吸熱量は，

$$Q = nC_V\Delta T$$

と表せる。特に，単原子分子の場合は，

$$C_V = \frac{3}{2}R$$

なので，

$$Q = \frac{3}{2}nR\Delta T$$

と表せる。このことを用いてもよい。

---

93 状態方程式と熱力学第一法則②

問1 温度：$4T_A$，圧力：$\dfrac{32RT_A}{V_A}$ **問2** $\dfrac{9}{2}RT_A$ **問3** $2RT_A$

問4 $2T_A$ **問5** $\dfrac{16RT_A}{V_A}$ **問6** 0 **問7** $\dfrac{3}{2}RT_A$

問8

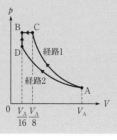

問9 経路1のほうが大きい

内部エネルギー変化 ΔU

いかなる変化においても，$\Delta U = nC_V \Delta T$ （ $\boxed{\ 90\ }$ を参照）

特に単原子分子の場合，$\Delta U = \dfrac{3}{2} nR \Delta T$ （ $\boxed{\ 85\ }$ を参照）

気体のした仕事 W

$W = \pm$（ p-V グラフの面積）

$\Delta V > 0$（膨張）のとき正，$\Delta V < 0$（圧縮）のとき負

特に断熱変化のときは熱力学第一法則より $W = -\Delta U$ で計算される。

吸熱量 Q

熱力学第一法則 $Q = \Delta U + W$ で計算することが多いが…

定積変化のときは $Q = nC_V \Delta T$，定圧変化のときは $Q = nC_p \Delta T$ （ $\boxed{\ 90\ }$ を参照）

解説

問1　状態Cにおける温度を T_C とおく。**与えられた断熱変化における関係式「$TV^{\frac{2}{3}} = $ 一定」**より，

$$\underbrace{T_C \left(\frac{V_A}{8} \right)^{\frac{2}{3}}}_{\text{状態C}} = \underbrace{T_A V_A^{\frac{2}{3}}}_{\text{状態A}} \qquad \text{よって，} \quad T_C = 4T_A \quad ①$$

が得られる。また，状態Cでの圧力を p_C とおく。状態方程式は，

$$p_C \frac{V_A}{8} = 1 \cdot RT_C$$
$$= 4RT_A$$

となる。これより，

$$p_C = \frac{32RT_A}{V_A}$$

が得られる。

問2　状態変化A→Cにおける内部エネルギー変化 ΔU_{AC} は，

$$\Delta U_{AC} = \frac{3}{2} \cdot 1 \cdot R(T_C - T_A)$$
$$= \frac{3}{2} R(4T_A - T_A) \quad \text{（問1より）}$$
$$= \frac{9}{2} RT_A$$

となる。

問3　状態変化C→Bにおいて気体がした仕事を W_{CB} とすると，圧力が一定なので，

$$W_{CB} = p_C \left(\frac{V_A}{16} - \frac{V_A}{8} \right) ② = -\frac{1}{16} p_C V_A$$
$$= -2RT_A \quad \text{（問1より）}$$

①
$$\left(\frac{1}{8} \right)^{\frac{2}{3}} = (2^{-3})^{\frac{2}{3}}$$
$$= 2^{-2}$$
$$= \frac{1}{4}$$

② 定圧変化において気体のした仕事 W は，
$$W = p\Delta V$$
と表せる。

となる。よって，気体がされた仕事は，

$$-W_{CB} = 2RT_A$$

である。

問4 状態Bにおける温度をT_Bとおく。状態変化C→Bにおいては圧力が一定なので，シャルルの法則より，

$$\frac{\frac{V_A}{16}}{T_B} = \frac{\frac{V_A}{8}}{T_C} \quad \text{よって，} \quad T_B = \frac{T_C}{2} = 2T_A \quad \text{（問1より）}$$

となる。

問5 状態Dの温度は状態Aの温度と等しく，T_Aである。状態Dにおける圧力をp_Dとおくと，状態方程式$p_D \dfrac{V_A}{16} = 1 \cdot RT_A$より，

$$p_D = \frac{16RT_A}{V_A}$$

となる。

問6 状態変化A→Dは**等温変化なので，内部エネルギー変化は0**である。

問7 状態変化D→Bにおける内部エネルギー変化ΔU_{DB}は，

$$\Delta U_{DB} = \frac{3}{2} \cdot 1 \cdot R(T_B - T_A)$$

$$= \frac{3}{2} R(2T_A - T_A) \quad \text{（問4より）}$$

$$= \frac{3}{2} RT_A$$

である。また，体積が一定なので，気体のした仕事W_{DB}は，

$$W_{DB} = 0$$

である。熱力学第一法則より，気体が吸収した熱量Q_{DB}は，

$$Q_{DB} = \Delta U_{DB} + W_{DB} = \frac{3}{2} RT_A \text{③}$$

である。

問8 以上を総合すると**解答のようになる**。④

問9 各経路で気体がされた仕事は下の図のグレー部分の面積に等しいので，**経路1のほうが大きい。**

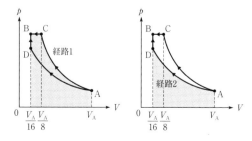

③ 単原子分子理想気体の定積モル比熱が$\dfrac{3}{2}R$であることを用いてもよい。

④ 等温変化より断熱変化の方が傾きが急になる。

94 ばねつきピストン

問1 $\dfrac{p_0 S l_0}{R}$　　　問2 $\dfrac{3}{2} p_0 S l_0$　　　問3 $p_0 + \dfrac{k(l - l_0)}{S}$

問4 $\dfrac{1}{4} p_0 S l_0 + \dfrac{1}{32} k l_0^2$　　　問5 $\dfrac{5}{8} p_0 S l_0 + \dfrac{1}{2} k l_0^2$

Method

ばねのついたピストンによって容器内に気体が封入されているとき，気体の圧力pは体積Vの1次関数になることが多い。その場合，気体のした仕事はp-Vグラフの面積で計算できる。

解説

問1 この状態ではばねの弾性力がはたらかないので，**ピストンにはたらく力のつり合いより，気体の圧力は大気圧p_0に等しい。**

このときの気体の温度をT_0とすると，状態方程式は，

$$p_0 S l_0 = 1 \cdot R T_0$$

となるので，

$$T_0 = \frac{p_0 S l_0}{R}$$

である。

問2 気体は単原子分子からなるので，内部エネルギーU_0は，

$$U_0 = \frac{3}{2} \cdot 1 \cdot R T_0 = \frac{3}{2} p_0 S l_0 \quad (問1より)$$

となる。

問3 ばねの長さがlのとき，気体の圧力をpとすると，ピストンにはたらく力のつり合いの式は，

$$p S - p_0 S - k(l - l_0) = 0 \quad ①$$

となる。これより，

$$p = p_0 + \frac{k(l - l_0)}{S}$$

が得られる。

問4 ばねの長さがlのときの気体の体積をVとすると，

$$V = S l \quad よって，\quad l = \frac{V}{S}$$

である。これを問3の結果に代入すると，

$$p = p_0 + \frac{k}{S}\left(\frac{V}{S} - l_0\right)$$

となる。よって，p-Vグラフは右図のようになる。[②] **右図のグレー部分の面積が気体のした仕事Wに等しいので，**

① ばねの長さがlのとき，ばねの伸びは$l - l_0$であることに注意。

② 圧力pは体積Vの1次関数なので，p-Vグラフは直線となる。

$$W = \frac{1}{2}\left\{p_0 + \left(p_0 + \frac{kl_0}{4S}\right)\right\} \cdot \frac{1}{4}Sl_0$$

$$= \frac{1}{4}p_0Sl_0 + \frac{1}{32}kl_0{}^2$$

となる。

別解 気体は大気とばねに対して仕事をする。大気にした仕事は，大気圧がp_0で一定であることから，

$$p_0 \cdot \frac{1}{4}Sl_0 = \frac{1}{4}p_0Sl_0$$

である。また，**気体がばねにした仕事はばねの弾性エネルギーとして蓄えられる**ので，

$$\frac{1}{2}k\left(\frac{1}{4}l_0\right)^2 = \frac{1}{32}kl_0{}^2$$

となる。したがって，

$$W = \frac{1}{4}p_0Sl_0 + \frac{1}{32}kl_0{}^2$$

である。

問5　ばねの長さが$\frac{5}{4}l_0$のときの気体の圧力をp_1とする。問3の

結果において$l = \frac{5}{4}l_0$とすると，

$$p_1 = p_0 + \frac{kl_0}{4S}$$

が得られる。

　また，このときの温度をT_1とすると，状態方程式は，

$$p_1 \cdot \frac{5}{4}Sl_0 = 1 \cdot RT_1$$

となるので，

$$RT_1 = \left(p_0 + \frac{kl_0}{4S}\right) \cdot \frac{5}{4}Sl_0$$

が得られる。よって，気体の内部エネルギー変化ΔUは，

$$\Delta U = \frac{3}{2} \cdot 1 \cdot R(T_1 - T_0)$$

$$= \frac{3}{2}\left\{\left(p_0 + \frac{kl_0}{4S}\right) \cdot \frac{5}{4}Sl_0 - p_0Sl_0\right\} \quad (問1より)$$

$$= \frac{3}{8}p_0Sl_0 + \frac{15}{32}kl_0{}^2$$

となる。熱力学第一法則より，気体が吸収した熱量Qは，

第2章 熱

$$Q = \Delta U + W$$
$$= \left(\frac{3}{8}p_0 S l_0 + \frac{15}{32}k l_0^2\right) + \left(\frac{1}{4}p_0 S l_0 + \frac{1}{32}k l_0^2\right) \quad (\text{問 4 より})$$
$$= \frac{5}{8}p_0 S l_0 + \frac{1}{2}k l_0^2$$

となる。

---

95 断熱自由膨張と断熱混合

問1 $\dfrac{P_0 V_0}{R T_0}$ 　　問2 温度：T_0, 圧力：$\dfrac{P_0}{3}$ 　　問3 $2P_0 V_0$

問4 温度：$\dfrac{4}{3}T_0$, 圧力：$\dfrac{4}{9}P_0$

🗇 **Method**

断熱自由膨張
　断熱的に気体を真空中に拡散させること。気体は膨張するが，器壁が動かなければ仕事をしないので，その場合内部エネルギーが変化しない。よって**気体の温度は不変である**。

断熱混合
　断熱容器内で気体を混合させるとき，容器の器壁が動かなければ，**気体の内部エネルギーの総和が保存する**。

解説

問1　A内の気体の物質量をnとする。状態方程式より，

$$n = \frac{P_0 V_0}{R T_0}$$

である。

問2　**気体は断熱自由膨張するので，温度はT_0のまま不変である。**
　一様になったあとの圧力をP_1とすると，状態方程式は，

$$P_1 \cdot 3V_0 = nRT_0 \text{①} \quad \text{よって，} \quad P_1 = \frac{nRT_0}{3V_0}$$

① 気体は容器A，B内全体に広がるので，体積は$3V_0$になる。

となる。これに問1の結果を代入すると，

$$P_1 = \frac{P_0}{3}$$

となる。

問3　気体は一様になったので，コックを閉じたあと，A内の物質量は$\dfrac{n}{3}$, B内の物質量は$\dfrac{2}{3}n$となる②。よって，A，B内の気体の内部エネルギーの和は，

② 気体が一様のとき，2つの容器内の物質量の比は体積の比に等しい。

$$U_1 = \underbrace{\frac{3}{2} \cdot \frac{n}{3} \cdot R \cdot 2T_0}_{A} + \underbrace{\frac{3}{2} \cdot \frac{2}{3} n \cdot R \cdot T_0}_{B}$$

$$= 2nRT_0 = 2P_0V_0 \quad \text{(問1より)}$$

となる。

問4　再びコックを開いて平衡状態に達したあとの気体の温度を T_2 とおく。このときの気体全体の内部エネルギーは，

$$U_2 = \frac{3}{2}nRT_2 = \frac{3}{2} \cdot \frac{T_2}{T_0}P_0V_0 \quad \text{(問1より)}$$

である。**コックを開く前後で，気体は断熱かつ仕事をしないので，内部エネルギーの和が保存する。**すなわち，$U_1 = U_2$ が成り立つので，

$$2P_0V_0 = \frac{3}{2} \cdot \frac{T_2}{T_0} \cdot P_0V_0 \quad \text{よって，} \quad T_2 = \frac{4}{3}T_0$$

が得られる。また，このときの圧力を P_2 とすると，状態方程式は，

$$P_2 \cdot 3V_0 = nRT_2$$

となるので，

$$P_2 = \frac{nRT_2}{3V_0} = \frac{\dfrac{P_0V_0}{RT_0} \cdot R \cdot \dfrac{4}{3}T_0}{3V_0} = \frac{4}{9}P_0$$

となる。

▌96　熱サイクル①

問1　(1)　$2P_0$　　(2)　$\dfrac{P_0S}{g}$　　(3)　$\dfrac{3}{2}RT_0$

問2　(4)　$4T_0$　　(5)　$2RT_0$　　(6)　$5RT_0$　　　問3　(7)　$3RT_0$

問4　(8)　$-RT_0$　　　問5　(9)　$\dfrac{2}{13}$

⬡ **Method**

熱効率 $e = \dfrac{W_{\text{total}}}{Q_{\text{in}}} = 1 - \dfrac{Q_{\text{out}}}{Q_{\text{in}}}$

$\left(\begin{array}{l} Q_{\text{in}} \ :実際に吸収した熱量（\textbf{放熱量は含まない}） \\ Q_{\text{out}} :放熱量 \\ W_{\text{total}} :気体がした\textbf{正味の仕事}（された仕事も含む） \\ \qquad\quad \Rightarrow p\text{-}V グラフ上でサイクル内部の面積に等しい。 \end{array} \right.$

問1 (1) 状態2における圧力をP_2とおく。底面からピストンA
までの高さをhとすると，ボイル・シャルルの法則より，

$$\underbrace{\frac{P_2 Sh}{2T_0}}_{\text{状態2}} = \underbrace{\frac{P_0 Sh}{T_0}}_{\text{状態1}} \quad \text{よって，} \quad P_2 = 2P_0$$

となる。

(2) おもりの質量をmとする。状態2におけるピストンの力の
つり合いの式は，

$$P_2 S - P_0 S - mg = 0$$

となるので，

$$m = \frac{(P_2 - P_0)S}{g} = \frac{P_0 S}{g} \quad (\text{(1)より})$$

となる。

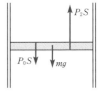

(3) 状態1から状態2への変化は定積変化なので，吸熱量Q_{12}は，

$$Q_{12} = \frac{3}{2} \cdot 1 \cdot R(2T_0 - T_0)^{①}$$

$$= \frac{3}{2} RT_0$$

となる。

① 定積変化における吸熱
量は，
$$Q = nC_V \Delta T$$
と表せる。単原子分子の場
合，定積モル比熱は$\frac{3}{2}R$
であるから，
$$Q = \frac{3}{2} nR\Delta T$$
となる。

問2 (4) 状態3における温度をT_3とおく。状態2から状態3に
おいて，ピストンとおもりには，**大気圧による力**，**おもりの重
力**，**シリンダー内の気体の圧力による力の3力がはたらき，こ
れらがつり合った状態でピストンは上昇する。**大気圧と重力は
一定なので，シリンダー内の気体の圧力も一定となる。したが
って，シャルルの法則より，

$$\underbrace{\frac{2Sh}{T_3}}_{\text{状態3}} = \underbrace{\frac{Sh}{2T_0}}_{\text{状態2}}{}^{②} \quad \text{よって，} \quad T_3 = 4T_0$$

となる。

② ストッパーAはシリ
ンダーの中央にあるので，
ストッパーBの底面からの
高さは$2h$である。

(5) 状態2から状態3において気体がした仕事W_{23}は，

$$W_{23} = P_2(2Sh - Sh) = 1 \cdot R \cdot (T_3 - 2T_0)^{③}$$

$$= 2RT_0 \quad (\text{(4)より})$$

となる。

③ 圧力が一定のとき，
$$p\Delta V = nR\Delta T$$
が成り立つ。

(6) 状態2から状態3において気体が吸収した熱量Q_{23}は，

$$Q_{23} = \frac{5}{2} \cdot 1 \cdot R(T_3 - 2T_0)^{④}$$

$$= 5RT_0 \quad (\text{(4)より})$$

となる。

④ 定圧変化における吸熱
量は，
$$Q = nC_p\Delta T$$
と表せる。単原子分子の場
合，定圧モル比熱は$\frac{5}{2}R$
であるから，
$$Q = \frac{5}{2} nR\Delta T$$
となる。

問3 (7) 状態3から状態4への変化は定積変化なので，吸熱量 Q_{34} は，

$$Q_{34} = \frac{3}{2} \cdot 1 \cdot R(2T_0 - T_3) = -3RT_0 \quad ((4)より)$$

となる。つまり，気体から取り去った熱量（放熱量）は，

$$|Q_{34}| = 3RT_0$$

である。

問4 (8) 状態4から状態1において気体がした仕事 W_{41} は，

$$W_{41} = P_0(Sh - 2Sh) = 1 \cdot R \cdot (T_0 - 2T_0)$$
$$= -RT_0$$

となる。

問5 (9) 1サイクルでシリンダー内の気体が実際に吸収した熱量 Q_{in} は，

$$Q_{in} = Q_{12} + Q_{23} = \frac{13}{2}RT_0 \quad ((3), (6)より)^{⑤}$$

である。一方，気体がした正味の仕事 W_{total} は，

$$W_{total} = W_{23} + W_{41} = RT_0 \quad ((5), (8)より)$$

となる。よって，このサイクルの熱効率 e は，

$$e = \frac{W_{total}}{Q_{in}} = \frac{2}{13}$$

となる。

⑤ 吸熱量は熱を吸収した場合に正，放出した場合に負と考えるが，吸熱量が正の場合だけを考えるとき，これを"実際の"吸熱量とよぶ。本問では，

$$Q_{12} > 0, \quad Q_{23} > 0,$$
$$Q_{34} < 0$$

であり，状態4から状態1への変化では吸熱量は，

$$Q_{41} < 0$$

となる。よって，

$$Q_{in} = Q_{12} + Q_{23}$$

である。

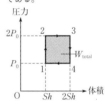

■97 熱サイクル②

(ア) $nC_V(T_B - T_A)$　　(イ) $nC_V(T_B - T_A)$　　(ウ) $nR(T_C - T_B)$

(エ) $n(C_V + R)(T_C - T_B)$　　(オ) $nC_V(T_C - T_D)$　　(カ) $-nR(T_A - T_D)$

(キ) $n(C_V + R)(T_A - T_B + T_C - T_D)$　　(ク) $1 - \dfrac{T_D - T_A}{T_C - T_B}$

解説

(ア) A→Bにおける内部エネルギーの変化 ΔU_{AB} は，

$$\Delta U_{AB} = nC_V(T_B - T_A)^{①}$$

と表せる。

(イ) A→Bは断熱変化なので，吸熱量は0である。熱力学第一法則より，気体がした仕事 W_{AB} は，

$$W_{AB} = -\Delta U_{AB}$$
$$= -nC_V(T_B - T_A) \qquad \cdots ①$$

である。よって，気体がされた仕事は，

$$-W_{AB} = nC_V(T_B - T_A)^{②}$$

である。

① $\Delta U = nC_V\Delta T$ は定積変化に限らず，理想気体一般に成り立つ（ 90 参照）。

② つまり，断熱変化では，気体がされた仕事は内部エネルギーの変化に等しい。

(ウ) B→Cは定圧変化なので，気体がした仕事 W_{BC} は，
$$W_{BC} = nR(T_C - T_B)^{③}$$ ...②
と表せる。

(エ) 定圧モル比熱 C_p は，
$$C_p = C_V + R^{④}$$
と表せる。これより，B→Cで吸収した熱量 Q_{BC} は，
$$Q_{BC} = nC_p(T_C - T_B)$$
$$= n(C_V + R)(T_C - T_B)$$
である。

> **別解** B→Cにおける内部エネルギーの変化 ΔU_{BC} は，
> $$\Delta U_{BC} = nC_V(T_C - T_B)$$
> と表せるので，熱力学第一法則より，
> $$Q_{BC} = \Delta U_{BC} + W_{BC}$$
> $$= n(C_V + R)(T_C - T_B) \quad （(ウ)より）$$
> が得られる。

(オ) A→Bと同様に，C→Dは断熱変化なので，気体がした仕事 W_{CD} は内部エネルギーの減少量に等しく，
$$W_{CD} = -nC_V(T_D - T_C) = nC_V(T_C - T_D)$$ ...③
と表せる。

(カ) B→Cと同様に，D→Aで気体がした仕事 W_{DA} は，
$$W_{DA} = nR(T_A - T_D)$$ ...④
であり，気体がされた仕事は，
$$-W_{DA} = -nR(T_A - T_D)$$
である。

(キ) 1サイクルで理想気体が外部にする正味の仕事 W_{total}[⑤] は，
$$W_{total} = W_{AB} + W_{BC} + W_{CD} + W_{DA}$$
$$= -nC_V(T_B - T_A) + nR(T_C - T_B)$$
$$+ nC_V(T_C - T_D) + nR(T_A - T_D) \quad （①〜④より）$$
$$= n(C_V + R)(T_A - T_B + T_C - T_D)$$
となる。

(ク) 熱効率 e は，
$$e = \frac{W_{total}}{Q_{BC}}^{⑥}$$
$$= \frac{n(C_V + R)(T_A - T_B + T_C - T_D)}{n(C_V + R)(T_C - T_B)} \quad （(エ), (キ)より）$$
$$= 1 - \frac{T_D - T_A}{T_C - T_B}$$
である。

③ 定圧変化では，
$$W = p\Delta V = nR\Delta T$$
が成り立つことを用いた。

④ これをマイヤーの関係式という（ **90** 参照）。

⑤ された仕事も含めて，すべて和をとる。

⑥ 実際に熱を吸収したのはB→Cだけである。

132

98　ピストンの単振動

問1　(ア)　$\left(1 + \dfrac{x}{L}\right)p_0$　(イ)　$2\pi\sqrt{\dfrac{ML}{p_0S}}$　(ウ)　$\left(1 + \dfrac{5x}{3L}\right)p_0$　(エ)　$2\pi\sqrt{\dfrac{3ML}{5p_0S}}$

問2　解説を参照

解説

問1　(ア)　ふたがxだけ変位したときの気体の圧力をpとおく。ボイルの法則より，

$$pS(L - x) = p_0SL$$

よって，

$$p = \frac{L}{L-x}p_0 = \left(1 - \frac{x}{L}\right)^{-1}p_0$$

が成り立つので，$|x| \ll L$のとき

$$p \fallingdotseq \left(1 + \frac{x}{L}\right)p_0 \quad ①$$

と近似できる。

(イ)　ふたの加速度をaとおくと，ふたの運動方程式は，

$$Ma = p_0S - pS = p_0S - \left(1 + \frac{x}{L}\right)p_0S \quad （(ア)より）$$

$$= -\frac{p_0S}{L}x$$

となる。これより，

$$a = -\frac{p_0S}{ML}x$$

と表せるので，ふたは，

角振動数$\omega = \sqrt{\dfrac{p_0S}{ML}}$，周期$T = \dfrac{2\pi}{\omega} = 2\pi\sqrt{\dfrac{ML}{p_0S}}$

の単振動をする。

(ウ)　ふたがxだけ変位したときの気体の圧力をp'とおく。与えられた関係式より，

$$p'|S(L - x)|^{\frac{5}{3}} = p_0(SL)^{\frac{5}{3}}$$

よって，

$$p' = \left(1 - \frac{x}{L}\right)^{-\frac{5}{3}}p_0 \fallingdotseq \left(1 + \frac{5x}{3L}\right)p_0 \quad ②$$

となる。

(エ)　(ウ)の結果を用いて(イ)と同様に運動方程式を立てると，

$$Ma = -\frac{5p_0S}{3L}x$$

となるので，ふたの周期T'は，

① 与えられた近似式で$\alpha = 1$とした。

② 与えられた近似式で$\alpha = \dfrac{5}{3}$とした。

$$T' = 2\pi\sqrt{\frac{3ML}{5p_0 S}}$$

となる。

問2　p-V図は，等温過程より断熱過程の方が傾きが急になるので，体積が同じだけ変化したときの圧力変化の大きさは，等温過程の場合に比べて断熱過程の場合の方が大きくなる。よって，ふたにはたらく復元力が大きくなるので，振動の周期は短くなる。

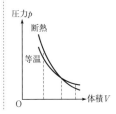

問1　$\dfrac{yp_0V_0}{R}$　　　　問2　$W_{AB} = 0,\ Q_{AB} = \dfrac{3}{2}(y-1)p_0V_0$　　　問3　$x^{-y}yp_0$

問4　$Q_{BC} = 0,\ W_{BC} = \dfrac{3}{2}(1 - x^{1-\gamma})yp_0V_0$　　　問5　$T_D < T_A < T_B$

問6　$1 - x^{1-\gamma}$　　　問7　2.8

解説

▶本問では各状態の温度が与えられていないので，状態方程式
$pV = 1 \cdot RT$ より，

$$R\Delta T = \Delta(pV)$$

が成り立つことを用いるとよい。

問1　状態Bにおける気体の状態方程式 $yp_0V_0 = 1 \cdot RT_B$ より，

$$T_B = \frac{yp_0V_0}{R}$$

が得られる。

問2　A→Bは定積変化なので $W_{AB} = 0$ である。また，

$$Q_{AB} = \frac{3}{2}(yp_0V_0 - p_0V_0) = \frac{3}{2}(y-1)p_0V_0 \quad ①$$

と表せる。

問3　B→Cは断熱変化なので，

$$\underset{\text{状態C}}{\underline{p_C(xV_0)^\gamma}} = \underset{\text{状態B}}{\underline{yp_0V_0{}^\gamma}}\quad よって，\ p_C = x^{-\gamma}yp_0$$

となる。

問4　断熱なので $Q_{BC} = 0$ である。また，内部エネルギー変化 ΔU_{BC} は，

① 定積変化における吸熱量 Q は，

$$Q = \frac{3}{2}\cdot 1 \cdot R\Delta T$$

なので，

$$Q = \frac{3}{2}\Delta(pV)$$

と表せる。

$$\Delta U_{BC} = \frac{3}{2}(p_C x V_0 - y p_0 V_0)$$

$$= \frac{3}{2}(x^{-\gamma} y p_0 \cdot x V_0 - y p_0 V_0) \quad (問3より)$$

$$= \frac{3}{2}(x^{1-\gamma} - 1) y p_0 V_0$$

である。熱力学第一法則より，

$$W_{BC} = Q_{BC} - \Delta U_{BC} = \frac{3}{2}(1 - x^{1-\gamma}) y p_0 V_0$$

が得られる。

問5　D→Aは断熱変化なので，吸熱量は$Q_{DA} = 0$である。また，**体積が減少しているので，気体が外部にした仕事は$W_{DA} < 0$である**。熱力学第一法則より，内部エネルギー変化は，

$$\Delta U_{DA} = Q_{DA} - W_{DA} > 0$$

となる。よって，$T_D < T_A$である。さらに，

$$Q_{AB} = \frac{3}{2}R(T_B - T_A) \text{②}$$

と表せるが，問2の結果より$Q_{AB} > 0$なので，$T_A < T_B$となる③。以上より，$T_D < T_A < T_B$である。

問6　状態Dの圧力をp_Dとおく。問3と同様に，

$$\underbrace{p_D (x V_0)^\gamma}_{状態D} = \underbrace{p_0 V_0{}^\gamma}_{状態A} \quad よって，\quad p_D = x^{-\gamma} p_0$$

となる。問4と同様に，D→Aにおいて**気体がした仕事W_{DA}は内部エネルギーの減少量に等しい**ので，

$$W_{DA} = -\frac{3}{2}(p_0 V_0 - p_D x V_0) = \frac{3}{2}(x^{1-\gamma} - 1) p_0 V_0$$

となる。したがって，熱効率eは，

$$e = \frac{W_{BC} + W_{DA}}{Q_{AB}}$$

$$= \frac{\frac{3}{2}(1 - x^{1-\gamma}) y p_0 V_0 + \frac{3}{2}(x^{1-\gamma} - 1) p_0 V_0}{\frac{3}{2}(y - 1) p_0 V_0} \text{④} \quad (問2, 4より)$$

$$= \frac{\frac{3}{2}(1 - x^{1-\gamma})(y - 1) p_0 V_0}{\frac{3}{2}(y - 1) p_0 V_0} = 1 - x^{1-\gamma}$$

となる。

問7　問6の結果に$e = 0.5$，$\gamma = \frac{5}{3}$を代入すると，

$$0.5 = 1 - x^{-\frac{2}{3}} \quad よって，\quad x = 2\sqrt{2} \fallingdotseq 2.8$$

となる。

②　定積変化のため。

③　定積変化のとき，ボイル・シャルルの法則より，圧力が上がると温度も上がると考えてもよい。

④　C→Dは，

$$Q_{CD} = \frac{3}{2}(\Delta p) V < 0$$

より放熱である。よって，実際に熱を吸収するのはA→Bのみである。

100 波のグラフと基本関係式

問1　0.2cm　　問2　12cm　　問3　30cm/s　　問4　2.5Hz
問5　0.40s

解説

問1　グラフより振幅は0.2cmである。

問2　グラフより波長 λ は $\lambda = 12$ cm である。

問3　時間0.10sで山Pが山Qの位置まで進んだことから，波の進む速さ v は，

$$v = \frac{3.0\,\text{cm}}{0.10\,\text{s}} = 30\,\text{cm/s}$$

となる。

問4　振動数 f は，

$$f = \frac{v}{\lambda} = \frac{30\,\text{cm/s}}{12\,\text{cm}} = 2.5\,\text{Hz}$$

である。

問5　周期 T は，

$$T = \frac{1}{f} = \frac{1}{2.5\,\text{Hz}} = 0.40\,\text{s}$$

である。

▶波の要素
　振幅 A：山または谷の変位の大きさ
　波長 λ：波1つ分の長さ
　周期 T：媒質が1回振動するのにかかる時間
　振動数 f：単位時間あたりの振動回数
　伝わる速さ v：振動状態が周囲に伝わっていく速さ
▶波の基本関係式
$$v = f\lambda, \quad T = \frac{1}{f}$$

101 横波と縦波

②

解説

ばねの図より，$x = 0$, l, $2l$ で最も密，$x = \dfrac{1}{2}l$, $\dfrac{3}{2}l$ で最も疎になっている。これを y-x グラフに表したとき，▶縦波の横波表示より，適するグラフは②である。

▶縦波の横波表示
　変位 y が正から負に変わる点が最も密，負から正に変わる点が最も疎になる。
　105 Method 参照。

102 波の式・波の反射と定常波

問1　$T = 0.4$s, $\alpha = \dfrac{\pi}{2}$　　問2　㋐ -0.1, 0.1　　㋑ 自由

解説

問1　グラフより，波長 λ は，

$\lambda = 0.4$ m

である。また，波の先端が時間$0.1\,\mathrm{s}$で距離$0.1\,\mathrm{m}$進むことから，波の伝わる速さvは，

$$v = \frac{0.1\,\mathrm{m}}{0.1\,\mathrm{s}} = 1\,\mathrm{m/s}$$

とわかる。よって，周期Tは，

$$T = \frac{\lambda}{v} = \frac{0.4\,\mathrm{m}}{1\,\mathrm{m/s}} = 0.4\,\mathrm{s}$$

となる。

▶定常波
互いに進む向きが逆の2つの波が重なるときにできる進行しない波。

別解 　$t = 0\,\mathrm{s}$から$t = 0.1\,\mathrm{s}$の間に，$x = 0\,\mathrm{m}$の変位は$y = 0.1\,\mathrm{m}$（山）から$y = 0\,\mathrm{m}$に変化しているので，$0.1\,\mathrm{s}$は$\dfrac{1}{4}$周期に相当する。つまり，

$$0.1\,\mathrm{s} = \frac{T}{4} \quad \text{よって，} \quad T = 0.4\,\mathrm{s}$$

である。

与えられた式に$t = 0$を代入すると，

$$y = 0.1\sin\alpha$$

となる。グラフより，$t = 0$のとき$x = 0\,\mathrm{m}$での媒質の変位は$y = 0.1\,\mathrm{m}$なので，

$$\sin\alpha = 1 \quad \text{よって，} \quad \alpha = \frac{\pi}{2}$$

である。

問2 　入射波と反射波の変位の和が0になる点が節の位置なので，グラフより，$x = -0.1\,\mathrm{m}$, $0.1\,\mathrm{m}$である。**腹と節は交互に等間隔で並ぶ**ことから，腹の位置は$x = 0\,\mathrm{m}$, $0.2\,\mathrm{m}$, $0.4\,\mathrm{m}$, … なので，$x = 1.0\,\mathrm{m}$の位置は腹になっている。つまり**自由端**である。

■103 　円形波の干渉①
　　(ア)　4　　(イ)　2.5

解説

(ア)　2つの波源をA，Bとし，AB間の任意の点をPとする。点Pで2つの波が弱め合う条件は整数をmとして，

$$\mathrm{AP} - \mathrm{BP} = \left(m + \frac{1}{2}\right) \times 10\,\mathrm{cm}$$

となる。ただし，**図形的な条件**より，

$$|\mathrm{AP} - \mathrm{BP}| \leqq \mathrm{AB} = 20\,\mathrm{cm}$$

を満たさなければならないので，

$$\left|m + \frac{1}{2}\right| \times 10\,\mathrm{cm} \leqq 20\,\mathrm{cm}$$

▶干渉
同位相で振動する波源S_1，S_2から来る波を点Pで観測するとき，波長をλ，整数をmとすると，
強め合う条件
$$S_1P - S_2P = m\lambda$$
弱め合う条件
$$S_1P - S_2P = \left(m + \frac{1}{2}\right)\lambda$$

よって，$m = -2$, -1, 0, 1に限られる。したがって，波源間の線分上の弱め合う点の個数は4個である。

(イ)　波源に最も近いのは，$|\mathrm{AP} - \mathrm{BP}|$が最大，すなわち$m = -2$または$1$のときなので，

$$|\mathrm{AP} - \mathrm{BP}| = 15\,\mathrm{cm}$$

である。また，$\mathrm{AP} + \mathrm{BP} = 20\,\mathrm{cm}$なので，2つの波源からの距離は，$2.5\,\mathrm{cm}$, $17.5\,\mathrm{cm}$である。

104 波のグラフ

(ア) 0.10 (イ) 0.60 (ウ) 0.20 (エ) 5.0 (オ) 正 (カ) 3.0
(キ) − 0.10

Method

y-xグラフ：
　ある時刻t_0における波の形を表す。時間が経過すると、波形全体が波の進行方向に平行移動する。

y-tグラフ：
　ある1点x_0における媒質の時間変化を表す。

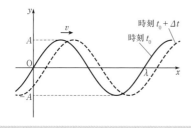

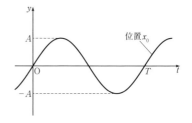

解説

(ア) 図1または図2のグラフより、振幅は0.10mである。

(イ) 図1より、波長λは、
$$\lambda = 0.60\,\text{m}$$
である。

(ウ) 図2より、周期Tは、
$$T = 0.20\,\text{s}$$
である。

(エ) 振動数fは、
$$f = \frac{1}{T} = \frac{1}{0.20\,\text{s}} = 5.0\,\text{Hz}$$
である。

(オ) 図2より、$x = 0\,\text{m}$における変位は、$t = 0\,\text{s}$で$y = 0\,\text{m}$になった直後、$y < 0$となっていることがわかる。図1のグラフを**x軸の正の向きにわずかに平行移動する**と、$x = 0\,\text{m}$における変位は**$t = 0\,\text{s}$の直後$y < 0$となる。**よって、この波はx軸の**正**の向きに伝わる。

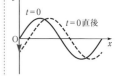

(カ) 波の伝わる速さvは(イ)・(エ)の結果より、
$$v = f\lambda = 5.0\,\text{Hz} \times 0.60\,\text{m} = 3.0\,\text{m/s}$$
である。

(キ) (ウ)の結果より，

$$t = 0.35\,\mathrm{s} = T + \frac{3}{4}\,T\,^{①}$$

と表せる。1周期 T ごとにはじめの変位に戻るので $t = \frac{3}{4}\,T$ の変位 y を考えればよい。$x = 0.30\,\mathrm{m}$ の $t = \frac{3}{4}\,T$ における変位は $-0.10\,\mathrm{m}$ である。

① $t = 0.20\,\mathrm{s} + 0.15\,\mathrm{s}$

$= T + \frac{3}{4}\,T$

---

105 縦波の横波表示

問1　2.0m　　問2　$5.9 \times 10^{-3}\,\mathrm{s}$　　問3　B　　問4　D　　問5　B

問6　$\left(n + \dfrac{1}{4}\right)T$

🔷 **Method**

横波：

波の進行方向と媒質の振動方向が**垂直**な波。

（例）　光，電磁波，弦の振動，地震のS波など

縦波：

波の進行方向と媒質の振動方向が**平行**な波。**疎密波**ともいう。

（例）　音，地震のP波など

縦波の横波表示：

x 軸方向に伝わる縦波を横波として表示するとき，図のように，媒質の振動方向を反時計回りに $90°$ 回転して変位を縦軸にとり，横波のグラフのようにして描く。すなわち，媒質の変位が $+x$ 方向のときには変位を $+y$ 方向に，媒質の変位が $-x$ 方向のときには変位を $-y$ 方向に表記する。

<u>変位が正から負に変わるところが最も密，負から正に変わるところが最も疎である。</u>

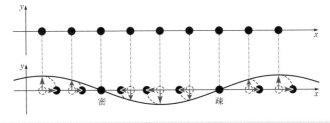

解説

問1　図より，
$$\lambda = 2.0\,\text{m}$$
である。

問2　音速が $v = 340\,\text{m/s}$ なので，
$$T = \frac{\lambda^{①}}{v} = \frac{2.0\,\text{m}}{340\,\text{m/s}} ≒ 5.9 \times 10^{-3}\,\text{s}$$
となる。

問3　x 軸の正の向きに沿って見たとき，**変位が正から負に変わる点で最も密**になるので，求める位置はBである。

問4　**変位が負から正に変わる点で最も疎**になるので，求める位置はDである。

問5　各点で空気は単振動しているので，その**速度の大きさが最大なのは振動中心**，すなわち変位が0の位置BおよびDである。これらのうち，正の向きに振動しているのはBである②

問6　時刻 $t = 0$ において $x = 0$ は最も疎なので，$t = 0$ のあと初めてAが最も疎になる時刻は $t = \dfrac{T}{4}$ である③ 1周期 T ごとに最も疎になるので，求める時刻は，
$$t = \frac{T}{4} + nT = \left(n + \frac{1}{4}\right)T$$
である。

① $T = \dfrac{1}{f} = \dfrac{\lambda}{v}$

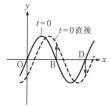

② グラフを少しだけ右向きに平行移動すると，点Bは正の向きに変位していることがわかる。

③ $\dfrac{\lambda}{4}$ だけ伝わるのにかかる時間は $\dfrac{T}{4}$ である。

106　正弦波を表す式

(ア) $\dfrac{2\pi}{T}t$　　(イ) $\dfrac{1}{T}$　　(ウ) vT　　(エ) $\dfrac{x}{v}$　　(オ) $A\sin\left\{2\pi\left(\dfrac{t}{T} - \dfrac{x}{\lambda}\right)\right\}$

📦 **Method**

波の式：
　波の変位 y を位置 x と時刻 t の関数として表した式。
波の式の作り方：
　(Step1)
　　ある点 x_0 の単振動を式にする。$\Rightarrow y(x_0,\ t)$
　(Step2)
　　点 x_0 から任意の点 x まで伝わるのにかかる時間 t_x を求める。
　(Step3)
　　$y(x,\ t) = y(x_0,\ t - t_x)$ より，(Step1)で作った式の t を $t - t_x$ におき換える。

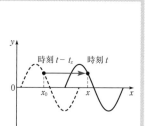

(ア) $y(t) = A \sin\left(\dfrac{2\pi}{T} t\right)$ より，単振動の位相は，

$$\theta = \frac{2\pi}{T} t \,①$$

である。

(イ) 単振動の周期が T なので，振動数 f は，

$$f = \frac{1}{T}$$

である。

(ウ) 波の波長 λ は，

$$\lambda = \frac{v}{f} = vT$$

となる。

(エ) $x = 0$ からある位置 x に伝わるまでにかかる時間 t_x は，

$$t_x = \frac{x}{v} \,②$$

である。

(オ) $x = 0$ の点の振動が，

$$y(t) = A \sin\left(\frac{2\pi}{T} t\right)$$

で与えられるので，

$$y(0,\ t) = A \sin\left(\frac{2\pi}{T} t\right) \,③$$

と表せる。時刻 t における位置 x の変位は，時間 t_x だけ前には $x = 0$ にあったので，

$$\overset{\text{距離}x\text{戻す}}{y(x,\ t)} = y(\underset{\text{時間}t_x\text{戻す}}{0,\ t - t_x})$$

$$= A \sin\left\{\frac{2\pi}{T}(t - t_x)\right\} \,④$$

$$= A \sin\left\{2\pi\left(\frac{t - \dfrac{x}{v}}{T}\right)\right\} \quad (\text{(エ)より})$$

$$= A \sin\left\{2\pi\left(\frac{t}{T} - \frac{x}{\lambda}\right)\right\} \,⑤$$

と表せる。

① $\sin\theta$ の θ の部分を位相という。

② **Method**（Step2）

③ **Method**（Step1）の式は，問題文の冒頭に与えられている。

④ **Method**（Step3）

⑤ $vT = \lambda$

107 反射波と定常波を表すグラフ

問1　波長：8m，周期：4s

問2

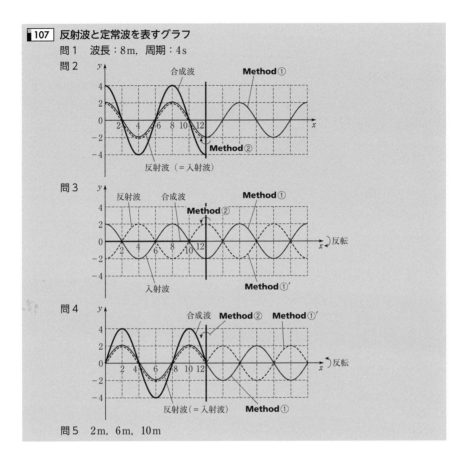

問5　2m，6m，10m

Method

自由端反射：

振動状態が変化せずに反射する。自由端での位相のずれはない。

▶反射波の作図法
① 端を無視して入射波を描く。
② 端より先の波のグラフを端に関して対称に移動する。

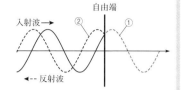

固定端反射：

振動状態が反転して反射する。固定端での位相のずれは π である。

▶反射波の作図法
① 端を無視して入射波を描く。
①′ 端より先の波の振動状態を反転する。
② ①′の波のグラフを端に関して対称に移動する。

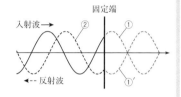

解説

問1　グラフより，波長 λ は $\lambda = 8\,\mathrm{m}$ である。波の伝わる速さ v が $v = 2\,\mathrm{m/s}$ であることから，周期 T は，

$$T = \frac{\lambda}{v} = \frac{8\,\mathrm{m}}{2\,\mathrm{m/s}}\,① = 4\,\mathrm{s}$$

である。

① $T = \dfrac{1}{f} = \dfrac{\lambda}{v}$

問2　この波は3s間で，$2\,\mathrm{m/s} \times 3\,\mathrm{s} = 6\,\mathrm{m}$ 進む。いったん壁を無視して与えられたグラフを正の向きに6mだけ平行移動し，壁の向こう側の波を壁に関して対称に折り返すと反射波が得られる。入射波と反射波を合成すると**解答のようになる**。

問3　問2と同様に壁の向こうに入射波を描いたら，**それを x 軸に関して対称移動（山と谷を反転）したあと，壁に関して対称移動すると反射波が得られる**。それを入射波と合成すると解答のようになる。

問4　この波は4s間で $2\,\mathrm{m/s} \times 4\,\mathrm{s} = 8\,\mathrm{m}$ 進む。問3と同様に描くと**解答のようになる**②。

② $1\,\mathrm{s} = \dfrac{T}{4}$ なので，問3の定常波のグラフの $\dfrac{1}{4}$ 周期後を考えてもよい。

問5　固定端（$x = 12\,\mathrm{m}$）には定常波の節ができる。節と腹は間隔

$$\frac{\lambda}{4} = \frac{8\,\mathrm{m}}{4} = 2\,\mathrm{m}$$

で交互に並ぶので，腹の位置は，$x = 2\,\mathrm{m}$，$6\,\mathrm{m}$，$10\,\mathrm{m}$ ③ の3か所である。

③ 問4の解答の図において，最大変位が観測される $x = 2\,\mathrm{m}$，$6\,\mathrm{m}$，$10\,\mathrm{m}$ が腹の位置であると考えてもよい。

⬡ **Method**

波の干渉条件:

複数の波が重なり合って強め合ったり弱め合ったりする現象を干渉という。

円形波の場合,観測点をP,波源をS_1,S_2とすると,波源が同位相の場合の干渉条件は,mを整数として,

$$S_1P - S_2P = \begin{cases} m\lambda & \cdots強め合う \\ \left(m + \dfrac{1}{2}\right)\lambda & \cdots弱め合う \end{cases}$$

となる。また,波源が逆位相の場合は,

$$S_1P - S_2P = \begin{cases} \left(m + \dfrac{1}{2}\right)\lambda & \cdots強め合う \\ m\lambda & \cdots弱め合う \end{cases}$$

となる。ただし,mの値は図形的な条件によって有限個に限られる。

───

解説

問1 2つの波源A,Bから点Cまでの経路差は,
$$BC - AC = 37\,cm - 25\,cm = 12\,cm$$
である。波長$\lambda = 4\,cm$なので,
$$BC - AC = 3\lambda$$
となり,点Cでは2つの波が強め合っていることがわかる。2つの波の振幅はともに1cmであるから,合成波の振幅は2cmとなる①

問2 線分AB上の任意の点をPとする。点Pで2つの波が弱め合う条件は,整数をmとして,
$$AP - BP = \left(m + \frac{1}{2}\right)\lambda = \left(m + \frac{1}{2}\right) \times 4\,cm$$
と表せる。ただし,点Pは線分AB上にあることから,
$$|AP - BP| < AB = 16\,cm②$$
を満たさなければならないので,mの値は,
$$\left|m + \frac{1}{2}\right| \times 4\,cm < 16\,cm$$
よって,
$$m = -4,\ -3,\ \cdots,\ 2,\ 3$$
に限られる。したがって,点A,Bを除く線分AB上に弱め合う点は8個存在する。

① 波が強め合うとき,振幅の和が合成波の振幅である。

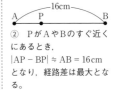

② PがAやBのすぐ近くにあるとき,
$|AP - BP| ≒ AB = 16\,cm$
となり,経路差は最大となる。

問3 半直線BT上の任意の点をQとする。点Qで2つの波が弱め合う条件は，AQ＞BQより，<u>0以上の整数をnとして</u>，

$$AQ - BQ = \left(n + \frac{1}{2}\right)\lambda = \left(n + \frac{1}{2}\right) \times 4 \text{ (cm)}$$

と表せる。ただし，△ABQが成立する条件から，

$$AQ - BQ < AB = 16 \text{cm} ^{③}$$

を満たさなければならないので，nの値は，

$$\left(n + \frac{1}{2}\right) \times 4 \text{cm} < 16 \text{cm}$$

よって，

$$n = 0, \ 1, \ 2, \ 3$$

に限られる。したがって，点Bを除く半直線BT上に弱め合う点は4個存在する。[④]

問4 問3で考えた4個の弱め合う点のうち点Bから最も遠いのは，AQ－BQが最も小さい点[⑤]すなわち，

$$AQ - BQ = \left(0 + \frac{1}{2}\right) \times 4 \text{cm} = 2 \text{cm} \qquad \cdots ①$$

を満たす点である。さらに，三平方の定理より，

$$AQ^2 - BQ^2 = AB^2$$
$$(AQ + BQ)(AQ - BQ) = (16 \text{cm})^2$$
$$(AQ + BQ) \times 2 \text{cm} = (16 \text{cm})^2 \quad (①より)$$
$$AQ + BQ = 128 \text{cm} \qquad \cdots ②$$

が成り立つ。①，②式より，

$$AQ = 65 \text{cm}, \ BQ = 63 \text{cm}$$

となる。

問5 波源A，Bが逆位相のとき，線分AB上の点Pで弱め合う条件は，

$$AP - BP = m\lambda = m \times 4 \text{cm}$$

となる。問2と同様に，

$$|AP - BP| < AB = 16 \text{cm}$$

を満たさなければならないので，

$$m = -3, \ -2, \ -1, \ 0, \ 1, \ 2, \ 3$$

である。したがって，線分AB上（A，Bを除く）に全く振動しない点は7個ある。

③ QがBのすぐ近くにあるとき，
$$AQ - BQ \fallingdotseq AB$$
となり，経路差は最大となる。

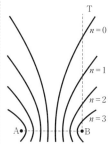

④ 問2の結果より，上図のようにAB間に節線が8本通るので，半直線BT上を節線が4本通る。

⑤ QがBから離れるほど経路差は小さくなっていき，十分に離れると，
$$AQ \fallingdotseq BQ$$
すなわち
$$AQ - BQ \fallingdotseq 0$$
となり，経路差は最小となる。

第3章 波動

109 反射波と定常波を表す式

(ア) $\dfrac{x}{v}$	(イ) $t - \dfrac{x}{v}$	(ウ) $t + \dfrac{x}{v}$

(エ) $\dfrac{2\pi}{T}$ (オ) $\dfrac{2\pi}{vT}$ (カ) $y_1 = y_2$ (キ) 腹   (ク) $y_1 + y_2 = 0$

(ケ) 節   (コ) $\left(n + \dfrac{1}{2}\right)\pi$ (サ) $\dfrac{4}{2n+1}$ (シ) $\dfrac{1}{2n+1}$

解説

▶ $x = 0$ における媒質の変位は,

$$y = A\sin\frac{2\pi}{T}t \quad\text{①} \qquad\qquad\qquad \cdots\text{①}$$

で与えられる。

(ア) $x = 0$ から位置 x $(x > 0)$ まで距離 x だけ伝わるのにかかる時間は $\dfrac{x}{v}$ である②。

(イ) 位置 x, 時刻 t における変位 y_1 は(ア)の結果より, $x = 0$, 時刻 $t - \dfrac{x}{v}$ における変位に等しいので,

$$y_1 = A\sin\frac{2\pi}{T}\left(t - \frac{x}{v}\right)\quad\text{③} \qquad\qquad \cdots\text{②}$$

と表せる。

(ウ) 波が負の向きに伝わるとき, $x = 0$ から位置 x までの距離は $-x$ となる④ので, (イ)と同様にすると,

$$y_2 = A\sin\frac{2\pi}{T}\left\{t - \left(-\frac{x}{v}\right)\right\} = A\sin\frac{2\pi}{T}\left(t + \frac{x}{v}\right) \quad\cdots\text{③}$$

が得られる。

(エ)・(オ) x 軸の正および負の向きに伝わる波を合成すると, ②, ③ 式より,

$$
\begin{aligned}
y &= y_1 + y_2 \\
&= A\sin\frac{2\pi}{T}\left(t - \frac{x}{v}\right) + A\sin\frac{2\pi}{T}\left(t + \frac{x}{v}\right) \\
&= 2A\sin\left(\frac{2\pi}{T}_{(エ)}\cdot t\right)\cos\left(\frac{2\pi}{vT}_{(オ)}\cdot x\right)\text{⑤} \qquad \cdots\text{④}
\end{aligned}
$$

となる。

(カ) $x = 0$ ではつねに $y_1 = y_2$ の関係が成り立っている⑥。

(キ) 2つの波の変位がつねに等しいので, それらの合成波の振幅は $2A$ であり, すべての x 座標の中で最大となる。つまり, 定常波の腹ができる。

① 106 Method (Step1)参照

② 106 Method (Step2)参照

③ 106 Method (Step3)参照

④ $x < 0$ に注意。

⑤ 和積の公式
$$\sin a + \sin b$$
$$= 2\sin\frac{a+b}{2}\cos\frac{a-b}{2}$$
を用いた。

⑥ (イ), (ウ)の結果より, $x = 0$ のとき,
$$y_1 = y_2 = A\sin\left(2\pi\frac{t}{T}\right)$$

(ク) ④式より，つねに $y = 0$ となるのは $y_1 + y_2 = 0$ が成り立つとき
である。

(ケ) (ク)の関係が成り立つとき，振幅が 0 になるので，定常波の節が
できる。

(コ) ④式より，

$$y = \underbrace{2A\cos\left(\frac{2\pi}{vT}x\right)}_{\substack{x\text{によって決まる}\\(t\text{によらない})}} \underbrace{\sin\left(\frac{2\pi}{T}t\right)}_{-1\sim+1\text{を振動}}$$

と表せる。よって，振幅 A' は，

$$A' = 2A\left|\cos\left(\frac{2\pi}{vT}x\right)\right| \text{⑦} \qquad\qquad \cdots(*)$$

となる。$x = L$ では $A' = 0$ となる⑧ので，$n = 0,\ 1,\ 2,\ \cdots$ を用
いると，

$$\cos\frac{2\pi}{vT}L = 0 \quad \text{よって，} \quad \frac{2\pi}{T}\cdot\frac{L}{v} = \left(n + \frac{1}{2}\right)\pi \qquad \cdots\text{⑤}$$

が成り立つ。

(サ) 波長 λ は，$\lambda = vT$ と表せるが，⑤式より，

$$vT = \frac{2}{n + \dfrac{1}{2}}L = \frac{4}{2n+1}L$$

が成り立つので，

$$\lambda = \frac{4}{2n+1}\cdot L \text{⑨}$$

となる。

(シ) つねに $y = 0$ となるとき，$A' = 0$ なので，$(*)$式より，

$$\cos\left(\frac{2\pi}{vT}x\right) = 0$$

となる。ここで，$m = 0,\ 1,\ 2,\ \cdots$ とすると，

$$\frac{2\pi}{vT}x = \left(m + \frac{1}{2}\right)\pi \quad \text{よって，} \quad x = \frac{2m+1}{4}vT$$

である。これらのうち，最も $x = 0$ に近いのは $m = 0$ のときで，

$$x = \frac{1}{4}vT = \frac{\lambda}{4} = \frac{1}{2n+1}\cdot L \text{⑩} \quad (\text{(サ)より})$$

である。

⑦ $\cos\left(\dfrac{2\pi}{vT}x\right) < 0$ の場合
もあるので，絶対値記号を
つけておく。

⑧ $x = L$ は変位 y がつね
に 0 である。

⑨ $n = 0$ のとき $\lambda = 4L$

よって，$L = \dfrac{\lambda}{4}$

$n = 1$ のとき $\lambda = \dfrac{4}{3}L$

よって，$L = \dfrac{3}{4}\lambda$

$n = 2$ のとき $\lambda = \dfrac{4}{5}L$

よって，$L = \dfrac{5}{4}\lambda$

⑩ $n = 0$ のとき $x = L$

$n = 1$ のとき $x = \dfrac{L}{3}$

$n = 2$ のとき $x = \dfrac{L}{5}$

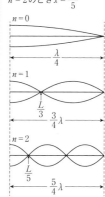

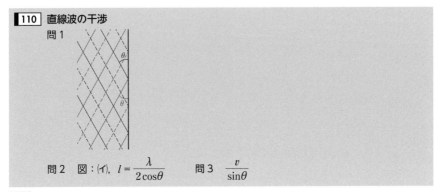

110 直線波の干渉

問1

問2 図：(イ), $l = \dfrac{\lambda}{2\cos\theta}$ 問3 $\dfrac{v}{\sin\theta}$

解説

問1 まずは板がなかった場合を想定して，板より右側に波面を描く。
実際には板で自由端反射するので，次に山や谷の状態を変えることなく（実線は実線，破線は破線のまま），その波面を板に関して対称に折り返す。すると解答のような図が描かれる。

問2 問1の解答において，実線と破線が交わる点では山と谷が重なり合って弱め合う。この点は，波が進行するとともに，図aのように板に平行に移動するので，節線は板に平行な直線になる。したがって(イ)が正しい。また，図bから，節線の間隔は，

$$l = \frac{\lambda}{2\cos\theta}$$

であることがわかる。

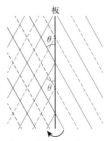

板より右側に波面をのばして，板に関して対称に折り返す。

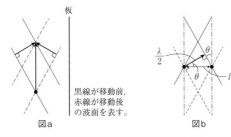

黒線が移動前，
赤線が移動後
の波面を表す。

図a

図b

別解 波の伝搬を板に平行・垂直の2方向に沿って着目して考える。板に垂直な方向では，入射波と反射波が互いに逆向きに進行するため，合成波は定常波となる。一方，板に平行な方向では，入射波と反射波が同じ向きに進行するので，合成波は進行波である。よって，板に垂直な直線上に腹と節が交互に等間隔で並び，それらが板に平行に移動していくことがわかる。以上より，節線の様子は(イ)のようになる。板に垂直な方向に波を観測すると，山の間隔λは，

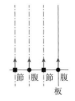

$$\lambda' = \frac{\lambda}{\cos\theta} \quad ①$$

となる。よって，節線の間隔は，

$$l = \frac{\lambda'}{2} \quad ② = \frac{\lambda}{2\cos\theta}$$

である。

問3　水面の高さが最も高くなっている位置は，入射波と反射波の山どうしが重なり合う位置（問1の解答における実線どうしの交点）である。その位置は右下図のように移動するので，

$$v_\theta = \frac{v}{\sin\theta}$$

である。

注意▶　入射波の移動速度を板に平行・垂直に分解して，$v_\theta = v\sin\theta$としてはならない。$v\sin\theta$は入射波の山の移動速度の板に平行な成分の大きさであり，入射波と反射波の山が重なり合う位置の移動速度（問1の解答の実線どうしの交点の移動速度）とは異なるからである。

① 波長は分解できないので，$\lambda' = \lambda\cos\theta$としてはならない。

② 定常波の節と節の間隔は波長の$\frac{1}{2}$倍である。

腹線

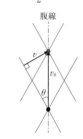

11 音波

■ 確認問題 ━━━

111 音波の性質

(ア) 縦波 　(イ) 増大 　(ウ) 振動数 　(エ) 振幅 　(オ) 波形 　(カ) 定常
(キ) 基本 　(ク) 高く

解説

(ア) 音は空気の密度変化が伝わる**縦波**である。

(イ) 空気中の音速は空気の温度で決まり,温度が上昇すると音速が**増大**することが知られている。

(ウ) 音波の**振動数**が大きいほど高く聞こえる。

(エ) 音波の**振幅**が大きいほど強く聞こえる。

(オ) 音波の**波形**によって音色が決まる。

(カ) 管楽器の中では空気が固有振動して**定常**波が発生している。

(キ) 固有振動のうち,定常波の波長が最も長いものを**基本**振動という。

(ク) 波長は変わらずに音速が増大するので,振動数は大きくなり,音は**高く**なる。

▶音の三要素
　振幅・振動数・波形

▶音速
　空気の温度〔℃〕の数値を t とすると,音速〔m/s〕の数値 V は,
　　$V = 331.5 + 0.6t$
　で与えられることが知られている。

112 弦の振動とうなり

問1 (ア) 3.24×10^2 　(イ) 720 　　問2 362 Hz

解説

問1 (ア) 長さ $0.450\,\mathrm{m}$ の弦が基本振動をしているとき,その波の波長は,

　　$0.450\,\mathrm{m} \times 2 = 0.900\,\mathrm{m}$

である。よって,弦を伝わる波の速さは,

　　$360\,\mathrm{Hz} \times 0.900\,\mathrm{m} = 3.24 \times 10^2\,\mathrm{m/s}$

である。

(イ) 腹が2つの定常波ができるとき,その波長は $0.450\,\mathrm{m}$ である。よって,弦の振動数は,

　　$\dfrac{3.24 \times 10^2\,\mathrm{m/s}}{0.450\,\mathrm{m}} = 720\,\mathrm{Hz}$

となる。

▶弦の振動
　弦の両端を節とする定常波が生じる。

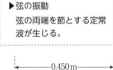

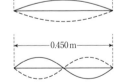

問2 発生した単位時間あたりのうなりの回数は，

$$\frac{8}{4\,\mathrm{s}} = 2\,\mathrm{Hz}$$

である。よって，おんさの振動数をfとすると，

$$|f - 360\,\mathrm{Hz}| = 2\,\mathrm{Hz}$$

が成り立つので，

$$f = 362\,\mathrm{Hz} \quad または，\quad 358\,\mathrm{Hz}$$

である。**弦を張る力を強くすると，弦を伝わる波の速さは速くなり**，振動数は高くなる。つまり，$f > 360\,\mathrm{Hz}$なので，

$$f = 362\,\mathrm{Hz}$$

である。

参考▶ 弦を伝わる波の速さvは，張力の大きさをS，線密度をρとして，

$$v = \sqrt{\frac{S}{\rho}}$$

と表される。

▶うなり
振動数がわずかに異なる2つの音が重なり合うとき，振幅が周期的に変化する現象。
単位時間あたりのうなりの回数は2つの音の振動数の差の絶対値に等しい。

第3章 波動

▊113 気柱の共鳴①

問1 $\dfrac{V}{4l}$　　　問2 $3l$　　　問3 $l, 3l$　　　問4 $\dfrac{V}{2L}, \dfrac{V}{L}$

解説

▶円板を差し込んだ状態（閉管）でガラス管内の気柱が共鳴するとき，**開口部を腹，円板の位置を節とする定常波ができる。**

問1 音波の波長をλとすると，右図より，

$$\frac{\lambda}{4} = l \quad よって，\ \lambda = 4l$$

である。音速がVなので，音の振動数fは，

$$f = \frac{V}{\lambda} = \frac{V}{4l}$$

となる。

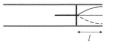

問2 2回目の共鳴が起きるとき，管内にできる定常波は右図のようになるので，

$$l' = 3l$$

となる。

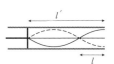

問3 空気の密度変化が最大になるのは，定常波の節の位置なので，その管口右端からの距離は$l, 3l$である。

▶円板を取り除いた場合(開管)でガラス管内の気柱が共鳴するとき，
両端を腹とする定常波ができる。

問4　振動数が小さい(つまり波長が長い)ほうから2つ定常波を描
　　くと右図のようになる。波長を順にλ_1, λ_2とすると，

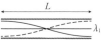

$$\lambda_1 = 2L, \quad \lambda_2 = L$$

　　である。振動数をそれぞれf_1, f_2とすると，

$$f_1 = \frac{V}{\lambda_1} = \frac{V}{2L}, \quad f_2 = \frac{V}{\lambda_2} = \frac{V}{L}$$

　　となる。

▌114　ドップラー効果

問1　850 Hz　　　問2　34.0 m/s　　　問3　720 Hz

解説

問1　$f' = \dfrac{340\,\text{m/s}}{340\,\text{m/s} - 20.0\,\text{m/s}} \times 800\,\text{Hz} = 850\,\text{Hz}$

問2　観測者の速さをvとする。

$$900\,\text{Hz} = \frac{340\,\text{m/s} - v}{340\,\text{m/s}} \times 1000\,\text{Hz}$$

　　よって，

$$v = 34.0\,\text{m/s}$$

　　である。

問3　$700\,\text{Hz} = \dfrac{340\,\text{m/s} + 10.0\,\text{m/s}}{340\,\text{m/s} + 20.0\,\text{m/s}} \cdot f$

　　よって，

$$f = 720\,\text{Hz}$$

　　である。

> ▶ドップラー効果
> 音源や観測者が運動するとき，音源の出す振動数fと観測者の聞く振動数f'が異なる現象。音速をV，音源と観測者の速度を，音の伝わる向きを正としてそれぞれv_S, v_0とすると，次式が成り立つ。
> $$f' = \frac{V - v_0}{V - v_\text{S}} f$$

115 弦の振動

問1　波長：$2L$, $f = \dfrac{1}{2L}\sqrt{\dfrac{Mg}{\rho}}$　　　問2　$\dfrac{M}{9}$　　　問3　$\dfrac{4}{9}M$　　　問4　M

問5　$\dfrac{3}{2\sqrt{2}}L$

🔲 Method

弦の振動：

両端を固定して張った弦を振動させると，両端で固定端反射した波が重なり合う。弦の長さと波の波長が特定の関係を満たすとき，下図のような両端を節とする定常波が形成される。腹が1つの場合を**基本振動**，2つの場合を**2倍振動**，3つの場合を**3倍振動**，…，n個の場合をn**倍振動**という。

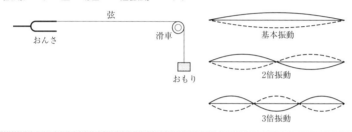

基本振動

2倍振動

3倍振動

弦　滑車　おんさ　おもり

解説

問1　波長をλとすると，右図より，

$$\frac{\lambda}{2} = L \quad \text{よって，} \quad \lambda = 2L$$

である。おもりにはたらく力のつり合いより，弦の張力Tは，

$$T = Mg$$

となるので，弦を伝わる波の速さvは，

$$v = \sqrt{\frac{T}{\rho}} = \sqrt{\frac{Mg}{\rho}}$$

と表せる。よって，基本振動の振動数fは，

$$f = \frac{v}{\lambda} = \frac{1}{2L}\sqrt{\frac{Mg}{\rho}}$$

となる。

問2　3つの腹をもつ定常波ができるとき，基本振動に比べて，

$$\lambda : \frac{1}{3} \text{倍} \quad \Rightarrow \quad v : \frac{1}{3} \text{倍}\,(v = f\lambda \text{より})$$

$$\Rightarrow \quad M : \frac{1}{9} \text{倍}\left(v = \sqrt{\frac{Mg}{\rho}} \text{より}\right)$$

となるので，このときのおもりの質量は$\dfrac{M}{9}$である。

問3　問2の場合に比べて,

$$f : 2 \text{倍} \quad \Rightarrow \quad v : 2 \text{倍} \, (v = f\lambda \text{①より})$$
$$\Rightarrow \quad M : 4 \text{倍} \left(v = \sqrt{\frac{Mg}{\rho}} \text{より} \right)$$

となるので, このときのおもりの質量は $\dfrac{4}{9}M$ である。

① 腹の数は問2と同じ3つなので, 波長 λ も同じである。

問4　AB間に生じる定常波を問1の場合と比べると, 波長が $\dfrac{1}{2}$ 倍で振動数が2倍なので, 波の伝わる速さは同じである。② また, 線密度 ρ も等しいので, $v = \sqrt{\dfrac{Mg}{\rho}}$ より, おもりの質量も等しい。すなわち, 調整したおもりの質量は M である。

② $v = f\lambda$ を用いた。

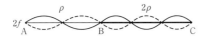

問5　BC間に生じる定常波は, AB間に対して,

$$\rho : 2 \text{倍} \quad \Rightarrow \quad v : \frac{1}{\sqrt{2}} \text{倍} \left(v = \sqrt{\frac{Mg}{\rho}} \text{より} \right)$$

である。**弦の振動数は AB 間と BC 間で等しいので,** 波長は $\dfrac{1}{\sqrt{2}}$ 倍である。③ また, 腹の数は $\dfrac{3}{2}$ 倍なので, BC 間の弦の長さは, AB 間の

③ $v = f\lambda$ を用いた。

$$\frac{1}{\sqrt{2}} \times \frac{3}{2} = \frac{3}{2\sqrt{2}} \text{倍}$$

つまり $\dfrac{3}{2\sqrt{2}}L$ である。

116 気柱の共鳴②

| 問1 $2(L_2 - L_1)$ | 問2 $\dfrac{L_2 - 3L_1}{2}$ | 問3 $2f(L_2 - L_1)$ | 問4 L_1 |

| 問5 $\dfrac{5}{3}f$ | 問6 98% |

🔷 Method

気柱の共鳴：

管口の近くで音を鳴らすと，管の長さと波長がある関係を満たすとき，管内の空気（気柱）に定常波ができ，大きな音が発生する。気柱が自由に振動できる開口部では定常波の腹が，気柱が振動できない閉口部では節ができる。

ただし，開口部における腹の位置は，開口端よりわずかに外側に出ていることが実験的に知られている。外にはみ出た部分の長さを**開口端補正**という。

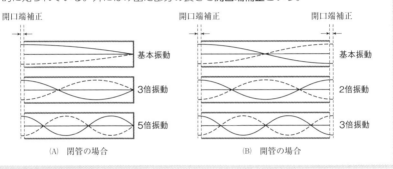

（A）閉管の場合　　（B）開管の場合

解説

問1　節から節までの長さが $L_2 - L_1$ なので，ガラス管内での音波の波長 λ は，

$$\lambda = 2(L_2 - L_1)$$

となる。

問2　腹から節までの長さが $\dfrac{\lambda}{4}$ なので，開口端補正 ΔL は，

$$\Delta L = \frac{\lambda}{4} - L_1 = \frac{L_2 - 3L_1}{2}$$

である。

問3　ガラス管内の音速 V は，

$$V = f\lambda = 2f(L_2 - L_1)$$

となる。

問4　右図のように，**管内の空気の密度の変化が最も激しいのは，定常波の節の位置**である。管口とそこから最も近い節の位置までの距離は L_1 である。なお，逆に空気の密度変化が最も小さいのは腹である。

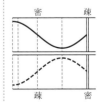

問5 ピストンの位置を固定したまま振動数をfから上げていくと、波長はλから短くなっていく。次に高次の共鳴が起きたとき、ガラス管内の定常波の波形は右図のようになるので、このときの波長λ'は$\lambda' = \dfrac{3}{5}\lambda$を満たす。音速は空気の温度によって決まる[①]ので、Vのまま変わらない。よって、次に高次の共鳴が起きたときの振動数をf'とすると、

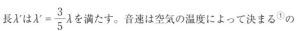

$$V = f'\lambda' \qquad\qquad \cdots①$$

よって、

$$f' = \frac{V}{\lambda'} = \frac{V}{\dfrac{3}{5}\lambda} = \frac{5}{3}f \,[②]$$

となる。

① 問6を参照。

② 要するに、3倍振動から5倍振動になったということである。

問6 問5の時点では気温が20℃だったことから、音速は、

$$V = (331.5 + 0.6 \times 20)\,\mathrm{m/s} = 343.5\,\mathrm{m/s}$$

であった。気温が10℃に下がったあとの音速は、

$$V''' = (331.5 + 0.6 \times 10)\,\mathrm{m/s} = 337.5\,\mathrm{m/s}$$

になる。気温が下がっても問5と同じ共鳴状態になったことから、波長はλ'のまま変化していないので、このときの振動数をf''とすると、

$$V''' = f''\lambda' \qquad\qquad \cdots②$$

が成り立つ。①、②より、

$$\frac{f''}{f'} = \frac{V'''}{V}\,[③] = \frac{337.5\,\mathrm{m/s}}{343.5\,\mathrm{m/s}} \fallingdotseq 0.98 = 98\,\%$$

である。

③ 波長が変わらないので、振動数は音速に比例すると考えてもよい。

---

117 ドップラー効果の仕組み

(ア) Vt (イ) v_St (ウ) ft (エ) $\dfrac{V - v_S}{f}$ (オ) Vt' (カ) v_0t'

(キ) $\dfrac{V + v_0}{V - v_S}ft'$ (ク) $\dfrac{V + v_0}{V - v_S}f$

📦 **Method**

ドップラー効果:

音源の振動数をf、音速をV、音源と観測者の速度を、音の伝わる向きを正としてそれぞれv_S、v_0とする。観測者の聞く音の波長λ'と振動数f'はそれぞれ、

$$\lambda' = \frac{V - v_S}{f}$$

$$f' = \frac{V - v_0}{V - v_S}f$$

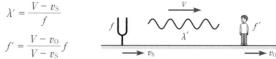

となる。

解説

▶まず，時間tで発せられる音の長さに着目し，それを音の個数[1]で割ることによって波長を求める。

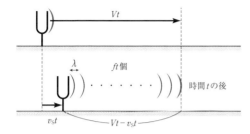

① 音波1波長分を1個と数える。

(ア) 音速はVなので，時間tの間に音はVtだけ伝わる。

(イ) 音源の移動の速さはv_Sなので，時間tの間に音源はv_Stだけ観測者に近づく。

(ウ) 音源の振動数はf，すなわち単位時間あたりにf個の音を発するので，時間tに発せられる音の個数はftである。

(エ) 距離$Vt - v_St$の間にft個の音が含まれるので，1個あたりの長さ，つまり波長λは，

$$\lambda = \frac{Vt - v_St}{ft} = \frac{V - v_S}{f}$$

となる[2]。

② 音源の運動によって波長が決まる。

▶次に，時間t'で観測者が聞きとる音の長さを考え，それを波長で割ることで観測される音の個数を求める。

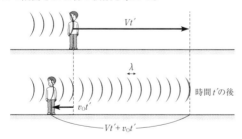

(オ) 観測者に届いた音は時間t'で距離Vt'だけ伝わる。

(カ) 観測者の移動の速さはv_0なので，時間t'で観測者は音源にv_0t'だけ近づく。

(キ) 時間 t' で観測者が聞く音の長さは $Vt' + v_0t'$ となる。この中に含まれる音の個数は，

$$\frac{Vt' + v_0t'}{\lambda} = \frac{Vt' + v_0t'}{\dfrac{V - v_S}{f}} \quad (\text{(エ)より)}$$

$$= \frac{V + v_0}{V - v_S}ft'$$

となる。

(ク) 観測者の聞く振動数 f' は，

$$f' = \frac{\dfrac{V + v_0}{V - v_S}ft'}{t'} \,\text{③} = \frac{V + v_0}{V - v_S}f$$

となる。④

③ 単位時間あたりに観測される音の個数が観測される振動数である。

④ 観測者の運動によって振動数が決まる。

---

118 反射音のドップラー効果・うなり

問1 $\dfrac{V - v}{f}$　　問2 $\dfrac{V}{V - v}f$　　問3 $\dfrac{V - v}{V + v}f$　　問4 $\dfrac{V(V - v)}{(V + v)^2}f$

問5 $\dfrac{4V^2v}{(V - v)(V + v)^2}f$　　問6 $\dfrac{V + w}{V + w - v}f$

問7 $\dfrac{(V + w)(V - w - v)}{(V + w + v)(V - w + v)}f$

🗍 **Method**

うなり：

振動数がわずかに異なる2つの音が重なり合うとき，振幅(つまり音の強弱)が周期的に変化する現象。2つの音の振動数を f_1 と f_2 とすると，うなりの振動数(単位時間あたりのうなりの回数) n は，

$$n = |f_1 - f_2|$$

となる。

解説

問1 音源は速さ v で観測者に近づくので，直接音の波長は $\dfrac{V - v}{f}$ である。

問2 観測される直接音の振動数 f_1 は，

$$f_1 = \frac{V}{V - v}f$$

である。

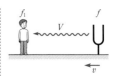

問3　反射板が受けとる音の振動数f_rは，

$$f_r = \frac{V-v}{V+v}f \quad ①$$

である。

問4　観測者に届く音の振動数f_2は，

$$f_2 = \frac{V}{V+v}f_r \quad ②$$

$$= \frac{V(V-v)}{(V+v)^2}f \quad (問3より)$$

となる。

問5　観測者は振動数f_1の直接音と振動数f_2の反射音を聞く。よって，単位時間あたりのうなりの回数(うなりの振動数)nは，

$$n = f_1 - f_2 \quad ③$$

$$= \frac{V}{V-v}f - \frac{V(V-v)}{(V+v)^2}f \quad (問2，問4より)$$

$$= \frac{4V^2v}{(V-v)(V+v)^2}f$$

となる。

問6　直接音は風と同じ向きに伝わるので，地面に対する音の伝わる速さV'は，

$$V' = V + w \quad ④$$

である。よって，直接音の振動数は，

$$\frac{V'}{V'-v}f = \frac{V+w}{V+w-v}f$$

となる。

問7　音源から反射板に向かって音が伝わるとき，風は音と逆向きに吹くので，地面に対する音の伝わる速さV''は，

$$V'' = V - w$$

である。反射板が受けとる音の振動数f_r'は，

$$f_r' = \frac{V''-v}{V''+v}f = \frac{V-w-v}{V-w+v}f$$

となる。反射板から観測者に向かって音が伝わるとき，音の伝わる速さはV'なので，観測される反射音の振動数は，

$$\frac{V'}{V'+v}f_r' = \frac{(V+w)(V-w-v)}{(V+w+v)(V-w+v)}f$$

である。

① 反射板のところに観測者がいるとみなして，その観測者が聞く音の振動数f_rを求める。

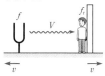

② 反射板を振動数f_rの音を出す音源とみなして，観測者の聞く振動数を求める。

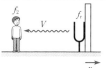

③ 問2，問4の結果より，$f_1 > f_2$である。

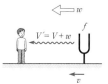

④ 音速Vは空気に対して音が伝わる速さである。風が吹く(つまり空気が移動する)とき，地面に対して音が伝わる速度は，風の速度と空気に対する音の伝わる速度を合成したものになる。

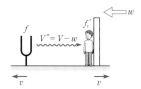

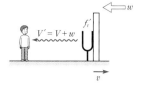

(ア) $-\dfrac{1}{2}$　　(イ) $\dfrac{1}{2}$　　(ウ) $\dfrac{1}{2l}\sqrt{\dfrac{S_0}{\rho}}$　　(エ) $\dfrac{d_2 - 3d_1}{2}$　　(オ) $\dfrac{d_2 - d_1}{l}\sqrt{\dfrac{S_0}{\rho}}$

(カ) $\dfrac{25}{9}$　　(キ) $\dfrac{25}{4}$

解説

(ア)・(イ)　速さの単位をm/s，線密度の単位をkg/m，張力の単位を
kg·m/s²[1]とする。$v = \rho^a S^b$ の両辺の単位が等しくなければなら
ないので，

$$\mathrm{m/s} = (\mathrm{kg/m})^a \cdot (\mathrm{kg \cdot m/s^2})^b$$

よって，

$$\mathrm{m^1 \cdot s^{-1}} = \mathrm{kg}^{a+b} \cdot \mathrm{m}^{-a+b} \cdot \mathrm{s}^{-2b}$$

が成り立たなければならない。両辺の指数を比較すると，

$$\begin{cases} 0 = a + b \\ 1 = -a + b \\ -1 = -2b \end{cases} \text{よって，} \begin{cases} a = -\dfrac{1}{2} \text{ (ア)} \\ b = \dfrac{1}{2} \text{ (イ)} \end{cases}$$

が得られる。つまり，$v = \sqrt{\dfrac{S}{\rho}}$ が成り立つ。

(ウ)　右図のように，弦に基本振動が生じているとき，その波長 λ は
$\lambda = 2l$ を満たす。よって，振動数 f は，

$$f = \frac{v}{\lambda} = \frac{1}{2l}\sqrt{\frac{S_0}{\rho}} \text{②} \qquad \cdots ①$$

である。

(エ)　気柱が共鳴したとき，ガラス管内にできる定常波の波形は右図
のようになる。音波の波長を λ' とすると，

$$\frac{\lambda'}{2} = d_2 - d_1 \quad \text{よって，} \quad \lambda' = 2(d_2 - d_1) \qquad \cdots ②$$

となる。したがって，開口端補正 Δd は，

$$\Delta d = \frac{\lambda'}{4} - d_1 = \frac{d_2 - 3d_1}{2} \quad (②より)$$

である。

(オ)　**弦が振動数 f で振動すると，そのまわりの空気が同じ振動数で
振動するため，振動数 f の音波が発生する。**そのため，空気中の
音速 V は，

$$V = f\lambda' = \frac{1}{2l}\sqrt{\frac{S_0}{\rho}} \cdot 2(d_2 - d_1) = \frac{d_2 - d_1}{l}\sqrt{\frac{S_0}{\rho}}$$

$$(①，②より)$$

となる。

① 力の単位：
$$\mathrm{N} = \mathrm{kg \cdot m/s^2}$$
運動方程式 $ma = f$ の両辺
の単位を見比べるとよい。
有名な単位は覚えておき
たいが，わからなければ方程
式の両辺の単位を見比べて
導出する。

② いま，$S = S_0$ なので，
$$v = \sqrt{\frac{S_0}{\rho}}$$
であることを用いた。

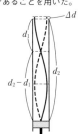

(カ) 張力 S を増加させると，$v = \sqrt{\dfrac{S}{\rho}}$ より，弦を伝わる波の速さ v

も大きくなる。弦には基本振動を生じさせるので，その波長 λ は
変化しない。$v = f\lambda$ より，振動数 f は増加する。ここで，音波に
着目すると，音速 V は変化しないので，$V = f\lambda'$ より，波長 λ' が
短くなる。よって，右図のように，気柱に 5 倍振動の定常波が生
じたときに再び共鳴する。このときの張力が S_1 である。張力が
$S = S_0$ だったときと比較すると，

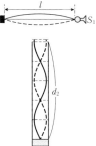

$$\lambda' : \frac{3}{5} \text{倍} \quad \Rightarrow \quad f : \frac{5}{3} \text{倍} \, (V = f\lambda', \ V : \text{不変より})$$

$$\Rightarrow \quad v : \frac{5}{3} \text{倍} \, (v = f\lambda, \ \lambda : \text{不変より})$$

$$\Rightarrow \quad S : \frac{25}{9} \text{倍} \left(v = \sqrt{\frac{S}{\rho}}, \ \rho : \text{不変より} \right)$$

となるので，$S_1 = \dfrac{25}{9} S_0$ である。

(キ) 共鳴が起きるのが問 3 と同じ距離だったことから，音波の波長
は λ' で変わらない。よって，

$$V : \frac{5}{2} \text{倍} \quad \Rightarrow \quad f : \frac{5}{2} \text{倍} \, (V = f\lambda', \ \lambda' : \text{不変より})$$

$$\Rightarrow \quad v : \frac{5}{2} \text{倍} \, (v = f\lambda, \ \lambda : \text{不変}^{③} \text{より})$$

$$\Rightarrow \quad S : \frac{25}{4} \text{倍} \left(v = \sqrt{\frac{S}{\rho}}, \ \rho : \text{不変より} \right)$$

となる。

③ 弦には基本振動が生じ
ているので，波長は λ であ
る。

120 平面上のドップラー効果①

(ア) $\dfrac{L}{V\cos\theta}$ (イ) $\sqrt{\left(\dfrac{L}{\cos\theta}\right)^2 + (u\Delta t)^2 - 2Lu\Delta t}$

(ウ) $\dfrac{L}{\cos\theta}\left(1 - \dfrac{u\cos^2\theta}{L}\Delta t\right)$ (エ) $\dfrac{L}{V\cos\theta} + \dfrac{V - u\cos\theta}{V}\Delta t$

(オ) $f\Delta t$ (カ) $\dfrac{V}{V - u\cos\theta}f$ (キ) $\dfrac{\pi}{2}$

📦 **Method**

平面上のドップラー効果：

音が伝わる方向と音源や観測者が運動する方向が異なるとき，**音が伝わる方向の速度成分（視線速度という）を用いてドップラー効果の公式を適用することができる。** このことを本問で音源だけが動く場合で示し，**121** で活用する。

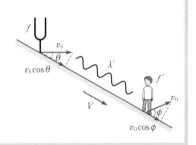

$$\lambda' = \dfrac{V - v_S\cos\theta}{f}, \quad f' = \dfrac{V - v_O\cos\phi}{V - v_S\cos\theta}f$$

解説

▶時間Δtに発せられた音波の個数を求め，それを聞くのにかかる時間を計算する。単位時間あたりに観測される音波の個数が観測される振動数である。

(ア) 時刻$t = 0$に点Pから発せられた音波は点Qまでの距離$\dfrac{L}{\cos\theta}$を速さVで伝わるので，点Qの観測者に伝わる時刻t_1は，

$$t_1 = \dfrac{\dfrac{L}{\cos\theta}}{V} = \dfrac{L}{V\cos\theta}$$

である。

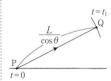

(イ) 時間Δtの間に音源は点Rまで距離$u\Delta t$だけ移動する。△PQRに対する余弦定理より，

$$\mathrm{QR} = \sqrt{\left(\dfrac{L}{\cos\theta}\right)^2 + (u\Delta t)^2 - 2\dfrac{L}{\cos\theta}(u\Delta t)\cos\theta}$$

$$= \sqrt{\left(\dfrac{L}{\cos\theta}\right)^2 + (u\Delta t)^2 - 2Lu\Delta t}$$

となる。

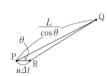

(ウ) (イ)の結果において$(\Delta t)^2$の項を無視すると,

$$\mathrm{QR} \fallingdotseq \sqrt{\left(\frac{L}{\cos\theta}\right)^2 - 2Lu\Delta t}$$

となる。さらに,$\sqrt{1+x} \fallingdotseq 1 + \dfrac{1}{2}x\ (|x| \ll 1)$という近似式を用いると,

$$\mathrm{QR} = \frac{L}{\cos\theta}\sqrt{1 - \frac{2u\cos^2\theta}{L}\Delta t}$$

$$\fallingdotseq \frac{L}{\cos\theta}\left(1 - \frac{u\cos^2\theta}{L}\Delta t\right)\ \text{①}$$

と表せる。

(エ) 時刻$t = \Delta t$に点Rを出た音波は時刻

$$t_2 = \underbrace{\Delta t}_{\substack{\text{音が点Rを}\\\text{出る時刻}}} + \underbrace{\frac{\dfrac{L}{\cos\theta}\left(1 - \dfrac{u\cos^2\theta}{L}\Delta t\right)}{V}}_{\substack{\text{点Rから点Qに伝わる}\\\text{のにかかる時間}}}\quad (\text{(ウ)より})$$

$$= \frac{L}{V\cos\theta} + \frac{V - u\cos\theta}{V}\Delta t$$

に点Qに伝わる。

(オ) 振動数fの音源は単位時間あたりにf個の波を出すので,時間Δtに$f\Delta t$個の波を出す。

(カ) 観測者は時間$(t_2 - t_1)$の間に$f\Delta t$個の波を観測するので,単位時間あたりに観測する波の個数,すなわち観測する振動数f'は,

$$f' = \frac{f\Delta t}{t_2 - t_1} = \frac{f\Delta t}{\dfrac{V - u\cos\theta}{V}\Delta t}\quad (\text{(ア),(エ)より})$$

$$= \frac{V}{V - u\cos\theta}f\ \text{②}$$

となる。

(キ) $f' = f$となるのは,(カ)の結果より,$\cos\theta = 0$すなわち$\theta = \dfrac{\pi}{2}$のときである。③

① 与えられた近似式において$x = -\dfrac{2u\cos^2\theta}{L}\Delta t$とした。

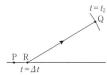

② 一直線上を音源が速さ$u\cos\theta$で近づく場合のドップラー効果の公式に一致する。$u\cos\theta$が視線速度である。

③ このとき視線速度が0になる。

121 平面上のドップラー効果②

問1 $\dfrac{\sqrt{5}\,v_S}{\sqrt{5}\,v_S + 2v_P}f$ 　　問2 $f_H = \dfrac{v_S}{v_S - v_P}f,\ f_L = \dfrac{v_S}{v_S + v_P}f$

問3 $\dfrac{\pi l}{v_P} + \dfrac{2l}{v_S}$ 　　問4 $v_P = 23\,\mathrm{m/s},\ l = 44\,\mathrm{m}$

解説

問1　∠CPD $= \theta$ とおくと，DP $= \sqrt{5}\,l$ より，

$$\cos\theta = \frac{2}{\sqrt{5}}$$

である。Dにおいて音が伝わる方向(直線DP方向)の模型飛行機の速度成分(視線速度)の大きさは，

$$v_P\cos\theta = \frac{2}{\sqrt{5}}v_P$$

となる。この速さで音源が直線DP上を観測者から遠ざかると考えると，観測される振動数は，

$$\frac{v_S}{v_S + \dfrac{2}{\sqrt{5}}v_P}f = \frac{\sqrt{5}\,v_S}{\sqrt{5}\,v_S + 2v_P}f$$

と求まる。

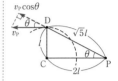

問2　f_H の振動数が観測されるのは音源が最も大きな視線速度で観測者に近づくとき，つまり点Pから模型飛行機の円軌道に引いた**接線の接点を観測者に近づく向きに通過するときに発せられた音**を聞くときである(この接点をEとする)。よって，

$$f_H = \frac{v_S}{v_S - v_P}f$$

である。一方，f_L の振動数が観測されるのはもうひとつの接点(Fとする)を通過したときに発せられた音を聞くときで，

$$f_L = \frac{v_S}{v_S + v_P}f$$

である。

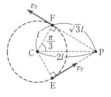

問3　模型飛行機がAおよびBを通過するときに発せられる音が点Pで振動数 f が観測される。[①] 模型飛行機がAを通過する時刻を $t = 0$ とする。このときに発せられた音波がPに届く時刻 t_A は，

$$t_A = \underbrace{\frac{l}{v_S}}_{\substack{\text{AからPに音が} \\ \text{伝わるのにかかる時間}}} \text{[②]}$$

である。模型飛行機がBを通過する時刻は $t = \dfrac{\pi l}{v_P}$ なので，このときに発せられた音波がPに届く時刻 t_B は，

① A，Bで音源の視線速度が0になるため。

② 音を出した時刻と聞いた時刻が異なることに注意。

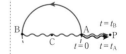

164

$$t_{\mathrm{B}} = \underbrace{\frac{\pi l}{v_{\mathrm{P}}}}_{\substack{\text{模型飛行機が半円を}\\\text{描くのにかかる時間}}} + \underbrace{\frac{3l}{v_{\mathrm{S}}}}_{\substack{\text{BからPに音が伝わる}\\\text{のにかかる時間}}}$$

となる。したがって，求める時間は，

$$t_{\mathrm{B}} - t_{\mathrm{A}} = \frac{\pi l}{v_{\mathrm{P}}} + \frac{3l}{v_{\mathrm{S}}} - \frac{l}{v_{\mathrm{S}}} = \frac{\pi l}{v_{\mathrm{P}}} + \frac{2l}{v_{\mathrm{S}}}$$

である。

問 4　まず，与えられた式より，

$$\frac{f_{\mathrm{L}}}{f_{\mathrm{H}}} = \frac{7}{8}$$

なので，問 2 の結果より，

$$\frac{v_{\mathrm{S}} - v_{\mathrm{P}}}{v_{\mathrm{S}} + v_{\mathrm{P}}} = \frac{7}{8}$$

よって，

$$v_{\mathrm{P}} = \frac{v_{\mathrm{S}}}{15} = \frac{345\,\mathrm{m/s}}{15} = 23\,\mathrm{m/s}$$

が成り立つ。次に，振動数 f_{H} を聞いてから f_{L} を聞くまでの時間を考える。模型飛行機が E を通過したときに発せられた音波が P に届くまでにかかる時間 Δt_{H} は，

$$\Delta t_{\mathrm{H}} = \frac{\sqrt{3}\,l}{v_{\mathrm{S}}}$$

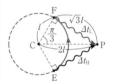

である。$\angle \mathrm{ECF} = \dfrac{2\pi}{3}$ より，模型飛行機が E に達してから F に達し，点 F から発せられた音波が P に届くまでにかかる時間 Δt_{L} は，

$$\Delta t_{\mathrm{L}} = \underbrace{\frac{2\pi l}{3 v_{\mathrm{P}}}}_{\substack{\text{模型飛行機が E から}\\\text{F まで運動するのに}\\\text{かかる時間}}} + \underbrace{\frac{\sqrt{3}\,l}{v_{\mathrm{S}}}}_{\substack{\text{F から P まで音が}\\\text{伝わるのにかかる}\\\text{時間}}}$$

となる。したがって，振動数 f_{H} を聞いてから f_{L} を聞くまでの時間は，

$$\Delta t_{\mathrm{L}} - \Delta t_{\mathrm{H}} = \frac{2\pi l}{3 v_{\mathrm{P}}}$$

である。これが 4.0 s なので，

$$\frac{2\pi l}{3 v_{\mathrm{P}}} = 4.0\,\mathrm{s}$$

よって，

$$l = \frac{3 \times 23\,\mathrm{m/s} \times 4.0\,\mathrm{s}}{2 \times 3.14} \fallingdotseq 44\,\mathrm{m}$$

である。

12 | 反射と屈折

確認問題 ::

122 水面波の屈折

問1 $\dfrac{1}{\sqrt{2}}$ 倍 　　問2 $30°$ 　　問3 $\sqrt{2}$ 　　問4 ③

問5 ㋐ ② 　㋑ ② 　㋒ ①

解説

問1 領域 A, B を伝わる波の速さをそれぞれ v_A, v_B とすると,

$$v_A = k\sqrt{g \cdot 4a}, \quad v_B = k\sqrt{g \cdot 2a}$$

となる。領域 B を伝わる波の波長を λ_B とすると, 屈折の法則より,

$$\frac{10a}{\lambda_B} = \frac{v_A}{v_B} = \sqrt{2} \quad \text{よって, } \lambda_B = \frac{1}{\sqrt{2}} \cdot 10a$$

が成り立つ。

問2 屈折角を r とする。屈折の法則より,

$$\frac{\sin 45°}{\sin r} = \frac{v_A}{v_B} = \sqrt{2} \quad \text{よって, } \sin r = \frac{1}{2}$$

となる。よって,

$$r = 30°$$

である。これより, 波は右図のように右側に屈折していく。

問3 領域 C を伝わる波の速さを v_C とすると,

$$v_C = k\sqrt{ga}$$

となる。よって, 領域 B に対する領域 C の屈折率を n_{BC} とすると,

$$n_{BC} = \frac{v_B}{v_C} = \sqrt{2}$$

である。

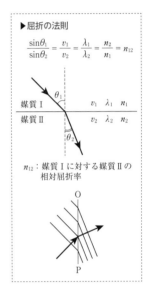

▶屈折の法則

$$\frac{\sin\theta_1}{\sin\theta_2} = \frac{v_1}{v_2} = \frac{\lambda_1}{\lambda_2} = \frac{n_2}{n_1} = n_{12}$$

媒質 Ⅰ 　　　　v_1 　λ_1 　n_1

媒質 Ⅱ 　　　　v_2 　λ_2 　n_2

n_{12}:媒質 Ⅰ に対する媒質 Ⅱ の相対屈折率

問4 A→B→Cと**水深が浅くなっていくにつれて水面波の伝わる速さは遅くなっていく**ので, 問2と同様に波は進行方向に対して右のほうに屈折していく。**波面は波の進行方向に垂直な**ので, 波面を表した図は③である。

問5 ㋐ $v = k\sqrt{gh}$ より, 水深が浅くなってくると波の伝わる速さは②減少していく。

㋑ 屈折しても振動数は不変なので, 波長は②短くなる。

㋒ 屈折角は少しずつ小さくなっていくので, 波面は海岸線に①平行になっていく。

123 光の性質

(ア)	f	(イ)	l	(ウ)	n	(エ)	m	(オ)	e	(カ)	b
(キ)	j	(ク)	h	(ケ)	d	(コ)	g				

解説

(ア)　波長がおよそ 3.8×10^{-7} m 〜 7.8×10^{-7} m の電磁波が人間の目に見え，f 可視光(線)ある
いは単に光と呼ばれる。

(イ)　**波長が最も長いのが赤色**の光，**最も短いのが l 紫色**の光である。

(ウ)・(エ)　波長が赤色の光より長く 10^{-4} m 程度までが赤外線，紫色の光より短く 10^{-8} m 程度ま
でが紫外線である。どちらも目には見えない。

(オ)　赤から紫まで，**ほとんどすべての色(波長)の光を含んだもの**を e 白色光という。

(カ)・(キ)　同じ媒質に入射しても，光は波長によって b 屈折率がわずかに異なり(**紫色の光が最
も屈折率が大きくなる**)白色光は進行方向が分かれる。この現象を光の j 分散という。

(ク)　虹のような帯状の模様を光の h スペクトルという。

(ケ)　光は d 横波であり，太陽光や白熱電球からの光は電界の振動方向がさまざまに混ざり合っ
ており，自然光と呼ばれる。

(コ)　自然光を結晶などに通すと，特定の振動方向の電場だけが通り抜け，g 偏光となる。

124 点光源を覆う円板

問 1　$\sin\theta = \dfrac{3}{4}$　　問 2　$\dfrac{36}{\sqrt{7}}$ cm

解説

問 1　屈折の法則より，

$$\frac{4}{3}\sin\theta = 1 \cdot \sin 90° \quad \text{よって，} \quad \sin\theta = \frac{3}{4}$$

である。

問 2　光が空気中に出る(つまり全反射が起こらない)部分を円板
で覆えばよいので，円板の最小の半径を r とおくと，

$$r = 12\,\text{cm} \cdot \tan\theta$$

である。ここで，問 1 の結果より，$\tan\theta = \dfrac{3}{\sqrt{7}}$ なので，

$$r = 12\,\text{cm} \times \frac{3}{\sqrt{7}} = \frac{36}{\sqrt{7}}\,\text{cm}$$

となる。

▶全反射

屈折角が $90°$ になるとき
の入射角を臨界角という。
入射角が臨界角より大き
くなると，波は屈折せず
すべて反射する。この現
象を全反射という。

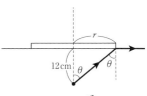

解説

問1 $\dfrac{1}{5.0\,\mathrm{cm}} - \dfrac{1}{b_1} = \dfrac{1}{15.0\,\mathrm{cm}}$

よって，

$\quad b_1 = 7.5\,\mathrm{cm}$

$\quad m_1 = \dfrac{b_1}{5.0\,\mathrm{cm}} = \dfrac{7.5\,\mathrm{cm}}{5.0\,\mathrm{cm}} = 1.5$倍

問2 $\dfrac{1}{8.0\,\mathrm{cm}} - \dfrac{1}{b_2} = -\dfrac{1}{12.0\,\mathrm{cm}}$

よって，

$\quad b_2 = 4.8\,\mathrm{cm}$

$\quad m_2 = \dfrac{b_2}{8.0\,\mathrm{cm}} = \dfrac{4.8\,\mathrm{cm}}{8.0\,\mathrm{cm}} = 0.6$倍

▶レンズの公式

凸レンズによる実像

$\dfrac{1}{a} + \dfrac{1}{b} = \dfrac{1}{f}$

凸レンズによる虚像

$\dfrac{1}{a} - \dfrac{1}{b} = \dfrac{1}{f}$

凹レンズによる虚像

$\dfrac{1}{a} - \dfrac{1}{b} = -\dfrac{1}{f}$

$\begin{pmatrix} a：レンズと物体の距離 \\ b：レンズと像の距離 \\ f：焦点距離 \end{pmatrix}$

問3 物体からAまでの距離をaとおく。**レンズの公式は，レンズと物体の距離と，レンズと像の距離を入れ替えても成り立つ**ので，Bからスクリーンまでの距離はaである。AB間の距離が10.0cmであることから，

$\quad a + 10.0\,\mathrm{cm} + a = 100.0\,\mathrm{cm}$

よって，

$\quad a = 45.0\,\mathrm{cm}$

となる。レンズの公式より，

$\quad \dfrac{1}{45.0\,\mathrm{cm}} + \dfrac{1}{55.0\,\mathrm{cm}} = \dfrac{1}{f}$

よって，

$\quad f \fallingdotseq 24.8\,\mathrm{cm}$

である。また，レンズがAの位置にあるときの倍率は，

$\quad m_3 = \dfrac{55.0\,\mathrm{cm}}{45.0\,\mathrm{cm}} \fallingdotseq 1.2$倍

となる。

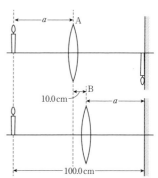

≡ 重要問題

126 屈折の法則の証明

(ア) ホイヘンス (イ) 素元波 (ウ) v_1t (エ) v_2t (オ) $\sin i$

(カ) $\sin r$ (キ) $\dfrac{v_1}{v_2}$

📦 Method

ホイヘンスの原理：

ある時刻において，波面上の各点を波源とする球面波（**素元波**）を考え，それに共通に接する曲面が次の瞬間の波面になる。

解説

(ウ) 媒質1中は速さ v_1 で伝わるので，

$$\mathrm{BP} = v_1t$$

である。

(エ) 点Aから出た素元波は媒質2中を速さ v_2 で時間 t の間に距離 v_2t だけ伝わる。よって，

$$\mathrm{AQ} = v_2t$$

である。

(オ) $\angle\mathrm{PAB} = i$ なので，

$$\mathrm{AP}\cdot\sin i = \mathrm{BP} = v_1t \quad [1] \quad (\text{(ウ)より}) \qquad \cdots①$$

が成り立つ。

(カ) $\angle\mathrm{APQ} = r$ なので，

$$\mathrm{AP}\cdot\sin r = \mathrm{AQ} = v_2t \quad [2] \quad (\text{(エ)より}) \qquad \cdots②$$

が成り立つ。

(キ) ①，②式より，

$$\frac{\sin i}{\sin r} = \frac{v_1}{v_2} \quad [3]$$

となる。

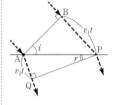

[1] △ABPに着目した。

[2] △APQに着目した。

[3] この式を n_{12} とおき，媒質1に対する媒質2の相対屈折率という。

127 光の屈折

問1　$n_0 \sin\theta_0 = n_1 \sin\theta_1$　　　問2　$\dfrac{n_0}{n_1}D$　　　問3　$\dfrac{n_2}{n_1}D$

問4　$\dfrac{n_0}{n_2}H + \dfrac{n_0}{n_1}D$

💡 Method

屈折の法則：

屈折率 n_1 の媒質 I から屈折率 n_2 の媒質 II に光が入射する場合，入射角を θ_1，屈折角を θ_2，媒質 I，II における光の伝わる速さを v_1，v_2，波長を λ_1，λ_2 とすると，以下の屈折の法則が成り立つ。

$$\frac{\sin\theta_1}{\sin\theta_2} = \frac{v_1}{v_2} = \frac{\lambda_1}{\lambda_2} = \frac{n_2}{n_1} = n_{12}$$

よって，

$$n_1 \sin\theta_1 = n_2 \sin\theta_2$$

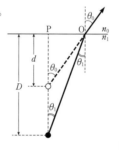
（$v_1 > v_2$ の場合）

解説

問1　屈折の法則より，
$$n_0 \sin\theta_0 = n_1 \sin\theta_1$$
が成り立つ。

問2　物体の真上の水面上の点を P とする。
右図より，
$$(\text{OP} =)\ d\tan\theta_0 = D\tan\theta_1$$
よって，
$$d = \frac{\tan\theta_1}{\tan\theta_0}D \doteqdot \frac{\sin\theta_1}{\sin\theta_0}D \, ①$$
となる。これと問1の結果より，
$$d = \frac{n_0}{n_1}D$$
となる。

① 観測者の目の間隔よりも水面から物体までの距離のほうが十分に長いとき，θ_0，θ_1 ともに微小である。

問3　まず，アクリル樹脂と水の間における屈折を考えるため，**ア
クリル樹脂の中から魚を観測したと仮定して，魚のみかけの距離
を考える**。問2の結果において，$n_0 \to n_2$，$d \to d'$とおき換えると，

$$d' = \frac{n_2}{n_1}D$$

となる。

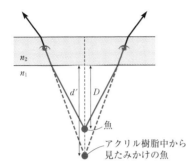

問4　次に，空気とアクリル樹脂の間における屈折を考えるため，
**アクリル樹脂中に問3で観測した魚のみかけの像があるとみなし，
これを光源としたときのみかけの距離を考える**。問2の結果にお
いて，$n_1 \to n_2$，$D \to H + d'$，$d \to a$とおき換えると，

$$a = \frac{n_0}{n_2}(H + d') = \frac{n_0}{n_2}\left(H + \frac{n_2}{n_1}D\right) \quad (\text{問3より})$$

$$= \frac{n_0}{n_2}H + \frac{n_0}{n_1}D$$

となる。

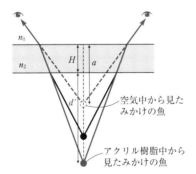

128 全反射

問1 $\dfrac{n_2}{n_1}\sin\beta$ 問2 $n_1 > n_2$ 問3 $\dfrac{n_2}{n_1}$ 問4 $\dfrac{\sin\theta}{n_1}$

問5 $\sin\theta < \sqrt{n_1{}^2 - n_2{}^2}$ 問6 $n_1{}^2 - n_2{}^2 \geqq 1$ 問7 $\dfrac{n_1{}^2 L}{c\sqrt{n_1{}^2 - \sin^2\theta}}$

⬡ Method

全反射：

屈折が起きず，すべての光が反射する現象。屈折角が90°のときの入射角を臨界角と呼ぶ。入射角が臨界角より大きくなると全反射が起こる。

解説

問1 屈折の法則より，

$$n_1\sin\alpha = n_2\sin\beta \quad \text{よって，} \quad \sin\alpha = \dfrac{n_2}{n_1}\sin\beta$$

である。

問2 <u>全反射が起こるためには，入射角 α より屈折角 β のほうが大きくなければならないので，</u>

$$\alpha < \beta \quad \text{よって，} \quad \sin\alpha < \sin\beta$$

が必要である。これに問1の結果を代入すると，

$$\dfrac{n_2}{n_1}\sin\beta < \sin\beta \quad \text{よって，} \quad n_1 > n_2$$

となる。

問3 臨界角 α_0 で境界面 AB に入射したとき，屈折角は90°になるので，屈折の法則より，

$$n_1\sin\alpha_0 = n_2\sin 90° \quad \text{よって，} \quad \sin\alpha_0 = \dfrac{n_2}{n_1} \text{①}$$

となる。

問4 <u>左側の端面における屈折角は $(90° - \alpha)$ なので，</u>屈折の法則より，

$$1\cdot\sin\theta = n_1\sin(90° - \alpha) \quad \text{よって，} \quad \cos\alpha = \dfrac{\sin\theta}{n_1} \text{②}$$

となる。

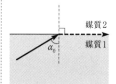

① 問2の結果より，
$$\sin\alpha_0 < 1$$
を満たす。

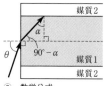

② 数学公式
$$\sin(90° - \alpha) = \cos\alpha$$
を用いた。

問5　媒質1と媒質2の境界で**全反射するためには**$\alpha > \alpha_0$でなければならないので，

$$\sin\alpha > \sin\alpha_0$$

$$\sqrt{1 - \cos^2\alpha} > \frac{n_2}{n_1} \quad (\text{問3より})$$

$$\sqrt{1 - \frac{\sin^2\theta}{n_1{}^2}} > \frac{n_2}{n_1} \quad (\text{問4より})$$

$$\sqrt{n_1{}^2 - \sin^2\theta} > n_2$$

$$\sin\theta < \sqrt{n_1{}^2 - n_2{}^2} \quad ③$$

を満たさなければならない。

③　問2の結果より，$\sqrt{}$ の中は正である。

問6　$0° < \theta < 90°$のすべてのθに対して問5の結果が成り立つ条件は，$\sin\theta < 1$なので，

$$\sqrt{n_1{}^2 - n_2{}^2} \geqq 1 \quad \text{よって，} \quad n_1{}^2 - n_2{}^2 \geqq 1$$

である。

問7　媒質1中で光が伝わる速さは$\dfrac{c}{n_1}$④なので，その光ファイバー

に沿った方向の成分の大きさは$\dfrac{c}{n_1}\sin\alpha$である。よって，左側の

端面から反対側の端面に到達するまでに要する時間は，

$$\frac{L}{\dfrac{c}{n_1}\sin\alpha} = \frac{L}{\dfrac{c}{n_1}\sqrt{1 - \dfrac{\sin^2\theta}{n_1{}^2}}} \quad (\text{問4より})$$

$$= \frac{n_1{}^2 L}{c\sqrt{n_1{}^2 - \sin^2\theta}}$$

である。

④　一般に，屈折率nの媒質中では，光の速さや波長は真空中の$\dfrac{1}{n}$倍になる。

129 レンズ

問1

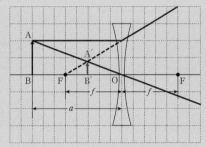

問2　レンズの前方 $\dfrac{af}{a+f}$ の距離にできる倍率 $\dfrac{f}{a+f}$ 倍の正立虚像

問3　凸レンズの焦点距離：18.0 cm，像の向き：倒立，倍率：$\dfrac{2}{3}$ 倍

問4　焦点距離23.3 cmの凸レンズを物体の位置から距離58.2 cmの位置に置く。

> **◇ Method**
>
> レンズの公式：
>
> 凸レンズ…$a>f$のとき $\dfrac{1}{a}+\dfrac{1}{b}=\dfrac{1}{f}$，　$a<f$のとき $\dfrac{1}{a}-\dfrac{1}{b}=\dfrac{1}{f}$
>
> 凹レンズ…$\dfrac{1}{a}-\dfrac{1}{b}=-\dfrac{1}{f}$
>
> 倍率はすべての場合で $\dfrac{b}{a}$ である。
>
> （a：レンズと物体の距離，b：レンズと像の距離，f：焦点距離）

解説

問1　**凹レンズの場合，光軸に平行に入射した光は前方の焦点から出てきたかのように屈折する。また，レンズの中心を通った光は直進する。**この法則にしたがって作図すると，解答のようになる。

問2　凹レンズから像までの距離をbとする。凹レンズの公式より，

$$\dfrac{1}{a}-\dfrac{1}{b}=-\dfrac{1}{f}　よって，b=\dfrac{af}{a+f}$$

となる。したがって，問1でできる像A'B'はレンズの前方 $\dfrac{af}{a+f}$ の距離にできる倍率 $\dfrac{b}{a}=\dfrac{f}{a+f}$ 倍の正立虚像である。

問3　$a = 24.0\,\text{cm}$, $f = 12.0\,\text{cm}$ のとき,

$$b = \frac{24.0\,\text{cm} \times 12.0\,\text{cm}}{24.0\,\text{cm} + 12.0\,\text{cm}} = 8.00\,\text{cm}^{①}$$

である。凹レンズによるこの像は,凸レンズの前方

$$19.0\,\text{cm} + 8.00\,\text{cm} = 27.0\,\text{cm}$$

の位置にできる。

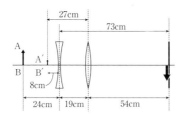

　この像を光源とみなしたときの凸レンズによる像を考える。②凸レンズとスクリーンとの距離は,

$$73.0\,\text{cm} - 19.0\,\text{cm} = 54.0\,\text{cm}$$

である。凸レンズの焦点距離を f とおくと,凸レンズの公式より,

$$\frac{1}{27.0\,\text{cm}} + \frac{1}{54.0\,\text{cm}} = \frac{1}{f} \quad \text{よって,} \quad f = 18.0\,\text{cm}$$

となる。凹レンズによって正立の像ができるが,この像は凸レンズによって倒立するので,スクリーン上の像は物体に対して**倒立**している。この像の物体に対する倍率は,

$$\underbrace{\frac{8.00\,\text{cm}}{24.0\,\text{cm}}}_{\text{凹レンズによる倍率}} \times \underbrace{\frac{54.0\,\text{cm}}{27.0\,\text{cm}}}_{\text{凸レンズによる倍率}} = \frac{2}{3}\,\text{倍}$$

である。

問4　スクリーン上には実像ができるので,レンズの種類は**凸レンズ**でなければならない。物体とスクリーンの距離は,

$$24.0\,\text{cm} + 19.0\,\text{cm} + 54\,\text{cm} = 97.0\,\text{cm}$$

である。物体とレンズの距離を a,レンズの焦点距離を f とすると,凸レンズの公式より,

$$\frac{1}{a} + \frac{1}{97.0\,\text{cm} - a} = \frac{1}{f} \qquad \cdots ①$$

が成り立つ。また,倍率は,

$$\frac{97.0\,\text{cm} - a}{a} = \frac{2}{3}\,\text{倍} \qquad \cdots ②$$

である。②式より,$a = 58.2\,\text{cm}$
である。これを①式に代入すると,

$$f = \frac{58.2 \times 38.8}{97.0}\,\text{cm} \fallingdotseq 23.3\,\text{cm}$$

が得られる。

① 問2の結果を用いた。

② 2枚のレンズがあるときは,1枚目のレンズによる像を考え,これを光源とみなして2枚目のレンズによる像を考える。

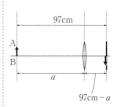

Method

球面鏡の公式：

凹面鏡…$a>f$のとき$\dfrac{1}{a}+\dfrac{1}{b}=\dfrac{1}{f}$，$a<f$のとき$\dfrac{1}{a}-\dfrac{1}{b}=\dfrac{1}{f}$

凸面鏡…$\dfrac{1}{a}-\dfrac{1}{b}=-\dfrac{1}{f}$

球面の半径をRとすると，$f=\dfrac{R}{2}$である。また，倍率はすべての場合で$\dfrac{b}{a}$である。

（a：鏡と物体の距離，b：鏡と像の距離，f：焦点距離）

解説

(ア) 反射の法則より，
$$\angle\text{OPB} = \angle\text{OPA} = \theta$$
である。

(イ) △APOに着目する。外角（∠POB）は隣り合わない内角∠OAP
と∠OPAの和に等しいので，
$$\alpha + \theta = \beta \qquad \cdots①$$
が成り立つ。

(ウ) △BPOについても，(イ)と同様に考えると，
$$\beta + \theta^{①} = \gamma \qquad \cdots②$$
が成り立つ。

① (ア)の結果を用いた。

(エ) ①，②の差をとると，
$$\alpha - \beta = \beta - \gamma \quad \text{よって，} \quad \alpha + \gamma = 2\beta \qquad \cdots③$$
が得られる。

(オ)〜(キ) △AHPに着目すると，
$$\alpha \fallingdotseq \tan\alpha \fallingdotseq \dfrac{h}{a}^{②} \qquad \cdots④$$
と近似できる。△OHP，△BHPについても同様にすると，
$$\beta \fallingdotseq \tan\beta \fallingdotseq \dfrac{h}{r}, \quad \gamma \fallingdotseq \tan\gamma \fallingdotseq \dfrac{h}{b} \qquad \cdots⑤$$
と表せる。

② 点Hと点Qがほぼ一致するので，AH ≒ AQであることを用いた。

㈡ ④，⑤を③に代入すると，

$$\frac{h}{a}+\frac{h}{b}=\frac{2h}{r} \quad \text{よって,} \quad \frac{1}{a}+\frac{1}{b}=\frac{2}{r} \quad \cdots⑥$$

が得られる。

㈢ ⑥において，$a\to\infty$とすると，

$$b\to\frac{r}{2}$$

となる。

㈣ 光軸に平行に入射した光線が集まる点を**焦点**と呼ぶ。[3]

[3] ㈢の結果より，焦点距離は$f=\dfrac{r}{2}$であることが分かる。

131 光の分散と虹

問1 (ア) $\sin i = k$　　(イ) $\sin i = n\sin\theta$　　(ウ) $r = 2\theta$　　(エ) $t = i$
　　　(オ) $\phi = 4\theta - 2i$

問2 角度：42°
　　理由：$k = 0.85$付近の光線はほぼ同じ角度$\phi = 42°$で反射されるため。

問3

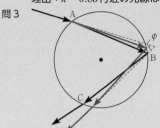

　　　　ϕの変化：大きくなる

問4 (カ) 大きく　　(キ) 赤色

📦 **Method**

分散：
　同じ媒質でも入射する光の波長によって屈折率が異なるために，白色光が虹のように色が分かれて見える現象。波長が短い光ほど媒質の屈折率が大きくなる。

解説

問1 (ア) $\sin i = \dfrac{h}{R} = k$　よって，$\sin i = k$

　となる。

(イ) 屈折の法則より，$\sin i = n\sin\theta$である。

(ウ)

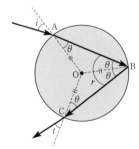

　OA = OBより，∠OBA = ∠OAB = θである。つまり，点Bへの入射角がθなので，反射角∠OBCもθとなる。よって，

　　$r = 2\theta$

　である。

（エ）　OB = OC より，∠OCB = ∠OBC = θ である。つまり，点C
への入射角が θ なので，屈折の法則より，屈折角は，

$$t = i$$

である。

（オ）　以上の結果より，光線は直線OBに関して対称なので，入射
光と反射光の交点（これをEとする）は直線OB上にある。
△ABEに着目すると，

$$(i - \theta) + \frac{\phi}{2} = \theta \quad よって，\phi = 4\theta - 2i$$

となる。

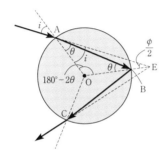

問2　k が変化するにつれて ϕ も変化するので，光線が水滴に入射
する位置によって反射される角度 ϕ も異なる。しかし，ϕ が極大
値をとる $k = 0.85$ 付近では，k が少し異なっても ϕ の値が42°から
ほとんど変化せず，この方向に反射される光線が多数存在するこ
とになり，最も強く反射される。

問3　**波長が長い光ほど屈折率が小さくなる**ので，屈折角 θ は大き
くなる。問1（オ）の結果より，このとき ϕ は大きくなる。

問4　（カ）　問3の考察により，波長が長い光ほど ϕ は大きくなる。

（キ）　**波長の最も長い赤色の光の仰角が最大になる**ので，地上から
最も高い地点（最も外側）の虹の色は**赤色となる**。[1]

① 虹はアーチの外側から
赤橙黄緑青藍紫の順で並ぶ。

13 | 光の干渉

━━ 確認問題 ━━━

132 光路長

（ア） $\dfrac{1}{n}$ 　（イ） nL

解説

（ア）　屈折率の定義により，屈折率 n の媒質中の光の速さは真空中

の $\dfrac{1}{n}$ 倍になる。

（イ）　真空中の光の速さを c とすると，**屈折率 n の媒質中の光の速**

さは $\dfrac{c}{n}$ なので，この媒質中を距離 L だけ進むのにかかる時間は，

$$\frac{L}{\dfrac{c}{n}} = \frac{nL}{c}$$

である。この間に光は真空中を速さ c で距離

$$c\,\frac{nL}{c} = nL$$

だけ進む。これを**光路長**という。

> ▶光路長
> 実際の長さに屈折率をかけた値を光路長という。同一の光路長の中には同じ数の波が含まれる。

---

133 ヤングの実験（平行近似）

（ア） $\dfrac{\lambda}{2}$ 　（イ） $\dfrac{l\lambda}{2d}$ 　（ウ） λ 　（エ） $\dfrac{l\lambda}{d}$ 　（a） 広がる

解説

（ア）　O に最も近い暗線が観測される点 P では，2 つの光が最短の光路差で弱め合うので，

$$\overline{\mathrm{BP}} - \overline{\mathrm{AP}} = \frac{\lambda}{2}$$

が成り立つ。

（イ）　スクリーンがスリットから十分遠いため，AP∥BP と近似できるので，

$$\overline{\mathrm{BP}} - \overline{\mathrm{AP}} \fallingdotseq d\sin\theta$$

である。θ は十分に小さく，

$$\sin\theta \fallingdotseq \tan\theta = \frac{x}{l} \quad （右図より）$$

と近似できるので，

$$\overline{\mathrm{BP}} - \overline{\mathrm{AP}} \fallingdotseq d\,\frac{x}{l}$$

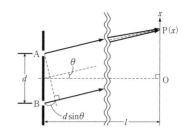

と表せる。これと(ア)の結果より，

$$d\frac{x}{l} = \frac{\lambda}{2} \quad \text{よって，} \quad x = \frac{l\lambda}{2d}$$

が得られる。

(ウ) Oに最も近い明線が観測される点Qでは，2つの光が最短の光路差で強め合うので，

$$\overline{\text{BQ}} - \overline{\text{AQ}} = \lambda$$

が成り立つ。

(エ) (イ)と同様に，

$$d\frac{x}{l} = \lambda \quad \text{よって，} \quad x = \frac{l\lambda}{d}$$

が得られる。

(a) 干渉縞の間隔は明線の間隔を考えると $\dfrac{l\lambda}{d}$ である。よって，dを狭くすると間隔は**広がる**。

---

134 反射型の回折格子

(ア) $\dfrac{\lambda}{\sin\theta}$ (イ) $\dfrac{1}{n}\sin\theta$ (ウ) $\dfrac{\lambda}{n}$ (エ) $\dfrac{\lambda_1}{\sin\theta_1}$

解説

(ア) 隣り合う光の光路差は$d\sin\theta$なので，1次回折光が強め合う
条件は，

$$d\sin\theta = \lambda \quad \text{よって，} \quad d = \frac{\lambda}{\sin\theta}$$

である。

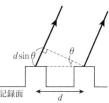

(イ) 屈折率nの保護膜から空気中に出るとき，入射角がθ_1，屈折
角がθなので，屈折の法則より，

$$n\sin\theta_1 = 1\cdot\sin\theta \quad \text{よって，} \quad \sin\theta_1 = \frac{1}{n}\sin\theta$$

である。

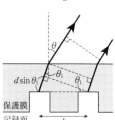

(ウ) 保護膜中での光の波長は屈折率の定義より，

$$\lambda_1 = \frac{\lambda}{n}$$

である。

(エ) (ア)と同様に，

$$d = \frac{\lambda_1}{\sin\theta_1}$$

である。

注意▶ (エ)の結果に(イ)，(ウ)の結果を代入すると，$d = \dfrac{\lambda}{\sin\theta}$となり，(ア)の結果に一致する。つまり，

保護膜があってもなくても，強め合う条件は同じになる。

135 薄膜に垂直に入射した光の干渉

問1 π　　問2 π　　問3 $2nd$　　問4 $2nd = m\lambda$　　問5 C

解説

問1　$n>1$より，反射により光の位相はπずれる。

問2　$n'>n$より，反射により光の位相はπずれる。

問3　ガラス板表面で反射した光のほうが薄膜を往復する距離$2d$だけ経路が長い。薄膜の屈折率がnなので，光路差は$2nd$である。

▶反射による位相のずれ
屈折率が小さい媒質から大きい媒質に当たって反射するとき，光の位相はπずれる。逆の場合は位相のずれはない。

問4　反射による位相のずれが合計で2πなので，反射光が強め合う条件は，

$$2nd = m\lambda$$

と表せる。

問5　問4の結果より，

$$\lambda = \frac{2nd}{m}$$

である。$400\,\text{nm} \leqq \lambda \leqq 700\,\text{nm}$を満たす$m$は$d$が大きいほど多くなるので，強め合った回数がもっと多いCが最も厚い。

▤ 重要問題

136 ヤングの実験

問1　スリットA，Bに入射する光の位相をそろえる役割。(24字)

問2　$\dfrac{dx}{l}$　　問3　$\dfrac{dx}{l} = m\lambda$　　問4　$\dfrac{\lambda l}{d}$

問5　向き：x軸の負の向き，距離：$\dfrac{al}{L}$

問6　向き：x軸の正の向き，距離：$\dfrac{(n-1)lt}{d}$　　問7　$1 + \dfrac{\lambda}{t}$

📦 **Method**

ヤングの実験：

2重スリットで回折した光を十分に離れたスクリーン上で干渉させると，明暗の縞模様ができる。光が波動性をもつことを最初に示した実験である(1801年)。

解説

問1　光源に大きさがあると，光源上のさまざまな点から出た位相の異なる光がスリットA，Bに入ってしまう。それを防ぐため，スリットSによって光源を点にしぼり込み，スリットA，Bに入る光の位相をそろえている。

182

問2　三平方の定理より，

$$\mathrm{AP} = \sqrt{l^2 + \left(x + \frac{d}{2}\right)^2} = l\sqrt{1 + \left(\frac{x + d/2}{l}\right)^2} \quad ①$$

である。d や $|x|$ は l より十分に小さいので，$\left(\dfrac{x + d/2}{l}\right)^2$ は 1 より

十分に小さい。そこで，与えられた近似式を用いると，

$$\mathrm{AP} \fallingdotseq l\left\{1 + \frac{1}{2}\left(\frac{x + d/2}{l}\right)^2\right\} \quad ②$$

となる。同様に，

$$\mathrm{BP} = \sqrt{l^2 + \left(x - \frac{d}{2}\right)^2} \fallingdotseq l\left\{1 + \frac{1}{2}\left(\frac{x - d/2}{l}\right)^2\right\}$$

と表せるので，光路差（経路差）は，

$$\mathrm{AP} - \mathrm{BP} = \frac{(x + d/2)^2 - (x - d/2)^2}{2l} = \frac{dx}{l}$$

となる。

問3　点 P に明線ができる条件は，$\dfrac{dx}{l} = m\lambda$ である。

問4　問3の結果より，

$$x = \frac{ml\lambda}{d} \qquad\qquad\qquad \cdots①$$

つまり，$\dfrac{l\lambda}{d}$ の整数倍となる位置に明線ができる。よって，明線

の間隔 Δx は，

$$\Delta x = \frac{l\lambda}{d}$$

となる。

問5

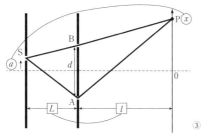

スリット S をわずかな距離 a だけ上向きにずらしたとき，光路差は，

$$\underbrace{(\mathrm{SA} + \mathrm{AP})}_{\text{A を通った光の光路長}} - \underbrace{(\mathrm{SB} + \mathrm{BP})}_{\text{B を通った光の光路長}}$$

$$= \underbrace{(\mathrm{SA} - \mathrm{SB})}_{\text{複スリットより左の光路差}} + \underbrace{(\mathrm{AP} - \mathrm{BP})}_{\text{複スリットより右の光路差}}$$

となる。

①　根号内を l^2 でくくり，l を根号の前に出す。

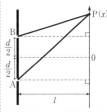

②　与えられた近似式におい

て $\alpha = \left(\dfrac{x + d/2}{l}\right)^2$ とした。

③　○印と□印をそれぞれ
対応させることで，複スリ
ットより左側の光路差が直
ちに求まる。

SA − SBはAP − BPと同様に計算できるので，問2の結果において，lをLに，xをaにおき換えると，

$$SA - SB = \frac{ad}{L}$$

と表せる。したがって光路差は$\frac{ad}{L} + \frac{dx}{l}$となるので，明線ができる条件は，

$$\frac{ad}{L} + \frac{dx}{l} = m\lambda \quad \text{よって，} \quad x = \frac{ml\lambda}{d} - \frac{al}{L} \qquad \cdots ②$$

となる。①式と②式を比較すると，明線は$\frac{al}{L}$だけx軸の負の向きに移動することがわかる。

問6 複スリットの左側には光路差が，

$$\underbrace{t}_{\text{Aを通った光}} - \underbrace{nt}_{\text{Bを通った光}} = -(n-1)t$$

だけ生じる[④]ので，全体の光路差は$-(n-1)t + \frac{dx}{l}$である。明線ができる条件は，

$$-(n-1)t + \frac{dx}{l} = m\lambda$$

よって，

$$x = \frac{ml\lambda}{d} + \frac{(n-1)lt}{d} \qquad \cdots ③$$

となる。①式と③式を比較すると，明線は$\frac{(n-1)lt}{d}$だけx軸の正の向きに移動することがわかる。

問7 最小の屈折率で点Pが強め合うとき，明線の移動距離は最小なので，**明線の移動距離は明線の間隔Δxに一致する**。問4，問6の結果より，

$$\frac{(n-1)lt}{d} = \frac{l\lambda}{d} \quad \text{よって，} \quad n = 1 + \frac{\lambda}{t}$$

である。

④ 複スリットA，BからSは十分に遠いので，光はA，Bに垂直に入射したと近似してよい。

> [別解] 点Pに着目すると，複スリットの右側の光路差は変化しないが，左側の光路差が$(n-1)t$だけ減少する。これがλに一致したとき，最小の屈折率で点Pに明線が現れるので，
>
> $$(n-1)t = \lambda \quad \text{よって，} \quad n = 1 + \frac{\lambda}{t}$$
>
> となる。

137 回折格子

(ア) $d\sin\theta$　(イ) $\dfrac{d}{2}$　(ウ) d　(エ) 白　(オ) 赤　(カ) $d(\sin\theta - \sin\theta_0)$

◇ Method

回折格子:
　ガラス板などに等間隔で多数の溝をほったもの。溝の数は1cmあたり数百から数千本のものが多い。溝のすき間で回折した多数の光を十分に離れたスクリーン上で干渉させると，等間隔で鋭い明線がいくつかできる。

解説

(ア)　隣り合う格子を通った光の光路差が $d\sin\theta$ なので，強め合う条件は，

$$d\sin\theta = m\lambda \qquad \cdots ①$$

である。

(イ)・(ウ)　(ア)の結果より，

$$\sin\theta = \frac{m\lambda}{d} = \cdots, \ -\frac{2\lambda}{d}, \ -\frac{\lambda}{d}, \ 0, \ \frac{\lambda}{d}, \ \frac{2\lambda}{d}, \ \cdots$$

である。$-\dfrac{\pi}{2} < \theta < \dfrac{\pi}{2}$ より $-1 < \sin\theta < 1$ なので，この範囲に上式を満たす θ が3つ存在するとき，その3つは，

$$\sin\theta = -\frac{\lambda}{d}, \ 0, \ \frac{\lambda}{d}$$

を満たす θ に限られる。[1] よって，

$$\frac{\lambda}{d} < 1 \leqq \frac{2\lambda}{d} \quad \text{ゆえに,} \quad \frac{d}{2} \text{(イ)} \leqq \lambda < d \ \text{(ウ)}$$

でなければならない。

(エ)　$m = 0$ の場合，波長 λ によらずすべての光が $\theta = 0$ の方向で強め合うので，0次回折光は白色となる。[2]

(オ)　$m = 1$ の場合，(ア)の結果より，

$$\sin\theta = \frac{\lambda}{d}$$

なので，λ が大きいほど強め合うときの θ は大きくなる。よって，1次回折光の中で回折角が最も大きいのは，最も波長の長い赤色の光である。[3]

(カ)　隣り合う光路を比べたとき，回折格子の左側は上の光が $d\sin\theta_0$ 長く，右側は下の光が $d\sin\theta$ 長いので，光路差はそれらの差をとって $d\sin\theta - d\sin\theta_0$ である。よって，明るくなる条件は，

$$d(\sin\theta - \sin\theta_0) = m\lambda \ [4]$$

である。

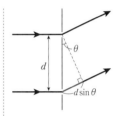

① $-\dfrac{2\lambda}{d}, \ \underline{-\dfrac{\lambda}{d}, 0, \dfrac{\lambda}{d}}, \dfrac{2\lambda}{d}$
　　　　$-1 \sim +1$ に含まれる

つまり，$\dfrac{\lambda}{d}$ は1より小さいが，$\dfrac{2\lambda}{d}$ は1以上になる。

② 光の色と波長については 123 を参照。

③ 1次回折光は，0次回折光から遠い順に赤，橙，…紫と分解される。この色づいた光の帯をスペクトル，様々な色に分解されることをスペクトル分解という。

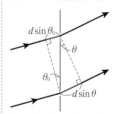

④ $d(\sin\theta_0 - \sin\theta) = m\lambda$ でもよい。

問1　(a)　反転する　　　(b)　変化しない

(ア) $\left(m - \dfrac{1}{2}\right)\lambda$　　(イ) $\dfrac{1}{n}\sin\theta$　　(ウ) $2d\sqrt{n^2 - \sin^2\theta}$

(エ) $\dfrac{4d\sqrt{n^2 - \sin^2\theta}}{2m - 1}$

問2　(オ) 1　　(カ) 6.0×10^2　　(キ) 橙　　(ク) 3.9×10^2　　(ケ) 7.9×10^2

⬡ Method

薄膜による干渉:

薄膜の両面で反射した光が干渉し，明るく見えたり暗く見えたりする。

解説

問1　(a)　空気より油膜のほうが屈折率が大きいので，光の位相は**反転する。**

(b)　油膜より水のほうが屈折率が小さいので，光の位相は**変化しない。**

(ア)　**位相が反転する反射が1回起きている**ので，光が強め合う条件は，

$$\Delta L = \left(m - \dfrac{1}{2}\right)\lambda \quad ①$$

となる。

(イ)　屈折の法則より，

$$1 \cdot \sin\theta = n\sin\theta' \quad \text{よって，} \quad \sin\theta' = \dfrac{1}{n}\sin\theta$$

である。

(ウ)　点Pから線分BCに下ろした垂線の足をDとする。また，油膜の下面に関してPと対称な点をP'とする。
光路差ΔLは，

$$\Delta L = n \cdot (\text{DC} + \text{CP}) \quad ②$$
$$= n \cdot (\text{DC} + \text{CP}')$$
$$= n \cdot \text{DP}'$$
$$= n \cdot 2d\cos\theta'$$
$$= 2nd\sqrt{1 - \sin^2\theta'}$$

である。これに(イ)の結果を代入すると，

$$\Delta L = 2nd\sqrt{1 - \dfrac{\sin^2\theta}{n^2}} = 2d\sqrt{n^2 - \sin^2\theta}$$

となる。

① 右辺を$\left(m + \dfrac{1}{2}\right)\lambda$としてはならない。$m$は正の整数なので，$m = 1$のときに$\Delta L = \dfrac{\lambda}{2}$となるようにする。

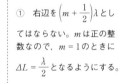

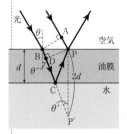

② 波面ABが屈折して波面PDになるので，線分APとBDに含まれる波の数は等しい。よって，APとBDの光路長は等しい（ 132 参照）。

(エ) (ア)と(ウ)の結果から，強め合う条件を満たす波長をλ_mとすると，その条件は，

$$2d\sqrt{n^2 - \sin^2\theta} = \left(m - \frac{1}{2}\right)\lambda_m$$

よって，

$$\lambda_m = \frac{4d\sqrt{n^2 - \sin^2\theta}}{2m - 1}$$

となる。

問2　(オ)　$d = 1.0 \times 10^2\,\mathrm{nm}$のとき，

$$\lambda_m = \frac{6 \times 1.0 \times 10^2}{2m - 1}\,(\mathrm{nm})\text{③}$$

である。表より，可視光の波長は，

$$3.8 \times 10^2\,\mathrm{nm} \leqq \lambda_m \leqq 7.8 \times 10^2\,\mathrm{nm}$$

なので，

$$3.8 \times 10^2\,\mathrm{nm} \leqq \frac{6.0 \times 10^2}{2m - 1}\,(\mathrm{nm}) \leqq 7.8 \times 10^2\,\mathrm{nm}$$

でなければならない。これを満たすmは$m = 1$のみである。④

(カ)　$m = 1$のときの波長λ_1は，

$$\lambda_1 = \frac{6.0 \times 10^2\,\mathrm{nm}}{2 \times 1 - 1} = 6.0 \times 10^2\,\mathrm{nm}$$

である。

(キ)　波長が$6.0 \times 10^2\,\mathrm{nm}$の光は，表より橙色である。

(ク)・(ケ)　$d = 1.0 \times 10^5\,\mathrm{nm}$のとき，(オ)と同様に，

$$3.8 \times 10^2\,\mathrm{nm} \leqq \frac{6 \times 1.0 \times 10^5}{2m - 1}\,(\mathrm{nm}) \leqq 7.8 \times 10^2\,\mathrm{nm}$$

よって，

$$3.9 \times 10^2\,_{(ク)} \leqq m \leqq 7.9 \times 10^2\,_{(ケ)}$$

である。⑤

③　(エ)の結果に$n = 1.5$，$\theta = 0$を代入すると，

$$\lambda_m = \frac{4nd}{2m - 1}$$

$$= \frac{6d}{2m - 1}$$

となる。

④　$3.8 \leqq \dfrac{6.0}{2m - 1} \leqq 7.8$

$$\frac{6.0}{7.8} \leqq 2m - 1 \leqq \frac{6.0}{3.8}$$

$$0.88\cdots \leqq m \leqq 1.3\cdots$$

と不等式を解いてもよいが，$m = 1$, 2, $\cdots$ と代入して適する値を見つけたほうが早い。

⑤　膜厚が大きすぎると多数の波長が強め合って白色に近づき，色づかなくなる。

139 **くさび形による干渉**

問1 明線となる条件：$2nd = \left(m + \dfrac{1}{2}\right)\lambda$，暗線となる条件：$2nd = m\lambda$

問2 暗くなる 　　問3 $\dfrac{L\lambda}{2nD}$ 　　問4 $\dfrac{5L\lambda}{nl_0}$

問5 1.0×10^{-4} m $(0.10\,\text{mm})$ 　　問6 間隔が狭くなっていく。

🔷 **Method**

くさび形による干渉：
　ガラス板の端に薄いものを挟み，くさび形のすき間を作ると，そのすき間の上下面で反射した光が干渉する。

解説

問1　空間の厚さがdのとき，経路差はその往復の$2d$となる。2枚のガラス平板の間は屈折率がnの媒質で満たされているので，光路差は$2nd$となる。また，ガラス平板A，Bの屈折率はどちらもnより大きいことから，光はガラス平板Bの上面で反射するときに位相がπずれるので，明線条件は，

$$2nd = \left(m + \frac{1}{2}\right)\lambda \text{①}$$

で，暗線条件は，

$$2nd = m\lambda$$

となる。

問2　接触部Oは光路差が0である。これは波長λの0倍に相当し，暗線条件を満たすので，**暗くなる**。

① 　mは0以上の整数。

問3

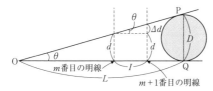

m 番目の明線ができるときの空間の厚さを d，$m+1$ 番目の明線ができるときの空間の厚さを $d + \Delta d$ とすると，**問1**の結果より，

$$\begin{cases} 2nd = \left(m + \dfrac{1}{2}\right)\lambda \\ 2n(d + \Delta d) = \left\{(m+1) + \dfrac{1}{2}\right\}\lambda \end{cases}$$

となる。辺々の差をとると，

$$2n\Delta d = \lambda \quad \text{よって，} \quad \Delta d = \frac{\lambda}{2n}$$

が得られる。ここで，2 枚のガラス平板のなす角を θ とすると，

$$(\tan\theta =) \frac{\Delta d}{I} = \frac{D}{L} \text{②} \quad \text{よって，} \quad I = \frac{L\Delta d}{D} = \frac{L\lambda}{2nD}$$

となる。

問4　$10I = l_0$ なので，これに**問3**の結果を代入すると，

$$\frac{5L\lambda}{nD} = l_0 \quad \text{よって，} \quad D = \frac{5L\lambda}{nl_0}$$

となる。

問5　**問4**の結果に与えられた数値および $n = 1.00$ を代入すると，

$$D = \frac{5 \times 10.0 \times 10^{-2}\mathrm{m} \times 500 \times 10^{-9}\mathrm{m}}{1.00 \times 2.5 \times 10^{-3}\mathrm{m}} \text{③}$$

$$= 1.0 \times 10^{-4}\mathrm{m} \ (= 0.10\mathrm{mm})$$

となる。④

問6　**問3**の結果より，D を大きくすると I は小さくなるので，干渉縞は間隔が**狭くなっていき**，やがて肉眼で観察できなくなる。よって，挟み込んだ金属線が太いと干渉縞を観察することが難しくなる。

②　下図のような相似な三角形に注目した。

$D \ll L$ より PQ⊥OQ と考えてよい。

③　n（ナノ）$= 10^{-9}$

④　このように，光の干渉を用いて極めて細い線の直径を求めることができる。

⬡ Method

ニュートンリング：

平板ガラス上に平凸レンズを置いて光をあてると，すき間の上下面で反射した光が干渉し，円形の干渉縞が観測される。これを**ニュートンリング**という。

解説

問1 (1) 三平方の定理より，
$$R^2 = r^2 + (R - h)^2$$
よって，
$$0 = r^2 - 2Rh + h^2 \quad ①$$
$$\fallingdotseq r^2 - 2Rh$$
が成り立つ。したがって，
$$h = \frac{r^2}{2R}$$
となる。

(2) 光路差 $2h$ は問1の結果より，
$$2h = \frac{r^2}{R}$$
と表せる。② **光が空気から平面ガラスに当たって反射するとき，位相が π ずれる**ので，m 番目の明輪ができる条件は
$$\frac{r_m^2}{R} = \left(m - \frac{1}{2}\right)\lambda \quad ③$$
となる。これより，
$$r_m = \sqrt{\left(m - \frac{1}{2}\right)R\lambda}$$
が得られる。

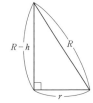

① h^2 を無視した。

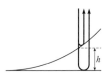

② 球面での反射光は厳密には鉛直線よりわずかに左方に向かうが，R が大きく球面はほぼ平面ガラスに平行なので，鉛直上方に向かうと考えてよい。

③ $m = 1,\ 2,\ 3,\ \cdots$ なので，$\left(m + \dfrac{1}{2}\right)\lambda$ としてはならない。

(3) ニュートンリングを真下から観察した場合，一度も反射せず
に透過した光と平面ガラスの上面で反射し平凸レンズの球面で
反射した光が干渉する。後者の光は位相がπずれる反射が2回
起こるので，光路差は$2h$だが，真上から観察した場合に比べ
て位相のずれがπだけ多い。よって，<u>b</u>明暗が反転して見える。

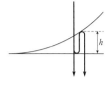

問2　(4)　$n = n_1$ または $n = n_2$ のとき，**屈折率が等しい媒質が接す
ることになり，その境界で反射が起こらなくなる**。そのため，
ニュートンリングは観測されなくなる。

(5)　まず，$(1 <) n < n_1 (\leqq n_2)$ のとき，平凸レンズの球面にお
ける反射では位相がずれないが，平面ガラスの上面での反射で
は位相がπずれるので，明輪が観測される条件は，

$$n\frac{r_m^2}{R} = \left(m - \frac{1}{2}\right)\lambda \quad \text{よって，} \quad r_m = \sqrt{\left(m - \frac{1}{2}\right)\frac{R\lambda}{n}}$$

となる。

次に，$n_1 < n < n_2$ のとき，2つの光はどちらも位相がずれな
いので，明輪が観測される条件は，

$$n\frac{r_m^2}{R} = m\lambda \quad \text{よって，} \quad r_m = \sqrt{\frac{mR\lambda}{n}}$$

となる。

最後に，$(n_1 \leqq) n_2 < n$ のとき，平凸レンズの球面における
反射では位相がπずれるが，平面ガラスの上面での反射では位
相がずれないので，明輪が観測される条件は，

$$n\frac{r_m^2}{R} = \left(m - \frac{1}{2}\right)\lambda \quad \text{よって，} \quad r_m = \sqrt{\left(m - \frac{1}{2}\right)\frac{R\lambda}{n}}$$

となる。

▌141▌ マイケルソン干渉計

(ア) 6×10^{-7}　　(イ) $2(n-1)L$　　(ウ) 10　　(エ) 3×10^{-4}

解説

▶マイケルソン干渉計では，光路差の「変化」を捉えることが重要である。**光路差の大きさがλ変化するたびに観測された光の強度が1回変化する**（最大の状態から最小の状態を経て再び最大となる）ことに着目する。

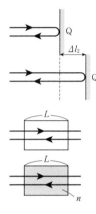

(ア) 図2のグラフより，OQ間の距離l_2が$\Delta l_2 = 3 \times 10^{-7}$mだけ変化するたびに強度が1回変化する。光は<u>OQ間を往復する</u>ことに注意すると，鏡QがΔl_2だけ移動したとき，光路差の変化の大きさは$2\Delta l_2$となるので，

$$2\Delta l_2 = \lambda \quad \text{よって，} \lambda = 2 \times 3 \times 10^{-7}\text{m} = 6 \times 10^{-7}\text{m}$$

となる。

(イ) ガラス管内が真空のとき，ガラス管内における光の光路長は$2L$である。管内に空気を満たし，屈折率がnになったとき，光路長は$2nL$になるので，光路長の変化の大きさは，

$$2nL - 2L = 2(n-1)L$$

である。

(ウ) 検出器Rにおける光の強度が10回振動したことから，光路長の差の大きさはλの10倍だけ変化したことが分かる。

(エ) (イ)・(ウ)の結果より，

$$2(n-1)L = 10\lambda \quad \text{よって，} n-1 = \frac{5\lambda}{L}$$

が成り立つ。これに$L = 1 \times 10^{-2}$mと(ア)の結果を代入すると，

$$n-1 = \frac{5 \times 6 \times 10^{-7}\text{m}}{1 \times 10^{-2}\text{m}} = 3 \times 10^{-4} \text{①}$$

が得られる。

① つまり，
　　$n = 1.0003$
である。正確には，1気圧における空気の屈折率は，
　　$n = 1.00029\cdots$
であることが知られている。

14 電場と電位

確認問題

142 静電気力

問1　$3.6 \times 10^{-2}\,\text{N}$　　　問2　$6.0 \times 10^{-2}\,\text{N}$　　　問3　$4.9 \times 10^{-3}\,\text{kg}$

問4　$3.2 \times 10^{-7}\,\text{C}$

解説

問1　2つの小球が及ぼし合う静電気力の大きさ f は,

$$f = 9.0 \times 10^9\,\text{N·m}^2/\text{C}^2 \times \frac{(2.4 \times 10^{-7}\,\text{C})^2}{(0.12\,\text{m})^2}$$

$$= 3.6 \times 10^{-2}\,\text{N}$$

である。

問2　右下図のように θ をおくと, 三平方の定理より,

$$\sin\theta = \frac{0.060\,\text{m}}{0.10\,\text{m}} = 0.60, \quad \cos\theta = \frac{0.080\,\text{m}}{0.10\,\text{m}} = 0.80$$

となる。糸の張力の大きさを T とすると, 水平方向の力の
つり合いより,

$$T\sin\theta = f$$

が成り立つので,

$$T = \frac{f}{\sin\theta} = \frac{3.6 \times 10^{-2}\,\text{N}}{0.60} = 6.0 \times 10^{-2}\,\text{N}$$

である。

問3　重力の大きさを W とすると, 鉛直方向の力のつり合いより,

$$W = T\cos\theta = 6.0 \times 10^{-2}\,\text{N} \times 0.80 = 4.8 \times 10^{-2}\,\text{N}$$

である。また, 小球の質量を m とすると,

$$W = m \times 9.8\,\text{m/s}^2$$

とも表せるので,

$$m = \frac{4.8 \times 10^{-2}\,\text{N}}{9.8\,\text{m/s}^2} \doteqdot 4.9 \times 10^{-3}\,\text{kg}$$

が得られる。

問4　糸と鉛直線のなす角が45°のとき, 2つの小球は距離が,

$$2 \times 0.10\,\text{m} \times \sin 45° = 0.10 \times \sqrt{2}\,\text{m}$$

だけ離れている。このとき, 静電気力の大きさは重力の大きさ
W に等しいので, 小球の電荷を Q とすると,

$$9.0 \times 10^9\,\text{N·m}^2/\text{C}^2 \times \frac{Q^2}{(0.10 \times \sqrt{2}\,\text{m})^2} = 4.8 \times 10^{-2}\,\text{N}$$

が成り立つ。これより,

$$Q^2 = \frac{4.8 \times 10^{-2}\,\text{N} \times (0.10 \times \sqrt{2}\,\text{m})^2}{9.0 \times 10^9\,\text{N·m}^2/\text{C}^2} = \frac{48 \times (0.10 \times \sqrt{2})^2}{9.0} \times 10^{-12}\,\text{C}^2$$

▶クーロンの法則

距離が r 離れ, 電気量が Q と q の2つの点電荷間には
たらく静電気力の大きさ f
は,

$$f = k\frac{|Qq|}{r^2}$$

ただし, k はクーロンの法
則の比例定数である。

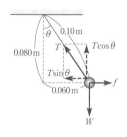

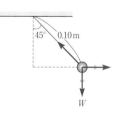

よって，

$$Q = \frac{4\sqrt{3} \times 0.10 \times \sqrt{2}}{3.0} \times 10^{-6}\text{C} = \frac{4 \times 1.7 \times 0.10 \times 1.4}{3.0} \times 10^{-6}\text{C}$$

$$\doteqdot 3.2 \times 10^{-7}\text{C}$$

となる。

■143 電場と電位

問1 $k\dfrac{Q}{l^2}$　　問2 $k\dfrac{Q}{l}$　　問3 $k\dfrac{Qq}{l^2}$　　問4 $\dfrac{kQq(l-r)}{lr}$

解説

問1　点Bにおける電場の大きさをE_Bとすると，

$$E_\text{B} = k\frac{Q}{l^2}$$

である。

問2　点Bにおける電位をV_Bとすると，

$$V_\text{B} = k\frac{Q}{l}$$

である。

問3　点Bで小物体にはたらく静電気力の大きさは，

$$qE_\text{B} = k\frac{Qq}{l^2}$$

である。

問4　点Cにおける電位をV_Cとすると，

$$V_\text{C} = k\frac{Q}{r}$$

である。**小物体に外から加えた力がした仕事は，小物体の位置エネルギー変化に等しいので**，

$$q(V_\text{C} - V_\text{B}) = q\left(k\frac{Q}{r} - k\frac{Q}{l}\right)$$

$$= \frac{kQq(l-r)}{lr}$$

となる。

▶電気量Qの点電荷が距離rの点に作る電場と電位

電場の大きさ

$$E = k\frac{|Q|}{r^2}$$

電位

$$V = k\frac{Q}{r}$$

ただし，kはクーロンの法則の比例定数である。

▶電場の定義

$$\vec{E} = \frac{\vec{f}}{q}$$

よって，

$$\vec{f} = q\vec{E}$$

▶電位の定義

$$V = \frac{U}{q}$$

よって，

$$U = qV$$

■144 電気力線と等電位線①

問1　ウ　　問2　カ

解説

問1　**電気力線は正電荷から湧きだして負電荷に吸い込まれる**。ただし，本問では負電荷が存在しないので，正電荷から出た電気力線は無限遠へ伸びていく。したがってウのようになる。

問2　**電気力線と等電位線は直交する**ので，カとなる。

145 一様電場①

$V = 5.0 \times 10\,\mathrm{V}$, $W = 1.6 \times 10^{-2}\,\mathrm{J}$

解説

電場に沿った方向のAB間の距離は,

$1.0\,\mathrm{cm} = 1.0 \times 10^{-2}\,\mathrm{m}$

なので,AB間の電位差は,

$V = 5.0 \times 10^3\,\mathrm{V/m} \times 1.0 \times 10^{-2}\,\mathrm{m}$
$\quad = 5.0 \times 10\,\mathrm{V}$

となる。

また,点電荷をAからBにゆっくり運ぶために必要な仕事は点電荷の位置エネルギー変化に等しいので,

$W = 3.2 \times 10^{-4}\,\mathrm{C} \times 5.0 \times 10\,\mathrm{V} = 1.6 \times 10^{-2}\,\mathrm{J}$

となる。

▶一様電場の公式

$V = Ed$

E：一様な電場の大きさ
d：電場に沿った方向の2 点間の距離
V：2点間の電位差

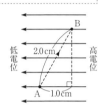

第4章 電磁気

▦ **重要問題**

146 点電荷による電場と電位①

問1 強さ：$\dfrac{2kQa}{(a^2 + b^2)^{\frac{3}{2}}}$, 向き：$x$軸の負の向き　　問2 0

問3 $\dfrac{4kQq}{3a}$　　問4 $\sqrt{\dfrac{8kQq}{3ma}}$

◇ **Method**

電場と電位の基本公式：

電場の定義 $\vec{E} = \dfrac{\vec{f}}{q}$ （単位電荷あたりの静電気力）

電位の定義 $V = \dfrac{U}{q}$ （単位電荷あたりの静電気力による位置エネルギー）

点電荷間にはたらく静電気力の大きさ $f = k\dfrac{|Qq|}{r^2}$ （クーロンの法則）

点電荷の作る電場の大きさ $E = k\dfrac{|Q|}{r^2}$ 　注意▶ 分子の電気量は絶対値を代入する。

点電荷による電位 $V = k\dfrac{Q}{r}$ 　注意▶ 分子の電気量は符号つきで代入する。

重ね合わせの原理：

複数の点電荷がある場合は，それぞれが単独で作る電場や電位の和をとればよい。

問1 点A，Bに置かれた点電荷が点Cに作る電場の強さをそれぞれ E_A，E_B とすると，$\overline{AC} = \overline{BC} = \sqrt{a^2 + b^2}$ より，

$$E_A = k\frac{Q}{a^2 + b^2}, \quad E_B = k\frac{Q}{a^2 + b^2} \quad ①$$

となる。2つの電場を合成すると右図のようになる。角度 θ を右図のように定義すると，合成電場の強さ E_C は，

$$E_C = 2E_A\cos\theta \,② = 2k\frac{Q}{a^2 + b^2} \cdot \frac{a}{\sqrt{a^2 + b^2}} = \frac{2kQa}{(a^2 + b^2)^{\frac{3}{2}}}$$

となる。また，その向きは x 軸の負の向きである。

問2 点A，Bに置かれた点電荷が点Cに作る電位をそれぞれ V_A，V_B とすると，

$$V_A = k\frac{-Q}{\sqrt{a^2 + b^2}}, \quad V_B = k\frac{+Q}{\sqrt{a^2 + b^2}} \quad ③$$

となる。よって，点Cにおける電位 V_C は，

$$V_C = V_A + V_B = 0$$

となる。

問3 点Sの電位を V_S とすると，$\overline{AS} = \frac{3}{2}a$，$\overline{BS} = \frac{a}{2}$ より，

$$V_S = \underbrace{k\frac{-Q}{\frac{3}{2}a}}_{点Aによる電位} + \underbrace{k\frac{+Q}{\frac{a}{2}}}_{点Bによる電位} = \frac{4kQ}{3a}$$

となる。点電荷をゆっくりと④移動させるのに必要な**外力による仕事 W_{ex} は，点電荷の位置エネルギー変化に等しい**ので，

$$W_{ex} = qV_S - qV_C = \frac{4kQq}{3a}$$

である。

問4 点Oの電位を V_O とすると，

$$V_O = \underbrace{k\frac{-Q}{a}}_{点Aによる電位} + \underbrace{k\frac{+Q}{a}}_{点Bによる電位} = 0$$

となる。点Oを通過する⑤ときの点電荷の速さを v とすると，力学的エネルギー保存則より，

$$\underbrace{\frac{1}{2}mv^2 + qV_O}_{点Oの力学的エネルギー} = \underbrace{\frac{1}{2}m\cdot 0^2 + qV_S}_{点Sの力学的エネルギー}$$

$$\frac{1}{2}mv^2 = \frac{4kQq}{3a} \quad よって，\quad v = \sqrt{\frac{8kQq}{3ma}}$$

が得られる。

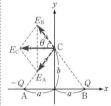

① 分子には電気量の絶対値を代入する。

② $E_A = E_B$ より，ベクトルを合成するときの平行四辺形はひし形になる。ひし形の対角線の交点はその中心に存在するので，点Cから中心までの距離を2倍して求めた（上図も参照）。

③ 分子には電気量を符号つきで代入する。

④ この場合の「ゆっくりと」は速さがほぼ0の状態であることを意味する。よって，運動エネルギーは考えなくてよい。

⑤ x 軸上の $0 \leq x \leq a$ の部分では，電場が x 軸の負の向きに生じているので，正に帯電した点電荷はこの向きに運動し，原点Oを通過する。

147 電気力線と等電位線②

問1 P：負，P′：正

問2

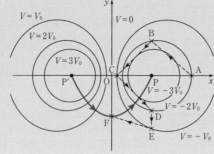

問3 C，F   問4 負：C→D，0：A→B   問5 $2qV_0$

📦 Method

電気力線：
　接線の向きが電場の向きに一致するように描かれた曲線。正電荷から出て負電荷に入り，枝分かれや交差はしない。

等電位線：
　電位が等しい点を連ねた線。電気力線と等電位線は直交する。

解説

問1 点Pに近づくほど低電位になっているので，Pに置かれた電荷は**負**である。逆に，点P′に近づくほど高電位になっているので，P′に置かれた電荷は**正**である。

問2 電気力線は正電荷から出て負電荷に入るので，点P′から出て点Pに入る。[1]

　　また，電気力線は等電位線と直交する。これらを満たすように点Fを通る電気力線を描くと，**解答**のようになる。

問3 電場の方向は電気力線の接線方向に一致するので，等電位線に直交する方向になる。[2] これがx軸方向になるのは，図よりA，C，Fの3点である。[3]

　　また，電場は電位の高いほうから低いほうへと向くので，電場がx軸の正の向きになるのはC，Fの2点である。

問4 正に帯電した小物体Sをゆっくり移動させるのに必要な正味の仕事Wは小物体Sの位置エネルギー変化に等しい。[4] $W<0$となるのは位置エネルギーが減少する区間，すなわち電位が下がる区間であるから，C→Dである。

　　また，$W=0$となるのは電位が変化しない区間であるから，A→Bである。

① 電気力線には向きがあるので，矢印で向きを示しておくこと。

② 等電位線が直線でない場合は，接線を引き，それに直交する向きと考えればよい。

③ 点Fを見落とさないこと。y軸も等電位線の1つである。

④ 電位をVとおくと，静電気力による位置エネルギーはqVと表せる。Wは位置エネルギー変化に等しいので，
$$W = q\Delta V$$
である。

問5　問4と同様に，小物体Sを点Aから点Fまでゆっくりと動かすのに必要な仕事W_{AF}は2点AF間の位置エネルギー変化に等しい[5]ので，

$$W_{AF} = q \cdot 0 - q(-2V_0)$$
$$= 2qV_0$$

となる。

⑤　静電気力は保存力なので，それに逆らってする仕事は途中の経路によらず，始点と終点で決まる。

148　一様電場②

(ア)　$\dfrac{mg}{\cos\theta}$　　(イ)　$\dfrac{mg\tan\theta}{Q}$　　(ウ)　$-\dfrac{mgl\sin^2\theta}{Q\cos\theta}$　　(エ)　$mgl(1-\cos\theta)$

(オ)　$\sqrt{\dfrac{2gl(1-\cos\theta)}{\cos\theta}}$

📦 **Method**

一様電場の公式：

$$V = Ed$$

$\begin{cases} V：2点PQ間の電位差（電位ではない！） \\ E：電場の大きさ \\ d：2点PQ間の電場方向の距離 \end{cases}$

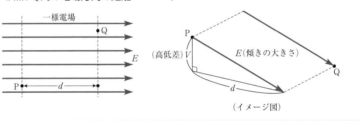

（イメージ図）

解説

(ア)　糸の張力の大きさをT，電場の大きさをEとして小球にはたらく力を図示すると，右図のようになる。力のつり合いより，

$$\begin{cases} mg = T\cos\theta & \cdots① \\ QE = T\sin\theta & \cdots② \end{cases}$$

が成り立つ。①式より，ただちに，

$$T = \frac{mg}{\cos\theta}$$

が得られる。

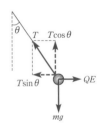

(イ)　①，②式の辺々を割ると，

$$\frac{QE}{mg} = \tan\theta \quad \text{よって，} \quad E = \frac{mg\tan\theta}{Q}$$

が得られる。

⑶ OP間の電場に沿った方向の距離は$l\sin\theta$である。電場の向き
に電位が下がるので，点Oを基準とした点Pの電位は，

$$-El\sin\theta = -\frac{mgl\sin^2\theta}{Q\cos\theta} \quad ①$$

となる。

⑷ 点Oより点Pのほうが$l(1-\cos\theta)$だけ高いので，点Oを基準
とした点Pの重力による位置エネルギーは，

$$mgl(1-\cos\theta)$$

である。

⑸ 点Pを通過するときの小球の速さをvとすると，力学的エネル
ギー保存則より②，

$$\underbrace{\frac{1}{2}mv^2 + Q\cdot\left(-\frac{mgl\sin^2\theta}{Q\cos\theta}\right) + mgl(1-\cos\theta)}_{\text{点P}}$$

$$= \underbrace{\frac{1}{2}m\cdot0^2 + Q\cdot0 + mg\cdot0}_{\text{点O}} \quad (\text{⑶，⑷より})^{③}$$

が成り立つ。これより，

$$\frac{1}{2}mv^2 = \frac{mgl\sin^2\theta}{\cos\theta} - mgl(1-\cos\theta)$$

$$= mgl\frac{\sin^2\theta - \cos\theta + \cos^2\theta}{\cos\theta}$$

$$= mgl\frac{1-\cos\theta}{\cos\theta}$$

となるので，

$$v = \sqrt{\frac{2gl(1-\cos\theta)}{\cos\theta}}$$

が得られる。

① **Method**の公式で
$d = l\sin\theta$とした。ただし，
点Oよりも点Pのほうが電
位が低いので，点Pの電位
は負になることに注意する
こと。

② 非保存力としては張力
が存在するが，張力は小球
に仕事をしないので，力学
的エネルギーは保存する。

③ 静電気力による位置エ
ネルギーUは電位をVとし
て$U = QV$と表せる。ただ
し，ここでは点Oを基準と
している。

149 ガウスの法則①

(ア) $\dfrac{1}{4\pi\varepsilon_0}\cdot\dfrac{Q}{r^2}$　(イ) $\dfrac{Q}{\varepsilon_0}$　(ウ) qS　(エ) $\dfrac{qS}{\varepsilon_0}$　(オ) $\dfrac{q}{2\varepsilon_0}$

(カ) $\dfrac{qL}{\varepsilon_0}$　(キ) $\dfrac{q}{2\pi\varepsilon_0 r}$

🔲 Method

電気力線の本数の定義:
　電場の強さが E_0 の空間では,電場の方向と垂直な断面を通る電気力線の本数は,単位面積あたり E_0 本であるとする。

ガウスの法則:

$$N = \frac{Q_{\text{in}}}{\varepsilon_0} = 4\pi k Q_{\text{in}}$$

$\begin{pmatrix} N & : 任意の閉曲面を貫いて外に出る電気力線の総数 \\ Q_{\text{in}} & : その閉曲面内部に存在する電気量の総和 \\ \varepsilon_0 & : 真空の誘電率,\ k : クーロンの法則の比例定数 \end{pmatrix}$

解法:対称性に注意して,電気力線の様子をイメージする。電場を求めたい点を通り,電気力線が直交するような閉曲面で電荷を取り囲む。

解説

▶問1 ((ア)〜(イ))で,ガウスの法則が成り立つことを,1つの具体例を通して確認する。問2,問3 ((ウ)〜(キ))では,ガウスの法則を用いて,広がりをもった(連続的な)電荷分布が作る電場を求める。3つのどのパターンでも,電気力線が直交するような閉曲面(C, E)がとられていることに注意すること。

(ア)　点電荷の作る電場の強さ E はクーロンの法則より,

$$E = \frac{1}{4\pi\varepsilon_0}\cdot\frac{Q}{r^2}$$

である。

(イ)　電場の強さ E はその点における単位面積あたりの電気力線の本数に一致する。半径 r の球の表面積は $4\pi r^2$ なので,球面 A を貫く電気力線の総数 N は,

$$N = E\cdot 4\pi r^2 = \frac{Q}{\varepsilon_0} \quad ①$$

となる。

(ウ)　閉曲面 C 内に存在する電気量の総量を Q_1 とすると,

$$Q_1 = qS$$

である。

(エ)　閉曲面 C を貫く電気力線の総数を N_1 とすると,(イ),(ウ)より,

$$N_1 = \frac{Q_1}{\varepsilon_0} = \frac{qS}{\varepsilon_0}$$

となる。

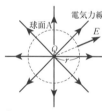

① ガウスの法則が確認できた。

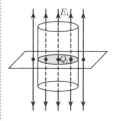

(オ) 電気力線の総数N_1[2]のうち，半分が閉曲面Cの上側の底面を，残りの半分が下側の底面を貫く（側面は貫かない）。上側の底面における電場の強さをE_1とすると，

$$E_1 = \frac{\dfrac{N_1}{2}}{S} = \frac{q}{2\varepsilon_0}\,[3]$$

となる。

(カ) 閉曲面E内の電気量の総量をQ_2とすると，

$$Q_2 = qL$$

なので，閉曲面Eを貫く電気力線の総数N_2は(イ)より，

$$N_2 = \frac{Q_2}{\varepsilon_0} = \frac{qL}{\varepsilon_0}$$

である。

(キ) 総数N_2の電気力線はすべて閉曲面Eの側面を貫く。側面積は$2\pi rL$と表せるので，円筒側面上での電場の強さをE_2とすると，

$$E_2 = \frac{N_2}{2\pi rL} = \frac{q}{2\pi\varepsilon_0 r}$$

となる。

[2] 電気力線は正電荷から湧きだすので，たとえば前ページの図の場合，$N_1 = 6$本である。このうち半分の3本が上側の底面を貫く。

[3] 電気力線の本数の定義（**Method**を参照）を用いた。

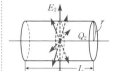

≡ チャレンジ問題

150 点電荷による電場と電位②

問1　$v_0 \geqq \sqrt{\dfrac{4k_0Q^2}{m\sqrt{d^2+h^2}}}$　　問2　$-\dfrac{2k_0Q^2x}{(x^2+h^2)^{\frac{3}{2}}}$

問3　証明：解説を参照，周期：$2\pi\sqrt{\dfrac{mh^3}{2k_0Q^2}}$

問4　$v_1 = \sqrt{\dfrac{2k_0Q^2d^2}{mh^3}}$，時間：$2\pi\sqrt{\dfrac{mh^3}{2k_0Q^2}}$

解説

問1　無限遠点を電位の基準とし，点$(d, 0, 0)$の電位をVとすると，

$$V = k_0\frac{-Q}{\sqrt{d^2+h^2}} + k_0\frac{-Q}{\sqrt{d^2+h^2}} = -\frac{2k_0Q}{\sqrt{d^2+h^2}}\,[1]$$

となる。点電荷Aが無限遠方に飛び去るとき，初速度の大きさをv_0，無限遠点での速さをv_∞とする。力学的エネルギー保存則より，

[1] 点$(0, 0, h)$と点$(0, 0, -h)$それぞれから点$(d, 0, 0)$までの距離はどちらも$\sqrt{d^2+h^2}$である。それぞれの点にある電荷$-Q$が作る電位を重ね合わせの原理により足し合わせた。

$$\frac{1}{2}mv_\infty{}^2 + Q\cdot 0 = \frac{1}{2}mv_0{}^2 + QV$$

よって,

$$\frac{1}{2}mv_\infty{}^2 = \frac{1}{2}mv_0{}^2 - \frac{2k_0Q^2}{\sqrt{d^2 + h^2}}$$

が成り立つ。無限遠方に飛び去るための条件は,

$$\frac{1}{2}mv_\infty{}^2 \geq 0 ^{②}$$

であるから,このとき,

$$\frac{1}{2}mv_0{}^2 - \frac{2k_0Q^2}{\sqrt{d^2 + h^2}} \geq 0$$

よって,

$$v_0 \geq \sqrt{\frac{4k_0Q^2}{m\sqrt{d^2 + h^2}}}$$

でなければならない。

問2　点$(0,\ 0,\ h)$と点$(0,\ 0,\ -h)$に固定された点電荷それぞれが点$(x,\ 0,\ 0)$に作る電場の大きさは等しく,どちらも

$k_0\dfrac{Q}{x^2 + h^2}$である。これらを合成すると右図のようになる。

$x > 0$のとき,角度θを右図のように定義すると,点$(x,\ 0,\ 0)$における電場のx成分$E(x)$は,

$$E(x) = -2k_0\frac{Q}{x^2 + h^2}\cos\theta ^{③}$$

$$= -2k_0\frac{Q}{x^2 + h^2}\cdot\frac{x}{\sqrt{x^2 + h^2}}$$

$$= -\frac{2k_0Qx}{(x^2 + h^2)^{\frac{3}{2}}}$$

となる。^{④}　よって,この点で点電荷Aが受ける力のx成分$f(x)$は,

$$f(x) = QE(x) = -\frac{2k_0Q^2x}{(x^2 + h^2)^{\frac{3}{2}}}$$

である。

$x \leq 0$のときについても同様に考えると,同じ式が得られる。

② 運動エネルギーが0以上であることが到達可能な条件である(負ならば速度が虚数になってしまう)。

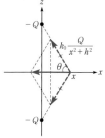

③ 負の向きであることに注意。

④ この計算のしかたは $\boxed{146}$ 問1を参照すること。

問3 問2の結果に与えられた近似式を用いると，

$$f(x) = -\frac{2k_0Q^2x}{(x^2+h^2)^{\frac{3}{2}}} = -2k_0Q^2x(x^2+h^2)^{-\frac{3}{2}}$$

$$= -2k_0Q^2x\left[h^2\left\{1+\left(\frac{x}{h}\right)^2\right\}\right]^{-\frac{3}{2}}$$

$$= -2k_0Q^2xh^{-3}\left\{1+\left(\frac{x}{h}\right)^2\right\}^{-\frac{3}{2}}$$

$$\fallingdotseq -2k_0Q^2xh^{-3}\left\{1-\frac{3}{2}\left(\frac{x}{h}\right)^2\right\} \quad ⑤$$

と表せる。さらに，$\left(\dfrac{x}{h}\right)^2$ の大きさの項を無視すると，

$$f(x) \fallingdotseq -2k_0Q^2xh^{-3} = -\frac{2k_0Q^2}{h^3}x$$

と近似できる。よって，点電荷Aは力 $f(x)$ を復元力として単振動することがわかる。点電荷Aの加速度のx成分をaとすると，運動方程式は，

$$ma = -\frac{2k_0Q^2}{h^3}x$$

と表すことができるので，$a = -\dfrac{2k_0Q^2}{mh^3}x$ より，

角振動数 $\omega = \sqrt{\dfrac{2k_0Q^2}{mh^3}}$，周期 $T_1 = 2\pi\sqrt{\dfrac{mh^3}{2k_0Q^2}}$ が得られる ⑥。

問4 電場はz軸に関して対称なので，z軸からの距離がdの位置では，点電荷Aにはたらく力の大きさは $|f(d)|$ である。この力を向心力として等速円運動をする。中心方向の運動方程式は，

$$m\frac{v_1^2}{d} = \frac{2k_0Q^2}{h^3}d$$

となるので，

$$v_1 = \sqrt{\frac{2k_0Q^2d^2}{mh^3}}$$

が得られる。したがって，この円運動の周期 T_2 は，

$$T_2 = \frac{2\pi d}{v_1} = 2\pi\sqrt{\frac{mh^3}{2k_0Q^2}} \quad ⑦$$

となる。

⑤ $|x| < d \ll h$ なので，$\left|\dfrac{x}{h}\right| \ll 1$ である。与えられた近似式で，

$$s = \left(\frac{x}{h}\right)^2, \ \alpha = -\frac{3}{2}$$

とした。

⑥ 角振動数や周期の求め方は 71 を参照すること。

⑦ $T_1 = T_2$ なのは，問4の等速円運動をx軸方向に射影した運動が問3の単振動だからである。

第4章 電磁気

---

151 ガウスの法則②

(ア) $\dfrac{3Q}{4\pi R^3}$　(イ) $\left(\dfrac{r}{R}\right)^3 Q$　(ウ) $4\pi k\left(\dfrac{r}{R}\right)^3 Q$　(エ) $\dfrac{kQ}{R^3}r$

(オ) Q　(カ) $4\pi kQ$　(キ) $k\dfrac{Q}{r^2}$　(ク) ②

(ア)　半径Rの球の体積は$\dfrac{4}{3}\pi R^3$なので，単位体積あたりの電気量をρとすると，

$$\rho = \frac{Q}{\dfrac{4}{3}\pi R^3} = \frac{3Q}{4\pi R^3}$$

となる。

▶まずは$0<r<R$の場合を考える。

(イ)　半径rの球面内に含まれる電気量を$Q(r)$とすると，

$$Q(r) = \rho \cdot \frac{4}{3}\pi r^3 = \left(\frac{r}{R}\right)^3 Q \quad （(ア)より）$$

である。

(ウ)　半径rの球面を貫く電気力線の本数を$N(r)$とすると，

$$N(r) = 4\pi k Q(r) = 4\pi k \left(\frac{r}{R}\right)^3 Q \text{①}$$

である。

(エ)　半径rの球面の表面積は$4\pi r^2$なので，点Pにおける電場の強さを$E(r)$とすると，

$$E(r) = \frac{N(r)}{4\pi r^2} = \frac{kQ}{R^3}r \text{②}$$

となる。

▶次に，$r>R$の場合を考える。

(オ)　半径rの球面内には与えられたすべての電荷が含まれるので，

$$Q(r) = Q$$

である。

(カ)　(ウ)と同様に，

$$N(r) = 4\pi k Q(r) = 4\pi k Q$$

である。

(キ)　(エ)と同様に，

$$E(r) = \frac{N(r)}{4\pi r^2} = k\frac{Q}{r^2} \text{③}$$

となる。

▶以上を総合する。

(ク)　電場の強さは，$0<r<R$の場合はrに比例し，$r>R$の場合はr^2に反比例する。グラフにすると②となる。

補足▶　ガウスの法則によれば，電気力線の本数は閉曲面(本問では球面)内の電荷の総量だけで決まり，その配置や閉曲面の外部の電荷によらない。したがって，対称性を考慮し，球面内の電気量$Q(r)$を球の中心に集めて点電荷とし，それが作る電場の強さを求めればよい。するとただちに，

$$E(r) = k\frac{Q(r)}{r^2}$$

が得られる。これに(イ)や(オ)の結果を代入すれば(エ)や(キ)の結果が得られる。

① 問題文中の「物体が正の電気量qをもっているとき，この物体から出る電気力線の本数は$4\pi kq$である」ことを用いた。これはガウスの法則と呼ばれる（**149** の **Method** を参照）。

② 問題文中の「電場の強さEは電場に垂直な面を貫く単位面積あたりの電気力線の本数に等しい」ことを用いた。

③ 点電荷の作る電場の大きさと一致した。その理由は下の 補足▶ を参照。

15 コンデンサー

確認問題

152 コンデンサーの公式

問1　8.9×10^{-10} F

問2　電気量：5.3×10^{-6} C，静電エネルギー：1.6×10^{-2} J

問3　3.0×10^3 V

解説

▶ $S = 1.0 \mathrm{m}^2$, $d = 1.0 \times 10^{-2} \mathrm{m}$, $V = 6.0 \times 10^3 \mathrm{V}$,

$\varepsilon_0 = 8.9 \times 10^{-12}$ F/m とおいておく。

問1　平行板コンデンサーの電気容量 C は，

$$C = \frac{\varepsilon_0 S}{d} = \frac{8.9 \times 10^{-12} \mathrm{F/m} \times 1.0 \mathrm{m}^2}{1.0 \times 10^{-2} \mathrm{m}} = 8.9 \times 10^{-10} \mathrm{F}$$

である。

問2　蓄えられた電気量 Q は，

$$Q = CV = 8.9 \times 10^{-10} \mathrm{F} \times 6.0 \times 10^3 \mathrm{V} \fallingdotseq 5.3 \times 10^{-6} \mathrm{C}$$

であり，静電エネルギー U は，

$$U = \frac{1}{2} CV^2 = \frac{1}{2} \times 8.9 \times 10^{-10} \mathrm{F} \times (6.0 \times 10^3 \mathrm{V})^2$$

$$\fallingdotseq 1.6 \times 10^{-2} \mathrm{J}$$

である。

問3　極板間隔を変えても蓄えられた電気量 Q は変化しない。

一方，極板間隔 d を $\frac{1}{2}$ 倍にすると電気容量 C は2倍になる。

これらより，電位差 V は $\frac{1}{2}$ 倍，すなわち 3.0×10^3 V となる。

▶ コンデンサーの公式

$$C = \frac{Q}{V}$$

$$U = \frac{Q^2}{2C} = \frac{1}{2} CV^2$$

$$= \frac{1}{2} QV$$

極板間が真空の平行板コンデンサーの場合

$$C = \frac{\varepsilon_0 S}{d}$$

$$E = \frac{Q}{\varepsilon_0 S} = \frac{V}{d}$$

$$F = \frac{1}{2} QE$$

153 導体の性質

(ア) 静電誘導　(イ) 負　(ウ) 正　(エ) 0　(オ) 等電位

解説

充電されたコンデンサーに導体を挿入すると，導体内の自由電子が極板間電場から静電気力を受けて移動し，正に帯電した極板側に負(イ)電荷が，負に帯電した極板側に正(ウ)電荷が現れる。

この電荷による電場が極板上の電荷による電場を打ち消して導体内部の電場が0(エ)となったとき，電荷の移動が止まる。このとき，もし導体内に電位差が生じていると，電位の高いほうから低いほうへと電場が生じてしまうため，導体全体は等電位(オ)になる。この一連の現象を静電誘導(ア)という。

なお，電荷は導体の表面にのみ分布する。もし導体内部に帯電するとその近傍に電場が生じてしまい，電場が0になるという性質に反するからである。

154 誘電体の性質

$$\text{(ア)} \quad \frac{Q}{\varepsilon_0 S} \qquad \text{(イ)} \quad \frac{Q - Q'}{\varepsilon_0 S} \qquad \text{(ウ)} \quad \frac{Q}{Q - Q'}\varepsilon_0 \qquad \text{(エ)} \quad \frac{\varepsilon S}{d}$$

解説

(ア) 極板間の電場の強さ E は,

$$E = \frac{Q}{\varepsilon_0 S}$$

である。

(イ) 誘電体表面に誘起された分極電荷による電場は極板上の電荷が作る電場とは逆向きで, その強さは $\dfrac{Q'}{\varepsilon_0 S}$ である。よって, 誘電体内に生じる電場の強さ E' は,

$$E' = \frac{Q}{\varepsilon_0 S} - \frac{Q'}{\varepsilon_0 S} = \frac{Q - Q'}{\varepsilon_0 S}$$

である。

(ウ) (イ)の結果を変形すると,

$$E' = \frac{Q}{\dfrac{Q}{Q - Q'}\varepsilon_0 S}$$

となる。ここで,

$$\varepsilon = \frac{Q}{Q - Q'}\varepsilon_0$$

とおくと,

$$E' = \frac{Q}{\varepsilon S}$$

と表せる。

(エ) 誘電体を挿入したあとは, 極板間の電位差 V が,

$$V = E'd = \frac{Q}{\varepsilon S}d$$

となるので, 容量 C は,

$$C = \frac{Q}{V} = \frac{\varepsilon S}{d}$$

となる。

▶誘電率と比誘電率

極板間電場の大きさ

$$E = \frac{Q}{xS}$$

ただし,

$$x = \begin{cases} \varepsilon_0 & \text{(真空)} \\ \varepsilon \text{ または } \varepsilon_r \varepsilon_0 & \text{(誘電体)} \end{cases}$$

$$\begin{pmatrix} \varepsilon : 誘電率 \\ \varepsilon_r : 比誘電率 \end{pmatrix}$$

さらに, 極板間が一様の場合のみ,

$$C = \frac{xS}{d}$$

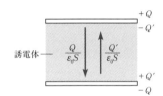

誘電体

206

155 コンデンサーの合成容量

問1 $\dfrac{2\varepsilon_r\varepsilon_0 A}{(1+\varepsilon_r)d}$　　問2 $\dfrac{1}{1+\varepsilon_r}$

解説

▶真空な極板間の一部に誘電体が挿入されたコンデンサーの電気容量は，**真空部分と誘電体部分とに分けて容量を計算し**，それらを直列または並列合成して求めることができる。

問1　真空部分の容量は $\dfrac{\varepsilon_0 A}{\dfrac{d}{2}}$，誘電体部分の容量は $\dfrac{\varepsilon_r\varepsilon_0 A}{\dfrac{d}{2}}$ である。これらを直列合成した値が図1のコンデンサーの容量となるので，これを C_1 とすると，

$$\frac{1}{C_1} = \frac{1}{\left(\dfrac{\varepsilon_0 A}{\dfrac{d}{2}}\right)} + \frac{1}{\left(\dfrac{\varepsilon_r\varepsilon_0 A}{\dfrac{d}{2}}\right)} = \frac{(1+\varepsilon_r)d}{2\varepsilon_r\varepsilon_0 A}$$

よって，

$$C_1 = \frac{2\varepsilon_r\varepsilon_0 A}{(1+\varepsilon_r)d}$$

となる。

▶コンデンサーの合成容量
・直列合成
$$\frac{1}{C} = \frac{1}{C_1} + \frac{1}{C_2} + \cdots$$
・並列合成
$$C = C_1 + C_2 + \cdots$$
$\begin{pmatrix} C:\text{合成容量} \\ C_1,\ C_2,\ \cdots:\text{各コンデンサー} \\ \text{の容量} \end{pmatrix}$

問2　真空部分の容量は $\dfrac{\varepsilon_0(1-\alpha)A}{d}$，誘電体部分の容量は $\dfrac{\varepsilon_r\varepsilon_0\alpha A}{d}$ である。これらを並列合成した値が図2のコンデンサーの容量となるので，これを C_2 とすると，

$$C_2 = \frac{\varepsilon_0(1-\alpha)A}{d} + \frac{\varepsilon_r\varepsilon_0\alpha A}{d} = \frac{(1-\alpha+\varepsilon_r\alpha)\varepsilon_0 A}{d}$$

となる。$C_1 = C_2$ のとき，

$$\frac{2\varepsilon_r}{1+\varepsilon_r} = 1-\alpha+\varepsilon_r\alpha \quad \text{よって，} \quad \alpha = \frac{1}{1+\varepsilon_r}$$

である。

第4章 電磁気

156 コンデンサーの公式と極板間引力

(ア) $\dfrac{Q}{\varepsilon_0 l^2}$　(イ) $\dfrac{Qd}{\varepsilon_0 l^2}$　(ウ) $\dfrac{\varepsilon_0 l^2}{d}$　(エ) $\dfrac{q}{C}\Delta q$　(オ) $\dfrac{Q^2}{2C}$

(カ) $\dfrac{Q^2}{2\varepsilon_0 l^2}\Delta d$　(キ) $\dfrac{Q^2}{2\varepsilon_0 l^2}$　(ク) $\dfrac{1}{2}QE$

⬡ Method

コンデンサーの公式：

すべてのコンデンサーにおいて

$$Q = CV, \quad U = \frac{Q^2}{2C} = \frac{1}{2}CV^2 = \frac{1}{2}QV$$

極板間が真空の平行板コンデンサーの場合

$$E = \frac{Q}{\varepsilon_0 S}, \quad C = \frac{\varepsilon_0 S}{d}$$

解説

(ア)　電極板 S_1 に蓄えられた電荷 $+Q$ によって電極板間に生じる電場は，与えられた図の下向きで，大きさが $\dfrac{Q}{2\varepsilon_0 l^2}$ である。電極板 S_2 に蓄えられた電荷 $-Q$ によって電極板間に生じる電場も同様に，下向きで大きさが $\dfrac{Q}{2\varepsilon_0 l^2}$ である。これらを合成すると，電極板間電場の強さ E は，

$$E = \frac{Q}{2\varepsilon_0 l^2} + \frac{Q}{2\varepsilon_0 l^2} = \frac{Q}{\varepsilon_0 l^2} \quad ①$$

である。

(イ)　電極板間の電場は一様なので，電圧 V は，

$$V = Ed = \frac{Qd}{\varepsilon_0 l^2}$$

となる。

(ウ)　コンデンサーの電気容量 C は，

$$C = \frac{Q}{V} = \frac{Q}{\dfrac{Qd}{\varepsilon_0 l^2}} \quad (\text{(イ)より})$$

$$= \frac{\varepsilon_0 l^2}{d}$$

となる。

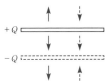

①　上図において，実線の矢印が $+Q$ の電荷が作った電場，破線の矢印が $-Q$ の電荷が作った電場を表す。どちらも大きさは $\dfrac{Q}{2\varepsilon_0 l^2}$ である。コンデンサーの外側の電場は両者が打ち消し合って 0 である。

(エ) 蓄えられた電気量がqの状態から微小な電気量Δqを運ぶ間，電極板間の電圧は$v = \dfrac{q}{C}$で一定であるとみなせる。よって，運ぶのに必要な仕事は，

$$\Delta W = (\Delta q)v = \frac{q}{C}\Delta q$$

である。

(オ) 横軸にq，縦軸に$\dfrac{q}{C}$をとってグラフを描くと右図のようになる。ΔWは図中の灰色部分の面積に等しい。いま，蓄えられた電気量が0からQになるまで微小な電荷をΔqずつ運ぶと考えると，微小な仕事ΔWの和$\left(W = \displaystyle\sum_{q=0}^{Q} \Delta W\right)$は太線で囲まれた部分の面積に等しい。$\Delta q$を限りなく小さくすると，その面積は△OABの面積に近づくので，その値は$\dfrac{Q^2}{2C}$になる。これがコンデンサーにエネルギーとして蓄えられるので，

$$U = \frac{Q^2}{2C} \quad ②$$

となる。

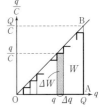

(カ) (ウ)，(オ)の結果より，コンデンサーに蓄えられたエネルギーUは，

$$U = \frac{Q^2}{2\dfrac{\varepsilon_0 l^2}{d}} = \frac{Q^2 d}{2\varepsilon_0 l^2}$$

と表せるので，その変化ΔUは，

$$\Delta U = \frac{Q^2(d + \Delta d)}{2\varepsilon_0 l^2} - \frac{Q^2 d}{2\varepsilon_0 l^2} = \frac{Q^2}{2\varepsilon_0 l^2}\Delta d$$

となる。

② (エ)〜(オ)の一連の計算では，コンデンサーが平行板であることや極板間が真空であるなどの条件を用いていない。したがって，(オ)で求められた式$U = \dfrac{Q^2}{2C}$はコンデンサー一般に成り立つ公式として用いることができる。

(キ) ΔUはコンデンサーがされた仕事に等しいので，電極板S_1を動かすのに必要な力の大きさをfとおくと，

$$f\Delta d = \Delta U = \frac{Q^2}{2\varepsilon_0 l^2}\Delta d \quad \text{よって，} \quad f = \frac{Q^2}{2\varepsilon_0 l^2}$$

が得られる。

(ク) (ア)，(キ)の結果より，

$$f = \frac{1}{2}QE$$

と表せる。

注意▶ 電極板S_1を動かすのに必要な力は，電極板S_1にはたらく静電気力に逆らって加えるので，力のつり合いより，両者の大きさは等しい。したがって，電極板S_1にはたらく静電気力（これを極板間引力という）の大きさfは，

$$f = \frac{1}{2}QE$$

となる。$f = QE$としてはならない。(ア)で議論したように，電極板間電場（大きさE）は電極板S_1上の電荷$+Q$と電極板S_2上の電荷$-Q$の作る電場（大きさはそれぞれ$\frac{1}{2}E$）を重ね合わせたものである。電極板S_1上の電荷$+Q$は電極板S_2上の電荷$-Q$が作る大きさ$\frac{1}{2}E$の電場だけから力を受けるため，

$$f = Q \cdot \frac{1}{2}E = \frac{1}{2}QE$$

となるのである。

157 導体が挿入されたコンデンサー

問1　電気量：CV，電場の強さ：$\dfrac{V}{d}$

問2　電場の大きさ

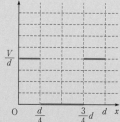

問3　電位

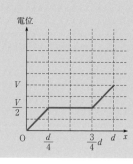

問4　2倍　　問5　$2CV$

問6　電場の大きさ

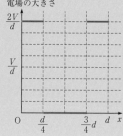

問7　電位

210

> **Method**
>
> 導体の性質：
> 〔1〕 内部の電場は 0 である。
> 〔2〕 どこでも等電位になる。
> 〔3〕 電荷は表面にのみ分布する。

解説

問1 スイッチSを閉じて十分に時間が経つと，コンデンサーには電圧 V がかかる。よって，蓄えられる電気量 Q は，

$$Q = CV$$

となる。また，AB間の電場は一様なので，その大きさ E は，

$$E = \frac{V}{d}$$

である。

問2 スイッチSを開いたので，金属板Mを挿入してもAB上に蓄えられた電気量は変化しない。 金属板Mには，**静電誘導**によりA側の表面に電気量 $+Q$ が，B側の表面に電気量 $-Q$ が帯電し，金属板M内の電場は 0 になる。また，金属板間の真空部分には，金属板Mを挿入する前と同じ大きさ $\dfrac{V}{d}$ の一様電場が生じている。したがって，グラフは**解答**のようになる。

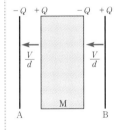

問3 $0 \leqq x \leqq \dfrac{d}{4}$ においては電場が一様なので，Aから金属板Mに向かって一定の割合で電位が上昇する。$x = \dfrac{d}{4}$ における電位は，

$$\underbrace{0}_{x=0\text{における電位}} + \underbrace{\frac{V}{d}\cdot\frac{d}{4}}_{0\leqq x\leqq\frac{d}{4}\text{における電位差}} = \underbrace{\frac{V}{4}}_{x=\frac{d}{4}\text{における電位}}$$

となる。**金属板M内は電場が 0 のため，どこでも等電位となり，電位は $\dfrac{V}{4}$ で一定である。** $\dfrac{3}{4}d \leqq x \leqq d$ についても，$0 \leqq x \leqq \dfrac{d}{4}$ と同様に考えると，$x = d$ における電位は，

$$\underbrace{\frac{V}{4}}_{x=\frac{3}{4}d\text{における電位}} + \underbrace{\frac{V}{d}\cdot\frac{d}{4}}_{\frac{3}{4}d\leqq x\leqq d\text{における電位差}} = \underbrace{\frac{V}{2}}_{x=d\text{における電位}}$$

となる。以上より，グラフは**解答**のようになる。[1]

① 電場は傾きのイメージ，電位は高さのイメージをもっておくとよい。

問4　AB間に蓄えられた電気量はQ，電位差は$\dfrac{V}{2}$なので，電気

容量は，

$$\dfrac{Q}{\dfrac{V}{2}} = \dfrac{CV}{\dfrac{V}{2}} \quad (\text{問1より})$$

$$= 2C$$

となるので，Cの2倍である。

問5　金属板Mを挿入したままスイッチSを閉じて十分に時間が経つと，AB間の電位差がVになる。問4の結果より，金属板Mを挿入後のコンデンサーの電気容量は$2C$なので，金属板Bに蓄えられた電気量Q'[②]は，

$$Q' = 2CV$$

となる。

問6　AB間の真空部分に生じる電場の大きさをE'とおく[③]。金属板内の電場の強さは0であることと，AB間の電位差がVになることから，

$$\underbrace{E' \cdot \dfrac{d}{4}}_{0 \leqq x \leqq \frac{d}{4}} + \underbrace{0}_{\frac{d}{4} \leqq x \leqq \frac{3}{4}d} + \underbrace{E' \cdot \dfrac{d}{4}}_{\frac{3}{4}d \leqq x \leqq d} = \underbrace{V}_{0 \leqq x \leqq d}$$

が成り立つので，これより，

$$E' = \dfrac{2V}{d}$$

が得られる。以上より，グラフは**解答**のようになる。

問7　$0 \leqq x \leqq \dfrac{d}{4}$においては電場が一様なので，Aから金属板Mに

向かって一定の割合で電位が上昇する。$x = \dfrac{d}{4}$における電位は，

$$\underbrace{0}_{x=0\text{における電位}} + \underbrace{E' \cdot \dfrac{d}{4}}_{0 \leqq x \leqq \frac{d}{4}\text{における電位差}} = \underbrace{\dfrac{V}{2}}_{x=\frac{d}{4}\text{における電位}}$$

となる。金属板M内は電場が0のため，どこでも等電位となり，電位は$\dfrac{V}{2}$で一定である。$\dfrac{3}{4}d \leqq x \leqq d$についても，$0 \leqq x \leqq \dfrac{d}{4}$と同様に一定の割合で電位が上昇し，$x = d$における電位は$V$となる。以上より，グラフは**解答**のようになる。

②　スイッチを閉じたことによって，電池を通してAB間で電荷の移動が起こる。

③　金属板A，Bに蓄えられた電気量が変化することによって，AB間の真空部分の電場の大きさも変化する。

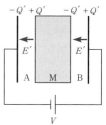

158 誘電体が挿入されたコンデンサー

問1 (ア) $\dfrac{V}{d}$ (イ) $\dfrac{\varepsilon_0 A}{d}V$ (ウ) $\dfrac{V}{d}$ (エ) $\dfrac{V}{\varepsilon_r d}$ (オ) $\dfrac{1+2\varepsilon_r}{3\varepsilon_r}V$

(カ) $\dfrac{3\varepsilon_r}{1+2\varepsilon_r}\cdot\dfrac{\varepsilon_0 A}{d}$

問2

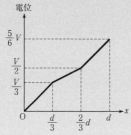

Method

誘電体が挿入されたコンデンサー：

真空部分：$E=\dfrac{Q}{\varepsilon_0 S}$, 誘電体内部：$E'=\dfrac{Q}{\varepsilon S}=\dfrac{Q}{\varepsilon_r \varepsilon_0 S}$

<u>極板間が一様のときは</u>$C=\dfrac{\varepsilon S}{d}=\dfrac{\varepsilon_r \varepsilon_0 S}{d}$

$\left(\begin{array}{l}\varepsilon：誘電率\\ \varepsilon_0：真空の誘電率\\ \varepsilon_r：比誘電率\end{array}\right)$

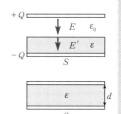

解説

問1 (ア) スイッチ SW を閉じて十分に時間が経つと，極板間の電

位差は V となるので，極板間電場の強さは $\dfrac{V}{d}$ となる。

(イ) コンデンサーの電気容量 C は，

$$C=\frac{\varepsilon_0 A}{d}$$

と表せるので，蓄えられる電荷 Q は，

$$Q=CV=\frac{\varepsilon_0 A}{d}V^{①}$$

となる。

(ウ) **スイッチ SW を開いたため，誘電体を挿入しても極板に蓄え
られた電気量は Q のまま不変である。**極板間電場の強さは

$\dfrac{Q}{\varepsilon_0 A}$ と表せるので，極板間の真空部分の電場の強さも不変，

つまり $\dfrac{V}{d}$ のままである。

① 極板間電場の強さが

$\dfrac{Q}{\varepsilon_0 A}$ と表せることから，

$$\frac{Q}{\varepsilon_0 A}=\frac{V}{d}$$

よって，

$$Q=\frac{\varepsilon_0 A}{d}V$$

と求めてもよい。

(エ) 誘電体内部の電場の強さは,

$$\frac{Q}{\varepsilon_r\varepsilon_0 A} = \frac{\dfrac{\varepsilon_0 A}{d}V}{\varepsilon_r\varepsilon_0 A} \quad (\text{(イ)より})$$

$$= \frac{V}{\varepsilon_r d}$$

となる。

(オ) 極板間の電位差 V' は,

$$V' = \underbrace{\frac{V}{d}\cdot\frac{d}{3}}_{0\le x\le\frac{d}{3}} + \underbrace{\frac{V}{\varepsilon_r d}\cdot\frac{d}{3}}_{\frac{d}{3}\le x\le\frac{2}{3}d} + \underbrace{\frac{V}{d}\cdot\frac{d}{3}}_{\frac{2}{3}d\le x\le d} = \frac{1+2\varepsilon_r}{3\varepsilon_r}V$$

となる。

(カ) 誘電体を挿入したコンデンサーには電荷が Q だけ蓄えられており, V' の電圧がかかっているので, その電気容量 C' は,

$$C' = \frac{Q^{②}}{V'} = \frac{\dfrac{\varepsilon_0 A}{d}V}{\dfrac{1+2\varepsilon_r}{3\varepsilon_r}V} = \frac{3\varepsilon_r}{1+2\varepsilon_r}\cdot\frac{\varepsilon_0 A}{d} \quad (\text{(イ), (オ)より})$$

となる。

② $C' = \dfrac{Q}{V'}$ は電気容量の定義なので, 極板間に誘電体が挿入されていても用いることができる。

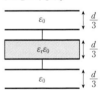

別解 コンデンサーを右図のように真空部分と誘電体部分とに分け, それらを直列合成して,

$$\frac{1}{C'} = \frac{1}{\left(\dfrac{\varepsilon_0 A}{\dfrac{d}{3}}\right)} + \frac{1}{\left(\dfrac{\varepsilon_r\varepsilon_0 A}{\dfrac{d}{3}}\right)} + \frac{1}{\left(\dfrac{\varepsilon_0 A}{\dfrac{d}{3}}\right)} = \frac{(1+2\varepsilon_r)d}{3\varepsilon_r\varepsilon_0 A}$$

よって,

$$C' = \frac{3\varepsilon_r}{1+2\varepsilon_r}\cdot\frac{\varepsilon_0 A}{d}$$

と求めることもできる。

問2　$\varepsilon_r = 2$ のとき, 誘電体内部の電場の強さは(エ)の結果より, $\dfrac{V}{2d}$

となる。**電場の強さがグラフの傾きに等しいことに注意すると, 解答のようになる。**

159 コンデンサー内の誘電体にはたらく力

問1 電気容量：$\dfrac{L\{\varepsilon_0 L + (\varepsilon - \varepsilon_0)x\}}{d}$，エネルギー：$\dfrac{L\{\varepsilon_0 L + (\varepsilon - \varepsilon_0)x\}V^2}{2d}$

問2 $\dfrac{(\varepsilon - \varepsilon_0)LV^2}{2d}\Delta x$　　問3 $\dfrac{(\varepsilon - \varepsilon_0)LV}{d}\Delta x$　　問4 $\dfrac{(\varepsilon - \varepsilon_0)LV^2}{d}\Delta x$

問5 大きさ：$\dfrac{(\varepsilon - \varepsilon_0)LV^2}{2d}$，向き：極板間に引き込まれる向き

解説

問1 誘電体が x だけ挿入されたときのコンデンサーの電気容量を $C(x)$ とおく。このコンデンサーを右図のように真空部分と誘電体が挿入された部分に分け，それぞれの容量を並列合成すると，

$$C(x) = \underbrace{\frac{\varepsilon_0 L(L - x)}{d}}_{\text{真空部分}} + \underbrace{\frac{\varepsilon Lx}{d}}_{\text{誘電体部分}} = \frac{L\{\varepsilon_0 L + (\varepsilon - \varepsilon_0)x\}}{d}$$

となる。コンデンサーにかかる電圧が V なので，蓄えられたエネルギー $U(x)$ は，

$$U(x) = \frac{1}{2}C(x)V^2 \text{①} = \frac{L\{\varepsilon_0 L + (\varepsilon - \varepsilon_0)x\}V^2}{2d}$$

である。

問2 誘電体を Δx だけゆっくりと挿入したときのエネルギー変化 ΔU は，

$$\Delta U = U(x + \Delta x) - U(x) = \frac{(\varepsilon - \varepsilon_0)LV^2}{2d}\Delta x \text{②}$$

となる。

問3 問2のとき，コンデンサーの容量の変化 ΔC は，

$$\Delta C = \frac{(\varepsilon - \varepsilon_0)L}{d}\Delta x$$

と表せるので，極板上の電気量の変化 ΔQ は，

$$\Delta Q = (\Delta C)V = \frac{(\varepsilon - \varepsilon_0)LV}{d}\Delta x$$

となる。

問4 電池がした仕事 W_E は，

$$W_E = (\Delta Q)V = \frac{(\varepsilon - \varepsilon_0)LV^2}{d}\Delta x$$

となる。

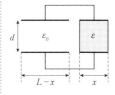

① 電池につながれたままなので，コンデンサーにかかる電圧は V で一定である。

② 一般に，y が x の1次関数のとき，

$y = ax + b$ より，

$\Delta y = a\Delta x$

が成り立つ。問1の結果より，U は x の1次関数なので，x の係数 $\dfrac{(\varepsilon - \varepsilon_0)LV^2}{2d}$ に Δx をかければ ΔU が得られる。こうすると計算が速い。

問5 誘電体に加えた外力のした仕事を W_f とする。電池と外力が仕事をした分だけコンデンサーにエネルギーが蓄えられるので, $W_E + W_f = \Delta U$ ③ が成り立つ。したがって,

$$W_f = \Delta U - W_E$$
$$= \frac{(\varepsilon - \varepsilon_0)LV^2}{2d}\Delta x - \frac{(\varepsilon - \varepsilon_0)LV^2}{d}\Delta x$$
$$= -\frac{(\varepsilon - \varepsilon_0)LV^2}{2d}\Delta x$$

となる。x が増加する向きを外力 f の正の向きとすれば,$W_f = f\Delta x$ と表せるので,

$$f = -\frac{(\varepsilon - \varepsilon_0)LV^2}{2d}$$

が成り立つ。誘電体にはこの外力と電場からの静電気力 f_E とがはたらいてつり合っているので,

$$f + f_E = 0 \quad \text{よって,} \quad f_E = -f = \frac{(\varepsilon - \varepsilon_0)LV^2}{2d}$$

が得られる。$f_E > 0$ より,静電気力の向きは x が増加する向き,つまり**極板間に引き込まれる向き**である。

参考▶ 誘電体のうち極板間に挿入された部分には分極電荷が生じており,それが右図のように極板上の電荷から静電気力を受けることで,極板間に引き込まれる向きの力がはたらく。

③ 電荷が移動するということはつまり電流が流れるということなので,電池の内部抵抗でジュール熱が生じる。ただし,誘電体をゆっくりと挿入しているので,電荷の移動も十分に遅く,電流も小さいので,ジュール熱は無視できると考えられる。

160 三重極板

問1 $\dfrac{\varepsilon_0 S}{d} V_0$　　　問2 左面：$\dfrac{2\varepsilon_0 S}{3d} V_0$, 右面：$\dfrac{\varepsilon_0 S}{3d} V_0$　　　問3 $\dfrac{2}{3\varepsilon_r}$

問4 $\dfrac{2}{1 + 2\varepsilon_r} V_0$

解説

問1　AとPを極板とするコンデンサーの電気容量は $\dfrac{\varepsilon_0 S}{d}$ である。

AP間の電圧は V_0 になるので，Pに蓄えられた電気量 Q_0 は，

$$Q_0 = \dfrac{\varepsilon_0 S}{d} V_0$$

となる。

問2　Pの左面，右面にある電気量をそれぞれ Q_L，Q_R とおく[①]。**P は他の極板と接続されていないので，蓄えられた電気量は保存する**。つまり，Pの両面の電気量の和は Q_0 に等しいので，

$$Q_L + Q_R = Q_0$$
$$= \dfrac{\varepsilon_0 S}{d} V_0 \quad （問1より）$$

が成り立つ。また，AP間，BP間の電場の大きさはそれぞれ $\dfrac{Q_L}{\varepsilon_0 S}$，

$\dfrac{Q_R}{\varepsilon_0 S}$ である。スイッチ SW_2 を閉じているとき，**AとBは等電位になるので，AP間とBP間の電位差は等しくなっている**。したがって，

$$\dfrac{Q_L}{\varepsilon_0 S} d = \dfrac{Q_R}{\varepsilon_0 S} \cdot 2d \quad よって，\quad Q_L = 2Q_R$$

が成り立つ。以上の2式より，

$$Q_L = \dfrac{2\varepsilon_0 S}{3d} V_0, \quad Q_R = \dfrac{\varepsilon_0 S}{3d} V_0$$

となる。

① 電荷の移動を把握することが重要である。スイッチ SW_1 を開いて SW_2 を閉じたので，A上の電荷 $-Q_0$ はAとBに分かれて分布し，Pの左側に蓄えられていた電荷 $+Q_0$ はPの両面に分かれて分布する。

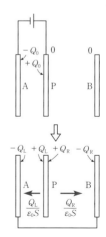

問3　2つのスイッチを両方開いているので，**誘電体を挿入しても各極板に蓄えられている電気量はすべて不変である。**AP間は電気量がQ_Lだけ蓄えられており，誘電率が$\varepsilon_r \varepsilon_0$なので，電場の大きさは$\dfrac{Q_L}{\varepsilon_r \varepsilon_0 S}$である。よって，AP間の電位差は，

$$\frac{Q_L}{\varepsilon_r \varepsilon_0 S}d = \frac{2}{3\varepsilon_r}V_0 \quad (問2より)$$

となる。

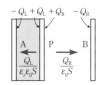

問4　Pの左面，右面にある電気量をそれぞれ$Q_L{}'$，$Q_R{}'$とおく。問2と同様に考えると，

$$Q_L{}' + Q_R{}' = Q_0$$
$$= \frac{\varepsilon_0 S}{d}V_0 \quad (問1より)$$

および，

$$\frac{Q_L{}'}{\varepsilon_r \varepsilon_0 S}d = \frac{Q_R{}'}{\varepsilon_0 S}\cdot 2d \quad よって，\ Q_L{}' = 2\varepsilon_r Q_R{}'$$

が成り立つので，これらより，

$$Q_L{}' = \frac{2\varepsilon_r}{1+2\varepsilon_r}\frac{\varepsilon_0 S}{d}V_0, \quad Q_R{}' = \frac{1}{1+2\varepsilon_r}\frac{\varepsilon_0 S}{d}V_0 ②$$

が得られる。したがって，AP間の電位差は，

$$\frac{Q_L{}'}{\varepsilon_r \varepsilon_0 S}d = \frac{2}{1+2\varepsilon_r}V_0$$

となる。

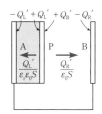

② $\varepsilon_r = 1$とすると，$Q_L{}' = Q_L$，$Q_R{}' = Q_R$となり，AP間が真空の場合と同じになる。

16 直流回路

※ 本書では，回路図中の不等号（＞，＜）は両側の電位の大小関係を示す。また，等号（＝）は両側の電位が等しいことを示す。

≡ 確認問題 ∷∷

▌161 抵抗と抵抗率

(ア) 0.25　(イ) 5.0×10^{-2}　(ウ) 6.3　(エ) 5.9　(オ) 85

解説

(ア) 一般に，抵抗率 ρ，長さ l，断面積 S の抵抗の抵抗値 R は，

$$R = \rho \frac{l}{S}$$

と表せるので，

$$S = \frac{\rho l}{R}$$

となる。いま，抵抗値と長さが等しいので，断面積の比は抵抗率の比に等しく，

$$\frac{2.5 \times 10^{-8} \Omega \cdot \mathrm{m}}{1.0 \times 10^{-7} \Omega \cdot \mathrm{m}} = 0.25$$

となる。

(イ) 抵抗器 A の抵抗値を R_A とすると，

$$R_\mathrm{A} = 5.0 \times 10^{-3} \Omega \cdot \mathrm{m} \times \frac{120 \times 10^{-3}\,\mathrm{m}}{6.0 \times 10^{-6}\,\mathrm{m}^2}$$

$$= 1.0 \times 10^2 \Omega$$

である。これに 5V の電圧をかけたとき，流れる電流の大きさは，

$$\frac{5\mathrm{V}}{1.0 \times 10^2 \Omega} = 5.0 \times 10^{-2}\,\mathrm{A}$$

となる。

注意▶ 単位を統一すること。

(ウ) 抵抗器 B は A と同じ体積で長さが $\frac{1}{4}$ 倍なので，断面積は 4 倍の 24mm² である。よって，抵抗器 B の抵抗値 R_B は，

$$R_\mathrm{B} = 5.0 \times 10^{-3} \Omega \cdot \mathrm{m} \times \frac{30 \times 10^{-3}\,\mathrm{m}}{24 \times 10^{-6}\,\mathrm{m}^2} = \frac{25}{4} \Omega \fallingdotseq 6.3 \Omega$$

である。

▶ **オームの法則**

$$V = RI$$

$$R = \rho \frac{l}{S} \quad \begin{pmatrix} \rho : 抵抗率 \\ l : 長さ \\ S : 断面積 \end{pmatrix}$$

▶ **ジュールの法則**

単位時間あたりに発生するジュール熱（抵抗で消費される電力）

$$RI^2 = \frac{V^2}{R} = IV$$

▶ **合成抵抗**

抵抗値 R_1，R_2 の合成抵抗 R

直列：$R = R_1 + R_2$

並列：$\dfrac{1}{R} = \dfrac{1}{R_1} + \dfrac{1}{R_2}$

(エ) 抵抗器AとBの合成抵抗をR_{AB}とすると，

$$\frac{1}{R_{AB}} = \frac{1}{R_A} + \frac{1}{R_B} = \frac{1}{100\,\Omega} + \frac{1}{\dfrac{25}{4}\,\Omega} = \frac{17}{100}/\Omega$$

よって，

$$R_{AB} = \frac{100}{17}\,\Omega \fallingdotseq 5.9\,\Omega$$

となる。

(オ) 抵抗器AとBで発生するジュール熱の和は，

$$\frac{(5\,\mathrm{V})^2}{\dfrac{100}{17}\,\Omega} \times 20\,\mathrm{s} = 85\,\mathrm{J}$$

である。

■162 キルヒホッフの法則

問1　0.55 A	問2　0.18 A	問3　向き：右向き，大きさ：1.0 A
問4　R_2：2.0 A，R_3：1.0 A	問5　0.80 Ω	

解説

問1・2　R_1, R_2を流れる電流を下図のようにI_1, I_2とおく。

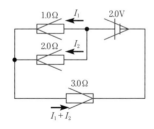

▶キルヒホッフの法則

第一法則：
回路上の任意の点に流入する電流の和とそこから流出する電流の和は等しい。

第二法則：
閉回路上の起電力の和と電圧降下の和は等しい。すなわち，閉回路を1周すると元の電位に戻る。

キルヒホッフの第一法則より，R_3を流れる電流は右向きに$I_1 + I_2$となる。キルヒホッフの第二法則より，

$$\begin{cases} 2.0 - 1.0I_1 - 3.0(I_1 + I_2) = 0 \\ 1.0I_1 - 2.0I_2 = 0 \end{cases}$$

よって，

$$\begin{cases} I_1 = \dfrac{4}{11}\,\mathrm{A} \fallingdotseq 0.36\,\mathrm{A} \\ I_2 = \dfrac{2}{11}\,\mathrm{A} \fallingdotseq 0.18\,\mathrm{A} \text{ (問2)} \end{cases}$$

が得られる。ゆえに，R_3に流れる電流の大きさは，

$$I_1 + I_2 = \frac{6}{11}\,\mathrm{A} \fallingdotseq 0.55\,\mathrm{A} \text{ (問1)}$$

となる。

問3　R_1, R_2を流れる電流を右図のようにI_1', I_2'とおく。
キルヒホッフの第一法則より，R_3を流れる電流は右向き
に$I_1' + I_2'$となる。キルヒホッフの第二法則より，

$$\begin{cases} 2.0 - 1.0I_1' - 3.0(I_1' + I_2') = 0 \\ 7.0 - 2.0I_2' - 3.0(I_1' + I_2') = 0 \end{cases}$$

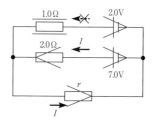

よって，

$$\begin{cases} I_1' = -1.0\,\mathrm{A} \\ I_2' = 2.0\,\mathrm{A} \end{cases}$$

が得られる。$I_1' < 0$より，流れる向きは図の**右向き**で，その大きさは1.0Aである。

注意▶　電流の向きがわからない場合は，どちらかの向きを正として未知数でおき，計算した結果の
　　　正負で向きを判断すればよい。

問4　問3より，R_2に流れる電流の大きさは2.0A，R_3に流れる電流の大きさは，

$$I_1' + I_2' = 1.0\,\mathrm{A}$$

である。

問5　交換後の抵抗値をrとおく。この抵抗器に流れる電流
の大きさをIとおくと，キルヒホッフの第二法則より，

$$\begin{cases} 7.0 - 2.0I - 2.0 = 0 & （上半分の閉回路） \\ 7.0 - 2.0I - rI = 0 & （下半分の閉回路） \end{cases}$$

よって，

$$\begin{cases} I = 2.5\,\mathrm{A} \\ r = 0.80\,\Omega \end{cases}$$

が得られる。

$(ア)$ V_0 $(イ)$ $\dfrac{1}{3}V_0$ $(ウ)$ $\dfrac{4}{9}CV_0^2$ $(エ)$ $\dfrac{1}{3}CV_0^2$

解説

$(ア)$ スイッチSを閉じた直後，コンデンサーにはその直前と同じ電気量が蓄えられているので，かかっている電圧も直前と同じである。よって，C_1の電圧はV_0，C_2には電圧がかかっていないので，キルヒホッフの第二法則より，抵抗rにかかる電圧はV_0である。

$(イ)$ 十分な時間が経過したあと，C_1，C_2に蓄えられている電気量をそれぞれQ_1，Q_2とすると，電気量の保存より，

$$Q_1 + Q_2 = CV_0$$

が成り立つ（右図参照）。また，抵抗rは電流が流れていないので，電圧は0となる。よって，キルヒホッフの第二法則より，

$$\frac{Q_1}{C} - \frac{Q_2}{2C} = 0$$

となる。2式より，

$$Q_1 = \frac{1}{3}CV_0, \quad Q_2 = \frac{2}{3}CV_0$$

が得られるので，C_2にかかる電圧は，

$$\frac{Q_2}{2C} = \frac{1}{3}V_0$$

である。

$(ウ)$ C_1が失った静電エネルギーは，

$$\frac{1}{2}CV_0^2 - \frac{1}{2}C\left(\frac{1}{3}V_0\right)^2 = \frac{4}{9}CV_0^2$$

である。

$(エ)$ C_2が得た静電エネルギーは，

$$\frac{1}{2} \times 2C\left(\frac{1}{3}V_0\right)^2 = \frac{1}{9}CV_0^2$$

である。C_1が失った静電エネルギーの一部はC_2に蓄えられ，残りは抵抗rで消費されるので，発生したジュール熱は，

$$\frac{4}{9}CV_0^2 - \frac{1}{9}CV_0^2 = \frac{1}{3}CV_0^2$$

となる。

▶ RC回路

スイッチを閉じた直後：
コンデンサーに蓄えられた電荷はその直前の値に等しい。

十分に時間が経ったあと：
コンデンサーには電流が流れない。

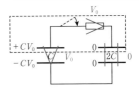

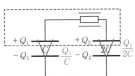

注意▶ 破線の枠内で電荷が移動するので，この枠内の電荷の総量が保存する。

164 電球を含んだ回路

(ア) 60　(イ) 15　(ウ) 88　(エ) $60 - V - 60I = 0$　(オ) 0.50　(カ) 30

解説

(ア) グラフより, 電圧が30Vのときに流れる電流は0.50Aなので, このときの抵抗値は,

$$\frac{30\,\mathrm{V}}{0.50\,\mathrm{A}} = 60\,\Omega$$

となる。

(イ) 消費電力は,

$$0.50\,\mathrm{A} \times 30\,\mathrm{V} = 15\,\mathrm{W}$$

となる。

(ウ) グラフより, 電圧が70Vのときに流れる電流は0.80Aなので, このときの抵抗値は,

$$\frac{70\,\mathrm{V}}{0.80\,\mathrm{A}} \fallingdotseq 88\,\Omega$$

となる。

注意▸ このように, 電球は電圧が大きくなるほど抵抗値が大きくなり, 電流が流れにくくなる。

(エ) キルヒホッフの第二法則より,

$$60 - V - 60I = 0$$

が成り立つ。

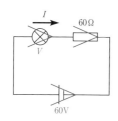

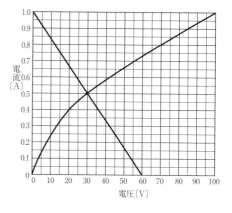

(オ)・(カ) (エ)の結果をグラフ化して図1中に描き, 交点を読むと,

$$I = 0.50_{(オ)}\,\mathrm{A}, \quad V = 30_{(カ)}\,\mathrm{V}$$

となる。

165 オームの法則とジュールの法則

(ア) $\dfrac{V}{l}$	(イ) $e\dfrac{V}{l}$	(ウ) $\dfrac{eV}{kl}$	(エ) nSv (オ) $enSv$
(カ) 7.4×10^{-5}	(キ) $\dfrac{e^2 nS}{kl}V$	(ク) $\dfrac{kl}{e^2 nS}$	(ケ) $\dfrac{k}{e^2 n}$ (コ) nSl
(サ) $enSvV$	(シ) IV		

> ⬡ **Method**
>
> オームの法則：
>
> $$V = RI, \quad R = \rho\dfrac{l}{S} \quad (\rho：抵抗率, \ l：長さ, \ S：断面積)$$
>
> ジュールの法則：
>
> 抵抗における消費電力（**単位時間あたりに発生するジュール熱**）
>
> $$RI^2 = \dfrac{V^2}{R} = IV$$

解説

(ア) 導体内部に生じる電場は一様なので，その強さをEとすると，

$$E = \dfrac{V}{l}$$

である。

(イ) 自由電子が電場から受ける静電気力の大きさは，

$$eE = e\dfrac{V}{l} \quad ((ア)より)$$

となる。

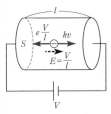

(ウ) 自由電子には静電気力と抵抗力[1]とがはたらき，右図のようにこれらがつり合って等速で運動するので，

$$e\dfrac{V}{l} - kv = 0 \quad よって, \quad v = \dfrac{eV}{kl} \quad \cdots①$$

となる。

① 自由電子は金属結晶を構成する陽イオンに衝突しながら進むことで抵抗力を受ける。

(エ) 自由電子は導線に沿った方向に単位時間あたりにvだけ進むので，ある断面を単位時間あたりに通過する自由電子の個数は体積Sv内に含まれる自由電子の個数に等しい。よって，その個数はnSvと表せる。

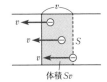

体積Sv

(オ) nSv個の電子がもつ電気量の大きさは$enSv$である。**電流の大きさは，導線のある断面を単位時間あたりに通過する電気量の大きさとして定義される。**したがって，流れている電流の大きさIは，

$$I = enSv \quad \cdots②$$

となる。

(カ) (オ)の結果より,

$$v = \frac{I}{enS}$$

である。これに与えられた数値を代入すると,

$$v = \frac{1.0\,\mathrm{A}}{1.6 \times 10^{-19}\,\mathrm{C} \times 8.5 \times 10^{28}\,/\mathrm{m}^3 \times 1.0 \times 10^{-6}\,\mathrm{m}^2}$$

$$\fallingdotseq 7.4 \times 10^{-5}\,\mathrm{m/s}\ ^{②}$$

が得られる。

(キ) ①式を②式に代入すると,

$$I = enS\frac{eV}{kl} = \frac{e^2nS}{kl}V$$

となる。

(ク) (キ)の結果より, 抵抗値 R は,

$$R = \frac{V}{I} = \frac{kl}{e^2nS}\ ^{③}$$

と表せる。

(ケ) (ク)の結果より, 抵抗値は導線の長さ l に比例し, 断面積 S に反比例する。その比例定数を**抵抗率**と呼ぶ。これを ρ とおくと,

$$\rho = \frac{k}{e^2n}\ ^{④}$$

となる。

(コ) 導線の体積は Sl なので, 内部に含まれる自由電子の総数は nSl となる。

(サ) 自由電子1個が電場からされる仕事率は $e\dfrac{V}{l}v$ なので, 全電子が電場からされる仕事率の総量 P は,

$$P = nSl \cdot e\frac{V}{l}v = enSvV \qquad\qquad \cdots③$$

である。

(シ) ③式に②式を代入すると, P は I, V を用いて,

$$P = IV\ ^{⑤}$$

と表せる。

② このように, 導線内部を流れる自由電子の速さは極めて遅い。

③ $R = \dfrac{V}{I}$ は抵抗値の定義式であり, オームの法則とは異なる。いま, R の式中に含まれる文字がすべて定数なので, I は V に比例していることがわかる。このことをオームの法則という。

④ ρ は金属に固有の定数と考えてよいが, 厳密には温度に依存する。それは, 温度上昇に伴って陽イオンの熱振動が激しくなり, 電子の陽イオンへの衝突頻度が高まる結果, 抵抗力の比例定数 k が増加するためである。このような抵抗はオームの法則に従わず, 非オーム抵抗または非線形抵抗と呼ばれる。

⑤ 自由電子が受け取ったエネルギーは衝突により陽イオンに与えられるが, 最終的には熱となって空気中に散逸する。したがって, P は単位時間あたりに生じるジュール熱を表す。これをジュールの法則という。

$$\text{(ア)} \quad 4R \qquad \text{(イ)} \quad 2R \qquad \text{(ウ)} \quad -\frac{I}{9} \qquad \text{(エ)} \quad \frac{20}{9}R$$

📦 Method

キルヒホッフの法則：

第一法則：回路上の任意の点において，流入する電流の和と流出する電流の和は等しい。

第二法則：任意の閉回路における起電力の和と電圧降下の和は等しい。

または，任意の閉回路を1周するとはじめの電位に戻るといってもよい。

抵抗の合成：

2つの抵抗の抵抗値をR_1，R_2とし，合成抵抗をRとする。

直列合成：2つの抵抗に流れる電流が等しいとき，

$$R = R_1 + R_2$$

並列合成：2つの抵抗にかかる電圧が等しいとき，

$$\frac{1}{R} = \frac{1}{R_1} + \frac{1}{R_2}$$

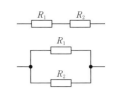

解説

(ア) スイッチSに電流が流れないときの抵抗R_4の抵抗値をrとする。R_1，R_3に流れる電流の大きさをI_1，R_2，R_4に流れる電流の大きさをI_2とする。

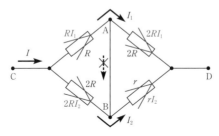

補足▶ 本書では，回路図中の不等号（＞，＜）は両側の電位の大小関係を示す。また，等号（＝）は両側の電位が等しいことを示す。

スイッチSの両端が等電位であるから，キルヒホッフの第二法則より，

$$\begin{cases} RI_1 - 2RI_2 = 0^{①} \\ 2RI_1 - rI_2 = 0 \end{cases} \quad \text{よって，} \quad \begin{cases} RI_1 = 2RI_2 & \cdots① \\ 2RI_1 = rI_2 & \cdots② \end{cases}$$

が成り立つ。①，②式の比をとると，

$$2 = \frac{r}{2R} \quad \text{よって，} \quad r = 4R$$

が得られる[②]。

① ABより左側の三角形と右側の三角形それぞれでキルヒホッフの第二法則を適用したが，単純にCA間とCB間，DA間とDB間の電圧がそれぞれ等しいと考えてもよい。

② 図のような回路において，一般にR_1，R_2，R_3，R_4の抵抗値をそれぞれR_1，R_2，R_3，R_4とすると，AB間に電流が流れないとき，

$$\frac{R_1}{R_2} = \frac{R_3}{R_4}$$

が成り立つ。このような回路をホイートストンブリッジという。

⑷ キルヒホッフの第一法則より，
$$I = I_1 + I_2$$
が成り立つ。また，①式より $I_1 = 2I_2$ が成り立つので，①，②式より，
$$I_1 = \frac{2}{3}I, \quad I_2 = \frac{I}{3}$$
が得られる。よって，CD 間にかかる電圧は，
$$V_{CD} = RI_1 + 2RI_1 = 3RI_1 = 2RI$$
となるので，CD 間の合成抵抗 R_{CD} は，
$$R_{CD} = \frac{V_{CD}}{I} = 2R$$
となる。

▶以下のように，合成抵抗の公式を用いる方法もある。

別解1 　R_1 と R_3，R_2 と R_4 を流れる電流はそれぞれ等しいので，直列合成すると，
$$\begin{cases} R + 2R = 3R \\ 2R + 4R = 6R \end{cases}$$
となる。これらにかかる電圧は等しいので，並列合成すると，
$$\frac{1}{R_{CD}} = \frac{1}{3R} + \frac{1}{6R} \quad \text{よって，} \quad R_{CD} = 2R$$
が得られる。

別解2 　R_1 と R_2，R_3 と R_4 にかかる電圧はそれぞれ等しいので，並列合成した値をそれぞれ R_a，R_b とすると，
$$\begin{cases} \dfrac{1}{R_a} = \dfrac{1}{R} + \dfrac{1}{2R} \quad \text{よって，} \quad R_a = \dfrac{2}{3}R \\ \dfrac{1}{R_b} = \dfrac{1}{2R} + \dfrac{1}{4R} \quad \text{よって，} \quad R_b = \dfrac{4}{3}R \end{cases}$$
となる。これらに流れる電流は等しいので，直列合成すると，
$$R_{CD} = R_a + R_b = 2R$$
が得られる。

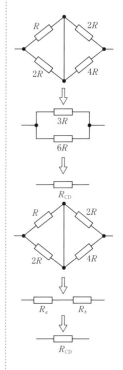

㈡ R_1 を流れる電流の大きさを i_1，スイッチ S を A から B の向きに流れる電流を i_2 とすると，キルヒホッフの第一法則より，各抵抗を流れる電流は下図のようになる。

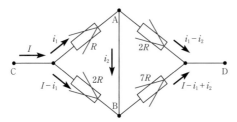

キルヒホッフの第二法則より，

$$\begin{cases} Ri_1 = 2R(I - i_1) \\ 2R(i_1 - i_2) = 7R(I - i_1 + i_2) \end{cases}$$

よって，

$$i_1 = \frac{2}{3}I, \quad i_2 = -\frac{I}{9} \quad ③$$

が得られる。

③ $i_2 < 0$ より，実際には B→A の向きに電流が流れる。

㈢ CD 間の電圧 $V_{CD}{}'$ は，

$$\begin{aligned} V_{CD}{}' &= Ri_1 + 2R(i_1 - i_2) \\ &= 3Ri_1 - 2Ri_2 \\ &= 3R \cdot \frac{2}{3}I - 2R\left(-\frac{I}{9}\right) \quad (\text{㈡より}) \\ &= \frac{20}{9}RI \end{aligned}$$

となる。よって，CD 間の合成抵抗 $R_{CD}{}'$ は，

$$R_{CD}{}' = \frac{V_{CD}{}'}{I} = \frac{\dfrac{20}{9}RI}{I} = \frac{20}{9}R$$

となる。

> **別解** R_1 と R_2，R_3 と R_4 をそれぞれ並列合成すると，$\dfrac{2}{3}R$，$\dfrac{14}{9}R$ となる。これらを直列合成すると，CD 間の合成抵抗は，
>
> $$R_{CD}{}' = \frac{2}{3}R + \frac{14}{9}R = \frac{20}{9}R$$
>
> となる。

| 167 | 電流計と電圧計 |

| (ア) | 直列 | (イ) | 並列 | (ウ) | 小さい | (エ) | 大きい | (オ) | 0.5 | (カ) | 0.4 |

問 48Ωの抵抗を直列に接続する

| (キ) | $\dfrac{r_{\mathrm{V}}R}{r_{\mathrm{V}}+R}$ | (ク) | 電圧 | (ケ) | $r_{\mathrm{A}}+R$ | (コ) | 大きい | (サ) | 図2 |

📦 **Method**

電流計と電圧計：

　電流計を直列に接続することで，電流計の内部抵抗で電圧降下が発生し，測定誤差が生じる原因となる。それを避けるために電流計の内部抵抗は限りなく小さくし，電圧降下が発生するのを防いでいる。一方，電圧計は並列に接続するので，電圧計にも電流が流れ込み，やはり測定誤差が生じる原因となる。それを避けるために電圧計の内部抵抗は限りなく大きくし，電流が流れ込むのを防いでいる。

解説

(ア) 測定したい部分と同じ電流が電流計に流れるように，**直列**に接続する。

(イ) 測定したい部分と同じ電圧が電圧計にかかるように，**並列**に接続する。

(ウ) 電流計での電圧降下が小さくなるよう，内部抵抗は**小さい**。

(エ) 電圧計に流れる電流が少なくなるよう，内部抵抗は**大きい**。

(オ) この電流計の内部抵抗には200 mAの電流しか流せないので，これに並列に抵抗を接続し，800 mAの電流が流れるようにすれば，全体として合計1 Aの電流を流すことができる。2Ωの内部抵抗にかかる電圧は，

$$2\,\Omega \times 200\,\mathrm{mA} = 2\,\Omega \times 0.2\,\mathrm{A} = 0.4\,\mathrm{V}$$

である。これに並列に接続した抵抗にも同じ電圧がかかっているので，その抵抗値は，

$$\frac{0.4\,\mathrm{V}}{800\,\mathrm{mA}} = \frac{0.4\,\mathrm{V}}{0.8\,\mathrm{A}} = 0.5\,\Omega$$

である。

(カ) 電流計と分流器の合成抵抗は，

$$\frac{0.4\,\mathrm{V}}{1\,\mathrm{A}} = 0.4\,\Omega$$

である。

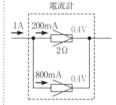

電流計

問　この電流計の内部抵抗には，
$$2\,\Omega \times 200\,\text{mA} = 2\,\Omega \times 0.2\,\text{A} = 0.4\,\text{V}$$
の電圧しかかけられない。そこで，内部抵抗に直列に抵抗を接続し，これに$9.6\,\text{V}$の電圧がかかるようにすれば，全体として$10\,\text{V}$の電圧をかけることができる。接続した抵抗の抵抗値は，
$$\frac{9.6\,\text{V}}{200\,\text{mA}} = \frac{9.6\,\text{V}}{0.2\,\text{A}} = 48\,\Omega$$
である。

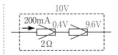

(キ)　電圧計に流れる電流の大きさは$\dfrac{V_1}{r_\text{V}}$，抵抗に流れる電流の大きさは$\dfrac{V_1}{R}$である。キルヒホッフの第一法則より，これらの和が電流計に流れる電流の大きさI_1に等しいので，
$$\frac{V_1}{r_\text{V}} + \frac{V_1}{R} = I_1 \quad \text{よって，} \quad \frac{V_1}{I_1} = \frac{r_\text{V} R}{r_\text{V} + R}$$
が成り立つ。

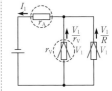

(ク)　$\dfrac{V_1}{I_1}$の式中には電圧計の内部抵抗r_Vの影響が含まれる。これは電流計を流れた電流の一部が電圧計に流れ込むためである。[1]

(ケ)　電流計にかかる電圧は$r_\text{A} I_2$，抵抗にかかる電圧は$R I_2$である。キルヒホッフの第二法則より，これらの和が電圧計の電圧V_2に等しいので，
$$r_\text{A} I_2 + R I_2 = V_2 \quad \text{よって，} \quad \frac{V_2}{I_2} = r_\text{A} + R$$
となる。

(コ)　$\dfrac{V_2}{I_2}$の値はつねにRより大きい。[2]

(サ)　Rが非常に大きいとき，$r_\text{A} \ll R$より，$\dfrac{V_2}{I_2} \fallingdotseq R$となるので，図2の回路のほうが適切である。

① 電圧計にも電流が流れ込むため，電流計を流れる電流と抵抗を流れる電流は一致しない。これが図1における測定誤差の原因である。

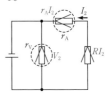

② 電流計にも電圧がかかるため，電圧計にかかる電圧と抵抗にかかる電圧は一致しない。これが図2における測定誤差の原因である。

168 RC回路

(ア) $\dfrac{E}{r + R_1}$　　(イ) $\dfrac{ER_1}{r(R_1 + R_2) + R_1 R_2}$　　(ウ) $\dfrac{R_1}{r + R_1} CE$　　(エ) ④

(オ) $\dfrac{Q_0}{C(R_1 + R_2)}$　　(カ) $\dfrac{Q_0^2 R_2}{2C(R_1 + R_2)}$

⬡ Method

RC回路：

スイッチを閉じた直後：コンデンサーに蓄えられている電荷はその直前の値に等しい。
十分に時間が経ったあと：コンデンサーには電流が流れない。

解説

(ア)　抵抗 r, R_1 に流れる電流の大きさを I_0 とすると，キルヒホッフの第二法則より，

$$E - r I_0 - R_1 I_0 = 0 \quad \text{よって，} \quad I_0 = \dfrac{E}{r + R_1}$$

が得られる。

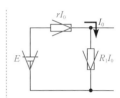

(イ)　**スイッチ S_2 を閉じた直後にコンデンサーに蓄えられている電荷はその直前の値に等しく 0 なので，かかっている電圧も 0 である。** このとき，抵抗 R_1, R_2 に流れる電流の大きさをそれぞれ I_1, I_2 とおくと，キルヒホッフの第一法則より，抵抗 r を流れる電流の大きさは $I_1 + I_2$ となる。

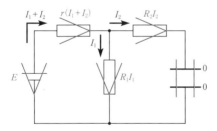

キルヒホッフの第二法則より，

$$\begin{cases} E - r(I_1 + I_2) - R_1 I_1 = 0 \\ R_1 I_1 - R_2 I_2 = 0 \end{cases}$$

が成り立つ。[①] これらより，

$$I_1 = \dfrac{ER_2}{r(R_1 + R_2) + R_1 R_2}, \quad I_2 = \dfrac{ER_1}{r(R_1 + R_2) + R_1 R_2}$$

となる。

① 1つ目の式は回路の左側，2つ目の式は回路の右側に着目した。

(ウ)　スイッチS_2を閉じてから**十分に時間が経過する**と，コンデンサーには電流が流れなくなるので，回路に流れる電流はスイッチS_2を閉じる前と同じになる。このとき，抵抗R_2にかかる電圧は0である。

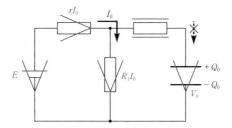

キルヒホッフの第二法則より，コンデンサーにかかる電圧V_0は抵抗R_1にかかる電圧に等しく，

$$V_0 = R_1 I_0 = \frac{R_1}{r + R_1} E \quad (\text{(ア)より})$$

である。よって，

$$Q_0 = CV_0 = \frac{R_1}{r + R_1} CE$$

となる。

(エ)　(イ)の結果より，

$$I_1 + I_2 = \frac{E(R_1 + R_2)}{r(R_1 + R_2) + R_1 R_2}$$

$$= \frac{E}{r + R_1 \cdot \dfrac{R_2}{R_1 + R_2}} > \frac{E}{r + R_1} = I_0$$

となるので，時刻$t = t_1$においてスイッチS_2を閉じたことにより，抵抗rに流れる電流Iは瞬間的に増加する。その後，十分に時間が経過すると，(ウ)の結果より再び$I = I_0$となるので，正しいグラフは④である。

(オ)　スイッチS_1を開いた直後，コンデンサーに蓄えられている電気量はその直前に等しくQ_0なので，かかっている電圧は$\dfrac{Q_0}{C}$である。このとき抵抗R_1，R_2に流れる電流の大きさをI_3とすると，キルヒホッフの第二法則より，

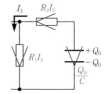

$$\frac{Q_0}{C} - R_1 I_3 - R_2 I_3 = 0 \quad \text{よって，} \quad I_3 = \frac{Q_0}{C(R_1 + R_2)}$$

となる。

(カ) スイッチS_1を開く直前にコンデンサーに蓄えられていたエネルギーは$\dfrac{Q_0{}^2}{2C}$である。スイッチS_1を開いたあと，このエネルギーはすべて抵抗R_1とR_2で消費されるので，これらで発生したジュール熱の和は$\dfrac{Q_0{}^2}{2C}$である。エネルギーを消費している間の任意の時刻で，抵抗R_1とR_2に流れる電流は等しいため，消費されるジュール熱の比はつねに$R_1 : R_2$である[2]。したがって，抵抗R_2で発生したジュール熱の総量は，

$$\frac{R_2}{R_1 + R_2} \cdot \frac{Q_0{}^2}{2C} = \frac{Q_0{}^2 R_2}{2C(R_1 + R_2)}$$

である。

[2] 単位時間あたりに発生するジュール熱はRI^2なので，電流Iが同じ場合，抵抗値Rに比例する。

---

169 コンデンサーの接続①

問1 (1) 電気量：$\dfrac{2}{3}CE$，エネルギー：$\dfrac{2}{9}CE^2$

問2 (2) $\dfrac{1}{6}CE$ (3) $\dfrac{1}{6}CE^2$ 問3 (4) CE

🔷 **Method**

コンデンサーの接続（つなぎかえ）：

(Step1) 各コンデンサーに蓄えられた電荷を，正負も考えて未知数でおく。

(Step2) 各コンデンサーにかかる電圧を計算する。

(Step3) 孤立部分に対する電気量保存の式とキルヒホッフの第二法則を連立する。闇雲にコンデンサーを合成するのは勧めない。

解説

問1 (1) コンデンサー1，2に蓄えられた電気量をそれぞれQ_1，Q_2とおく（どちらも図の上側の極板の電気量を正とする）。右図の破線の枠内における電気量の保存より，

$$-Q_1 + Q_2 = 0$$

である。また，キルヒホッフの第二法則より，

$$E - \frac{Q_1}{C} - \frac{Q_2}{2C} = 0$$

が成り立つ。これらより，

$$Q_1 = Q_2 = \frac{2}{3}CE$$

が得られる。このとき，コンデンサー1に蓄えられているエネルギーUは，

$$U = \frac{Q_1{}^2}{2C} = \frac{2}{9}CE^2$$

となる。

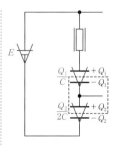

問2 (2) コンデンサー1，3に蓄えられた電気量をそれぞれQ_1'，Q_3とおく（どちらも図の上側の極板の電気量を正とする）。右図の破線の枠内における電気量の保存より，

$$Q_1' + Q_3 = Q_1 + 0 = \frac{2}{3}CE \quad ((1)より)$$

である。また，キルヒホッフの第二法則より，

$$\frac{Q_1'}{C} - \frac{Q_3}{3C} = 0$$

が成り立つ。これらより，

$$Q_1' = \frac{1}{6}CE, \quad Q_3 = \frac{1}{2}CE$$

が得られる。

(3) (2)において，コンデンサー1と3に蓄えられたエネルギーの和U'は，

$$U' = \frac{Q_1'^2}{2C} + \frac{Q_3^2}{2\cdot 3C} = \frac{\left(\frac{1}{6}CE\right)^2}{2C} + \frac{\left(\frac{1}{2}CE\right)^2}{6C} = \frac{1}{18}CE^2$$

である。

抵抗で生じたジュール熱はコンデンサー1と3に蓄えられたエネルギーの減少量に等しい[1]ので，

$$U - U' = \frac{2}{9}CE^2 - \frac{1}{18}CE^2 = \frac{1}{6}CE^2$$

である。

問3 (4) コンデンサー1，2，3に蓄えられた電気量をそれぞれQ_1''，Q_2'，Q_3'とおく（すべて図の上側の極板の電気量を正とする）。右図の破線の枠内における電気量の保存より，

$$-Q_1'' + Q_2' - Q_3'$$
$$(= -Q_1' + Q_2 - Q_3)$$
$$= 0\,[2]$$

である。また，キルヒホッフの第二法則より，

$$\begin{cases} E - \dfrac{Q_1''}{C} - \dfrac{Q_2'}{2C} = 0 \\[2mm] \dfrac{Q_1''}{C} - \dfrac{Q_3'}{3C} = 0 \end{cases}$$

が成り立つ。これらより，

$$Q_1'' = \frac{1}{3}CE, \quad Q_2' = \frac{4}{3}CE, \quad Q_3' = CE$$

が得られる。

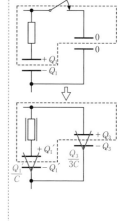

[1] RI^2 で求めることはできない。電流は一定ではないし，そもそもこの式は単位時間あたりに発生するジュール熱だからである。

[2] 枠内の電荷の総量ははじめの状態からずっと保存しており，0である。

170	ダイオードを含んだ回路							
(ア)	電子	(イ)	n	(ウ)	ホール(正孔)	(エ)	p	(オ) 整流
(カ)	4.0	(キ)	40	(ク)	3.5	(ケ)	50	(コ) 25

> ⬡ **Method**
> **非線形抵抗を含んだ回路**：
>   非線形抵抗(電球やダイオードなど)に流れる電流の大きさ I と電圧 V の満たすべき関係式をキルヒホッフの第二法則によって求める。これをグラフ化して，特性曲線との交点を読むことで，I と V の値を求める。

【解説】

(ア)・(イ)　純粋なケイ素(Si)やゲルマニウム(Ge)にリン(P)やアンチモン(Sb)などを不純物として加えた半導体を n(イ)**型半導体**という。SiやGeは価電子が4個であるが，PやSbは5個あるので，余った1個の**電子**(ア)が束縛から離れて自由となり，電圧をかけるとこれがキャリアとなって電流が流れる。

(ウ)・(エ)　SiやGeにホウ素(B)やインジウム(In)のような価電子を3個もつ原子をわずかに加えた半導体を p(エ)**型半導体**という。BやInはSiやGeと結合するうえで電子が不足する。この状態を**ホール**(または**正孔**)(ウ)といい，p型半導体内でキャリアとなる[①]

(オ)　p型半導体とn型半導体を接合したものを**ダイオード**という。n型よりもp型半導体のほうを高電位にすると，ホールと電子が接合部で合体する。これが次々に起こることでダイオードには電流が流れる。しかし，電位の高低を逆にすると，ホールと電子が接合部から離れる向きに運動し，接合部付近には空乏層と呼ばれるキャリアのない層ができ，ダイオードには電流が流れない。このように，ダイオードにはp型からn型にのみ電流が流れる。この作用を**整流作用**という。

(カ)・(キ)　ダイオードDに流れる電流を I，かかる電圧を V とする。

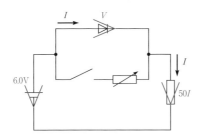

キルヒホッフの第二法則より，
$$6.0 - V - 50I = 0$$
が成り立つ。

①　実際には電子がホールに入り込むことで，その電子がいたところにホールができ，みかけ上正電荷が移動したように見えるだけである。

第4章 電磁気

これをグラフ化して図1中に描くと下図のようになる^②

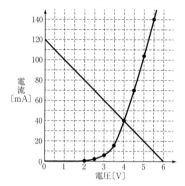

② V = 0 で
I = 120 mA,
I = 0 で V = 6.0 V

2つのグラフの交点を読む^③と,

$$V = 4.0 \text{(カ)} \text{V}, \quad I = 40 \text{(キ)} \text{mA}$$

とわかる。

(ク) 同様に, ダイオードDに流れる電流をI, かかる電圧をVとすると, 可変抵抗には電圧Vがかかり, 大きさ$\dfrac{V}{100}$の電流が流れる。

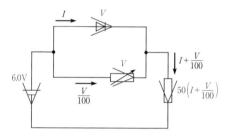

③ 縦軸I, 横軸Vである。特性曲線を方程式で表せられればキルヒホッフの第二法則の式と連立して解くことができる。しかし, それが不可能なので, 逆にキルヒホッフの第二法則の式をグラフ化して交点を読み, 解を求める。

キルヒホッフの第一法則より, 抵抗Rに流れる電流の大きさは$I + \dfrac{V}{100}$となるので, キルヒホッフの第二法則より,

$$6.0 - V - 50\left(I + \frac{V}{100}\right) = 0$$

よって,

$$6.0 - 1.5V - 50I = 0$$

が成り立つ。

これをグラフ化して図1中に描くと下図のようになる^④。

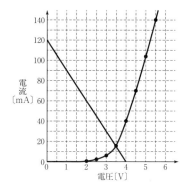

2つのグラフの交点を読むと，

$$V = 3.5\,\text{V}, \quad I = 15\,\text{mA}$$

とわかる。

(ケ)　抵抗Rに流れる電流の大きさは，

$$I + \frac{V}{100} = 15\,\text{mA} + 35\,\text{mA} = 50\,\text{mA}$$

となる。

(コ)　可変抵抗R_Xの抵抗値を小さくしていくと，可変抵抗R_Xに電流が流れやすくなり，ダイオードDに流れる電流は小さくなっていく。これが0になったときの電圧は，図1より2.0Vなので，キルヒホッフの第二法則より，抵抗Rにかかる電圧は4.0Vである。オームの法則より，抵抗Rに流れる電流の大きさは，

$$\frac{4.0\,\text{V}}{50\,\Omega} = 0.080\,\text{A} = 80\,\text{mA}$$

なので，可変抵抗R_Xの抵抗値は，

$$\frac{2.0\,\text{V}}{0.080\,\text{A}} = 25\,\Omega$$

となる。

④　$V = 0$ で
$I = 120\,\text{mA}$,
$I = 0$ で $V = 4.0\,\text{V}$

171 コンデンサーの接続②

問1 $\dfrac{E}{R}$ 　　問2 　電流：0, 電気量：C_1E

問3 　$C_1：\dfrac{C_1(C_2-C_1)}{C_1+C_2}E$, $C_2：\dfrac{2C_1C_2}{C_1+C_2}E$ 　　問4 　$\dfrac{2C_1C_2(C_1+2C_2)}{(C_1+C_2)^2}E$

問5 　$\dfrac{C_2}{C_1+C_2}(2C_1E+Q_2{}^{(n-1)})$ 　　問6 　$2C_2E$

解説

問1 　抵抗に流れる電流をIとする。**a側に接続した瞬間はC_1に蓄えられた電気量はその直前と等しく0なので，電圧も0である。**
よって，キルヒホッフの第二法則より，

$$E-RI=0 \quad \text{よって,} \quad I=\dfrac{E}{R}$$

となる。

問2 　十分に時間が経つと，**C_1の電気量が一定値に達し，抵抗に流れる電流は0になる。**このとき，C_1に蓄えられる電気量をqとすると，キルヒホッフの第二法則より，

$$E-\dfrac{q}{C_1}=0 \quad \text{よって,} \quad q=C_1E$$

となる。

問3 　スイッチS_1，S_2をb側に切り替えて十分に時間が経ったあと，C_1, C_2に蓄えられる電気量を右図のようにそれぞれ$Q_1{}^{(1)}$，$Q_2{}^{(1)}$とおく。電気量の保存より，

$$Q_1{}^{(1)}+Q_2{}^{(1)}=q+0=C_1E \quad （問2より）$$

が成り立つ。また，キルヒホッフの第二法則より，

$$E+\dfrac{Q_1{}^{(1)}}{C_1}-\dfrac{Q_2{}^{(1)}}{C_2}=0$$

が成り立つ。2式を連立して解くと，

$$Q_1{}^{(1)}=\dfrac{C_1(C_1-C_2)}{C_1+C_2}E, \quad Q_2{}^{(1)}=\dfrac{2C_1C_2}{C_1+C_2}E$$

が得られる。ただし，$C_2>C_1$なので，$Q_1{}^{(1)}<0$である[①]。よって，C_1に蓄えられた電気量は$\dfrac{C_1(C_2-C_1)}{C_1+C_2}E$である。

問4 　操作1から十分に時間が経過したとき，問2と同様に，C_1には電気量がqだけ蓄えられる。その後，スイッチをb側に接続して十分に時間が経過したあとのC_1, C_2の電気量を次ページの欄外の図のようにそれぞれ$Q_1{}^{(2)}$，$Q_2{}^{(2)}$とおく。電気量の保存より，

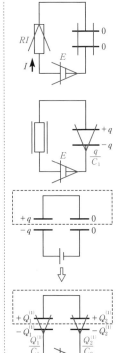

① 　このように，あらかじめどちらの極板が正に帯電しているかわからない，あるいは間違えていたとしても問題ない。とりあえず一方の極板の帯電量を正として文字でおき，計算結果の符号でどちらの極板が正に帯電していたかを判断すればよい。

$$Q_1^{(2)} + Q_2^{(2)} = q + Q_2^{(1)}$$
$$= C_1 E + \frac{2C_1 C_2}{C_1 + C_2} E \quad (\text{問 2, 問 3 より})$$
$$= \frac{C_1^2 + 3C_1 C_2}{C_1 + C_2} E$$

が成り立つ。また, キルヒホッフの第二法則より,

$$E + \frac{Q_1^{(2)}}{C_1} - \frac{Q_2^{(2)}}{C_2} = 0$$

が成り立つ。2 式を連立して解くと,

$$Q_1^{(2)} = \frac{C_1(C_1^2 + 2C_1 C_2 - C_2^2)}{(C_1 + C_2)^2} E$$

$$Q_2^{(2)} = \frac{2C_1 C_2(C_1 + 2C_2)}{(C_1 + C_2)^2} E$$

が得られる。

問 5　操作 1 から十分に時間が経過すると, 必ず C_1 には電気量 q が蓄えられる。n 回目の操作 2 から十分に時間が経過したとき, 電気量の保存より,

$$Q_1^{(n)} + Q_2^{(n)} = q + Q_2^{(n-1)}$$
$$= C_1 E + Q_2^{(n-1)} \quad (\text{問 2 より})$$

が成り立つ。また, キルヒホッフの第二法則より,

$$E + \frac{Q_1^{(n)}}{C_1} - \frac{Q_2^{(n)}}{C_2} = 0$$

が成り立つ。2 式から $Q_1^{(n)}$ を消去すると,

$$Q_2^{(n)} = \frac{C_2}{C_1 + C_2}(2C_1 E + Q_2^{(n-1)})$$

が得られる。

問 6　問 5 の結果において $n \to \infty$ とすると,

$$Q_2^{(\infty)} = \frac{C_2}{C_1 + C_2}(2C_1 E + Q_2^{(\infty)})\text{②}$$

よって,

$$Q_2^{(\infty)} = 2C_2 E$$

となる。

別解　一連の手順を多数回繰り返すと, 電荷が移動しなくなるので, スイッチを b 側に接続しても C_1 の帯電量は $q = C_1 E$ のままである。このとき, C_1 の電圧は E なので, キルヒホッフの第二法則より, C_2 にかかる電圧は $2E$ となる。よって,

$$Q_2^{(\infty)} = 2C_2 E$$

となる。③

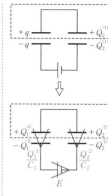

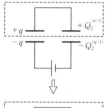

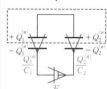

② 帯電量が収束することは前提としてよい。

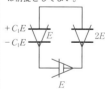

③ このように解くと, 問 5 のように漸化式を作らなくても $Q_2^{(\infty)}$ を求めることができる。

第 4 章　電磁気

17 | 電流と磁場

172 電流が作る磁場①

問1 強さ：$\dfrac{I}{\pi a}$，向き：紙面の表から裏

問2 強さ：$\dfrac{I}{3\pi a}$，向き：紙面の裏から表

問3 大きさ：$\dfrac{I}{3\pi}$，向き：時計回り

解説

問1 導線Aを流れる電流が点Oに作る磁場は，右ねじの法則より，紙面の表から裏の向きで，強さは $\dfrac{I}{2\pi a}$ である。同様に，導線Bを流れる電流が点Oに作る磁場は，紙面の表から裏の向きで，強さは $\dfrac{I}{2\pi a}$ である。これらを重ね合わせると，点Oにおける磁場の強さは，

$$\frac{I}{2\pi a} + \frac{I}{2\pi a} = \frac{I}{\pi a}$$

となる。また，その向きは**紙面の表から裏**である。

問2 導線Aを流れる電流が点Pに作る磁場は，右ねじの法則より，紙面の表から裏の向きで，強さは，

$$\frac{I}{2\pi \times 3a} = \frac{I}{6\pi a}$$

である。同様に，導線Bを流れる電流が点Pに作る磁場は，

紙面の裏から表の向きで，強さは $\dfrac{I}{2\pi a}$ である。これらを重ね合わせると，点Pにおける磁場の強さは，

$$\frac{I}{2\pi a} - \frac{I}{6\pi a} = \frac{I}{3\pi a}$$

となる。また，その向きは**紙面の裏から表**である。

問3 点Pにおける磁場が0になるためには，問2の結果より，コイルを流れる電流による磁場が紙面の表から裏を向かなければならない。そのためには，右ねじの法則より，コイルには**時計回り**に電流を流せばよい。その大きさをiとすると，

$$\frac{I}{3\pi a} = \frac{i}{2 \cdot \dfrac{a}{2}} \quad \text{よって，} \ i = \frac{I}{3\pi}$$

である。

▶電流が作る磁場
電流の大きさはIとする。
〔1〕十分に長い直線電流

$$\frac{I}{2\pi a}$$

（a：直線導線からの距離）
〔2〕円形電流

$$\frac{I}{2r}$$

（r：円の半径）
〔3〕ソレノイドコイル

$$\frac{N}{l}I$$

（N：巻き数，l：長さ）
向きはすべて右ねじの法則にしたがう。

173 電流が磁場から受ける力①

(ア) $\dfrac{3\mu_0 LI^2}{2\pi r}$ (イ) 右向き

解説

(ア) 導線Aに流れる電流が導線Bの位置に作る磁場の磁束密度の大きさBは,

$$B = \frac{\mu_0 I}{2\pi r}$$

である。導線Bの長さLの部分に磁場からはたらく力の大きさは,

$$L \cdot 3I \cdot B = \frac{3\mu_0 LI^2}{2\pi r}$$

である。

(イ) 導線Bの位置にできる磁場の向きは**右ねじの法則**より紙面の表から裏である。導線Bを流れる電流が磁場から受ける力の向きは**フレミングの左手の法則**より，図の**右向き**となる。

▶電流が磁場から受ける力
（電流と磁場が直交するとき）
向き：フレミングの左手の法則にしたがう。
大きさ：lIB
$\left(\begin{array}{l} l：導線の長さ \\ I：電流の大きさ \\ B：磁束密度の大きさ \end{array} \right)$

174 電流が磁場から受ける力とローレンツ力

(ア) ローレンツ力 (イ) lIB (ウ) $enSv$ (エ) evB

解説

(ア) 荷電粒子が磁場から受ける力を**ローレンツ力**という。

(イ) 導線を流れる電流が磁場から受ける力の大きさはlIBである。

(ウ) 電流の定義より，$I = enSv$と表せる。

(エ) 長さlの導線内には電子がnSl個含まれるので，電子1個あたりにはたらくローレンツ力の大きさfは,

$$f = \frac{lIB}{nSl} = \frac{lenSvB}{nSl} = evB \quad （(イ)，(ウ)より）$$

となる。

175 ローレンツ力①

(ア) $\dfrac{qBr}{m}$ (イ) $\dfrac{2\pi m}{qB}$

解説

▶ローレンツ力は常に磁場と速度の両方に直交するため，磁場に垂直な平面内を等速円運動する。

(ア) 小物体Aの速さをvとおく。運動方程式は,

$$m\frac{v^2}{r} = qvB$$

となるので，これより,

$$v = \frac{qBr}{m}$$

が得られる。

▶ローレンツ力
磁場中を運動する荷電粒子にはたらく力。磁場と荷電粒子の速度が直交するとき，大きさはqvBと表せる。
$\left(\begin{array}{l} q：電気量の大きさ \\ v：粒子の速さ \\ B：磁束密度の大きさ \end{array} \right)$

(イ) 周期を T とすると，(ア)の結果より，

$$T = \frac{2\pi r}{v} = \frac{2\pi m}{qB}$$

である。

▤ 重要問題

---

176 電流が作る磁場②

問1 大きさ：$\dfrac{I}{2\pi L}$，向き：西向き 　問2 $\dfrac{H}{\tan\theta}$ 　問3 25 A/m

問4 ② 　問5 ⑥ 　問6 2×10^8 A 　問7 S極

⬡ **Method**

電流が作る磁場：

十分に長い直線電流 　$H = \dfrac{I}{2\pi a}$

円形電流 　$H = \dfrac{I}{2r}$

ソレノイドコイルに流れる電流 　$H = \dfrac{N}{l} I$

磁場の向きは**右ねじの法則**にしたがう。
磁束密度の大きさ B は透磁率を μ として $B = \mu H$ と表せる。

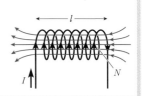

解説

問1 導線からの距離が L の位置にできる磁場の強さ H は，

$$H = \frac{I}{2\pi L} \qquad \cdots ①$$

である。右ねじの法則より，磁力線は鉛直上方から見て導線を中心として反時計まわりにできるので，方位磁針aの位置に電流が作る磁場は**西向き**になる。

問2 電流が作る磁場と地球の磁場とを合成した磁場が北から角度 θ だけ振れるので，

$$\frac{H}{H_0} = \tan\theta \quad \text{よって，} \quad H_0 = \frac{H}{\tan\theta} \qquad \cdots ②$$

となる。

問3 ①式より，

$$H = \frac{\sqrt{3}\,\pi\,\mathrm{A}}{2\pi \times 6.0 \times 10^{-2}\,\mathrm{m}} = \frac{\sqrt{3}}{12} \times 10^2\,\mathrm{A/m}$$

となる。これと②式より，

$$H_0 = \frac{\dfrac{\sqrt{3}}{12} \times 10^2\,\mathrm{A/m}}{\tan 30^\circ} = \frac{1}{4} \times 10^2\,\mathrm{A/m} = 25\,\mathrm{A/m}$$

が得られる。

問4 $\theta = 30^\circ$ のとき，②式より，

$$H_0 = \frac{H}{\tan 30^\circ} = \sqrt{3}\,H$$

である。よって，方位磁針 b，c，d に生じる磁場は右図のように
なり，選択肢②が正しい。

問5 導線を流れる電流が3倍になると，それによる磁場の大きさ
も3倍になる。よって，電流が作る磁場の大きさは $3H$ となり，
方位磁針 b，c，d に生じる磁場は右図のようになる[1]。よって，選
択肢⑥が正しい。

問6 コイルに流れる電流を I とおくと，

$$4 \times 10^{-5}\,\mathrm{T} = \frac{4\pi \times 10^{-7}\,\mathrm{N/A^2} \times I}{2 \times 3 \times 10^6\,\mathrm{m}}$$

よって，

$$I \fallingdotseq 2 \times 10^8\,\mathrm{A}$$

となる。

問7 N極はS極から引力を受ける。方位磁針のN極が北を向くこ
とから，北極は電磁石のS極にあたる。

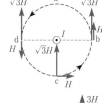

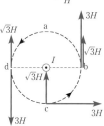

[1] 地球の磁場は変わらな
いので，$\sqrt{3}\,H$ を3倍して
はならない。

電流が磁場から受ける力②

| 問1 | LI_1B | 問2 | 上向き | 問3 | $\dfrac{mg\tan\theta}{LI_1}$ | 問4 | $\dfrac{\mu I_2}{2\pi d}$ |

問5 $\dfrac{2\pi mgd\tan\phi}{\mu LI_1}$

⬡ Method
電流が磁場から受ける力:
・向き:フレミングの左手の法則にしたがう。
・大きさ:$F = lIB\sin\theta$
　　　　特に$\theta = 90°$のとき,$F = lIB$となる。

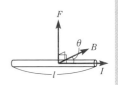

解説
問1 電流が磁場から受ける力の大きさはLI_1Bである。
問2 導線の傾きから,電流が磁場から受ける力は右図のように水平右向きにはたらく。フレミングの左手の法則より,磁場は鉛直上向きである。
問3 導線の張力の大きさの和をT_1とする。力のつり合いの式は,
$$\begin{cases} T_1\cos\theta - mg = 0 \\ T_1\sin\theta - LI_1B = 0 \end{cases}①$$
となるので,これらより,
$$\frac{mg}{\cos\theta} = \frac{LI_1B}{\sin\theta} \quad よって,\ B = \frac{mg\tan\theta}{LI_1}$$
が得られる。
問4 導体棒Pを流れる電流がXYの位置に作る磁束密度の大きさB'は,
$$B' = \frac{\mu I_2}{2\pi d}$$
である。
問5 導体棒XYに流れる電流が磁場から受ける力の大きさはLI_1B'である。導線の張力の大きさをT_2とすると,問3と同様に,力のつり合いの式は,
$$\begin{cases} T_2\cos\phi - mg = 0 \\ T_2\sin\phi - LI_1B' = 0 \end{cases}$$
となる。2式からT_2を消去して整理すると,
$$\tan\phi = \frac{LI_1B'}{mg} = \frac{\mu LI_1I_2}{2\pi mgd} \quad (問4より)$$
よって,
$$I_2 = \frac{2\pi mgd\tan\phi}{\mu LI_1}$$
が得られる。②

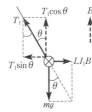

① 重力と電流が磁場から受ける力の合力は,張力とつり合うことから,導線の張る方向と同じ方向になる。よって,この合力は重力と角度θをなすので,
$$LI_1B = mg\tan\theta$$
よって,$B = \dfrac{mg\tan\theta}{LI_1}$
と求めることもできる。

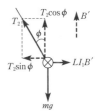

② 導体棒XYは磁場からPに近づく向きに力を受けているので,図2の場合と同様に,XYの位置における磁場は鉛直上向きである。右ねじの法則より,Pには図3で紙面の表から裏の向きに電流が流れている。

178 ローレンツ力②

(ア) y　(イ) 正　(ウ) evB　(エ) $\dfrac{mv}{eB}$　(オ) $\dfrac{2\pi m}{eB}$　(カ) $\dfrac{2\pi m}{eB}$

(キ) y　(ク) $\dfrac{2\pi m v \cos\theta}{eB}$

⬡ Method

ローレンツ力：
・向き：フレミングの左手の法則にしたがうが，
　　　　<u>電気量の正負に注意</u>すること(右図)。
・大きさ：$f = qvB\sin\theta$

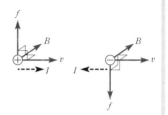

解説

(ア)　ローレンツ力を向心力として円運動しているので，原点Oにおいてローレンツ力はx軸の正の向きにはたらく。ローレンツ力は常に磁場と速度に垂直なので，磁場はy軸方向に生じている。

(イ)　**電子は負電荷であることに注意**してフレミングの左手の法則を用いると，磁場はy軸の正の向きとわかる。

(ウ)　電子が磁場から受ける力(ローレンツ力)の大きさはevBである。

(エ)　電子が描く円の半径をrとおくと，円の中心方向の運動方程式は，

$$m\frac{v^2}{r} = evB \quad \text{よって，} \quad r = \frac{mv}{eB}$$

となる。

(オ)　円運動の周期をTとすると，

$$T = \frac{2\pi r}{v} = \frac{2\pi m}{eB} \;①\quad \text{((エ)より)}$$

である。

(カ)・(キ)　速度のy，z成分はそれぞれ$v\cos\theta$，$v\sin\theta$であるから，電子はy軸方向には一定の速さ$v\cos\theta$で進み，xz平面に射影すると速さ$v\sin\theta$の等速円運動になるようならせん軌道を描きながら運動する。(オ)の結果より，**円運動の周期は速さによらない**ので，電子は時間$\dfrac{2\pi m}{eB}$(カ)ごとにy(キ)軸を横切る。

(ク)　初めてy軸を横切るときのy座標y_1は，

$$y_1 = v\cos\theta \cdot \frac{2\pi m}{eB} = \frac{2\pi m v \cos\theta}{eB} \;②$$

である。

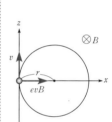

① Tは速さや半径によらない。

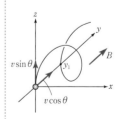

② y軸方向には等速度運動をする。

(ア) $\rho\dfrac{l}{wh}$　(イ) $\dfrac{\Phi}{wl}$　(ウ) a　(エ) j　(オ) k　(カ) $\dfrac{ev\Phi}{wl}$

(キ) $enwhv$　(ク) $\dfrac{eV_H}{w}$　(ケ) $\dfrac{I\Phi}{ewhlV_H}$

📦 **Method**

ホール効果：

導体や半導体などの直方体に電流を流し，それと垂直に磁場をかけると，電流と磁場の両方に垂直な方向に電位差が生じる。この現象を**ホール効果**という。

解説

(ア)　電流に対する断面積 S は，

$$S = wh$$

なので，半導体試料の抵抗 R は，

$$R = \rho\frac{l}{S} = \rho\frac{l}{wh} ①$$

となる。

(イ)　磁場に垂直な面（面 Z^+）の面積は wl なので，磁束密度の大きさ B は，

$$B = \frac{\Phi}{wl}$$

である。

(ウ)　電流は y 軸の正の向きに流れているので，キャリアの正負に関わらず，z 軸の正の向きの磁場から受けるローレンツ力はフレミングの左手の法則より，x 軸の正の向きにはたらく。② よって，キャリアは a 面 X^+ に集まる。

(エ)　キャリアの分布の偏りによって面 X^+ から面 X^- に電場が生じた場合，面 X^+ は正に帯電している。(ウ)の結果より，キャリアは面 X^+ に集まっているので，このキャリアは正電荷の j ホール（正孔）である。

(オ)　ホールをキャリアとする半導体は k p 型半導体である。

(カ)　キャリア1個にはたらくローレンツ力の大きさは，

$$evB = \frac{ev\Phi}{wl} \quad （(イ)より）$$

である。

① 抵抗は長さに比例し，断面積に反比例する。その比例定数が抵抗率である。

② ローレンツ力の向きは電流の向きで決まるので，キャリアの正負によらない。

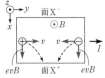

左がキャリアが正の場合，右がキャリアが負の場合の図である。面 X^+ と面 X^- のどちらが正に帯電しているか，あるいはどちらが電位が高いかを調べることで，キャリアの正負が判定できる。

(キ) 流れる電流Iは,
$$I = enSv = enwhv \quad (\text{(ア)より)}$$
と表せる。

(ク) x軸方向に生じる電場の大きさEは,
$$E = \frac{V_{\mathrm{H}}}{w}$$
である。この電場から受ける力の大きさは,
$$eE = \frac{eV_{\mathrm{H}}}{w}$$
となる。

(ケ) キャリアに対する力のつり合い[3]より,
$$\frac{eV_{\mathrm{H}}}{w} = \frac{ev\Phi}{wl} \quad \text{よって,} \quad V_{\mathrm{H}} = \frac{v\Phi}{l}$$
が成り立つ。これに(キ)の結果から得られる
$$v = \frac{I}{enwh}$$
を代入してvを消去すると,
$$V_{\mathrm{H}} = \frac{I\Phi}{enwhl} \quad \text{よって,} \quad n = \frac{I\Phi}{ewhlV_{\mathrm{H}}} \; [4]$$
となる。

[3] キャリア分布の偏りが大きくなるにつれて電場も大きくなり,電場から受ける力も大きくなる。やがてその力がローレンツ力とつりあい,キャリアは直進するようになる。

[4] V_{H}をホール電圧という。ホール電圧と電流を測定してこの式を用いることにより,単位体積あたりのキャリア数が求まる。

≡ チャレンジ問題

▌180 サイクロトロン

(ア) $\sqrt{\dfrac{2qV_0}{m}}$　(イ) z軸の負の向き　(ウ) $\dfrac{mv_1}{qB}$　(エ) $\dfrac{\pi m}{qB}$

(オ) $\dfrac{1}{2t_1}$　(カ) $\dfrac{(qBR)^2}{2m}$

解説

(ア) 力学的エネルギー保存則より,位置エネルギーがqV_0[1]減少した分だけ運動エネルギーが増えるので,
$$\frac{1}{2}mv_1{}^2 = qV_0 \quad \text{よって,} \quad v_1 = \sqrt{\frac{2qV_0}{m}}$$
である。

[1] PQ間の電位差は一定ではないが,間隔が十分に狭いため,加速中は一定であるとみなしてよい。

(イ) 荷電粒子が電極Pに入射したとき，速度はx軸の負の向きで，ローレンツ力は円軌道の中心に向かって，つまりy軸の負の向きにはたらいている。フレミングの左手の法則より，**磁場はz軸の負の向きにかかっていることがわかる。**

(ウ) 荷電粒子がP内において速さv_1で円運動するとき，その半径をr_1とすると，運動方程式は，

$$m\frac{v_1^2}{r_1} = qv_1B \quad \text{よって,} \quad r_1 = \frac{mv_1}{qB}$$

が得られる。

(エ) (ウ)のとき，円運動の周期は，

$$T = \frac{2\pi r_1}{v_1} = \frac{2\pi m}{qB}$$

である。よって，半周するのにかかる時間は，

$$t_1 = \frac{T}{2} = \frac{\pi m}{qB}$$

となり，**半径や速さによらず一定**である。

(オ) **荷電粒子が電極内で半円を描く時間t_1の間にPQ間の電位の正負が入れ替わっていれば，PQ間の隙間を通るたびに加速される。**[2] 交流電源の周期は$T' = \dfrac{1}{f}$と表せるので，上記の条件を最小のfで満たすとき，<u>t_1が交流電源の半周期$\dfrac{T'}{2} = \dfrac{1}{2f}$に一致すれば</u><u>よい。</u>すなわち，

$$t_1 = \frac{1}{2f} \quad \text{よって,} \quad f = \frac{1}{2t_1} \text{③}$$

である。

(カ) 荷電粒子の円運動の半径がRになったときの速さをv_Rとおくと，(ウ)より，

$$m\frac{v_R^2}{R} = qv_RB \quad \text{よって,} \quad v_R = \frac{qBR}{m}$$

が得られる。したがって，このときの運動エネルギーは，

$$\frac{1}{2}mv_R^2 = \frac{(qBR)^2}{2m} \text{④}$$

となる。

② 電位を逆転させることで電極間を粒子が移動する際に常に電位が下がり，位置エネルギーが減るようになる。こうすることで，粒子は電極間を通るたびに加速される。

③ どれだけ加速されても半円を描くのにかかる時間は一定なので，この条件を満たす一定の周波数の交流電源をつないでおくだけで荷電粒子は次々に加速される。これがサイクロトロンの利点である。

④ 取り出されるときの運動エネルギーは円運動の半径に依存するため，十分に加速するためには巨大な電極が必要になってしまう。これがサイクロトロンの欠点である。

18 電磁誘導

≡ 確認問題

181 磁場中を平行移動する導体棒に生じる誘導起電力

問1 (1) $v\Delta t$　(2) $lv\Delta t$　(3) Blv　(4) x軸の正の向き

問2 (5) evB　(6) vB　(7) Blv

解説

問1 (1) 導体棒は速さvで運動しているので，時間Δtでの移動距離は$v\Delta t$である。

(2) 導体棒が移動することで増加するPLNQの面積ΔSは，

$$\Delta S = lv\Delta t$$

である。

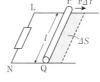

(3) 時間ΔtにおけるPLNQを貫く磁束の変化$\Delta\Phi$は，

$$\Delta\Phi = B\Delta S = Blv\Delta t$$

である。ファラデーの電磁誘導の法則より，導体棒に生じる誘導起電力の大きさVは，

$$V = \left|\frac{\Delta\Phi}{\Delta t}\right| = Blv$$

となる。

▶ファラデーの電磁誘導の法則
閉曲線C内の磁束Φが変化するとき，Cに沿って誘導起電力Vが生じる。その大きさ$|V|$は，

$$|V| = \left|\frac{\Delta\Phi}{\Delta t}\right|$$

である。

▶レンツの法則
誘導起電力の向きは磁束の変化を妨げる向きである。

(4) レンツの法則より，誘導起電力は磁束の増加を妨げる，つまりz軸の負の向きに磁束を発生させるような電流を流そうとする向きに生じるので，P→Q→N→L→Pの向きに生じる。よって，導体棒PQに流れる電流はx軸の正の向きになる。

注意▶ レンツの法則によると，P→Q→N→L→Pの向きに誘導起電力が生じることまでしかわからないが，問2の考察により，導体棒PQにのみ生じることがわかる。

問2 (5) 導体棒内の電子は導体棒とともに速さvで移動するので，磁場から受けるローレンツ力の大きさはevBである。

(6) ローレンツ力はx軸の負の向きにはたらくので，Pは負，Qは正に帯電していく。この帯電によって生じる電場の大きさをEとすると，電子にはたらく力のつり合いより，

$$eE = evB \quad \text{よって，} \quad E = vB$$

となる。

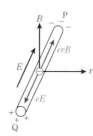

(7) PQ間の電位差Vは，

$$V = El = Blv$$

となる。これは導体棒に生じる誘導起電力の大きさと一致する。

注意▶ 以上のように，導体棒が磁場中を運動するときは，内部の電子が棒に沿ってローレンツ力を受けることで誘導起電力が生じている。そのため，誘導起電力は運動する導体棒中に生じる。

問1 $\dfrac{1}{2}L^2\omega$ 　　問2 $\dfrac{1}{2}BL^2\omega$ 　　問3 大きさ：$\dfrac{BL^2\omega}{2R}$，向き：負の向き

問4 $\dfrac{(BL^2\omega)^2}{4R}$

解説

問1 導体棒は時間 Δt で角度 $\omega\Delta t$ だけ回転するので，この間に磁場
を横切る面積 ΔS は，半径 L，中心角 $\omega\Delta t$ の扇形の面積に等しい。
つまり，

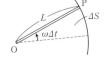

$$\Delta S = \dfrac{1}{2}L^2\omega\Delta t$$

となる。よって，単位時間あたりに導体棒が磁場を横切る面積は，

$$\dfrac{\Delta S}{\Delta t} = \dfrac{1}{2}L^2\omega$$

である。

問2 扇形OPQの面積を S，それを貫く磁束を $\varPhi$ とすると，

$$\varPhi = BS$$

である。導体棒に発生する誘導起電力の大きさ V は，ファラデーの
電磁誘導の法則より，扇形OPQを貫く磁束の変化率の大きさに等
しいので，

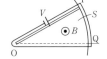

$$V = \left|\dfrac{\Delta\varPhi}{\Delta t}\right| = B\left|\dfrac{\Delta S}{\Delta t}\right| = \dfrac{1}{2}BL^2\omega$$

である。

問3 扇形OPQを上向きに貫く磁束が増加するので，誘導起電力の向きはレンツの法則より，
扇形OPQを上から見て時計回りである。よって，導体棒のOからPの向きに生じるため，
抵抗を流れる電流の向きは**負の向き**になる。その大きさ I は，

$$I = \dfrac{V}{R} = \dfrac{BL^2\omega}{2R}$$

となる。

問4 抵抗の消費電力は，

$$RI^2 = \dfrac{(BL^2\omega)^2}{4R}$$

である。導体棒を一定の角速度で回転させるとき，運動エネルギーは変化しないので，単位
時間あたりに必要な仕事は抵抗の消費電力に等しく，$\dfrac{(BL^2\omega)^2}{4R}$ である。

183 磁束密度が変化するコイルに生じる誘導起電力

$$\frac{3B_0 a^2}{t_1}$$

解説

コイル1巻きを貫く磁束をΦとすると，1巻きに生じる誘導起電力の大きさvはファラデーの電磁誘導の法則より，

$$v = \left|\frac{\Delta\Phi}{\Delta t}\right| = \left|\frac{\Delta B}{\Delta t}\right|a^2 = \frac{B_0}{t_1}a^2$$

となる。コイルは3巻きあるので，コイル全体に生じる誘導起電力の大きさVは，

$$V = 3v = \frac{3B_0 a^2}{t_1}$$

となる。

184 磁石の通過による電磁誘導

問1 (ア) 大きくなる (イ) 小さくなる
問2 ③

解説

問1 (ア) コイルを貫く磁場が強くなるので，単位時間あたりの磁束の変化も大きくなり，誘導起電力は大きくなる。よって流れる電流は大きくなる。

(イ) 誘導起電力の大きさはコイルの巻き数に比例するので，誘導起電力や電流は小さくなる。

問2 磁石のS極が近づいたあと遠ざかっていくので，磁束は上向きに増加したあと減少する。したがって，電圧は正になったあと負に転じる。また，磁石は等加速度運動をしているので，コイルBを通過するときのほうが速く，磁束の変化も激しい。よって，発生する電圧も大きくなる。以上より，グラフは③である。

≡ 重要問題

185 磁場中を平行移動する導体棒①

問1 (1) $Blv\cos\theta$

(2) 大きさ：$\dfrac{Blv\cos\theta}{R}$，向き：Q→P

(3) 大きさ：$\dfrac{(Bl)^2 v\cos\theta}{R}$，向き：$y$軸の負の向き

(4) $ma = mg\sin\theta - \dfrac{(Bl\cos\theta)^2}{R}v$

問2 (5) $v_0 = \dfrac{mgR\sin\theta}{(Bl\cos\theta)^2}$，電流の大きさ：$\dfrac{mg\tan\theta}{Bl}$

(6) 単位時間あたりの仕事：$\left(\dfrac{mg}{Bl}\tan\theta\right)^2 R$

使われるもの：抵抗で発生するジュール熱

> **⬡ Method**
>
> **ファラデーの電磁誘導の法則：**
>
> 閉曲線を貫く磁束Φが変化するとき，閉曲線に沿って生じる誘導起電力の大きさは，
>
> $\left|\dfrac{\Delta\Phi}{\Delta t}\right|$である。
>
> 特に，磁束密度の大きさBの磁場中を長さlの導体棒が速さvで<u>平行移動</u>する場合，
> 誘導起電力の大きさは$B_\perp lv$になる。ただし，$B_\perp$は<u>導体棒が運動する平面に垂直な成</u>
> <u>分の大きさ</u>である。
>
> **レンツの法則：**
>
> 誘導起電力は<u>磁束の変化を妨げる向き</u>に生じる。

[解説]

問1 (1)　レール面に垂直な方向の磁束密度の大きさは$B\cos\theta$①なので，誘導起電力の大きさVは，

$$V = (B\cos\theta)lv = Blv\cos\theta$$

となる。

(2)　流れる電流の大きさIは，

$$I = \frac{V}{R} = \frac{Blv\cos\theta}{R}$$

である。レンツの法則より，誘導起電力は図の時計回りに生じるので，金属棒AのQ→Pの向きになる②。よって，流れる電流の向きもQ→Pである。

(3)　金属棒Aを流れる電流が磁場から受ける力の大きさFは(2)の結果より，

$$F = lIB = \frac{(Bl)^2 v\cos\theta}{R}$$

である。金属棒Aにはたらく力はフレミングの左手の法則より，右図のようにy軸の負の向きとなる。

(4)　レールに沿った方向の運動方程式は，

$$ma = mg\sin\theta - F\cos\theta$$

となる。これに(3)の結果を代入すると，

$$ma = mg\sin\theta - \frac{(Bl\cos\theta)^2}{R}v$$

が得られる。

問2 (5)　$v = v_0$のとき，$a = 0$となるので，(4)の結果より，

$$0 = mg\sin\theta - \frac{(Bl\cos\theta)^2}{R}v_0 \quad \text{よって，} \quad v_0 = \frac{mgR\sin\theta}{(Bl\cos\theta)^2}$$

が得られる。このときに流れる電流の大きさIは，(2)の結果において$v = v_0$とすると，

$$I = \frac{Blv_0\cos\theta}{R} = \frac{mg\tan\theta}{Bl} ③$$

となる。

① 磁束は面に垂直な磁束密度の成分を用いて計算するので，分解するのを忘れないこと。

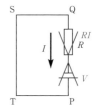

② PQSTを上向きに貫く磁束が増加するので，これを妨げよう（下向きに磁束を発生させよう）として時計回りに起電力が生じる。

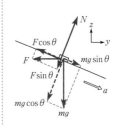

③ 力のつり合いの式
$mg\sin\theta - lIB\cos\theta = 0$
から求めてもよい。

252

(6) 重力が単位時間あたりにする仕事(仕事率) W は,

$$W = (mg\sin\theta)v_0 = \left(\frac{mg}{Bl}\tan\theta\right)^2 R \quad (\text{(5)より})$$

$$(\;= RI^2)$$

である。金属棒Aの運動エネルギーは変化しないので,これはすべて**抵抗で発生するジュール熱**として用いられ,回路から失われていく。

186 磁場中を平行移動する導体棒②

(ア) 下　(イ) μMg　(ウ) $R < \dfrac{BEL}{\mu Mg}$　(エ) BLv_0　(オ) $\dfrac{E - BLv_0}{R}$

(カ) $\dfrac{BL(E - BLv_0)}{R}$　(キ) $\dfrac{1}{BL}\left(E - \dfrac{\mu' MgR}{BL}\right)$　(ク) $\dfrac{BL(E - BLv_0)v_0}{R}$

(ケ) $\dfrac{(E - BLv_0)^2}{R}$　(コ) $\dfrac{E(E - BLv_0)}{R}$

解説

(ア) スイッチSを閉じると,導体棒にはDからCの向きに電流が流れる。それにより導体棒は図の右向きに力を受けたので,フレミングの左手の法則より,磁場は鉛直下向きに生じている。

(イ) 導体棒が動きだすためには,電流が磁場から受ける力が最大摩擦力を超えなければならない。導体棒にはたらく垂直抗力の大きさは Mg [1]なので,最大摩擦力の大きさは,μMg である。

① 鉛直方向の力のつり合いによる。

(ウ) 導体棒が静止しているときに流れる電流の大きさは $\dfrac{E}{R}$ なので,磁場から受ける力の大きさは,$L\dfrac{E}{R}B$ である。これが μMg を超えればよいので,

$$L\dfrac{E}{R}B > \mu Mg \quad \text{よって,} \quad R < \dfrac{BEL}{\mu Mg}$$

を満たす必要がある。

(エ) 導体棒は磁場中を平行移動しているので,誘導起電力の大きさ V は,

$$V = BLv_0$$

と表せる。

(オ) レンツの法則より,導体棒にはCからDの向きに誘導起電力が生じているので,キルヒホッフの法則より,

$$E - RI - BLv_0 = 0 \quad \text{よって,} \quad I = \dfrac{E - BLv_0}{R}$$

である。

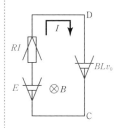

(カ) 導体棒を流れる電流が磁場から受ける力の大きさ F は,

$$F = LIB = \frac{BL(E - BLv_0)}{R} \quad ((オ)より)$$

となる。

(キ) 導体棒が等速になったとき, 動摩擦力と磁場から受ける力とがつり合うことから,

$$\frac{BL(E - BLv_0)}{R} = \mu' Mg \qquad \cdots ①$$

よって,

$$v_0 = \frac{1}{BL}\left(E - \frac{\mu' MgR}{BL}\right)$$

が得られる。

(ク) 動摩擦力がする仕事率は,

$$-\mu' Mgv_0 = -\frac{BL(E - BLv_0)v_0}{R} \,② \quad (①より)$$

である。よって, 摩擦により単位時間あたりに失われるエネルギー U は,

$$U = \frac{BL(E - BLv_0)v_0}{R}$$

である。

(ケ) 抵抗で単位時間あたりに生じるジュール熱 Q は,

$$Q = RI^2 = \frac{(E - BLv_0)^2}{R} \quad ((オ)より)$$

である。

(コ) 電源の供給電力(電源がした仕事率) P は,

$$P = EI = \frac{E(E - BLv_0)}{R} \quad ((オ)より)$$

である。

補足▶ (ク)～(コ)の結果より,

$$P = U + Q$$

が成り立つ。すなわち, 単位時間あたりに電源の供給したエネルギーは, 導体棒とレールの間で発生した摩擦熱と抵抗で生じたジュール熱として消費される③。

② 動摩擦力は運動する向きと逆向きにはたらくので, 仕事や仕事率は負になることに注意。

③ 誘導起電力がする仕事率は, 起電力と電流が逆向きであることに注意すると, $-BLv_0 \cdot I$ になる。電流が磁場から受ける力のする仕事率は $LIB \cdot v_0$ である。よって, これらの和は 0 になり, エネルギー収支に寄与しない。この関係は常に成り立つ。

187 磁場中を回転する導体棒

問

(ア) $er\omega B$ (a) 1

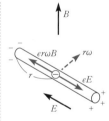

グラフ：縦軸「電場の強さ」、横軸「点Oからの距離」。原点0から直線で、横軸 $\frac{a}{2}$, a、縦軸 ωBa を通る直線。

(イ) $\dfrac{1}{2}\omega Ba^2$ (b) 2 (ウ) $\dfrac{(\omega Ba^2)^2}{4R}$ (エ) $\dfrac{\omega B^2 a^3}{2R}$ (c) 5

(オ) $\dfrac{(\omega Ba^2)^2}{4R}$

⬡ Method

磁場中を導体棒が運動するときに誘導起電力が発生する仕組み：

導体棒内の電子は導体棒とともに運動して磁場からローレンツ力を受ける。ローレンツ力は導体棒に沿った方向を向くので，電子を移動させる，つまり電流を流そうとするはたらきが生まれる。これが起電力が生じる原因である。 185 から 187 までがこの場合に該当する。

解説

(ア) Oから距離 r の点における電子の速さは $r\omega$ なので，この電子にはたらくローレンツ力の大きさは $er\omega B$ である。

(a) 電子は負電荷であることに注意すると，ローレンツ力は図1中の1の向きにはたらく。

問 点Oから距離 r の位置に生じる電場の大きさを E とすると，この電場からの力とローレンツ力とがつり合うので，

$$eE = er\omega B \quad \text{よって，} \quad E = \omega Br \text{①}$$

となる。これをグラフに図示すると**解答**のようになる。

注意▶ 導体棒とともに回転する観測者から見ると電子には大きさ $mr\omega^2$ の遠心力がはたらく。ローレンツ力の大きさに対する比をとると，

$$\frac{mr\omega^2}{er\omega B} = \frac{m\omega}{eB}$$

となる。$m = 9.1 \times 10^{-31}$ kg, $e = 1.6 \times 10^{-19}$ C より，ω が十分大きいか B が十分小さくない限り，この値は十分小さい。よって電子にはたらく遠心力は無視できる。

(イ) **導体棒に生じる誘導起電力は，導体棒内の電場が単位電荷あたりにする仕事に等しい。**電場が単位電荷に及ぼす力の大きさは E であり，導体棒に沿って電荷を運ぶのにする仕事の大きさ V は問で描いたグラフと横軸で挟まれた部分（次図のグレー部分）の面積に等しい。

図1（右）：磁場 B が上向き、導体棒、$er\omega B$, $r\omega$, r, eE, E の図。

① E は r に比例する。

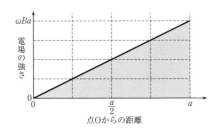

よって，

$$V = \frac{1}{2}\omega Ba^2$$

である。②

(b) (a)の結果より，導体棒中の正電荷は逆に磁場から2の方向に力を受けるので，誘導起電力は2の向きである。③したがって，電流は2の向きに流れる。

(ウ) 抵抗Rを流れる電流の大きさをIとすると，キルヒホッフの法則より，

$$\frac{1}{2}\omega Ba^2 - RI = 0 \quad \text{よって，} \quad I = \frac{\omega Ba^2}{2R}$$

である。ゆえに，消費される電力は，

$$RI^2 = \frac{(\omega Ba^2)^2}{4R}$$

となる。

(エ) 電流が磁場から受ける力の大きさFは，

$$F = aIB = \frac{\omega B^2 a^3}{2R}$$

である。

(c) 電流が磁場から受ける力の向きはフレミングの左手の法則より5である。④

(オ) 電流が磁場から受ける力がすべて導体棒の中点$\left(速さ v = \frac{a}{2}\omega\right)$にはたらくと考える。一定の角速度を保つために中点に外力を加えると，その外力のする仕事率は，

$$Fv = \frac{\omega B^2 a^3}{2R} \cdot \frac{a}{2}\omega = \frac{(\omega Ba^2)^2}{4R}$$ ⑤

となる。

> 別解 導体棒は角速度が一定なので，加えるべき**外力がした仕事率は抵抗での消費電力に等しく**，$\dfrac{(\omega Ba^2)^2}{4R}$となる。

② ファラデーの電磁誘導の法則に基づくVの導出方法は 182 を参照。

③ 起電力は電位の低いほうから高いほうに生じていると考えてもよい。

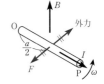

④ 導体棒の回転を妨げる向きにはたらく。

⑤ 中点に加えた外力の大きさは，電流が磁場から受ける力の大きさに等しい。
これと中点の速さ$\frac{a}{2}\omega$の積が外力の仕事率である。

注意▶ 外力を O から距離 x の位置に加えるとすると，その大きさ F_{ex} は，力のモーメントのつり合いより，

$$F_{ex}x = F\frac{a}{2} \quad \text{よって，} \quad F_{ex} = \frac{Fa}{2x}$$

となる。外力を加えた点の速さは $v' = x\omega$ なので，外力のする仕事率は，

$$F_{ex}v' = \frac{Fa}{2x}\cdot x\omega = \frac{1}{2}Fa\omega = \frac{(\omega Ba^2)^2}{4R}$$

となり，(オ)の結果に一致し，x によらない。

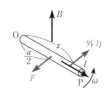

188 磁場中を平行移動するコイル

問1

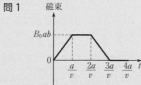

問2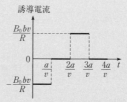

問3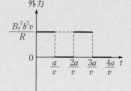

問4 $\dfrac{2B_0^2ab^2v}{R}$　問5 $\dfrac{2B_0^2ab^2v}{R}$

📦 Method

誘導起電力の正の向き：

磁束の向きに進む右ねじが回転する向きを誘導起電力の正の向きとすると，

$$V = -\frac{\Delta\Phi}{\Delta t}$$

と表せる。 185 ～ 187 のように導体棒1本が運動するときは，誘導起電力を向きと大きさに分けて考えたほうがキルヒホッフの法則を使う上で便利である。しかし， 188 や 189 のようにコイル内の磁束が増えたり減ったりする場合は，正の向きを決めたうえで上のように表現するとよい。

問1 コイルは等速で運動しているので，磁場のある領域に入り始める時刻 $t = 0$ 以後，貫く磁束 Φ は1次関数的に増加していく。

$t = \dfrac{a}{v}$ にコイル全体が磁場中に入り，磁束は最大値 B_0ab をとる。

$\dfrac{a}{v} \leq t \leq \dfrac{2a}{v}$ では磁束は最大値 B_0ab で一定である。コイルが磁場のある領域から出始める $t = \dfrac{2a}{v}$ から全体が抜ける $t = \dfrac{3a}{v}$ まで，

磁束は1次関数的に減少し，$t = \dfrac{3a}{v}$ 以後 0 となる。以上をグラフにまとめると**解答**のようになる。

問2 ファラデーの電磁誘導の法則より，図の反時計回りを正の向きとして誘導起電力を V とすれば，

$$V = -\frac{\Delta \Phi}{\Delta t}$$

と表せる。$\dfrac{\Delta \Phi}{\Delta t}$ は問1で描いたグラフの傾きに等しいので，

$$V = \begin{cases} -B_0bv & \left(0 < t < \dfrac{a}{v}\right) \\ 0 & \left(\dfrac{a}{v} < t < \dfrac{2a}{v},\ \dfrac{3a}{v} < t < \dfrac{4a}{v}\right) \\ B_0bv & \left(\dfrac{2a}{v} < t < \dfrac{3a}{v}\right) \end{cases}$$

となる。[1] よって，コイルを流れる電流 I は，図の反時計回りを正の向きとすれば，

$$I = \frac{V}{R}$$

$$= \begin{cases} -\dfrac{B_0bv}{R} & \left(0 < t < \dfrac{a}{v}\right) \\ 0 & \left(\dfrac{a}{v} < t < \dfrac{2a}{v},\ \dfrac{3a}{v} < t < \dfrac{4a}{v}\right) \\ \dfrac{B_0bv}{R} & \left(\dfrac{2a}{v} < t < \dfrac{3a}{v}\right) \end{cases}$$

となる。これをグラフに描くと**解答**のようになる。

[1] コイルを4本の導体棒に分けて考えると，

$0 < t < \dfrac{a}{v}$ のとき，辺BCが磁束を横切り，B→Cの向きに大きさ B_0bv の起電力が生じる。辺AB，CDは磁場中を運動する部分もあるが，磁束を横切らないので起電力は生じない。

問3　$0 < t < \dfrac{a}{v}$ のとき，辺BCにB→Cの向きに電流が流れるので，

フレミングの左手の法則より，磁場から受ける力の向きはx軸の負の向きになる。その大きさは，

$$b|I|B_0 = \frac{B_0^2 b^2 v}{R} \quad (\text{問2より})$$

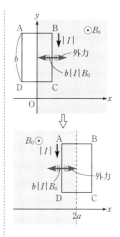

である。一方，$\dfrac{2a}{v} < t < \dfrac{3a}{v}$ のときは辺ADにA→Dの向きに電流が流れるので，磁場から受ける力の向きはx軸の負の向きになる。その大きさは，

$$b|I|B_0 = \frac{B_0^2 b^2 v}{R} \quad (\text{問2より})$$

となり，どちらの時間でも同じである。外力はこの力とつり合うように加えればよいので，x軸の正の向きに大きさ $\dfrac{B_0^2 b^2 v}{R}$ である[2]。その他の時刻では電流が流れないので，加えるべき外力は0である。以上より，グラフは解答のようになる。

問4　$0 < t < \dfrac{a}{v}$ と $\dfrac{2a}{v} < t < \dfrac{3a}{v}$ において発生する**単位時間あたりの**ジュール熱は，

$$RI^2 = R\left(\frac{B_0 b v}{R}\right)^2 = \frac{(B_0 b v)^2}{R} \quad (\text{問2より})$$

である。発生する時間は合わせて $\dfrac{2a}{v}$ なので，発生したジュール熱の総量は，

$$\frac{(B_0 b v)^2}{R} \cdot \frac{2a}{v} = \frac{2B_0^2 a b^2 v}{R} \text{ [3]}$$

となる。

問5　外力を加えて引っ張る距離は，$0 < x < a$ と $2a < x < 3a$ の合わせて$2a$なので，全仕事量は，

$$\frac{B_0^2 b^2 v}{R} \times 2a = \frac{2B_0^2 a b^2 v}{R} \quad (\text{問3より})$$

となる。

別解　コイルの運動エネルギーは一定なので，外力のした仕事は抵抗で発生したジュール熱の総量に等しく，$\dfrac{2B_0^2 a b^2 v}{R}$ である。

[2]　外力の符号は電流と同じと思いこまないように注意。電流が磁場から受ける力はコイルの運動を妨げるようにx軸の負の向きにはたらくので，外力は正の向きとなる。

[3]　RI^2で計算できるのは単位時間あたりのジュール熱。発生した時間をかけ忘れないように注意。

189 内部の磁束密度が変化するコイル

問1

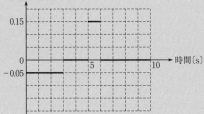

問2　ア　　　　問3　$1.5 \times 10^{-2}\,\mathrm{A}$

問4　磁場を作り，磁石の運動を妨げるはたらき。

📦 **Method**

磁束密度が変化するときに誘導起電力が発生する仕組み：

磁束を取り巻くように電場(誘導電場と呼ばれる)が生じ，これが電子に電気的な力を及ぼすことで電流を流そうとするはたらき(起電力)が生まれる。 189 と 191 がこの場合に該当する。

解説

問1　磁束密度を B，時間を t とすると，図2のグラフより，

$$\frac{\Delta B}{\Delta t} = \begin{cases} \dfrac{0.5\,\mathrm{T}}{3\,\mathrm{s}} & (0\,\mathrm{s} < t < 3\,\mathrm{s}) \\ 0\,\mathrm{V} & (3\,\mathrm{s} < t < 5\,\mathrm{s},\ 6\,\mathrm{s} < t < 10\,\mathrm{s})\,^① \\ -\dfrac{0.5\,\mathrm{T}}{1\,\mathrm{s}} & (5\,\mathrm{s} < t < 6\,\mathrm{s}) \end{cases}$$

① 図2のグラフの傾きを考える。

である。コイルの面積が $S = 0.3\,\mathrm{m}^2$ なので，コイルを貫く磁束を下向きを正として Φ とすると，ファラデーの電磁誘導の法則より，誘導起電力 V は[②]

$$V = -\frac{\Delta\Phi}{\Delta t} = -S\frac{\Delta B}{\Delta t}$$

② V の正の向きは磁束の向きに進む右ねじが回る向きである。図1では磁束は下向きに貫いているので，V の正の向きは上から見て時計回りである。

$$= -0.3\,\mathrm{m}^2 \times \begin{cases} \dfrac{0.5\,\mathrm{T}}{3\,\mathrm{s}} & (0\,\mathrm{s} < t < 3\,\mathrm{s}) \\ 0\,\mathrm{V} & (3\,\mathrm{s} < t < 5\,\mathrm{s},\ 6\,\mathrm{s} < t < 10\,\mathrm{s}) \\ -\dfrac{0.5\,\mathrm{T}}{1\,\mathrm{s}} & (5\,\mathrm{s} < t < 6\,\mathrm{s}) \end{cases}$$

$$= \begin{cases} -0.05\,\mathrm{V} & (0\,\mathrm{s} < t < 3\,\mathrm{s}) \\ 0\,\mathrm{V} & (3\,\mathrm{s} < t < 5\,\mathrm{s},\ 6\,\mathrm{s} < t < 10\,\mathrm{s}) \\ 0.15\,\mathrm{V} & (5\,\mathrm{s} < t < 6\,\mathrm{s}) \end{cases}$$

となる。これをグラフ化すると解答のようになる。

問2　最大の起電力が生じているのは $5\mathrm{s} < t < 6\mathrm{s}$ のときである。
　　このとき $V > 0$ より，A よりも B のほうが高電位[3]なので，抵抗
　　には B から A の向き，すなわちアの向きに電流が流れる。

問3　抵抗値が $R = 10\,\Omega$ なので，問2のときコイルに流れる電流
　　の大きさ I は，

$$I = \frac{V}{R} = \frac{0.15\,\mathrm{V}}{10\,\Omega} = 1.5 \times 10^{-2}\,\mathrm{A}$$

　　である。

問4　解答の通り。

③　起電力の向きに電位は上がるので，A より B のほうが高電位になる。一方，抵抗には電位の高いほうから低いほうへと電流が流れる。

≡ チャレンジ問題

190　非一様磁場中を平行移動するコイル

問1　$B_0 + bx$　　　問2　ba^2v　　　問3　大きさ：$\dfrac{bav}{4r}$，向き：時計回り

問4　$\dfrac{b^2a^3v}{4r}$　　　問5　$\dfrac{b^2a^3v^2}{4r}$　　　問6　$\dfrac{b^2a^3v^2}{4r}$

解説

問1　磁束密度の大きさを B とする。B は x 軸の正の向きに単位長
　　さあたり一定の割合 b で増加することから，

$$B = B_0 + bx$$

　　と表せる。

問2　辺 PS の x 座標を X（>0）とする。微小時間 Δt でコイルは微
　　小距離 $v\Delta t$ だけ進むので，コイルを貫く磁束の変化 $\Delta\Phi$ は，

$$\Delta\Phi = -\underbrace{(B_0 + bX)av\Delta t}_{減少分} + \underbrace{\{B_0 + b(X + a)\}av\Delta t}_{増加分}$$

$$= ba^2v\Delta t$$

　　となる。ファラデーの電磁誘導の法則より，コイルに生じる誘導
　　起電力の大きさ V は，

$$V = \left|\frac{\Delta\Phi}{\Delta t}\right| = ba^2v$$

　　となる。

別解1　コイルの平均磁束密度の大きさ $\overline{B}$ は，$x = X + \dfrac{a}{2}$ の位
　　　置を考えると，

$$\overline{B} = B_0 + b\left(X + \frac{a}{2}\right)$$

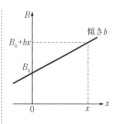

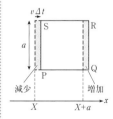

となるので，コイルを貫く磁束 Φ は，

$$\Phi = \overline{B}a^2 = \left\{B_0 + b\left(X + \frac{a}{2}\right)\right\}a^2$$

$$= \left(B_0 + b\frac{a}{2}\right)a^2 + ba^2X$$

である。ファラデーの電磁誘導の法則より，コイルに生じる誘導起電力の大きさ V は，

$$V = \left|\frac{\Delta\Phi}{\Delta t}\right| = ba^2\left|\frac{\Delta X}{\Delta t}\right| = ba^2v \quad \left(\left|\frac{\Delta X}{\Delta t}\right| = v \text{ より}\right)$$

となる。

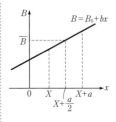

別解2 　4辺のうち，磁束を横切るのは辺PS，QRの2つである。[1] それぞれに生じる誘導起電力の大きさ V_{PS}，V_{QR} は，

$$V_{PS} = (B_0 + bX)av, \quad V_{QR} = \{B_0 + b(X + a)\}av$$

である。また，向きはそれぞれS→P，R→Qとなる。よって，互いに逆まわりなので，コイル全体に生じる誘導起電力の大きさ V は，

$$V = V_{QR} - V_{PS}$$

$$= \{B_0 + b(X + a)\}av - (B_0 + bX)av = ba^2v$$

である。

① コイルを4本の導体棒に分けて考える。

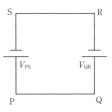

問3　コイル全体の抵抗値 R は，

$$R = 4ar$$

である。よって，コイルに流れる電流の大きさ I は，

$$I = \frac{V}{R} = \frac{bav}{4r} \quad \text{（問2より）}$$

となる。コイルを貫く磁束は z 軸の正の向きに増加していくので，誘導起電力はレンツの法則より z 軸の正方向から見て時計回りである。よって，流れる電流の向きも**時計回り**になる。

問4　辺PS，QRに流れる電流が磁場から受ける力の大きさ F_{PS}，F_{QR} は，それぞれ

$$F_{PS} = aI(B_0 + bX)$$

$$F_{QR} = aI\{B_0 + b(X + a)\}$$

である。向きはフレミングの左手の法則より右図のようになるので，それらの合力は x 軸の負の向き[2]で，大きさは，

$$F_{QR} - F_{PS} = aI\{B_0 + b(X + a)\} - aI(B_0 + bX)$$

$$= ba^2I$$

$$= \frac{b^2a^3v}{4r} \quad \text{（問3より）}$$

となる。コイルを等速で運動させるには，これとつり合う外力を加えなければならないので，その向きは x 軸の正の向きで，大きさは $\dfrac{b^2a^3v}{4r}$ である。

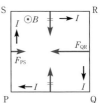

② x 軸の正の向きに運動すると磁束が増えるので，それを妨げようとして負の向きに磁場から力がはたらく。そのままだと減速してしまうので，一定の速度を保つためには外力を正の向きに加えなければならない。

問5　外力のする仕事率は，

$$\frac{b^2a^3v}{4r} \cdot v = \frac{b^2a^3v^2}{4r}$$

である。

問6　抵抗で生じる単位時間あたりのジュール熱は，

$$RI^2 = 4ar\left(\frac{bav}{4r}\right)^2 = \frac{b^2a^3v^2}{4r} \quad (問3より)$$

である。

> 別解　コイルの運動エネルギーが一定なので，抵抗で単位時間
> あたりに発生するジュール熱は外力のした仕事率に等しい
> ことを用いると，問5より，
> $$\frac{b^2a^3v^2}{4r}$$

191　ベータトロン

| (ア) evB_1 | (イ) $\dfrac{erB_1}{m}$ | (ウ) $\pi b_0 r^2$ | (エ) $\dfrac{\pi b_0 r^2}{t_0}$ | (オ) $\dfrac{eb_0 r}{2t_0}$ |
| (カ) $\dfrac{eb_0 r}{2mt_0}$ | (キ) $\dfrac{eb_0 r}{2m}$ | (ク) $\dfrac{b_0}{2}$ | | |

解説

(ア)　電子にはたらくローレンツ力の大きさは，evB_1 である。

(イ)　円の中心方向の運動方程式は，

$$m\frac{v^2}{r} = evB_1$$

となるので，これより，

$$v = \frac{erB_1}{m}$$

が成り立つことがわかる。

▶まずは円軌道の内部の磁束を増加させて，電磁誘導により円軌道
上に誘導電場を作り，電子を加速させる。

(ウ)　電子の軌道で囲まれる領域の面積は πr^2 なので，増加する磁束
$\Delta\Phi$ は，

$$\Delta\Phi = b_0 \cdot \pi r^2 = \pi b_0 r^2$$

である。

(エ)　ファラデーの電磁誘導の法則より，円軌道上に生じる誘導起電
力の大きさ V は，

$$V = \frac{\Delta\Phi}{t_0} = \frac{\pi b_0 r^2}{t_0}$$

となる。

(オ) 円軌道に沿って生じる電場(誘導電場)の大きさをEとする。**この電場は単位電荷に大きさEの電気的な力を及ぼす。**この力が電子を1周させるときにする仕事が誘導起電力の大きさVなので,[1]

$$E \cdot 2\pi r = V$$

よって,

$$E = \frac{V}{2\pi r} = \frac{b_0 r}{2t_0} \quad (\text{(エ)より})$$

である。この電場から電子が受ける力の大きさは,

$$eE = \frac{eb_0 r}{2t_0}$$

となる。

(カ) 円の接線方向の加速度の大きさをaとすると,接線方向の運動方程式は,

$$ma = \frac{eb_0 r}{2t_0}$$

となる。よって,

$$a = \frac{eb_0 r}{2mt_0}$$

である。

(キ) 時間t_0における速さの増加Δvは,

$$\Delta v = at_0 = \frac{eb_0 r}{2m} \quad (\text{(カ)より})$$

である。

(ク) 磁束密度$B_1 + b_1$の円周上で,速さ$v + \Delta v$の電子が円運動するためには,(イ)の結果より,

$$v + \Delta v = \frac{er(B_1 + b_1)}{m}$$

を満たさなければならない。[2] これと(イ)の結果との差をとると,

$$\Delta v = \frac{erb_1}{m}$$

が得られる。これと(キ)の結果より,

$$b_1 = \frac{b_0}{2} \,[3]$$

を満たす必要がある。

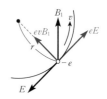

① 電源が単位電荷あたりにする仕事が電源の起電力の定義である。

② B_1を一定にすると(イ)の結果より加速とともに中心からの距離が大きくなってしまい,円運動を保つことができない。そこで,次に円周上の磁束密度を増やして中心方向にはたらくローレンツ力を強くし,一定の半径を保つようにする。

③ これをベータトロン条件という。電子は一定の半径を保つため装置が小型で済むのがメリットだが,この条件を満たし続けるのは容易ではない。

19 コイルと交流回路

▣ 確認問題

▌192 コイルの自己誘導

問1　(ア)　②　　　(イ)　⑥　　　問2　(ウ)　①　　　(エ)　④

問3　(オ)　②　　　(カ)　④　　　問4　(キ)　$Li\Delta i$　　　(ク)　$\dfrac{1}{2}LI^2$

解説

問4　(キ)　微小時間Δtの間に流れる電流がiから$i+\Delta i$に変化

するとき，コイルに生じる誘導起電力$\left(\text{大きさ}L\dfrac{\Delta i}{\Delta t}\right)$に逆ら

ってする仕事ΔWは，

$$\Delta W = L\frac{\Delta i}{\Delta t}\underbrace{i\Delta t}_{\text{運んだ電気量}} = Li\Delta i$$

である。

(ク)　iが0からIに変化するまでに外部電源がする仕事の和W
は下のグラフのグレー部分の面積に等しいので，

$$W = \frac{1}{2}LI^2$$

である。これがコイル内の磁場にエネルギーUとして蓄えられる。

> ▶自己誘導
>
> コイルに流れる電流Iが変化するとき，コイル内の磁場が変化することでコイルに誘導起電力が発生する現象。その起電力Vは，電流Iと同じ向きを正として，
>
> $$V = -L\frac{\Delta I}{\Delta t}$$
>
> と表せる。Lを自己インダクタンスといい，コイルに固有の定数である。

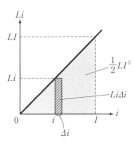

▌193 変圧器と送電

問1　10 V　　　問2　(ア)　VI　　　(イ)　RI^2　　　(ウ)　高く

解説

問1　2次コイル側の電圧をVとすると，
　　　$100\,\text{V} : V = N_1 : N_2 = 10 : 1$
が成り立つので，
　　　$V = 10\,\text{V}$
である。

> ▶変圧器
>
> 1次コイルと2次コイルの電圧をそれぞれV_1，V_2，巻き数をそれぞれN_1，N_2とすると，
>
> $$V_1 : V_2 = N_1 : N_2$$
>
> が成り立つ。

問2 ㋐ 発電所から送り出される電力は VI と表せる。

㋑ 送電線には電流 I が流れているので，ジュールの法則より，送電線の消費電力は RI^2 である。

㋒ 送電線での電力損失（消費電力）を小さくするには，㋑の結果より，送電線に流れる電流を小さくすればよい。同じ電力量を送る場合，そのためには㋐の結果より電圧 V を**高く**しなければならない。

注意▶ 送電電圧 V は変圧器の2次コイルにかかる電圧であり，送電線にかかる電圧ではない。したがって，送電線の消費電力は $\dfrac{V^2}{R}$ ではない。なお，2次コイルと送電線に流れる電流は等しく I である。

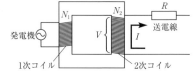

発電機　1次コイル　N_1　V　N_2　I　R　送電線　2次コイル

■194　実効値

㋐　IV　　㋑　$\sin\omega t$　　㋒　$I_0 V_0 \sin^2\omega t$　　㋓　$I_0 V_0$

㋔　$I_e V_e$　　㋕　$140\,\text{V}$

解説

㋐ ジュールの法則より，抵抗での消費電力 P は，$P = IV$ で表される。

㋑ 抵抗に流れる電流は，オームの法則より，

$$I_{AC} = \frac{V_{AC}}{R} = \frac{V_0}{R}\sin\omega t$$

となる。電流の最大値を I_0 とすると，$I_{AC} = I_0 \cdot \sin\omega t$ と表せる。

㋒ 時刻 t の瞬間に抵抗で消費される電力は，

$$P_{AC} = I_{AC} V_{AC} = I_0 V_0 \sin^2\omega t$$

である。

㋓ 瞬間消費電力 P_{AC} の最大値は㋒の結果より $I_0 V_0$ である。

㋔ 平均消費電力 $\overline{P}$ は，$\overline{\sin^2\omega t} = \dfrac{1}{2}$ より，

$$\overline{P} = I_0 V_0 \overline{\sin^2\omega t} = \frac{1}{2} I_0 V_0$$

である。ここで，$I_e = \dfrac{I_0}{\sqrt{2}}$，$V_e = \dfrac{V_0}{\sqrt{2}}$ とおくと，

$$\overline{P} = \frac{I_0}{\sqrt{2}} \cdot \frac{V_0}{\sqrt{2}} = I_e V_e$$

と表すことができ，問題文中の①式の表記と一致する。

㋕ 最大値は実効値の $\sqrt{2}$ 倍なので，実効値が $100\,\text{V}$ の交流電圧の最大値は，

$$100\,\text{V} \times \sqrt{2} \fallingdotseq 140\,\text{V}$$

である。

▶実効値

交流電流や交流電圧の最大値をそれぞれ I_0，V_0 とすると，その実効値はそれぞれ

$$I_e = \frac{I_0}{\sqrt{2}},\quad V_e = \frac{V_0}{\sqrt{2}}$$

である。実効値を用いると，抵抗の平均消費電力 $\overline{P}$ は，

$$\overline{P} = I_e V_e$$

と書くことができ，ジュールの法則と表記が一致する。

195 リアクタンスと位相差

(ア) $\omega L I_0 \cos \omega t$ (イ) ② (ウ) ② (エ) $\dfrac{V_0}{\omega L}$ (オ) ωL

(カ) $-\omega C V_0 \sin \omega t$ (キ) ① (ク) ③ (ケ) $\omega C V_0$ (コ) $\dfrac{1}{\omega C}$

解説

(ア) コイルの電圧 V_L は，与えられた公式と近似式を用いると，

$$V_L = L\frac{\Delta I}{\Delta t}$$

$$= L\frac{I_0 \sin \omega(t+\Delta t) - I_0 \sin \omega t}{\Delta t}$$

$$= L\frac{I_0(\sin \omega t \cos \omega \Delta t + \cos \omega t \sin \omega \Delta t) - I_0 \sin \omega t}{\Delta t}$$

$$\fallingdotseq L\frac{I_0(\sin \omega t \cdot 1 + \cos \omega t \cdot \omega \Delta t) - I_0 \sin \omega t}{\Delta t}$$

$$= \omega L I_0 \cos \omega t$$

となる。

注意▶ V_L は点bに対する点aの電位を表しており，コイルに生じる誘導起電力 $\Big($点aより点bが高電位のときを正として $-L\dfrac{\Delta I}{\Delta t}\Big)$ とは符号が異なる。

(イ) (ア)の結果より，

$$V_L = \omega L I_0 \sin\left(\omega t + \frac{\pi}{2}\right)$$

と変形できるので，コイルを流れる電流 I の位相は電圧 V_L の位相と比べて②$\dfrac{\pi}{2}$ 遅れている。

(ウ) V_L の時間変化のグラフは，(ア)の結果より②である。

(エ) (ア)の結果より，コイルにかかる電圧の最大値は $\omega L I_0$ である。これは電源の電圧振幅 V_0 に等しいので，

$$V_0 = \omega L I_0 \quad \text{よって，} \ I_0 = \frac{V_0}{\omega L}$$

と表せる。

▶位相のずれ

コイルの電流は電圧に比べて位相が $\dfrac{\pi}{2}$ 遅れている。また，コンデンサーの電流は電圧に比べて位相が $\dfrac{\pi}{2}$ 進んでいる。

(オ) コイルのリアクタンスをX_Lとすると，

$$I_0 = \frac{V_0}{X_L}$$

と表せるので，(エ)の結果より，

$$X_L = \omega L$$

である。

(カ) コンデンサーに流れる電流Iは，与えられた公式と近似式を用いると，

$$I = \frac{\Delta Q}{\Delta t}$$

$$= \frac{CV_0\cos\omega(t+\Delta t) - CV_0\cos\omega t}{\Delta t}$$

$$= \frac{CV_0(\cos\omega t\cos\omega\Delta t - \sin\omega t\sin\omega\Delta t) - CV_0\cos\omega t}{\Delta t}$$

$$\fallingdotseq \frac{CV_0(\cos\omega t\cdot 1 - \sin\omega t\cdot\omega\Delta t) - CV_0\cos\omega t}{\Delta t}$$

$$= -\omega CV_0\sin\omega t$$

となる。

(キ) (カ)の結果より，

$$I = \omega CV_0\cos\left(\omega t + \frac{\pi}{2}\right)$$

と変形できるので，コンデンサーを流れる電流Iの位相は電圧V_Cの位相と比べて，①$\frac{\pi}{2}$進んでいる。

(ク) Iの時間変化のグラフは，(カ)の結果より③である。

(ケ) (カ)の結果より，コンデンサーに流れる電流の最大値I_0は，

$$I_0 = \omega CV_0$$

と表せる。

(コ) コンデンサーのリアクタンスをX_Cとすると，

$$I_0 = \frac{V_0}{X_C}$$

と表せるので，(ケ)の結果より，

$$X_C = \frac{1}{\omega C}$$

である。

重要問題

196 自己誘導と相互誘導

問1 $\dfrac{\mu_0 \pi n_1 r^2}{l}$ 問2 $-\beta n_1 \dfrac{\Delta I}{\Delta t}$ 問3 βn_1

問4 $I = \dfrac{V_0}{\beta n_1} t$, 起電力 : $\left(\dfrac{R}{\beta n_1} t + 1\right) V_0$ 問5 βn_2

問6

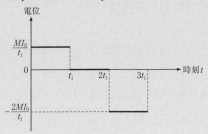

Method

自己誘導:

コイルに流れる電流 I が変化すると, 内部の磁束密度が変化してコイルに誘導起電力 V_L が生じる。この現象を特にコイルの**自己誘導**という。コイルに生じる自己誘導起電力の大きさは電流の変化率の大きさに比例し, その比例定数を**自己インダクタンス**といい, L で表すことが多い。I の正の向きと同じ向きに誘導起電力が発生した場合に V_L を正とすると,

$$V_L = -L \frac{\Delta I}{\Delta t}$$

と表せる。

相互誘導:

2つのコイルのうち, 一方のコイル(1次コイル)に流れる電流が変化すると, 内部の磁束密度の変化が他方のコイル(2次コイル)に影響して誘導起電力が生じる。この現象をコイルの**相互誘導**という。2次コイルに生じる相互誘導起電力の大きさは1次コイルの電流の変化率の大きさに比例し, その比例定数を**相互インダクタンス**という。

解説

問1 コイル K_1 の単位長さあたりの巻き数は $\dfrac{n_1}{l}$ ① なので, K_1 内に

生じる磁束密度の大きさ B は,

$$B = \mu_0 \frac{n_1}{l} I$$

である。K_1 の断面積は πr^2 なので, 1巻きを貫く磁束 Φ は,

$$\Phi = B \cdot \pi r^2 = \frac{\mu_0 \pi n_1 r^2}{l} I$$

となる。よって,

① 全体の巻き数ではなく, 単位長さあたりの巻き数を用いることに注意。

$$\beta = \frac{\mu_0 \pi n_1 r^2}{l}$$

である。

問2　コイルK_1 1巻きあたりの誘導起電力の大きさ$|v|$は，ファラデーの電磁誘導の法則より，

$$|v| = \left|\frac{\Delta \Phi}{\Delta t}\right| = \beta\left|\frac{\Delta I}{\Delta t}\right| \quad ②$$

である。K_1の巻き数はn_1なので，K_1全体に生じる誘導起電力の大きさ$|V_1|$は，

$$|V_1| = n_1|v| = \beta n_1\left|\frac{\Delta I}{\Delta t}\right| \quad ③$$

となる。**V_1は電流Iの正の向きと同じ向きを正，すなわち点Aよりも点Bのほうが高電位となるときを正とすると，**

$$V_1 = -\beta n_1\frac{\Delta I}{\Delta t}$$

と表せる。

問3　コイルK_1の自己インダクタンスをL_1とおくと，

$V_1 = -L_1\dfrac{\Delta I}{\Delta t}$と表せるので，これと問2の結果より，

$$L_1 = \beta n_1$$

である。

問4　$V_1 = -V_0$となるとき，問2の結果より，

$$-\beta n_1\frac{\Delta I}{\Delta t} = -V_0 \quad \text{よって，} \quad \Delta I = \frac{V_0}{\beta n_1}\Delta t$$

となる。つまり，Iはtの1次関数である④。さらに，$t=0$のとき$I=0$であることから，Iはtに比例し，

$$I = \frac{V_0}{\beta n_1}t$$

と表せる。電源の起電力をEとすると，キルヒホッフの法則より，

$$E - RI - V_0 = 0$$

よって，

$$E = RI + V_0 = \left(\frac{R}{\beta n_1}t + 1\right)V_0$$

となる。

② $\Phi = \beta I$を用いた。

③ 大きさ$|v|$の起電力がn_1個直列に接続されているとみなす。

④ $\dfrac{\Delta I}{\Delta t}$ ＝一定より，Iはtの1次関数であるといえるが，これだけでは比例するとまではいえない。

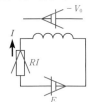

問5　コイルK_2の1巻きを貫く磁束はK_1と同様にϕであり，[5] 1巻きあたりの誘導起電力の大きさは$|v|$である。ただし，K_2は巻き数がn_2なので，全体に生じる誘導起電力V_2は点Dが点Cよりも高電位の場合を正として，

$$V_2 = -n_2 v = -\beta n_2 \frac{\Delta I}{\Delta t}$$

と表せる。[6] よって，相互インダクタンスMは，

$$M = \beta n_2$$

である。

問6　図3のグラフより，

$$\frac{\Delta I}{\Delta t} = \begin{cases} -\dfrac{I_0}{t_1} & (0 < t < t_1) \\[2mm] 0 & (t_1 < t < 2t_1) \\[2mm] \dfrac{2I_0}{t_1} & (2t_1 < t < 3t_1) \end{cases}$$

である。これと問5より，

$$V_2 = -M\frac{\Delta I}{\Delta t} = \begin{cases} \dfrac{MI_0}{t_1} & (0 < t < t_1) \\[2mm] 0 & (t_1 < t < 2t_1) \\[2mm] -\dfrac{2MI_0}{t_1} & (2t_1 < t < 3t_1) \end{cases}$$

が得られる。これをグラフにすると解答のようになる。

[5]　K_2はK_1より外側なので，貫く磁束はK_1と同じである。

[6]　磁場は右ねじの法則より図2の右向きなので，コイルK_2に生じる誘導起電力は点Cから点Dの向きを正としてこのように表せる。

---

197 RL回路

問1　(ア) $\dfrac{R_2}{R_1 + R_2}E$　　(イ) 0　　(ウ) $\dfrac{E}{R_1}$　　(エ) $\dfrac{E}{R_1}$　　(オ) $-\dfrac{R_2}{R_1}E$

　　　(カ) $-\dfrac{R_2}{R_1}\cdot\dfrac{E}{L_0}$　　(キ) $\dfrac{1}{2}L_0\left(\dfrac{E}{R_1}\right)^2$

問2　④

📦 **Method**

RL回路：

　スイッチを開閉した直後：**コイルを流れる電流は直前と同じになる。**

　十分に時間が経ったあと：**コイルには一定電流が流れ，起電力が生じなくなる。**

解説

問1 (ア) **スイッチSを閉じた直後，コイルLに流れる電流はその直前と同じで0である。**よって，抵抗R_1とR_2を流れる電流の大きさは等しいので，これらをI_1とおくと，キルヒホッフの法則より，

$$E - R_1 I_1 - R_2 I_1 = 0 \quad \text{よって，} \quad I_1 = \frac{E}{R_1 + R_2}$$

となる。このとき，Gに対するPの電位は抵抗R_2における電圧降下に等しいので，

$$R_2 I_1 = \frac{R_2}{R_1 + R_2} E$$

である。

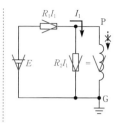

(イ) Sを閉じてから**十分に時間が経過すると，コイルLには一定電流が流れ，起電力は生じなくなる。**よって，PG間は等電位になり，抵抗R_2にかかる電圧は0，流れる電流も0になる。

(ウ) 抵抗R_1とコイルLを流れる電流の大きさは等しくなるので，これらをI_2とおくと，キルヒホッフの法則より，

$$E - R_1 I_2 = 0 \quad \text{よって，} \quad I_2 = \frac{E}{R_1}$$

となる。

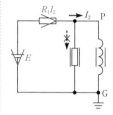

(エ) スイッチSを開いた直後，コイルLにはその直前と同じ，下向きに大きさI_2の電流が流れている。よって，抵抗R_2には上向きに大きさ$I_2 = \dfrac{E}{R_1}$の電流が流れる。

(オ) 抵抗R_2には上向きに電圧降下が生じており，その大きさは$R_2 I_2$である。**PはGよりも電位が低いので，**PのGに対する電位は，

$$-R_2 I_2 = -\frac{R_2}{R_1} E \quad ((ウ)より)$$

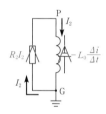

(カ) 微小時間Δtの間のiの変化をΔiとすると，スイッチSを開いた直後，キルヒホッフの法則より，

$$-L_0 \frac{\Delta i}{\Delta t} - R_2 I_2 = 0$$

よって，

$$\frac{\Delta i}{\Delta t} = -\frac{R_2 I_2}{L_0} = -\frac{R_2}{R_1} \cdot \frac{E}{L_0} \quad ① \quad ((ウ)より)$$

となる。

① $\dfrac{\Delta i}{\Delta t} < 0$より，$i$は減少していく。

272

(キ)　スイッチSを開いて十分に時間が経過すると，コイルLの起
　　電力は0になり，電流は流れなくなる。よって，スイッチSを
　　開く前にコイルLに蓄えられていたエネルギー$\frac{1}{2}L_0I_2^2$はすべ
　　て抵抗R_2で消費されるので，抵抗R_2で発生する全ジュール熱は，
$$\frac{1}{2}L_0\left(\frac{E}{R_1}\right)^2 \quad (\text{(ウ)より)}$$
　　である。

問2　スイッチSを開いた直後は$i=I_2$で，十分に時間が経過する
　　と$i=0$に達する。つまり電流iは単調減少である。Sを開いた直
　　後はiを増加させる向きに誘導起電力が生じるので，$e>0$である。
　　十分に時間が経過すると電流の変化はなくなり，$e=0$に達する。
　　以上より，正しいグラフは④である。

---

198 LC回路

　　(ア)　CV　　(イ)　$\frac{1}{2}CV^2$　　(ウ)　$\frac{1}{2\pi\sqrt{LC}}$　　(エ)　$\frac{\pi}{2}\sqrt{LC}$　　(オ)　$V\sqrt{\frac{C}{L}}$

　　(カ)　②

📦 **Method**

　LC回路（電気振動）：
　　　振動の周期：$T = 2\pi\sqrt{LC}$
　　　エネルギー保存則：$\frac{1}{2}LI^2 + \frac{Q^2}{2C} = $ 一定
　　　つまり，<u>コイルとコンデンサーに蓄えられるエネルギーの和は一定</u>である。

解説

(ア)・(イ)　スイッチをA側に接続して十分に時間が経つと，コンデ
　　ンサーにかかる電圧はVになるので，蓄えられた電気量はCV(ア)，
　　静電エネルギーは$\frac{1}{2}CV^2$(イ)になる。

(ウ)　スイッチをB側に接続すると，
$$\text{周期 } T = 2\pi\sqrt{LC}, \quad \text{周波数}^① f = \frac{1}{T} = \frac{1}{2\pi\sqrt{LC}}$$
　　の電気振動が起こる。

(エ)　スイッチをB側に接続した直後にコイルを流れる電流はその直
　　前に等しく，0である。その後，コンデンサーは放電を始めるの
　　で，電流は正の向きに流れ始める。よって，電流が最初に最大に
　　なるまでの時間は，
$$\frac{T}{4} = \frac{\pi}{2}\sqrt{LC}$$
　　である。

① 周波数は振動数と同じ
意味である。

(オ) コイルに最大電流が流れるとき，コイルには最大のエネルギー
が蓄えられている。エネルギー保存則より，このときコンデンサー
にはエネルギーや電荷は蓄えられていないので，コイルに流れる
最大電流を I_0 とすると，

$$\underbrace{\frac{1}{2}LI_0^2 + \frac{0^2}{2C}}_{\text{最大電流が流れるとき}} = \underbrace{\frac{1}{2}L \cdot 0^2 + \frac{1}{2}CV^2}_{\text{スイッチをB側に接続した直後}} \text{②}$$

よって，

$$I_0 = V\sqrt{\frac{C}{L}}$$

である。

② コンデンサーに蓄えら
れていたエネルギーがすべ
てコイルに蓄えられた。

(カ) 電流は(オ)で考察したように0から増加していく。一方，コンデ
ンサーの電圧は最大値 V_0 から放電されて減少していく。よって，
正しいグラフは②である。

---

199 交流発電

(ア) $2Blr\cos\omega t$ (イ) $2\omega Blr\sin\omega t$ (ウ) $\dfrac{(2\omega Blr)^2}{R}\sin^2\omega t$

(エ) $\dfrac{2(\omega Blr)^2}{R}$ (オ) $\dfrac{\sqrt{2}\,\omega Blr}{R}$ (カ) RI_e^2

🔲 **Method**

交流：

電流や電圧の向きが周期的に変化するものを**交流**という。

実効値：

電流や電圧の最大値を $\sqrt{2}$ で割った値をそれぞれの**実効値**という。実効値を用いると
抵抗での平均消費電力はジュールの法則と同じ形で表現できる((カ)参照)。

解説

(ア) 図のとき，コイルを垂直に貫く磁束密度の成分は $B\cos\omega t$ である。
コイルの面積は $2lr$ なので，コイルを貫く磁束 Φ は，

$$\Phi = (B\cos\omega t) \cdot 2lr = 2Blr\cos\omega t$$

と表せる。

(イ) 端子aを基準とした端子fの電位（すなわちコイルにabcdefの向
きに生じる誘導起電力） V は，ファラデーの電磁誘導の法則より，

$$V = -\frac{\Delta\Phi}{\Delta t} = -2Blr\frac{\Delta(\cos\omega t)}{\Delta t}$$

となる。これに与えられた近似式を用いると，

$$V \fallingdotseq 2\omega Blr\sin\omega t \text{①}$$

と表せる。

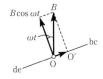

① V の正負，つまり起電
力の向きが周期的に変わる
ので，交流の起電力が発生
したといえる。

(ウ) コイルに流れる電流Iはabcdefの向きを正として，

$$I = \frac{V}{R} = \frac{2\omega Blr}{R}\sin\omega t$$

となるので，抵抗で消費される電力Pは，

$$P = RI^2 = \frac{(2\omega Blr)^2}{R}\sin^2\omega t \textcircled{2}$$

である。

(エ) 平均消費電力$\overline{P}$は，

$$\overline{P} = \frac{(2\omega Blr)^2}{R}\overline{\sin^2\omega t} = \frac{2(\omega Blr)^2}{R} \textcircled{3}$$

となる。

(オ) 電流の最大値$I_{\max}$は，

$$I_{\max} = \frac{2\omega Blr}{R}$$

なので，その実効値I_eは，

$$I_e = \frac{I_{\max}}{\sqrt{2}} = \frac{\sqrt{2}\,\omega Blr}{R}$$

である。

(カ) (エ)と(オ)の結果より，

$$\overline{P} = RI_e^2 \textcircled{4}$$

と表せる。

② $P = \dfrac{V^2}{R}$ と計算しても よい。

③ $\sin^2\omega t = \dfrac{1 - \cos 2\omega t}{2}$

より，$\overline{\sin^2\omega t} = \dfrac{1}{2}$ である。

④ こうして，実効値を用 いると，抵抗における平均 消費電力はジュールの法則 と同じ形になることが示さ れた。

第4章 電磁気

---

200 RLC並列回路

問1 抵抗：$\dfrac{V_0}{R}\sin\omega t$，コイル：$-\dfrac{V_0}{\omega L}\cos\omega t$，コンデンサー：$\omega C V_0\cos\omega t$

問2 $V_0\left\{\dfrac{1}{R}\sin\omega t + \left(\omega C - \dfrac{1}{\omega L}\right)\cos\omega t\right\}$

問3 $\dfrac{1}{\sqrt{\dfrac{1}{R^2} + \left(\omega C - \dfrac{1}{\omega L}\right)^2}}$

問4 $\dfrac{1}{\sqrt{LC}}$

⬡ **Method**

交流回路：

	R	C	L
リアクタンス	R (抵抗)	$\dfrac{1}{\omega C}$	ωL
位相差			
平均消費電力	RI_e^2	0	0

位相差は反時計回りを正とした角度で示した。たとえば，コンデンサーの電流は電圧に対して位相が $\dfrac{\pi}{2}$ 進んでいることを表す。

解説

問1　抵抗を流れる電流 I_R は電圧と同位相なので，

$$I_R = \frac{V_0}{R}\sin\omega t$$

である。**コイルのリアクタンスは ωL で**，電流 I_L は電圧より位相が $\dfrac{\pi}{2}$ 遅れているので，

$$I_L = \frac{V_0\sin\left(\omega t - \dfrac{\pi}{2}\right)}{\omega L} = -\frac{V_0}{\omega L}\cos\omega t ①$$

となる。**コンデンサーのリアクタンスは $\dfrac{1}{\omega C}$ で**，電流 I_C は電圧より位相が $\dfrac{\pi}{2}$ 進んでいるので，

$$I_C = \frac{V_0\sin\left(\omega t + \dfrac{\pi}{2}\right)}{\dfrac{1}{\omega C}} = \omega C V_0 \cos\omega t$$

となる。

問2　電源を流れる電流 I は，

$$
\begin{aligned}
I &= I_R + I_L + I_C \\
&= \frac{V_0}{R}\sin\omega t + \left(-\frac{V_0}{\omega L}\cos\omega t\right) + \omega C V_0\cos\omega t \\
&= V_0\left\{\frac{1}{R}\sin\omega t + \left(\omega C - \frac{1}{\omega L}\right)\cos\omega t\right\}
\end{aligned}
$$

となる。

① オームの法則 $I = \dfrac{V}{R}$ の抵抗 R をリアクタンス X におき換える。さらに，コイルでは電流は電圧に対して位相が $\dfrac{\pi}{2}$ 遅れていることを考慮すると，電圧から電流が直ちに求まる。

問3 問2の結果より,

$$I = V_0 \sqrt{\frac{1}{R^2} + \left(\omega C - \frac{1}{\omega L}\right)^2} \sin(\omega t + \alpha)^{②}$$

と表せる。ただし, α は,

$$\tan\alpha = \frac{\omega C - \dfrac{1}{\omega L}}{\dfrac{1}{R}} = R\left(\omega C - \frac{1}{\omega L}\right)$$

を満たす値である。電流の最大値 I_0 は,

$$I_0 = V_0 \sqrt{\frac{1}{R^2} + \left(\omega C - \frac{1}{\omega L}\right)^2}$$

なので, インピーダンス Z は,

$$Z = \frac{V_0}{I_0} = \frac{1}{\sqrt{\dfrac{1}{R^2} + \left(\omega C - \dfrac{1}{\omega L}\right)^2}}$$

である。

問4 角周波数 ω を変数としたとき, インピーダンス Z が最大となるのは,

$$\omega C - \frac{1}{\omega L} = 0 \quad \text{よって,} \quad \omega = \frac{1}{\sqrt{LC}}^{③}$$

のときである。

② 与えられた数学公式を用いた。

③ このとき,
$$I_L + I_C = 0$$
となり, コイルとコンデンサーには同じ大きさで逆向きの電流が流れる。したがって, LC回路における電気振動が実現する。また, $I = I_R$ となる。この現象を並列共振という。

201 RLC直列回路

問1　$RI_0\sin\omega t$　　　問2　$\omega LI_0\cos\omega t$　　　問3　$-\dfrac{1}{\omega C}I_0\cos\omega t$

問4　$\sqrt{R^2+\left(\omega L-\dfrac{1}{\omega C}\right)^2}$

問5　変動する項：$-\dfrac{V_0^2}{2Z}\cos(2\omega t+\theta)$，変動しない項：$\dfrac{V_0^2}{2Z}\cos\theta$

問6　$\dfrac{1}{\sqrt{LC}}$　　　問7　$\dfrac{V_0^2}{2R}$　　　問8　$\dfrac{-RC+\sqrt{(RC)^2+4LC}}{2LC}$

解説

問1　抵抗にかかる電圧 V_R は，
$$V_R = RI$$
$$= RI_0\sin\omega t$$
である。

問2　コイルのリアクタンスは ωL で，電圧 V_L は電流より位相が $\dfrac{\pi}{2}$ 進んでいるので，
$$V_L = \omega LI_0\sin\left(\omega t+\dfrac{\pi}{2}\right)$$
$$= \omega LI_0\cos\omega t$$
となる。

問3　コンデンサーのリアクタンスは $\dfrac{1}{\omega C}$ で，電圧 V_C は電流より位相が $\dfrac{\pi}{2}$ 遅れているので，
$$V_C = \dfrac{1}{\omega C}I_0\sin\left(\omega t-\dfrac{\pi}{2}\right)$$
$$= -\dfrac{1}{\omega C}I_0\cos\omega t$$
となる。

問4 RLC直列回路全体の電圧 V は,

$$V = V_R + V_L + V_C$$

$$= RI_0\sin\omega t + \omega LI_0\cos\omega t + \left(-\frac{1}{\omega C}I_0\cos\omega t\right)$$

$$= I_0\left\{R\sin\omega t + \left(\omega L - \frac{1}{\omega C}\right)\cos\omega t\right\}$$

$$= I_0\sqrt{R^2 + \left(\omega L - \frac{1}{\omega C}\right)^2}\sin(\omega t + \theta)$$

となる。ただし,θ は,

$$\begin{cases} \sin\theta = \dfrac{\omega L - \dfrac{1}{\omega C}}{\sqrt{R^2 + \left(\omega L - \dfrac{1}{\omega C}\right)^2}} \\[4mm] \cos\theta = \dfrac{R}{\sqrt{R^2 + \left(\omega L - \dfrac{1}{\omega C}\right)^2}} \end{cases} \quad \cdots ①$$

を満たす。$V = ZI_0\sin(\omega t + \theta)$ と表すとき,

$$Z = \sqrt{R^2 + \left(\omega L - \frac{1}{\omega C}\right)^2}\,①$$

である。

問5 回路全体の消費電力 P は,$V = ZI_0\sin(\omega t + \theta)$ より,

$$P = IV = I_0\sin\omega t \times ZI_0\sin(\omega t + \theta)$$

$$= \frac{1}{2}ZI_0{}^2\{\cos\theta - \cos(2\omega t + \theta)\}②$$

$$= \frac{V_0{}^2}{2Z}\{\cos\theta - \cos(2\omega t + \theta)\} \quad (V_0 = ZI_0 \text{より})$$

となる。よって,周期的に電流の2倍の角周波数で変動する項は,$-\dfrac{V_0{}^2}{2Z}\cos(2\omega t + \theta)$ である。また,変動しない項は,$\dfrac{V_0{}^2}{2Z}\cos\theta$ である。

問6 V_0 を変えずに ω を変えるとき,$V_0 = ZI_0$ より,角周波数 ω を変数としたとき,**I_0 が最大となるのはインピーダンス Z が最小となるときである**③。このとき,$\omega = \omega_0$ なので,問4の結果より,

$$\omega_0 L - \frac{1}{\omega_0 C} = 0 \quad \cdots ②$$

よって,

$$\omega_0 = \frac{1}{\sqrt{LC}}$$

である。

① Z を RLC 直列回路のインピーダンスといい,合成抵抗に相当する。

② 与えられた数学公式を用いた。

③ この現象を直列共振という。

問7 問5の結果より，平均消費電力$\overline{P}$は，$\overline{\cos(2\omega t + \theta)} = 0$より，

$$\overline{P} = \frac{V_0^2}{2Z}\cos\theta \, ④$$ 　　　　　　…③

である。$\omega = \omega_0$のとき，①，②式より，

$$\cos\theta = 1$$ 　　　　　　　　　　　…④

となる。また，問4の結果と②式より，

$$Z = R$$ 　　　　　　　　　　　　　…⑤

が成り立つ。③式に④，⑤式を代入すると，

$$\overline{P} = \frac{V_0^2}{2R}$$

が得られる。

問8 ①式，問4の結果より，$\cos\theta = \dfrac{R}{Z}$となる。これと③式より，

$$\overline{P} = \frac{V_0^2}{2Z} \cdot \frac{R}{Z} = \frac{R V_0^2}{2Z^2}$$

である。$\omega = \omega_1$のとき，$\overline{P}$は問7の結果の半分になるので，

$$\frac{R V_0^2}{2Z^2} = \frac{1}{2} \cdot \frac{V_0^2}{2R} \quad \text{よって，} \quad Z^2 = 2R^2$$

となる。これに問4の結果を代入して整理すると，

$$R^2 + \left(\omega_1 L - \frac{1}{\omega_1 C}\right)^2 = 2R^2 \quad \text{よって，} \quad \omega_1 L - \frac{1}{\omega_1 C} = \pm R$$

が成り立つ。②式より$\omega_0 L - \dfrac{1}{\omega_0 C} = 0$だが，角周波数を$\omega_0$から

下げていってω_1になったので，

$$\omega_1 L - \frac{1}{\omega_1 C} = -R$$

である。これをω_1について解くと，

$$LC\omega_1^2 + RC\omega_1 - 1 = 0$$

よって，

$$\omega_1 = \frac{-RC + \sqrt{(RC)^2 + 4LC}}{2LC} \, ⑤$$

となる。

④ 電圧の実効値 $V_e = \dfrac{V_0}{\sqrt{2}}$

を用いると，

$$\overline{P} = \frac{V_e^2}{Z}\cos\theta$$

となり，$\overline{P} = \dfrac{V_e^2}{Z}$とはならない。これは，電流と電圧の位相が$\theta$ずれているためである。$\cos\theta$を力率という。

⑤ $\omega_1 > 0$

20 電子と光

確認問題

202 電子の発見
(ア) 陰極　(イ) 比電荷　(ウ) 電気素量　(エ) 正

解説
(ア) J.J.トムソンは**陰極**線に関する研究から電子を発見した(1897年)ことで知られている。

(イ) 陰極線は電場や磁場によって曲げられることから，J.J.トムソンは負電荷をもった粒子の流れであると考えた。この粒子はのちに電子と名付けられる。電磁場による電子の変位から，電気量を質量で割った**比電荷**という量が求められた。

(ウ) ミリカンは微細な油滴を用いた実験(1909年)により，電気量には最小単位があることを突き止めた。これを**電気素量**という。

(エ) 比電荷と電気素量から電子の質量が求められる。その値は原子の質量に比べてはるかに小さいため，原子の質量の大部分は電子以外の部分が担っていることがわかった。また，原子は電気的に中性だが，電子が負電荷であることから，それ以外の部分は**正**に帯電していることになる。

203 光電効果の歴史
(ア) 光電効果　(イ) 電子　(ウ) 強さ　(エ) 直線的　(オ) 比例
(カ) 波動　(キ) プランク　(ク) 光子　(ケ) 光量子仮説　(コ) 粒子

204 電子ボルト
(ア) 4.0×10^{-16}　(イ) 2.5×10^{3}

解説
(ア) X線光子1個のもつエネルギーは，

$$\frac{6.6 \times 10^{-34}\,\mathrm{J \cdot s} \times 3.0 \times 10^{8}\,\mathrm{m/s}}{5.0 \times 10^{-10}\,\mathrm{m}} = 3.96 \times 10^{-16}\,\mathrm{J}$$

$$\fallingdotseq 4.0 \times 10^{-16}\,\mathrm{J}$$

である。

(イ) $1\,\mathrm{eV} = 1.6 \times 10^{-19}\,\mathrm{C} \times 1\,\mathrm{V} = 1.6 \times 10^{-19}\,\mathrm{J}$ より，

$$3.96 \times 10^{-16}\,\mathrm{J} = \frac{3.96 \times 10^{-16}}{1.6 \times 10^{-19}}\,\mathrm{eV} \fallingdotseq 2.5 \times 10^{3}\,\mathrm{eV}$$

である。

▶電子ボルト
1個の電子を1Vの電圧で加速したときに電子が得る運動エネルギーを1eV(電子ボルト)とする。

$$\text{問1} \quad \frac{h}{P} \qquad \text{問2} \quad eV \qquad \text{問3} \quad \frac{1}{2}mv^2 \qquad \text{問4} \quad \frac{h}{\sqrt{2meV}}$$

解説

問1　ド・ブロイ波長 $\lambda = \dfrac{h}{P}$

問2　位置エネルギーが eV だけ減少するので，エネルギー保存則より，運動エネルギーは $E = eV$ だけ増加する。

問3　$E = \dfrac{1}{2}mv^2$

問4　問2，問3の結果より，

$$\frac{1}{2}mv^2 = eV \quad \text{よって，} \quad v = \sqrt{\frac{2eV}{m}}$$

が得られる。また，$P = mv$ と表せるので，これらを問1の結果に代入すると，

$$\lambda = \frac{h}{m\sqrt{\dfrac{2eV}{m}}} = \frac{h}{\sqrt{2meV}}$$

となる。

> ▶物質波（ド・ブロイ波）
> 運動量の大きさが p の粒子のド・ブロイ波長 λ は，
> $$\lambda = \frac{h}{p}$$
> で与えられる。

≡ **重要問題** ∷∷

■206 トムソンの実験

$$(ア) \quad eE \qquad\qquad (イ) \quad \frac{eE}{m} \qquad (ウ) \quad \frac{l}{v_0} \qquad (エ) \quad \frac{eEl^2}{2mv_0^2} \qquad (オ) \quad \frac{eEl}{mv_0}$$

$$(カ) \quad \frac{eEl(2L-l)}{2mv_0^2} \qquad (キ) \quad \frac{E}{v_0}$$

> 📦 **Method**
>
> トムソンの実験（1897年）：
> 陰極線の正体が負に帯電した粒子の流れであることを突き止め，その比電荷を求めた実験である。この粒子はのちに電子と名付けられ，J.J.トムソンは「電子の発見者」と呼ばれるようになる。1906年，ノーベル賞を受賞。

解説

(ア)　電子は一様電場から大きさ eE の静電気力を z 軸の正の向きに受ける[①]。

(イ)　z 軸方向の電子の運動方程式は，$ma_z = eE$ と表せるので，

$$a_z = \frac{eE}{m} \text{となる。}$$

> ①　電子は負電荷なので，電場と逆向きに静電気力を受ける。

(ウ) 電子はx軸方向に力を受けないので、速さv_0で等速度運動をする。

よって、空間Dを抜け出る時刻は、$t = \dfrac{l}{v_0}$となる。

(エ) 空間Dを通る間の電子のz軸方向の変位は、
$$z_1 = 0 \cdot \frac{l}{v_0} + \frac{1}{2} a_z \left(\frac{l}{v_0}\right)^2 = \frac{eEl^2}{2mv_0^2} \quad (\text{(イ), (ウ)より}) \,②$$
である。

② 重力の影響は無視できる。

(オ) 空間Dを抜け出るときの
電子の速度のz成分v_zは、
$$v_z = 0 + a_z \frac{l}{v_0}$$
$$= \frac{eEl}{mv_0}$$
$$(\text{(イ), (ウ)より})$$
である。

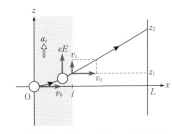

(カ) 電子が空間Dを抜け出てから蛍光板にあたるまで、x軸方向には距離$L - l$だけ移動する③ので、それにかかる時間は、$\dfrac{L-l}{v_0}$である。この間のz軸方向の変位は、
$$v_z \frac{L-l}{v_0} = \frac{eEl}{mv_0} \cdot \frac{L-l}{v_0} = \frac{eEl(L-l)}{mv_0^2} \quad (\text{(オ)より})$$
となる④ので、
$$z_2 = z_1 + \frac{eEl(L-l)}{mv_0^2} ⑤$$
$$= \frac{eEl^2}{2mv_0^2} + \frac{eEl(L-l)}{mv_0^2} \quad (\text{(エ)より})$$
$$= \frac{eEl(2L-l)}{2mv_0^2} \qquad\qquad \cdots①$$
となる。

③ 距離をLとしないように注意。

④ 空間Dを出るとz軸方向も等速になる。

⑤ z_1を足し忘れないように注意。

(キ) 電子は磁場から大きさev_0Bのローレンツ力をz軸の負の向きに受ける⑥。これと静電気力とのつり合いの式は、
$$eE - ev_0B = 0$$
となるので、
$$B = \frac{E}{v_0} \qquad\qquad \cdots②$$
である。

⑥ フレミングの左手の法則を用いてローレンツ力の向きを決める際、電子は負電荷であることに注意。

参考▶ ②式より，$v_0 = \dfrac{E}{B}$ が得られる⑦ので，これを①式に代入すると，

$$z_2 = \frac{eEl(2L-l)}{2m\left(\dfrac{E}{B}\right)^2} = \frac{el(2L-l)B^2}{2mE}$$

となる。これより，

$$\frac{e}{m} = \frac{2z_2 E}{l(2L-l)B^2}$$

が得られる。これに l, L, E, B の値と実験によって測定された z_2 の値を代入すれば比電荷 $\dfrac{e}{m}$ が求められる。ちなみに，現在では

$$\frac{e}{m} \fallingdotseq 1.76 \times 10^{11}\,\mathrm{C/kg}$$

であることが知られている。

⑦ 電子の速さ v_0 は測定が難しいので，この式によって v_0 を消去する。

---

207 ミリカンの実験

問1 $\dfrac{4}{3}\pi\rho_0 r^3 g - krv_0 = 0$

問2 $\sqrt{\dfrac{3kv_0}{4\pi\rho_0 g}}$

問3 向き：B，大きさ：$\dfrac{V}{d}$

問4 $Q\dfrac{V}{d} - krv_{\mathrm{E}} - \dfrac{4}{3}\pi\rho_0 r^3 g = 0$

問5 $\dfrac{kd(v_{\mathrm{E}}+v_0)}{V}\sqrt{\dfrac{3kv_0}{4\pi\rho_0 g}}$

問6 $1.59 \times 10^{-19}\,\mathrm{C}$

問7 $9.05 \times 10^{-31}\,\mathrm{kg}$

🛢 **Method**

ミリカンの油滴実験 (1909年)：
帯電した微細な油滴の落下速度を測定することにより，電気素量を求めた実験。これとトムソンの実験によって得られた電子の比電荷とから，電子の質量が判明した。1923年，ノーベル賞を受賞。

解説

問1 半径 r の油滴の体積は $\dfrac{4}{3}\pi r^3$ なので，その質量は，

$$\rho_0 \cdot \frac{4}{3}\pi r^3 = \frac{4}{3}\pi\rho_0 r^3$$

である。油滴の速さが v_0 のとき，油滴にはたらく力は右図のようになるので，力のつり合いの式は，

$$\frac{4}{3}\pi\rho_0 r^3 g - krv_0 = 0$$

となる。

krv_0

$\dfrac{4}{3}\pi\rho_0 r^3 g$

問2 問1の結果および $r \neq 0$ より，

$$\frac{4}{3}\pi\rho_0 r^2 g - k v_0 = 0 \quad \text{よって，} \quad r = \sqrt{\frac{3kv_0}{4\pi\rho_0 g}} \quad ①$$

が得られる。

問3 帯電した油滴が上昇したことから，油滴には鉛直上向きに静電気力がはたらいたことがわかる。油滴は正に帯電しているので，電場は鉛直上向き(図のBの向き)である。また，一様電場であることから，その大きさは $\dfrac{V}{d}$ である。

問4 油滴にはたらく力は右図のようになり，力のつり合いの式は，

$$Q\frac{V}{d} - krv_{\mathrm{E}} - \frac{4}{3}\pi\rho_0 r^3 g = 0$$

となる。

問5 問1，問4の結果から，

$$Q\frac{V}{d} - krv_{\mathrm{E}} - krv_0 = 0$$

が成り立つので，これより，

$$Q = \frac{kd(v_{\mathrm{E}} + v_0)}{V}r$$

$$= \frac{kd(v_{\mathrm{E}} + v_0)}{V}\sqrt{\frac{3kv_0}{4\pi\rho_0 g}} \quad ② \qquad (\text{問2より})$$

が得られる。

問6 各油滴の電気量の差をとると，その最小値が 1.70×10^{-19} C なので，これがおよその電気素量であると推定できる③。すると，各油滴の電気量は，

$$7.95 \times 10^{-19}\,\mathrm{C} \doteqdot 5e \qquad 4.82 \times 10^{-19}\,\mathrm{C} \doteqdot 3e$$
$$3.12 \times 10^{-19}\,\mathrm{C} \doteqdot 2e \qquad 12.80 \times 10^{-19}\,\mathrm{C} \doteqdot 8e$$

と考えられる。辺々の和をとることで平均すると，

$$28.69 \times 10^{-19}\,\mathrm{C} \doteqdot 18e$$

よって，

$$e = 1.593\cdots \times 10^{-19}\,\mathrm{C} \doteqdot 1.59 \times 10^{-19}\,\mathrm{C} \quad ④$$

となる。

問7 電子の質量を m とすると，

$$\frac{e}{m} = 1.76 \times 10^{11}\,\mathrm{C/kg}, \quad e = 1.593 \times 10^{-19}\,\mathrm{C}$$

より，

$$m = \frac{1.593 \times 10^{-19}\,\mathrm{C}}{1.76 \times 10^{11}\,\mathrm{C/kg}} \doteqdot 9.05 \times 10^{-31}\,\mathrm{kg} \quad ⑤$$

が得られる。

① 測定が困難な油滴の半径が求まった。

② v_{E}，v_0 の測定値とその他の既知の値により，油滴の電気量が求まる。

③ $e = 0.8 \times 10^{-19}$ C 程度の可能性も考えられるが，その場合，
12.80×10^{-19} C $= 16e$
となり，$10e$ を超えてしまう。

④ 実際の値は
$e = 1.60 \times 10^{-19}$ C である。

⑤ 実際の値は
$m = 9.11 \times 10^{-31}$ kg である。

208 光電効果①

(ア) 光電	(イ) eV_0	(ウ) 限界振動数	(エ) 仕事関数	(オ) $h\nu_0$
(カ) $h(\nu_1 - \nu_0)$	(キ) 4.8×10^{20}	(ク) 1.3		

◇ Method

光電効果：

金属に電磁波を照射すると電子が飛び出す現象。1900年にプランクによって光のエネルギーの最小単位が $h\nu$ であることが発見されると，アインシュタインはそれをさらに発展させ，光はエネルギー $h\nu$ をもった粒子(**光子**)としてふるまうことができるという**光量子仮説**を唱え，光電効果の仕組みを説明することに成功した。プランクは1918年に，アインシュタインは1921年にノーベル賞を受賞。

解説

(ア) 金属に光を照射すると電子が飛び出す現象を**光電効果**という。

(イ) Pの電位が $-V_0$ のとき，最大運動エネルギー K_{max} をもった電子がちょうど速度0でPに到達する。力学的エネルギー保存則より，

$$\underbrace{K_{max} + (-e) \cdot 0}_{\text{Kから飛び出した瞬間}} = \underbrace{\frac{1}{2} m \cdot 0^2 + (-e)(-V_0)}_{\text{Pに達する直前}} \text{①}$$

よって，$K_{max} = eV_0$ である。

(ウ) 光電効果が起こる最小の光の振動数を**限界振動数**という。

(エ) 金属から電子が飛び出すために必要な最小のエネルギーを**仕事関数**という。

(オ) 限界振動数 ν_0 の光を照射すると，電子は光子から $h\nu_0$ のエネルギーを得る。与えられるエネルギーがこれより小さいと電子は飛び出すことができないので，$W_0 = h\nu_0$ である。

(カ) 振動数 ν_1 の光子のエネルギーは $h\nu_1$ である。電子は光子を吸収することで $h\nu_1$ のエネルギーを得るが，金属表面から飛び出すためには少なくとも $h\nu_0$ のエネルギーが必要なので，飛び出したときに電子がもちうる最大運動エネルギーは，

$$K_{max} = h\nu_1 - h\nu_0 = h(\nu_1 - \nu_0) \text{②}$$

である。

(キ) 1分間に照射される光のエネルギーは，

$$3.6\,W \times 60\,s = 216\,J$$

である。波長 4.4×10^{-7} m の光子のエネルギーは，

$$\frac{6.6 \times 10^{-34}\,J\cdot s \times 3.0 \times 10^8\,m/s}{4.4 \times 10^{-7}\,m} = 4.50 \times 10^{-19}\,J \text{③}$$

なので，照射された光子の数は，

$$\frac{216\,J}{4.50 \times 10^{-19}\,J} = 4.8 \times 10^{20}\,(\text{個})$$

となる。

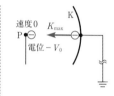

① Kは接地しているので，電位は0である。

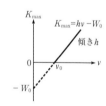

② $K_{max} = h\nu_1 - W_0$ から求めてもよい。

③ 光子1個のもつエネルギーは $\dfrac{hc}{\lambda}$ と表せる。

(ク) 1分間で陽極Pに達した電気量は,
$$1.6 \times 10^{-19}\,\mathrm{C} \times 4.8 \times 10^{20} = 76.8\,\mathrm{C}$$
である。よって，流れる電流は,
$$\frac{76.8\,\mathrm{C}}{60\,\mathrm{s}} \fallingdotseq 1.3\,\mathrm{A}\;^{④}$$
となる。

④ 電流の大きさは単位時間あたりの通過電気量の大きさで定義される。

---

209 コンプトン効果

(ア) $\dfrac{h}{\lambda'}\cos\theta + mv\cos\phi$ (イ) $\dfrac{h}{\lambda'}\sin\theta - mv\sin\phi$ (ウ) $\dfrac{hc}{\lambda'} + \dfrac{1}{2}mv^2$

(エ) $\left(\dfrac{h}{\lambda}\right)^2 + \left(\dfrac{h}{\lambda'}\right)^2 - \dfrac{2h^2}{\lambda\lambda'}\cos\theta$ (オ) $\dfrac{h}{2mc}$ (カ) 7.33×10^{-11}

⬡ Method

コンプトン効果(1923年):

　物質にX線を照射すると，波長がやや長くなったX線が散乱される。コンプトンは，この現象は物質中の電子にX線光子が弾性衝突し運動量が減少することによるものであると考え，アインシュタインが予言した光子の運動量の大きさを表す式

$p = \dfrac{h\nu}{c} = \dfrac{h}{\lambda}$ を裏付けた。1927年，ノーベル賞を受賞。

解説

(ア) 散乱X線とはね飛ばされた電子の運動量の大きさはそれぞれ

$\dfrac{h}{\lambda'}$，mv と表せる。x 方向の運動量保存則より,

$$\frac{h}{\lambda} = \frac{h}{\lambda'}\cos\theta + mv\cos\phi \qquad \cdots ①$$

が成り立つ。

(イ) y 方向の運動量保存則より,

$$0 = \frac{h}{\lambda'}\sin\theta - mv\sin\phi \qquad \cdots ②$$

が成り立つ。

(ウ) 散乱X線とはね飛ばされた電子のエネルギーはそれぞれ $\dfrac{hc}{\lambda'}$,

$\dfrac{1}{2}mv^2$ と表せる。X線光子と電子が弾性衝突すると考えると，エネルギー保存則より,

$$\frac{hc}{\lambda} = \frac{hc}{\lambda'} + \frac{1}{2}mv^2\,^{①} \qquad \cdots ③$$

が成り立つ。

① エネルギーはベクトル量ではないので，x, y 方向に分解してはならない。

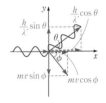

(エ)　①，②式より，

$$mv\cos\phi = \frac{h}{\lambda} - \frac{h}{\lambda'}\cos\theta, \quad mv\sin\phi = \frac{h}{\lambda'}\sin\theta$$

である。辺々を2乗して和をとり ϕ を消去すると，

$$(mv)^2 = \left(\frac{h}{\lambda} - \frac{h}{\lambda'}\cos\theta\right)^2 + \left(\frac{h}{\lambda'}\sin\theta\right)^2$$

$$= \left(\frac{h}{\lambda}\right)^2 + \left(\frac{h}{\lambda'}\right)^2 - \frac{2h^2}{\lambda\lambda'}\cos\theta \qquad \cdots ④$$

となる。

(オ)　また，③式より，

$$(mv)^2 = 2m\left(\frac{hc}{\lambda} - \frac{hc}{\lambda'}\right) = 2mhc\frac{\lambda' - \lambda}{\lambda\lambda'} ②$$

である。これと④式から v を消去すると，

$$2mhc\frac{\lambda' - \lambda}{\lambda\lambda'} = \left(\frac{h}{\lambda}\right)^2 + \left(\frac{h}{\lambda'}\right)^2 - \frac{2h^2}{\lambda\lambda'}\cos\theta$$

$$\lambda' - \lambda = \frac{\lambda\lambda'}{2mhc}\left\{\left(\frac{h}{\lambda}\right)^2 + \left(\frac{h}{\lambda'}\right)^2 - \frac{2h^2}{\lambda\lambda'}\cos\theta\right\}$$

$$= \frac{h}{2mc}\left(\frac{\lambda'}{\lambda} + \frac{\lambda}{\lambda'} - 2\cos\theta\right) ③ \qquad \cdots ⑤$$

となる。

(カ)　⑤式において $\frac{\lambda'}{\lambda} + \frac{\lambda}{\lambda'} \fallingdotseq 2$ と近似する④と，

$$\lambda' - \lambda = \frac{h}{2mc}(2 - 2\cos\theta) = \frac{h}{mc}(1 - \cos\theta)$$

となる。特に，$\theta = 90.0°$ のとき，

$$\lambda' - \lambda = \frac{h}{mc} ⑤$$

である。これに与えられた数値を代入すると，

$$\lambda' - \lambda = \frac{6.63 \times 10^{-34}\,\text{J·s}}{9.11 \times 10^{-31}\,\text{kg} \times 3.00 \times 10^8\,\text{m/s}}$$

$$= 2.425\cdots \times 10^{-12}\,\text{m}$$

となる。したがって，入射X線の波長が $\lambda = 7.09 \times 10^{-11}\,\text{m}$ のときは，

$$\lambda' = 7.09 \times 10^{-11}\,\text{m} + 2.43 \times 10^{-12}\,\text{m} \fallingdotseq 7.33 \times 10^{-11}\,\text{m}$$

である。

②　通分して $\lambda' - \lambda$ の形を作り出す。以後，$\lambda' - \lambda$ の形を崩さないのが式変形のポイント。

③　|　|内の h^2 を前にくくり出し，$\lambda\lambda'$ を|　|の中に入れる。

④　$\lambda' - \lambda$ が λ より十分小さいとき，$\frac{\lambda'}{\lambda}$ は1よりわずかに大きく，$\frac{\lambda}{\lambda'}$ は1よりわずかに小さいので，$\frac{\lambda'}{\lambda} + \frac{\lambda}{\lambda'} \fallingdotseq 2$ と近似できる。

⑤　$\theta = 90.0°$ のときの波長の伸び $\lambda' - \lambda$ をコンプトン波長と呼ぶ。

210 ブラッグの実験と物質波

(ア) 干渉　(イ) 同位相　(ウ) $2d\sin\theta$　(エ) 整数　(オ) $2d\sin\theta = n\lambda$

(カ) 物質波（ド・ブロイ波）　(キ) $\dfrac{h}{mv}$

Method

ブラッグの実験（1913年）：

ブラッグ親子（父：ヘンリー・ブラッグ，子：ローレンス・ブラッグ）は物質内で原子は規則的に並んで結晶格子を作っていると仮説を立て，X線を照射するとそれらが回折格子の役目を果たし，特定の方向で強め合うことを確認した。1915年，親子でノーベル賞を受賞。

物質波：

ド・ブロイは電子などの微小な粒子は波動性を伴い，その波長は$\lambda = \dfrac{h}{mv}$で与えられると主張した（1924年）。その後，デヴィソン，ガーマー，G.P.トムソン（J.J.トムソンの息子），菊池正士らが加速させた電子（電子線）でブラッグの実験を行うことにより，電子の波動性が確認される（1927年～1928年）。デヴィソンとG.P.トムソンは1937年，ノーベル賞を受賞。

解説

(ア) 結晶内で規則正しく並んだ原子により反射型の回折をしたX線は**干渉**し合い，特定の方向で強め合う。

(イ) ある結晶面内で反射の法則を満たす方向に回折したX線に着目する。隣りあう結晶面で反射したX線が**同位相**で観測されると強め合う。

(ウ) 隣りあう結晶面で反射したX線の経路差は$2d\sin\theta$である[1]

(エ) 経路差が波長の**整数**倍のとき，反射したX線は同位相となり強め合う。

(オ) X線が強め合う条件は，
$$2d\sin\theta = n\lambda$$ [2]
である。

(カ) 粒子の波動性に着目するとき，その波を**物質波**または**ド・ブロイ波**という。

(キ) 物質波の波長は$\lambda_0 = \dfrac{h}{mv}$と表せる。

[1] 屈折の法則では境界面に対する垂線と入射方向とのなす角を入射角とするが，ブラッグの実験では境界面とX線とのなす角をθとして計算することが多い。

[2] これをブラッグの条件という。

211 光電効果②

問1 6.6×10^{-34} J·s   問2 3.7×10^{-19} J   問3 2.9×10^{-7} m

問4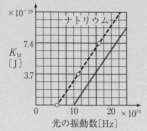

問5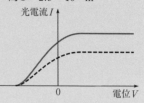

問6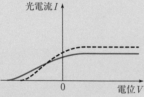

問7 強い光をあてると単位時間あたりに照射されるエネルギーが増えるので、たとえ振動数が小さくても、長い時間光を照射すれば光電子は飛び出してくるはずだから。

解説

問1 照射した光の振動数をν、限界振動数をν_0、プランク定数をhとすると、$K_M = h(\nu - \nu_0)$と表せる[①]ので、hは与えられたグラフの傾きに等しい。よって、

$$h = \frac{7.4 \times 10^{-19}\text{J}}{16.8 \times 10^{14}\text{Hz} - 5.6 \times 10^{14}\text{Hz}}$$
$$= 6.60\cdots \times 10^{-34}\text{J·s} \doteqdot 6.6 \times 10^{-34}\text{J·s}$$

である。

① **208** (カ)参照。

問2 仕事関数Wは、

$$W = h\nu_0\,[②] = 6.60 \times 10^{-34}\text{J·s} \times 5.6 \times 10^{14}\text{Hz}$$
$$\doteqdot 3.7 \times 10^{-19}\text{J}$$

である。

② **208** (オ)参照。

問3 限界波長をλ_0とおく。$c = 3.0 \times 10^8$m/sと表すと、

$$W = \frac{hc}{\lambda_0}\,[③]\ \text{より},$$
$$\lambda_0 = \frac{hc}{W}$$
$$= \frac{6.60 \times 10^{-34}\text{J·s} \times 3.0 \times 10^8\text{m/s}}{6.9 \times 10^{-19}\text{J}}\,[④]\quad (問1より)$$
$$= 2.86\cdots \times 10^{-7}\text{m} \doteqdot 2.9 \times 10^{-7}\text{m}$$

となる。

③ $\nu_0 = \dfrac{c}{\lambda_0}$

④ 問題文より、亜鉛の仕事関数Wは
$$W = 6.9 \times 10^{-19}\text{J}$$
である。

問4 亜鉛の限界振動数は,

$$\frac{c}{\lambda_0} = \frac{3.0 \times 10^8\,\text{m/s}}{2.86 \times 10^{-7}\,\text{m}} \fallingdotseq 1.0 \times 10^{15}\,\text{Hz} \quad (問3より)$$

である。また,グラフの傾きがhなので,求めるグラフは与えられたグラフと平行になる。以上より,**解答**のようになる。

問5 光子1個のもつエネルギーは変わらないので,阻止電圧も変化しない。一方,光の強さを強くすると,単位時間あたりに入射するエネルギーは増加する。光子の1個のエネルギーが変わらないことから,入射する光子の個数が増加[5]し,飛び出す電子の数も増える。よって,流れる電流も増加する。以上より,グラフは**解答**のようになる。

問6 光子1個のエネルギーが増えるので,飛び出す電子の最大運動エネルギーも増え,阻止電圧は増加する[6]。しかし,光の強さは変えていないので,光に含まれる光子の数は減少し,飛び出す電子の個数も少なくなる。よって,飽和電流が流れたときの電流の強さは弱くなる。以上より,グラフは**解答**のようになる。

⑤ 光のもつエネルギーは光子1個のエネルギーと光子の個数の積である。

⑥ つまり,光電流Iが0となるときのPの電位Vは小さくなる。

---

212 電子線回折によるブラッグの実験

(ア) $\sqrt{2meV}$　　(イ) $\dfrac{h}{\sqrt{2meV}}$　　(ウ) $2d\sin\theta = k\dfrac{h}{\sqrt{2meV}}$　　(エ) $\dfrac{\cos\theta}{\cos\theta'}$

(オ) $\sqrt{\dfrac{V+V_0}{V}}$　　(カ) $2d\sqrt{n^2 - \cos^2\theta} = k\dfrac{h}{\sqrt{2meV}}$　　(キ) $\left(1 - \dfrac{1}{n}\right)\dfrac{1}{\tan\theta}$

(ク) $\dfrac{V_0}{2\tan\theta}$

解説

(ア) 加速された電子の速さをvとすると,エネルギー保存則より,

$$\frac{1}{2}mv^2 = eV \quad \text{よって,} \quad v = \sqrt{\frac{2eV}{m}}$$

である。したがって,運動量の大きさは,

$$mv = \sqrt{2meV}$$

となる。

(イ) 速さvの電子線の波長は,

$$\lambda = \frac{h}{mv} = \frac{h}{\sqrt{2meV}} \quad ((ア)より)$$

となる。

(ウ) ブラッグの条件は$2d\sin\theta = k\lambda$と表せるので,これに(イ)の結果を代入して,

$$2d\sin\theta = k\frac{h}{\sqrt{2meV}}$$

となる。

(エ) 電子線の入射角は $90° - \theta$, 屈折角は $90° - \theta'$[①] なので, 屈折の法則より,

$$n = \frac{\sin(90° - \theta)}{\sin(90° - \theta')} = \frac{\cos\theta}{\cos\theta'}$$

である。

(オ) 真空中に比べて結晶内では電位が V_0 だけ高い[②] ことから, 結晶内での電子の波長 λ' は(イ)の結果と同様に,

$$\lambda' = \frac{h}{\sqrt{2me(V + V_0)}}$$

と表せる。屈折の法則より,

$$n = \frac{\lambda}{\lambda'} = \frac{\dfrac{h}{\sqrt{2meV}}}{\dfrac{h}{\sqrt{2me(V + V_0)}}} = \sqrt{\frac{V + V_0}{V}}$$

となる。

(カ) 結晶中での電子線の波長は $\dfrac{\lambda}{n}$ なので, ブラッグの条件は,

$$2d\sin\theta' = k\frac{\lambda}{n}$$

$$2d\sqrt{1 - \cos^2\theta'} = k\frac{\lambda}{n}$$

$$2d\sqrt{1 - \frac{\cos^2\theta}{n^2}} = k\frac{\lambda}{n} \quad (\text{(エ)より})$$

$$2d\sqrt{n^2 - \cos^2\theta} = k\lambda$$

$$2d\sqrt{n^2 - \cos^2\theta} = k\frac{h}{\sqrt{2meV}} \quad (\text{(イ)より})$$

である。

(キ) 与えられた近似式 $\cos\underbrace{(\theta + \Delta\theta)}_{\theta'} \fallingdotseq \cos\theta - \Delta\theta \cdot \sin\theta$[③] より,

$$\Delta\theta = \frac{\cos\theta - \cos\theta'}{\sin\theta} = \frac{\cos\theta - \dfrac{\cos\theta}{n}}{\sin\theta} \quad (\text{(エ)より})$$

$$= \left(1 - \frac{1}{n}\right)\frac{1}{\tan\theta}$$

が得られる。

(ク) (キ)の結果に(オ)の結果を代入して,

$$\Delta\theta = \left(1 - \sqrt{\frac{V}{V + V_0}}\right)\frac{1}{\tan\theta} = \left\{1 - \left(1 + \frac{V_0}{V}\right)^{-\frac{1}{2}}\right\}\frac{1}{\tan\theta}\text{[④]}$$

$$\fallingdotseq \left\{1 - \left(1 - \frac{1}{2}\cdot\frac{V_0}{V}\right)\right\}\frac{1}{\tan\theta} = \frac{V_0}{2\tan\theta} \times \frac{1}{V}$$

を得る。

① 屈折の法則では, 境界面に対する垂線と波の進行方向とのなす角を入射角や屈折角とすることに注意。

② 真空よりも結晶のほうがわずかに高電位なので, 結晶表面にはそれに垂直かつ外向きに薄い電場の層ができる。この電場により電子は結晶表面に垂直かつ内向きに力を受け, 電子線の屈折が起こる。

③ 加法定理で展開すると,
$$\cos(\theta + \Delta\theta)$$
$$= \cos\theta\cos(\Delta\theta)$$
$$\quad - \sin\theta\sin(\Delta\theta)$$
となる。ここで,
$$\sin(\Delta\theta) \fallingdotseq \Delta\theta$$
$$\cos(\Delta\theta) \fallingdotseq 1$$
と近似すると,
$$\cos(\theta + \Delta\theta)$$
$$\fallingdotseq \cos\theta - \Delta\theta \cdot \sin\theta$$
が得られる。

④ $(1 + x)^\alpha \fallingdotseq 1 + \alpha x$ において, $x = \dfrac{V_0}{V}$,

$\alpha = -\dfrac{1}{2}$ とした。

21 原子と原子核

確認問題

213 原子核と原子の発見
(ア) 10^{-10} (イ) 10^{-15} (ウ) 質量数   (エ) 原子番号   (オ) α粒子
(カ) 陽子   (キ) 電荷をもたない   (ク) 中性子   (ケ) 電気量
(コ) mc^2

214 水素原子スペクトル
問1 $\lambda = 6.5 \times 10^{-7}\,\text{m}$, $E = 3.0 \times 10^{-19}\,\text{J}$ 問2 6.4倍

解説

▶水素原子から発せられる電磁波の波長λは,整数n, $n'\,(n > n')$を用いて,

$$\frac{1}{\lambda} = R\left(\frac{1}{n'^2} - \frac{1}{n^2}\right)$$

と表せる。

問1 $n' = 2$, $n = 3$とすると,

$$\frac{1}{\lambda} = R\left(\frac{1}{2^2} - \frac{1}{3^2}\right)$$

よって,

$$\lambda = \frac{36}{5R} = \frac{36}{5 \times 1.1 \times 10^7\,\text{m}^{-1}} = 6.54\cdots \times 10^{-7}\,\text{m} \fallingdotseq 6.5 \times 10^{-7}\,\text{m}$$

となる。この波長の光子のもつエネルギーEは,

$$E = \frac{hc}{\lambda} = \frac{6.6 \times 10^{-34}\,\text{J·s} \times 3.0 \times 10^8\,\text{m/s}}{6.54 \times 10^{-7}\,\text{m}} \fallingdotseq 3.0 \times 10^{-19}\,\text{J}$$

である。

問2 量子数3の状態から基底状態へ移るときに放出する光子の波長をλ'とすると,$n' = 1$,$n = 3$として,

$$\frac{1}{\lambda'} = R\left(\frac{1}{1^2} - \frac{1}{3^2}\right) \quad \text{よって,} \ \lambda' = \frac{9}{8R}$$

となる。この光子のエネルギーをE'とすると,

$$\frac{E'}{E} = \frac{\lambda}{\lambda'} = \frac{32}{5} = 6.4倍$$

である。

215 X線の発生
問1 (ア) 連続X線   (イ) 特性X線(固有X線)   問2 $\dfrac{hc}{eV}$

問3 (A) 短くなる   (B) 変化しない

問2 電子が陽極に衝突する直前にもつ運動エネルギーをKとおく。力学的エネルギー保存則より，

$$\underbrace{\frac{1}{2}m\cdot 0^2 + (-e)\cdot 0}_{\text{飛び出したとき}} = \underbrace{K + (-e)V}_{\text{陽極に衝突する直前}} \quad \text{よって，} \quad K = eV$$

となる。Kの一部がX線光子のエネルギーに変換されるので，連続X線の波長λは，

$$eV \geqq \frac{hc}{\lambda} \quad \text{よって，} \quad \lambda \geqq \frac{hc}{eV} = \lambda_0$$

をみたす。

問3 (A) 問2の結果より，Vを大きくするとλ_0は短くなる。

(B) **特性X線は，加速された熱電子が電子殻内の電子をたたき出すことで生じた空席にそれより外側の殻内電子が落ち込むことによって生じるので，その波長はエネルギー準位によって決まる。よって，Vを大きくしても変化しない。**

---

216 原子核の質量とエネルギー

問1 $Zm_{\mathrm{p}} + (A-Z)m_{\mathrm{n}} - m_0$　　　問2 **質量欠損**

問3 $\{Zm_{\mathrm{p}} + (A-Z)m_{\mathrm{n}} - m_0\}c^2$　　　問4 $\dfrac{\{Zm_{\mathrm{p}} + (A-Z)m_{\mathrm{n}} - m_0\}c^2}{A}$

問5 **核力**

問1 陽子数はZ，中性子数は$A-Z$なので，核子の質量の和は，

$$Zm_{\mathrm{p}} + (A-Z)m_{\mathrm{n}}$$

となる。よって，原子核との質量の差は，

$$\Delta m = Zm_{\mathrm{p}} + (A-Z)m_{\mathrm{n}} - m_0$$

である。

問2 核子が原子核として結合したときに失う質量Δmを**質量欠損**という。

問3 質量欠損をエネルギーに換算すると，

$$B = (\Delta m)c^2 = \{Zm_{\mathrm{p}} + (A-Z)m_{\mathrm{n}} - m_0\}c^2$$

となる。これを**結合エネルギー**という。

問4 核子1個あたりの結合エネルギーは，

$$\frac{B}{A} = \frac{\{Zm_{\mathrm{p}} + (A-Z)m_{\mathrm{n}} - m_0\}c^2}{A}$$

となる。

問5 核子を結合させている強力な引力を**核力**という。

---

217 放射線

問1 (ア) He原子核　　(イ) 電子　　(ウ) 電磁波

問2 (エ) $+2e$　　(オ) $-e$　　(カ) 0

問3 (キ) ③　　(ク) ①　　(ケ) ①　　(コ) ③

218 素粒子

(ア) クォーク　(イ) uud　(ウ) udd　(エ) 4　(オ) 電磁気

≡ 重要問題

219 ボーアの水素原子模型

問1　$m\dfrac{v^2}{r} = k\dfrac{e^2}{r^2}$　問2　$\sqrt{\dfrac{ke^2}{mr}}$　問3　$-\dfrac{ke^2}{2r}$　問4　$\dfrac{h^2n^2}{4\pi^2kme^2}$

問5　$-\dfrac{2\pi^2k^2me^4}{h^2n^2}$　問6　$\dfrac{2\pi^2k^2me^4}{h^3}\left(\dfrac{1}{n'^2}-\dfrac{1}{n^2}\right)$　問7　$R\left(\dfrac{1}{n'^2}-\dfrac{1}{n^2}\right)$

問8　$n = 3$　問9　$13.7\,\text{eV}$

> ⬡ **Method**
>
> ボーアの水素原子模型(1913年):
> ボーアは原子核のまわりを回る電子の軌道に関して,**量子条件**と**振動数条件**という2つの条件を課し,円運動する電子が電磁波の放出によりエネルギーを失わない理由と水素原子スペクトルの規則性に合理的説明を与えた。1922年,ノーベル賞を受賞。

解説

問1　半径方向の運動方程式は,$m\dfrac{v^2}{r} = k\dfrac{e^2}{r^2}$ である。

問2　問1の結果より,$v = \sqrt{\dfrac{ke^2}{mr}}$ が得られる。

問3　電子のもつ力学的エネルギーは,

$$E = \frac{1}{2}mv^2 + (-e)k\frac{e}{r}$$

$$= \frac{1}{2}m\left(\sqrt{\frac{ke^2}{mr}}\right)^2 - k\frac{e^2}{r} \quad (\text{問2より})$$

$$= -\frac{ke^2}{2r}$$

である。

問4　量子条件 $mvr = n\dfrac{h}{2\pi}$ ①より,$v = \dfrac{hn}{2\pi rm}$ でなければならない。

これと問2の結果より,半径 r は,

$$\sqrt{\frac{ke^2}{mr}} = \frac{hn}{2\pi rm} \quad \text{よって,} \quad r = \frac{h^2n^2}{4\pi^2kme^2}$$

を満たすとびとびの軌道に限られる。

① 量子条件を

$$2\pi r = n\frac{h}{mv} = n\lambda$$

(λ は電子波のド・ブロイ波長)

と変形すると,円軌道の長さが波長の整数倍,すなわち電子波による定常波ができるときに電子は安定的に存在できると解釈できる。

問5　問4の結果を問3の結果に代入すると，電子のもつエネルギー E_n は，

$$E_n = -\frac{ke^2}{2\frac{h^2n^2}{4\pi^2kme^2}} = -\frac{2\pi^2k^2me^4}{h^2n^2} \quad ②$$

というととびとびの値となる。

② これをエネルギー準位という。

問6　振動数 ν の光子のもつエネルギーは $h\nu$ と表せる。エネルギー準位が E_n から $E_{n'}$ $(n > n')$ の軌道に遷移するとき，そのエネルギー準位差に等しいエネルギーをもった光子1個を放出するので，$h\nu = E_n - E_{n'}$ ③ が成り立つ。これに問5の結果を代入すると，

$$h\nu = \frac{2\pi^2k^2me^4}{h^2}\left(\frac{1}{n'^2} - \frac{1}{n^2}\right)$$

③ これを振動数条件という。

よって，

$$\nu = \frac{2\pi^2k^2me^4}{h^3}\left(\frac{1}{n'^2} - \frac{1}{n^2}\right)$$

となる。

問7　$\nu = \dfrac{c}{\lambda}$ より，

$$\frac{1}{\lambda} = \frac{2\pi^2k^2me^4}{ch^3}\left(\frac{1}{n'^2} - \frac{1}{n^2}\right) ④ = R\left(\frac{1}{n'^2} - \frac{1}{n^2}\right)$$

が成り立つ。

④ リュードベリ定数
$$R = \frac{2\pi^2k^2me^4}{ch^3}$$

問8　問7の結果において $n' = 2$ とする ⑤ と，

$$\frac{1}{\lambda} = R\left(\frac{1}{4} - \frac{1}{n^2}\right)$$

となる。ただし，$n > n'$ より，$n = 3$，4，5，… である。これらの中で最も λ が大きいのは $n = 3$ の場合である。

⑤ 可視光は $n' = 2$ のバルマー系列に属する。
なお，ライマン系列 $(n' = 1)$ は紫外線，パッシェン系列 $(n' = 3)$ は赤外線の系列である。

問9　問5の結果において，リュードベリ定数が $R = \dfrac{2\pi^2k^2me^4}{ch^3}$ であることを考慮すると，エネルギー準位は $E_n = -\dfrac{Rhc}{n^2}$ と表せる。

よって，水素のイオン化エネルギーは，

$$\begin{aligned}E_\infty - E_1 &= Rhc \\ &= 1.10 \times 10^7\,/\text{m} \times 4.14 \times 10^{-15}\,\text{eV·s} \\ &\quad \times 3.00 \times 10^8\,\text{m/s} \\ &\fallingdotseq 13.7\,\text{eV} \quad ⑥\end{aligned}$$

となる。⑦

⑥ より正確には $13.6\,\text{eV}$ である。

⑦ 水素のイオン化エネルギーの値が正しく得られることがボーアの模型の正当性を示している。

220 質量欠損と結合エネルギー

問1　mc^2　　問2　$82m_p + 124m_n - M$　　問3　$4.92 \times 10^2\,\text{MeV}$

問4　$1.74 \times 10^2\,\text{MeV}$

問5　軽い原子核どうしが融合して質量数が大きくなることで，核子1個あたりの結合エネルギーが増加し，原子核が安定化するから。

⬡ **Method**

質量とエネルギーの等価性:

アインシュタインによれば，質量mとエネルギーEは光速をcとして$E = mc^2$という関係式で結ばれ，質量もエネルギーの一種である。

質量欠損と結合エネルギー:

核子はバラバラの状態よりも原子核として結合した状態のほうが質量が小さい。その質量差を**質量欠損**といい，これをエネルギーに換算したものを**結合エネルギー**という。

解説

問1　アインシュタインによる質量とエネルギーの等価性の式により，$E = mc^2$の関係を満たす。

問2　$^{206}_{82}\text{Pb}$の陽子の数は82，中性子の数は$206 - 82 = 124$①なので，陽子と中性子の質量の和は$82m_p + 124m_n$である。したがって，質量欠損を表す式は$82m_p + 124m_n - M$となる。

① 質量数（核子の数）は陽子の数と中性子の数の和である。

問3　与えられた表より，$^{56}_{26}\text{Fe}$の核子1個あたりの結合エネルギーは8.79 MeVである。$^{56}_{26}\text{Fe}$の質量数は56なので，結合エネルギーは

$$8.79\,\text{MeV} \times 56 \doteqdot 4.92 \times 10^2\,\text{MeV}$$

である。

問4　$^{235}_{92}\text{U}$，$^{141}_{56}\text{Ba}$，$^{92}_{36}\text{Kr}$の質量数はそれぞれ235，141，92なので，結合エネルギーはそれぞれ

$$7.59\,\text{MeV} \times 235 = 1783.65\,\text{MeV}$$
$$8.33\,\text{MeV} \times 141 = 1174.53\,\text{MeV}$$
$$8.51\,\text{MeV} \times 92 = 782.92\,\text{MeV}$$

である。よって，この核分裂によって解放されるエネルギー③は，

$$1174.53\,\text{MeV} + 782.92\,\text{MeV} - 1783.65\,\text{MeV}$$
$$\doteqdot 1.74 \times 10^2\,\text{MeV}$$

となる。

② このようにエネルギー図を描くと計算しやすい。

バラバラの核子・②

$7.59\,\text{MeV} \times 235$

$^{235}_{92}\text{U}$　^1_0n

$^{141}_{56}\text{Ba}$　$^{92}_{36}\text{Kr}$　3^1_0n

$8.33\,\text{MeV} \times 141$
$+$
$8.51\,\text{MeV} \times 92$

③ 核反応により結合エネルギーが増加し，静止エネルギーが減少した。

問5　与えられたグラフは大まかにいって上に凸になっており，核子1個あたりの結合エネルギーが最大となる$^{56}_{26}\text{Fe}$あたりが最も安定的である④。よって，軽い原子核どうしは**核融合**して大きくなり，重い原子核は**核分裂**して小さくなろうとする傾向がある。

④ 核子1個あたりの結合エネルギーが大きいほど結合により静止エネルギーが小さくなるため，安定的である。

221 核反応と保存則①

問1 0.0044u   問2 4.1MeV   問3 3   問4 3
問5 1.3MeV

> **Method**
> 核反応における保存則：
> 核反応では原子核内の核子(陽子と中性子)の組み合わせが変わるだけなので，**電気量**
> **と質量数**が保存する。また，**運動量とエネルギーの和**も保存するが，反応の前後でエ
> ネルギー形態が変化していることに注意。

解説

問1　核反応による質量の減少量は，

$$2.0136\,u \times 2 - (3.0155\,u + 1.0073\,u) = 0.0044\,u$$

である。

問2　質量の減少による静止エネルギーの減少量は，

$$\Delta E = 0.0044\,u \times 931\,MeV/u = 4.0964\,MeV \fallingdotseq 4.1\,MeV$$

である。[1]

問3　${}^3_1H$ の速さを v_3，${}^1_1H$ の速さを v_1 とおく。運動量保存則より，

$$m_1 v_1 - m_3 v_3 = 0$$

が成り立つので，

$$\frac{v_1}{v_3} = \frac{m_3}{m_1} = \frac{3}{1} = 3 \quad [2]$$

となる。

問4　${}^3_1H$ と ${}^1_1H$ の運動エネルギーの比は，

$$\frac{\dfrac{1}{2}m_1 v_1^2}{\dfrac{1}{2}m_3 v_3^2} = \frac{v_1}{v_3} \quad (m_1 v_1 = m_3 v_3 \text{ より})$$

$$= 3 \quad (\text{問3より})$$

である。

問5　**核反応による運動エネルギーの増加量は静止エネルギーの減**
少量に等しいので，反応後の ${}^3_1H$ と ${}^1_1H$ の運動エネルギーの和は問
2の結果より，

$$\frac{1}{2}m_1 v_1^2 + \frac{1}{2}m_3 v_3^2 = \underbrace{0.60\,MeV \times 2}_{\substack{反応前の2つの{}^1_1Hの\\運動エネルギーの和}} + \underbrace{4.1\,MeV}_{\Delta E}$$

$$= 5.3\,MeV$$

となる。これと問4の結果より，${}^3_1H$ の運動エネルギーは，

$$\frac{1}{2}m_3 v_3^2 = \frac{1}{4} \times 5.3\,MeV \fallingdotseq 1.3\,MeV$$

であることがわかる。

[1]　「質量」という形で原子核がもっていた静止エネルギーの一部が運動エネルギーに変換される。その量が「核反応によって放出されるエネルギー」である。

[2]　問題文に与えられた
$m_3 : m_1 = 3 : 1$
という式は，質量の比が質量数の比にほぼ等しいことを用いている。この関係は核反応における保存則を考えるときによく用いられる。

298

222 原子核の崩壊と半減期

(ア) 放射線　　(イ) 8　　(ウ) 6　　(エ) 減少　　(オ) $^1_1$H

(カ) $N_0\left(\dfrac{1}{2}\right)^{\frac{t}{T}}$　　(キ) 9.1×10^3

◇ **Method**

原子核の崩壊：

α崩壊　$^A_Z\mathrm{X} \longrightarrow {}^{A-4}_{Z-2}\mathrm{X}' + {}^4_2\mathrm{He}$　　…ヘリウムの原子核(α線)を放出

β崩壊　$^A_Z\mathrm{X} \longrightarrow {}^{\ \ A}_{Z+1}\mathrm{X}' + \mathrm{e}^-(+\bar{\nu})$…中性子が**電子**($\beta$線)を放出して陽子に変わる

（同時に反ニュートリノを放出）

これらの崩壊に伴い，電子がよりエネルギー準位の低い電子殻に遷移し，γ線(**波長の短い電磁波**)が放出されることがある。

崩壊の法則：

時刻$t = 0$における原子核数をN_0とすると，時刻tにおける原子核数は，

$$N(t) = N_0\left(\dfrac{1}{2}\right)^{\frac{t}{T}}$$

と表せる。ただし，Tは**半減期**である。

[解説]

(ア)　不安定な原子核は**放射線**を出しながら崩壊を繰り返し，安定な原子核へと変わる。

(イ)・(ウ)　α崩壊の回数をa，β崩壊の回数をbとする。α崩壊では質量数が4減少し，原子番号が2減少する。また，β崩壊では質量数は変わらないが，原子番号が1増加するので，

$$\begin{cases} 238 - 4a = 206 \\ 92 - 2a + b = 82 \end{cases}$$

が成り立つ。これより，

$$a = 8_{(イ)}, \quad b = 6_{(ウ)}$$

となる。

(エ)　$^{14}_7\mathrm{N}$に中性子が入射して$^{14}_6\mathrm{C}$に変わるとき，原子番号は1だけ減少している。

(オ)　生成される原子核を$^A_Z\mathrm{X}$と表すと，核反応式は，

$$^{14}_7\mathrm{N} + {}^1_0\mathrm{n} \longrightarrow {}^{14}_6\mathrm{C} + {}^A_Z\mathrm{X}$$

となる。質量数と原子番号の保存により，

$$\begin{cases} 14 + 1 = 14 + A \\ 7 + 0 = 6 + Z \end{cases} \quad \text{よって，} \quad \begin{cases} A = 1 \\ Z = 1 \end{cases}$$

となる。すなわち，反跳されるのは$^1_1\mathrm{H}$である。

(カ)　時間Tだけ経過するごとに原子核は半減していくので，

$$N = N_0\left(\dfrac{1}{2}\right)^{\frac{t}{T}}$$

が成り立つ。

第5章 原子

(キ) 炭素の取り込みが終わったのがt_0だけ前だとすると，

$$\left(\frac{1}{2}\right)^{\frac{t_0}{T}} = \frac{1}{3}$$

が成り立つ。底を10として両辺の対数をとると，

$$\frac{t_0}{T} \log_{10} \frac{1}{2} = \log_{10} \frac{1}{3} \quad \text{よって，} \quad t_0 = \frac{\log_{10} 3}{\log_{10} 2} T$$

となる。これに与えられた数値を代入すると，

$$t_0 = \frac{0.48}{0.30} \times 5700 \text{年} = 9120 \text{年}$$

となる。よって，約9.1×10^3年前となる。

≡ チャレンジ問題

223 ラザフォード散乱

(ア) $\dfrac{2kZe^2}{r}$	(イ) $\dfrac{2kZe^2}{K}$	(ウ) 2.7×10^{-14}	(エ) $\left(\dfrac{b}{R}\right)^3 Ze$
(オ) $\dfrac{2kZe^2b}{R^3}$	(カ) $\dfrac{kZe^2b}{KR^2}$	(キ) 1.4×10^{-4}	(ク) 8×10^{-3}

> 🔷 **Method**
>
> ラザフォード散乱：
>
> 　1909年，ガイガーとマースデンは薄い金箔にα粒子を当てると大きな角度で散乱されるものがあることを発見した。この実験を主導したラザフォードは，1911年に原子のうち正に帯電した部分は極めて狭い領域に集中していると主張し，原子核を発見した。

解説

▶まず，ラザフォードのモデルによるとα粒子の大規模な散乱が説明できることを示し，原子核の存在とその大きさを推定する。

(ア) 金の原子核がもつ電気量はZe[①]なので，距離r離れた点における電位は$k\dfrac{Ze}{r}$である。この点にある電気量$2e$[②]のα粒子がもつ電気力による位置エネルギーUは，

$$U = 2e \cdot k \frac{Ze}{r} = \frac{2kZe^2}{r}$$

である。

① 原子番号は原子核内の陽子の個数に等しい。陽子の電気量はeなので，金の原子核の帯電量はZeである。

② α粒子はHeの原子核なので，陽子数が2である。したがって電気量は$2e$である。

(イ) はじめ運動エネルギーを K だけもっているとき，金の原子核から十分に離れているので，位置エネルギーは 0 である。$b = 0$ で α 粒子が金の原子核に最も近づく場合（$r = d_{\min}$ のとき），散乱角は $\theta = 180°$ となるので，速さは 0 である。したがって，力学的エネルギー保存則より，

$$K + 0 = \frac{1}{2}m \cdot 0^2 + \frac{2kZe^2}{d_{\min}} \quad \text{よって，} \quad d_{\min} = \frac{2kZe^2}{K}$$

となる。

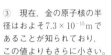

(ウ) (イ)の結果に与えられた数値を代入すると，

$$d_{\min} = \frac{2 \times 9.0 \times 10^9\,\text{N} \cdot \text{m}^2 \cdot \text{C}^{-2} \times 79 \times (1.6 \times 10^{-19}\,\text{C})^2}{1.34 \times 10^{-12}\,\text{J}}$$
$$\fallingdotseq 2.7 \times 10^{-14}\,\text{m}\,^{③}$$

となる。

③ 現在，金の原子核の半径はおよそ $7.3 \times 10^{-15}\,\text{m}$ であることが知られており，この値よりもさらに小さい。

▶次に，J.J.トムソンのモデルによると α 粒子の散乱角は小さい値にしかなり得ず，実験結果に合わないことを示す。

(エ) 金の原子核（半径 R）に対する半径 b の球の半径比は $\dfrac{b}{R}$ である。

球の体積比は半径比の 3 乗に等しいので $\left(\dfrac{b}{R}\right)^3$ である。電荷は一様に分布しているので，半径 b の球内に含まれる電気量は，

$$Q = \left(\frac{b}{R}\right)^3 Ze \text{ である。}$$

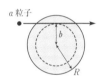

(オ) (エ)の結果より，原子を通過する α 粒子にはたらく力の大きさは，

$$F \fallingdotseq k\frac{2e\left(\dfrac{b}{R}\right)^3 Ze}{b^2} = \frac{2kZe^2 b}{R^3}\,^{④}$$

と表せる。

④ α 粒子が金の原子核の中心から距離 b の位置を通過するとき，半径 b の球の内部に含まれる電荷だけから力を受けると考えてよい。これについては **149** ガウスの法則①を参照。

(カ) $m\Delta v = F\Delta t$ に $\Delta t = \dfrac{R}{v}$ を代入する⑤と，

$$m\Delta v = F\frac{R}{v} \quad \text{よって，} \quad \frac{\Delta v}{v} = \frac{FR}{mv^2}$$

が得られる。ここで，運動エネルギーが $K = \dfrac{1}{2}mv^2$ であること

を用いると，$\dfrac{\Delta v}{v} = \dfrac{FR}{2K}$ と表せる。これに(オ)の結果を代入すれば，

$$\frac{\Delta v}{v} \fallingdotseq \frac{\dfrac{2kZe^2 b}{R^3}R}{2K} = \frac{kZe^2 b}{KR^2}$$

が得られる。

⑤ 入射方向に垂直な方向の運動量変化 $m\Delta v$ は一定の力 F による力積に等しいと考えると，
$$m\Delta v = F\Delta t$$
が成り立つ。一方，入射方向は等速であるとみなすと，
$$\Delta t = \frac{R}{v}$$
が得られる。どちらもかなり大雑把な近似式である。

(キ) (カ)の結果に $b = R$ を代入すると,

$$\frac{\Delta v}{v} \fallingdotseq \frac{kZe^2}{KR}$$

となる。これに与えられた数値を代入すると,

$$\frac{\Delta v}{v} \fallingdotseq \frac{9.0 \times 10^9 \, \text{N·m}^2 \text{·C}^{-2} \times 79 \times (1.6 \times 10^{-19} \, \text{C})^2}{1.34 \times 10^{-12} \, \text{J} \times 1.0 \times 10^{-10} \, \text{m}}$$

$$= 1.35\cdots \times 10^{-4} \fallingdotseq 1.4 \times 10^{-4}$$

が得られる。

(ク) $\tan\theta \fallingdotseq \dfrac{\Delta v}{v}$ と近似すると,

$$\theta \fallingdotseq \tan\theta \fallingdotseq 1.35 \times 10^{-4} \, \text{rad} = 1.35 \times 10^{-4} \times \frac{360°}{2\pi}$$

$$= 8 \times 10^{-3}°$$

となる。

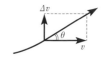

---

224 核反応と保存則②

問1	4.8 MeV	問2	2.7 MeV	問3	20.3 MeV	問4	14.6 MeV

解説

問1 核反応 A① の反応前の結合エネルギーは 32.0 MeV, 反応後の結合エネルギーは,

$$28.3 \, \text{MeV} + 8.5 \, \text{MeV} = 36.8 \, \text{MeV}$$

である。核反応によって生じたエネルギー Q は結合エネルギーの増加量に等しいので,

$$Q = 36.8 \, \text{MeV} - 32.0 \, \text{MeV} = 4.8 \, \text{MeV}$$

である。

問2 ^4He, ^3H の質量をそれぞれ M_{He}, M_{T} とする。また, 反応後の ^4He, ^3H の速さをそれぞれ V_{He}, V_{T} とする。核反応 A によって得られたエネルギーはすべて ^4He と ^3H の運動エネルギーになったので, 問1の結果より,

$$\frac{1}{2} M_{\text{He}} V_{\text{He}}^2 + \frac{1}{2} M_{\text{T}} V_{\text{T}}^2 = 0^② + 4.8 \, \text{MeV} \quad \cdots①$$

となる。また, 運動量保存則より,

$$M_{\text{He}} V_{\text{He}} - M_{\text{T}} V_{\text{T}} = 0 \quad \text{よって,} \quad M_{\text{He}} V_{\text{He}} = M_{\text{T}} V_{\text{T}} \quad \cdots(\text{i})$$

が成り立つ。(i)式より,

$$V_{\text{He}} : V_{\text{T}} = M_{\text{T}} : M_{\text{He}} \quad \text{よって,} \quad V_{\text{He}} : V_{\text{T}} = 3 : 4 \quad \cdots(\text{ii})$$

が成り立つので, ^4He, ^3H の運動エネルギーの比は,

$$\frac{1}{2} M_{\text{He}} V_{\text{He}}^2 : \frac{1}{2} M_{\text{T}} V_{\text{T}}^2 = V_{\text{He}} : V_{\text{T}} \quad ((\text{i})より)$$

$$= 3 : 4 \quad ((\text{ii})より) \quad \cdots②$$

となる。

① ^7Li は不安定なので, 瞬時に崩壊してしまう。

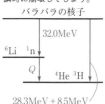

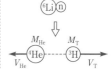

② 一般に原子核は正に帯電しているため, 原子核どうしには静電気力による反発力がはたらき, それらを接近させるためには大きなエネルギーが必要である。しかし, 中性子は帯電していないため, 大きな運動エネルギーを与えなくても ^6Li と反応することができる。

①, ②式より,

$$\frac{1}{2}M_T V_T{}^2 = 4.8\,\mathrm{MeV} \times \frac{4}{7} = 2.74\cdots\mathrm{MeV} \fallingdotseq 2.7\,\mathrm{MeV}$$

となる。

問3　問1と同様に, 核反応Bにおける結合エネルギーの増加量 Q' は,

$$Q' = 28.3\,\mathrm{MeV} - (8.5\,\mathrm{MeV} + 2.2\,\mathrm{MeV}) = 17.6\,\mathrm{MeV}$$

である。これが核反応Bによって増加した運動エネルギーに等しいので, ${}^4\mathrm{He}$ と ${}^1\mathrm{n}$ の運動エネルギーの和は, 問2の結果より,

$$\underbrace{2.74\,\mathrm{MeV}}_{{}^3\mathrm{H}の運動エネルギー} + \underbrace{17.6\,\mathrm{MeV}}_{Q'} = 20.34\,\mathrm{MeV} \fallingdotseq 20.3\,\mathrm{MeV}$$

となる。

問4　${}^1\mathrm{n}$ の質量を M_n とする。また, 反応前の ${}^3\mathrm{H}$ の速度を $\overrightarrow{V_T}$, 反応後の ${}^4\mathrm{He}$, ${}^1\mathrm{n}$ の速度をそれぞれ $\overrightarrow{V_{He}}$, $\overrightarrow{V_n}$ とする。問3の結果より,

$$\frac{1}{2}M_{He}V_{He}{}^2 + \frac{1}{2}M_n V_n{}^2 = 20.3\,\mathrm{MeV} \qquad\cdots③$$

となる。また, 運動量保存則より,

$$M_{He}\overrightarrow{V_{He}} + M_n\overrightarrow{V_n} = M_T\overrightarrow{V_T}$$

が成り立つ。${}^3\mathrm{H}$ の進行方向と直角に ${}^1\mathrm{n}$ が発射されたことから, これを図示すると右図のようになる。三平方の定理より,

$$(M_n V_n)^2 + (M_T V_T)^2 = (M_{He}V_{He})^2$$

となる。これを変形すると,

$$\frac{1}{2}M_n V_n{}^2 + \frac{M_T}{M_n}\cdot\frac{1}{2}M_T V_T{}^2 = \frac{M_{He}}{M_n}\cdot\frac{1}{2}M_{He}V_{He}{}^2$$

$$\frac{1}{2}M_n V_n{}^2 + 3 \times 2.74\,\mathrm{MeV} = 4\cdot\frac{1}{2}M_{He}V_{He}{}^{2\,③} \qquad (問2より)$$

$$4\cdot\frac{1}{2}M_{He}V_{He}{}^2 - \frac{1}{2}M_n V_n{}^2 = 8.22\,\mathrm{MeV} \qquad\cdots④$$

となる。③, ④式を連立して解くと,

$$\begin{cases} \dfrac{1}{2}M_{He}V_{He}{}^2 = 5.704\,\mathrm{MeV} \fallingdotseq 5.7\,\mathrm{MeV} \\[2mm] \dfrac{1}{2}M_n V_n{}^2 = 14.596\,\mathrm{MeV} \fallingdotseq 14.6\,\mathrm{MeV} \end{cases}$$

が得られる。

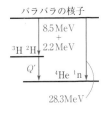

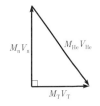

③　$M_n = 1.0\,\mathrm{u}$, $M_T = 3.0\,\mathrm{u}$, $M_{He} = 4.0\,\mathrm{u}$ を用いた。

SELECT GUIDE

問題集を使う目的，時期，理解度
などは，人によってさまざまです。
ここでは，豊富な問題数の中から，
どのように解く問題を選んでいけ
ばよいかを提案します。
自分に合った使い方で，入試まで
の限られた時間の中で効率よく合
格を目指しましょう！

学習プランQ＆A

この問題集は，問題の難易度を次のような3段階にレベル分けしています。

確認問題	重要問題	チャレンジ問題
重要問題に取り組む前のウォーミングアップです。基本的な知識や用語をチェックする問題や，重要な性質や法則などを導出する問題も含まれています。	本書のメイン（核）となる部分です。地方国公立大学や有名私立大学レベルです。重要事項や典型問題を網羅しましたので，重要問題だけでも高い学習効果が得られます。	さらにレベルアップするための発展問題です。旧帝大や単科医科大，早慶大など，難しめの問題が出題される大学を受験する場合の準備として有効です。

問題の進め方はいろいろありますが，この問題集の効果的な使い方を，Q＆A形式で紹介します。

Q 1番から順に解いていけばよいですか？

A ひとまず，重要問題に取り組んでみてください。重要問題にほとんどの必須事項を網羅してありますので，それが無理なく解ければ大丈夫です。
もし重要問題が難しく感じたら，まずは確認問題だけを解き，そのあと重要問題をやってみましょう。

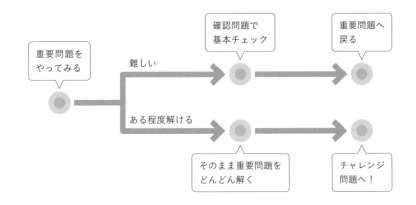

Q これから本格的な入試対策を行っていきたいです。入試問題集を解くのは初めてです。どのように解き進めたらよいでしょうか？

A まずはすでに学習済みの分野の確認問題を解き，終わったら重要問題に取り掛かってください。それが終わったらチャレンジ問題へ，というように，少しずつレベルを上げていくとよいでしょう。

確認問題で基礎固め　　　重要問題で頻出問題をマスター　　　チャレンジ問題で応用力を養成

Q 入試まであまり時間がありません。全部は解けないので，どの問題をやったらよいか教えてください。

A 重要問題の中でも特に頻出の問題を『厳選！50題』としてピックアップしました。とりあえずこの50題を解いてみてください。それでもまだ時間があったら，苦手な分野の他の重要問題を解いていくのがよいでしょう。

→p.8「厳選！50題」へ

Q 1冊の問題集を繰り返し解くのがいいと聞いたので，全体を2周以上はしたいです。2周目以降もすべての問題を解いたほうがよいですか？

A いえ，2周目は間違えた問題だけでもよいでしょう。ただし，2周することを前提にして1周目を雑にしてはいけません。1周目は，2周目をしなくて済むように丁寧に解いてください。それでも身につかなかったところは，必ず2周目で習得しましょう。3周以上もしなくて済むような学習を心掛けてください。

→巻頭「問題チェックリスト」へ

Q 志望している大学は物理の問題がそれほど難しくありません。典型問題が多いです。それでもチャレンジ問題までやっておいたほうがよいですか？

A チャレンジ問題まで出来れば万全ですが，必須ではありません。重要問題だけでも十分に学習効果があります。余力があればチャレンジ問題に挑戦してみてください。きっと自信がつくはずです。

タイプ別問題リスト

早い時期から取り組める「物理基礎」の範囲の問題と，取り組んでおけば入試本番で得点源になる，グラフ問題・空所補充問題・論述問題をまとめました。自分の強化したい分野や苦手な分野に挑戦して，得点力を磨きましょう！

物理基礎の問題

「物理基礎」で学習する範囲の知識で解くことのできる問題です。早い時期から入試対策を行いたい場合に役立ててください。

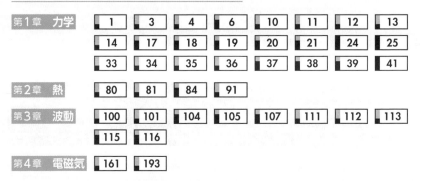

第1章 力学	1	3	4	6	10	11	12	13
	14	17	18	19	20	21	24	25
	33	34	35	36	37	38	39	41
第2章 熱	80	81	84	91				
第3章 波動	100	101	104	105	107	111	112	113
	115	116						
第4章 電磁気	161	193						

グラフ問題

グラフを読みとったり，答えをグラフで表したりする問題です。問われやすいグラフは決まっていますので，ポイントを押さえておきましょう。

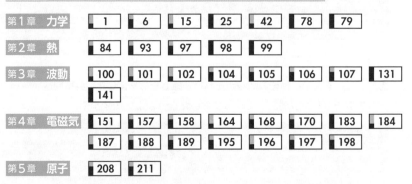

第1章 力学	1	6	15	25	42	78	79	
第2章 熱	84	93	97	98	99			
第3章 波動	100	101	102	104	105	106	107	131
	141							
第4章 電磁気	151	157	158	164	168	170	183	184
	187	188	189	195	196	197	198	
第5章 原子	208	211						

空所補充問題

文章中の空欄にあてはまる用語や式を書き込む問題です。形式に慣れましょう。

第1章　力学							
1	4	5	9	12	14	21	22
25	31	33	35	38	40	41	46
48	51	53	58	63	65	66	67
70	73	74	78	79			

第2章　熱							
83	84	85	86	89	90	97	98

第3章　波動							
102	103	104	106	109	111	112	117
119	120	122	123	126	130	131	132
133	134	137	138	141			

第4章　電磁気							
148	149	151	154	156	158	161	163
164	165	166	167	168	170	173	174
175	178	179	180	186	187	191	192
193	194	195	197	198	199		

第5章　原子							
202	203	204	206	208	209	210	212
213	217	218	220	222	223		

論述問題

現象の仕組みや理由を文章で答える問題です。何が問われているのかを読み取り、正しく考察して述べられるようになりましょう。

第1章　力学			第2章　熱	
79			98	

第3章　波動				
129	131	136	139	150

第4章　電磁気		第5章　原子	
167	189	211	220

キーワード

入試対策の鍵になる用語をピックアップしました。これらの用語について簡単に説明できるようにしておきましょう。また，どんな形で出題されるか，問題で確認しましょう。

厳選！50題

入試問題での出題頻度が高く，各章の重要ポイントを押さえるのに有効な50題を厳選しました。
自分の実力をつかむために最初に解いてみるのもよし，または試験直前の仕上げにも最適です。

三幣剛史の
ベストセレクト
物理
大学入試標準問題集

問題編

三幣剛史 著

文英堂

改訂にあたって

　本書は前著『入試標準問題集[物理基礎・物理]』の改訂版です。出版から5年，幸いにして多くの読者から（時には物理を指導されている先生方からも！）ご好評をいただき，新課程入試のはじまりを機に，タイトルを変えてリニューアルすることとなりました。前著のまえがき（次ページ）で，千字文やいろは歌を引き合いに，受験生に長く読み継がれ（解き継がれ）ていくことを願いましたが，それに向かって好スタートを切ることができた形です。

　昨今は，コンパクトで字が大きく親しみやすい参考書が好まれる傾向があるようです。そんな風潮の中，合計約500ページ，厚さ2.5cm，質量600gを超える，まるで小型の辞書のような本が果たして売れるのか，発売前はとても気がかりでした。「この1冊で入試標準レベルの内容がしっかり身につくような本を作りたい！」と意気込むあまり，執筆開始当初の想定を超えた分量になってしまったのです。しかし，完成した本に対する評価も想定を超えていました。重量級の問題集にもかかわらず，常に持ち運び，ボロボロになるまで繰り返し解き，志望校合格の報告をしにきてくれた受験生もいました。愛用してくださったみなさんに，この場を借りて深く感謝申し上げます。

　改訂にあたって，すべての問題と解説を見直しました。網羅性を一層高めるべく，いくつかのテーマを追加しました。また，近年の入試問題の中からより良い入試問題を選び出し，一部の問題の差し替えを行いました。差し替えを行わなかった問題に関しても，原題を尊重しつつ問題文をより明確にし，解説をさらに分かりやすく充実したものにしました。いわば，パワーアップ版です。

　今後も，入試物理の新定番の書として，永く広く愛用されることを願っています。

2024年夏
三幣剛史

はじめに

重複せずに五十音をすべて用いた「いろは歌」は，日本では古くから手習い歌として親しまれてきました。また，古代中国で作られ日本にも普及した「千字文」は，漢字千文字が重複せずに用いられており，やはり字を習うときの基本とされています。文字が重複していないおかげで，効率よく様々な字を習うことができるからです。

そのため，書家の書いたすぐれた作品は一般の人々の手本とされ，長い年月書き継がれてきました。小さいころから書道が趣味である私も，字を習うときには時折千字文を書いています。いろは歌も千字文も，字を習う者にとっては格好の「教材」なのです。

このような優れた教材が大学受験の物理にも必要だと考えました。そこで，全国の大学入試問題を徹底的に調べ上げ，高校物理で登場するすべての知識・概念・現象，さらには主要な問題や解法が含まれ，可能な限り重複なく学習できる入試問題集を作りました。些末な小問や重複したものは削除し，逆に必要と思われる設問は追加し，場合によっては，複数の入試問題を１問に合体させたりもしました。

解説を書くにあたっては，汎用性のある解法で解き，正確に表現することを心掛けました。そのため，表現がやや硬いかもしれませんが，解説を読み込んで，そのような文章を理解する学力を養ってください。

本書の完成までに，多くの人の助けを借りました。まず，生物科の大森徹先生に執筆の機会を与えていただきました。編集部の立山彰人さんは，遅れに遅れる私の原稿を辛抱強く待ち，丁寧なサポートと多くの助言を与えてくださいました。教え子である池田由梨亜さんと今北怜くんは，実際に問題を解き，誤りを直しながら，学習者目線で建設的な意見を率直に述べてくれました。本当にありがとうございました。最後に，私が授業や執筆で多忙の間，家を守ってくれた妻の真菜江，そして愛くるしい笑顔で疲れを癒してくれた小さな愛娘，佳穂に感謝します。

本書が大学受験物理の「いろは歌」として，長い間多くの受験生に読み継がれ（解き継がれ）ていくことを切に願っています。

三幣剛史

この本の特長と使い方

　本書は，大学入試で出題される全範囲から，重要項目をもれなくカバーし，合格に必要な出題・解答形式への対応力が身につく過去問をバランスよく整理して収録しました。

問題のレベル

3つの難易度で，レベル分けしています。（→p.2「学習プランＱ＆Ａ」）

☰ 確認問題	用語や公式が確認できる，入試の基礎固め問題です。
☰ 重要問題	入試でいちばん出やすい，標準レベルの問題です。
☰ チャレンジ問題	難関大の問題や，とくに難易度の高い問題です。

構成要素

基	「物理基礎」の範囲の問題につけました。
★	重要問題の中でもさらに重要な，入試頻出の問題につけました。時間がない人でも，この問題だけは解いておきましょう。（→一覧は，「厳選！50題」p.8）
グラフ	グラフの読解やグラフ描画問題につけました。（→「タイプ別問題リスト」p.4）
空所	空所補充問題につけました。同じ内容の入る空欄がある場合，2回目以降は □□□□ 枠で示しています。（→「タイプ別問題リスト」p.5）
論述	論述式の問題につけました。（→「タイプ別問題リスト」p.5）
⊘ ⊘	解き終わった問題にチェックをつける，もう一度解きたい問題にチェックをつけるなど，使い方は自由です。

〔○○大＋○○大〕は複数の問題を合体させたこと，〔○○大，○○大〕は複数の大学でほぼ同じ問題が出題されたことを表しています。

もくじ

1 | 速度と加速度

≡ **確認問題**

基 **1** *v-t*グラフ① グラフ 空所

x軸上を等加速度運動している物体の時刻tと速度vの関係が図のように表された。この物体の加速度は ［ア］ m/s²である。

また，この物体が時刻$t = 6.0$sに位置$x = 0$mを通過した。時刻$t = 0$sにおける物体の位置は$x = $ ［イ］ mであった。

〔東京都市大〕

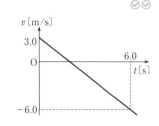

---

2 **速度の合成**

静水面に対して速さvで進む船が，図のように川幅がLで速さVで流れる川に浮かんでいる。ただし，$v > V$とする。

問1 船が川上から川下に向かって進んだとき，川岸から見た船の速さはいくらか。

問2 船が川下から川上に向かって進んだとき，川岸から見た船の速さはいくらか。

問3 この船がA点から川の流れに直角な方向に対岸へ向かって出発したところ，B点よりも下流に到着した。到着した対岸の位置はB点からどの距離の位置か。

問4 A点を出発した船がB点に到着するためには，どの方向に向かって船を進めればよいか。船を向ける方向とABを結ぶ直線とのなす角をθとして，$\tan\theta$を求めよ。

〔東京農業大〕

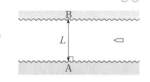

基 **3** **等加速度直線運動**

図のように，台車に初速度v_0を与えたところ，一定の加速度で減速しつつ斜面を上がり，距離Lのところで引き返した。ただし，斜面に沿って上向きを正とする。

問1 台車の加速度を求めよ。

問2 台車に初速度を与えてから時間t後の台車の速度を求めよ。

問3 台車が引き返すまでにかかった時間を求めよ。

問4 台車が斜面を下がり始めてからの時間をTとする。台車に初速度を与えてからの総移動距離と変位をそれぞれL，T，v_0を用いて表せ。

〔大阪産業大〕

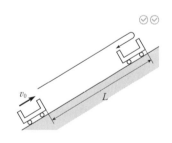

基 **4** 自由落下と鉛直投げ下ろし 空所 ◎◎

高さhの位置から大きさが無視できる小球を真下に落とすことを考える。初速度の大きさを0とすると，地面に到達するまでの時間は $\boxed{\text{ア}}$ であった。次に，同じ位置から鉛直下向きに初速度を与えて落としたところ，$\boxed{\text{ア}}$ の $\dfrac{1}{2}$ の時間で地面に到達した。与えた初速度の大きさは $\boxed{\text{イ}}$ である。ただし，空気の抵抗は無視できるものとし，重力加速度の大きさをgとする。

〔東洋大〕

5 斜方投射 空所 ◎◎

図に示すように，地上の点Aから小球を速さv_0で斜め上方に向けて投げる。ただし，空気の抵抗は無視できるものとし，重力加速度の大きさをgとする。

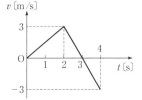

水平から角度θで小球を投げた場合，小球が最高点に到達するまでにかかる時間は $\boxed{\text{ア}}$ であり，最高点の地上からの高さは $\boxed{\text{イ}}$ である。さらに小球は投げてから時間 $\boxed{\text{ウ}}$ 後に，点Aから $\boxed{\text{エ}}$ だけ離れた地上の地点に落下する。

次に，投げる角度のみを変えて小球の到達距離をできるだけ伸ばすことを考えよう。到達距離は $\boxed{\text{エ}}$ で与えられるので，$\theta = \boxed{\text{オ}}$ のときに到達距離は最大値に達する。

〔関西大〕

重要問題

基 **6** v-tグラフ② グラフ ◎◎

図は，x軸上を運動する物体の速度v〔m/s〕と時刻t〔s〕の関係を示したものである。

問1 この物体が出発地点から正の向きに最も遠ざかる時刻を求めよ。

問2 問1のとき，出発地点からの距離を求めよ。

問3 $t = 4\,\text{s}$のとき，出発地点からの距離を求めよ。

問4 $t = 4\,\text{s}$以後，$t = 4\,\text{s}$のときの速度のまま等速直線運動をした。この物体が出発地点に戻る時刻を求めよ。

問5 この運動において，加速度a〔m/s²〕と時刻t〔s〕の関係を表したグラフを描け。

〔東京理科大〕

物理基礎

グラフ

空所補充

★ **7** 　**放物運動①**　　　　　　　　　　　　　　　　　　　　　　　　　⊘⊘

　図のように，水平面をなす地表から高さhのところより，物体が時刻$t=0$において速さV_0で水平に投げ出された。一方，地上から弾丸が速さV_0で，物体の発射と同時に鉛直上向きに発射された。その後，弾丸は物体に命中した。

　重力加速度の大きさをgとする。また，$V_0 > \sqrt{gh}$とする。物体および弾丸の大きさを考えないものとし，空気の抵抗を無視する。物体の最初の位置を通る鉛直線と地表の交点を原点Oとし，物体の初速度の方向をx軸，鉛直上向きをy軸とする。

　弾丸が物体に命中するまでの間について考える。

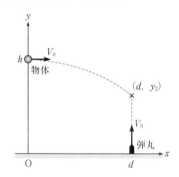

問1　時刻tでの，物体の位置の座標(x_1, y_1)を記せ。

問2　弾丸は座標$(d, 0)$から発射されるものとする。時刻tでの，弾丸の位置の座標を(d, y_2)とする。y_2を記せ。

　弾丸が物体に命中した時刻をt_3とする。以下の問いには，g, h, V_0のみを用いて答えよ。

問3　t_3およびdを求めよ。弾丸が物体に命中したときの，物体と弾丸の座標を(d, y_3)とする。y_3を求めよ。

問4　弾丸が物体に命中する直前の，弾丸の速度のy成分を求めよ。　　　　　〔大阪市立大〕

8 　**放物運動②・相対運動**　　　　　　　　　　　　　　　　　　　　　　⊘⊘

　乗組員を乗せた気球が，地面に静止した状態から大きさ$\dfrac{g}{3}$の一定の加速度で鉛直方向に上昇し始めた。気球が地面からの高さhに達したときに，気球で立っている乗組員が自分から見て水平方向に小球を相対的な速さvですばやく投げ出した。重力加速度の大きさは地表からの高度によらずgで一定とし，気球の大きさおよび空気抵抗は無視する。また，小球を投げ出した直前と直後で気球の速さは変わらないものとする。

問1　小球を投げ出したときの気球の速さを求めよ。

問2　投げ出された小球の最高点の地面からの高さを求めよ。

問3　小球が地面に衝突した位置と気球が出発した位置との距離を求めよ。

問4　小球が地面に衝突する直前の速さを求めよ。　　　　　　　　　　　　　〔信州大〕

9　放物運動③　空所　◇◇

　図のように，水平な床から高さ $2h$ のなめらかで水平な上面をもつ台上に小球が置かれている。図のように x-y 座標をとり，O を原点とする。O から水平方向の距離 $2h$ に高さ h のついたてがある。重力加速度の大きさを g とし，摩擦，空気の抵抗，小球の大きさ，ついたての厚さは無視できるものとする。

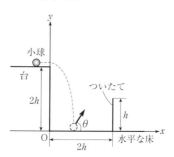

　小球に水平右向きに大きさ $\dfrac{\sqrt{gh}}{2}$ の速度を与える。小球が $(x,\ y) = (0,\ 2h)$ を通過した時刻を $t = 0$ とすると，小球が水平な床と1回目の衝突をする時刻は $t = $ ⎡ ア ⎤ となり，衝突時の x 座標は $x = $ ⎡ イ ⎤ となる。水平な床との1回目の衝突直後，小球は水平な床に対して右斜め上向きにはねかえる。小球が水平な床と衝突するとき，速度の x 成分は変化しないが，衝突直後の速度の y 成分は衝突直前のそれの $-e$ 倍となる。1回目の衝突直後の小球の速度が x 軸と角度 θ をなすとすると，$\tan\theta = $ ⎡ ウ ⎤ となる。1回目の衝突ののちに，小球がついたてを飛びこえるためには，$e > $ ⎡ エ ⎤ でなければならない。$e > $ ⎡ エ ⎤ のとき，小球と水平な床の1回目の衝突から2回目の衝突までにかかる時間は ⎡ オ ⎤ となる。さらに小球は水平な床と衝突を続ける。n 回目 $(n > 1)$ の衝突から $n + 1$ 回目の衝突までにかかる時間は ⎡ カ ⎤ となり，$n + 1$ 回目に小球が水平な床と衝突する時刻は $t = $ ⎡ キ ⎤ となる。衝突回数 n が十分に大きくなると，$e^n = 0$ と考えることができ，衝突直後の小球の速度の y 成分はゼロとなる。その時刻は ⎡ キ ⎤ から求められる。このときの小球の x 座標は，e が ⎡ エ ⎤ より大きいことを使うと，$x > $ ⎡ ク ⎤ $\times h$ となる。

〔北海道大〕

★厳選
50題

空所補充

2 力と運動

確認問題

基 10 弾性力と力のつり合い ⊘⊘

自然の長さl，ばね定数kの2つの軽いばねを，質量mの小球の上下に取りつけた。下側のばねの端を床に取りつけ，上側のばねの端を手で引き上げた。重力加速度の大きさをgとする。

問1 図1のように，ばねの長さの合計を$2l$にして小球を静止させた。小球の床からの高さhを求めよ。ただし，2つのばねと小球は同一鉛直線上にあるものとする。

問2 次に，図2のように，床から測った小球の高さがlになるまで，ばねの上端をゆっくり引き上げた。このときのばねの長さの合計yを求めよ。

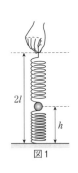 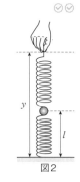

図1　　図2

〔センター試験〕

基 11 運動方程式 ⊘⊘

図のように質量m_1の物体Aと質量m_2の物体Bを質量の無い糸でつなぎ，鉛直上方に大きさFの力で引き上げた。物体の加速度の大きさをa，糸の張力の大きさをT，重力加速度の大きさをgとする。

問1 aをm_1，m_2，F，gを用いて表せ。

問2 Tをm_1，m_2，Fを用いて表せ。

〔岩手医科大〕

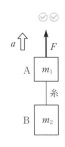

基 12 静止摩擦力と最大摩擦力 空所 ⊘⊘

図のように，水平なあらい床の上に置かれて静止している質量mの物体がある。この物体に対して，壁を支えに人が腕を使って水平方向から右上側に角度θだけ傾いた向きに大きさFの力を加えて，物体の底面を床から浮かさずに，右向きに移動させようとしている。床と物体との間の静止摩擦係数をμ，重力加速度の大きさをgとする。人は腕だけを動かし，床の上を移動しない。

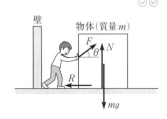

人が物体に大きさFの力を加えているが，物体はまだ静止している。このとき，床面が物体におよぼす垂直抗力の大きさをN，摩擦力の大きさをRとする。この場合の力のつり合いの式は，水平方向は ⎾ ⑦ ⏌，鉛直方向は ⎾ ⑦ ⏌ となる。

F を 0 からしだいに大きくしていくと，$F = F_a$ になったとき物体が右に動き始めた。
F_a を μ，m，g，θ を用いて表すと ウ である。

〔大阪産業大〕

基 **13** **静止摩擦力と動摩擦力** ✅✅

図に示すように，水平面に対して角度 θ だけ傾いた
粗い斜面上に，質量 m の物体がある。斜面と物体と
の間の静止摩擦係数を μ，動摩擦係数を μ' とし，また，
重力加速度の大きさを g とする。ただし，物体の大き
さや空気の影響は無視できるものとする。

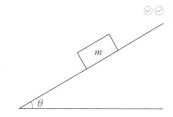

問1　物体が静止しているとき，物体にはたらく 3 つ
　　の力について，それらの名称，大きさ，および向きを答えよ。ただし，力の向きにつ
　　いては次の選択肢からそれぞれ 1 つ選び，その記号を答えよ。
　　a　鉛直上向き　　　　b　鉛直下向き　　　　　c　水平右向き
　　d　水平左向き　　　　e　斜面に沿って上向き　　f　斜面に沿って下向き
　　g　斜面に対して垂直上向き　　　h　斜面に対して垂直下向き
問2　角度 θ をゆっくり大きくすると，$\theta = \theta_0$ のとき物体が斜面に沿ってすべり出した。
　　静止摩擦係数 μ を θ_0 で表せ。

　次に，斜面と水平面のなす角度 θ を $\theta_0 < \theta < \dfrac{\pi}{2}$ の値に固定して，物体を静かに斜面

上に置くと，物体は斜面に沿ってすべり出した。斜面上に置いた時刻を 0 とする。また，
斜面は十分に長いものとする。
問3　物体の加速度の大きさを求めよ。
問4　時刻 t における物体の速さを求めよ。ただし，$t > 0$ とする。
問5　時刻 0 から t までの間に，物体がすべり落ちた鉛直距離(高さの差)を求めよ。

〔新潟大〕

基 **14** **水圧と浮力** 空所 ✅✅

大気圧を p_0，水の密度を ρ_0，重力加速度の大きさを g とする。
水中にある円柱形の物体に作用する浮力を考える。図に示
す水中にある物体の上面に作用する水圧は上面までの深さが
z_1 であるから ア である。円柱の上面の面積を A とすると，
上面に作用する水圧による力の大きさは イ である。一方，
同じ物体の下面に作用する水圧は下面までの深さが z_2 である
から ウ であり，下面に作用する力の大きさは エ であ

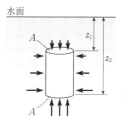

水面

る。したがって，物体に水が作用する力は鉛直上向きに オ となる。物体の体積を V
とおくと，オ は ρ_0，g，V を用いて カ と書ける。このように，物体は排除した
水の重さに等しい大きさの浮力を受ける。

〔北海学園大〕

物理基礎

空所補充

15 速度に比例する抵抗力 グラフ ◎◎

図1のように，水平面とのなす角がθのなめらかな斜面がある。この斜面の上に，帆のついた柱をもつ質量mのそりを置き，時刻$t = 0$から静かにすべらせた。斜面に平行にそりがすべり落ちる向きを正の向きとする。このとき，帆への空気抵抗により，そりには負の向きに力がはたらき，その大きさはそりの速さvに比例するものとする。この空気抵抗による力の比例定数をkとすると，この力の大きさはkvと表せる。柱と帆

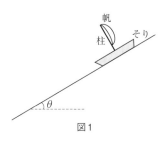

図1

の質量，およびそりと柱への空気抵抗の影響は無視できるものとする。また重力加速度の大きさをgとする。

問1 そりの速さがvのときのそりの加速度を求めよ。

問2 そりがすべりはじめてから十分に時間が経過したとき，そりの速さは一定となる。このときのそりの速さを求めよ。

問3 水平面とのなす角θが30°の斜面の上で，質量mが1.0kgのそりを静かにすべらせたところ，そりの速さと時刻の関係は図2のようになった。重力加速度の大きさgを9.8m/s²として，空気抵抗による力の比例定数kを求めよ。 〔玉川大〕

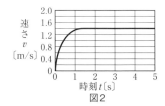

図2

16 加速するエレベーター内から見た運動 ◎◎

図1のように，一定の加速度の大きさaで鉛直上方に向かって移動しているエレベーターの天井から，軽くて伸びない糸によって，質量mの小物体がつり下げられている。このとき，エレベーターの中にいる人から見ると，小物体はエレベーターの床から高さhのところに静止している。小物体の質量はエレベーターの質量に比べてじゅうぶん小さいため，小物体の運動

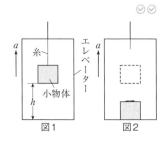

図1　　図2

はエレベーターの移動に影響を及ぼさないとする。また，空気抵抗は無視できるとし，小物体の運動は紙面に平行な同一の鉛直面内で起こるとする。重力加速度の大きさをgとする。

問1 糸にはたらく張力の大きさを，a, g, mを用いて表せ。

問2 図2のように糸が切れて，小物体はエレベーターの床に落下した。糸が切れてから小物体がエレベーターの床に達するまでに要した時間を，a, g, hを用いて表せ。

問3 エレベーターの床の上に静止している観測者から見たときの，小物体がエレベーターの床に衝突する直前の速さを，a, g, hを用いて表せ。 〔日本大〕

基 **17** 力のつり合いと運動方程式　　　　　　　　　⊘⊘

　図のように，天井に設置された滑車に十分に長い糸を使っ
て，おもり1，2，3をつるし，おもり1をばね定数kのば
ねを使って床と接続したところ，ばねが自然の長さよりLだ
け伸びた状態でつり合っておもりが静止した。おもり1，2
の質量をそれぞれM，おもり3の質量をm，重力加速度の大
きさをgとする。ここで，糸とばねは鉛直になるように設置
されている。また，糸とばねと滑車の質量，滑車の摩擦，お
もりの大きさや空気抵抗は一切無視できるものとする。問1
〜問5に対する解答は，｜　｜内に示された記号のうち必要
なものを用いて記せ。

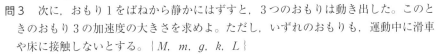

問1　おもり1，2，3についてそれぞれの鉛直方向の力の
　　　つり合いの式を書け。ただし，図のようにそれぞれのおも
　　　りにかかる糸の張力の大きさをT_1，T_2とせよ。
　　　｜T_1，T_2，M，m，g，k，L｜

問2　ばねの伸びL，および張力の大きさT_1，T_2を求めよ。
　　　｜M，m，g，k｜

問3　次に，おもり1をばねから静かにはずすと，3つのおもりは動き出した。このと
　　　きのおもり3の加速度の大きさを求めよ。ただし，いずれのおもりも，運動中に滑車
　　　や床に接触しないとする。｜M，m，g，k，L｜

　おもり3が動き出してから距離X_1下がったとき，おもり2と3をつなぐ糸をおもり
の運動に影響を与えずに切断した。その後のおもりの運動を考える。ここで，糸を切断
したときを時刻0とする。

問4　時刻0でのおもり3の速さを求めよ。｜M，m，g，k，L，X_1｜

問5　時刻0からt_1経過後のおもり3の速さを求めよ。｜M，m，g，k，L，t_1，X_1｜

問6　次のうち，糸を切断してからのおもり1と2の運動について正しく記述している
　　　文の番号を選べ。

①　静止する。　　　　　　　　　　②　時刻0における速さで動く。

③　おもり3と同じ運動をする。　　④　糸を切断する前と逆向きに動く。

⑤　上下運動を繰り返す。　　　　　⑥　おもり1と2が異なる速さで動く。　　〔岡山大〕

基 **18** 作用・反作用の法則 ◎◎

図のように，天井からつるした質量の無視できる定滑車に，質量の無視できる綱をか
け，綱の一端に質量Mのゴンドラをつるす。そのゴンドラの上に質量mの人が乗って
綱の他端を鉛直下方に引っぱるものとする。はじめ，ゴンドラは床上で静止していて，
人もゴンドラに乗って静止しているものとする。滑車はなめらかに回転でき，綱は十分
に長くて，ゴンドラが滑車に接触することはないものとする。また，$m > M$であり，
空気の抵抗は無視できるものとし，重力加速度の大きさをgとする。

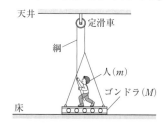

問1　人が綱を一定の大きさF_1の力で鉛直下方に引っぱったが，ゴンドラは人を乗せ
　　たまま床から離れなかった。このとき，人がゴンドラから受ける垂直抗力の大きさを
　　求めよ。
問2　問1において，ゴンドラが床から受ける垂直抗力の大きさを求めよ。
問3　人が綱を一定の大きさF_2の力で鉛直下方に引っぱると，人はゴンドラに乗った
　　まま一体となって上昇した。その上昇の加速度の大きさを求めよ。
問4　問3において，人がゴンドラから受ける垂直抗力の大きさを求めよ。〔長浜バイオ大〕

基 **19** 動滑車① ◎◎

図のように，水平な床面上に床となす角度が30°のなめらかな斜面をもつ三角台を固
定し，斜面上に質量mの小物体Pを置く。小物体Pに軽くて伸び縮みしない糸の一端を
つなぎ，この糸の他端を三角台の上端Cに取りつけた軽くてなめらかな定滑車と軽くて
なめらかな動滑車に通して天井に固定する。動滑車には，質量$2m$の小物体Qを軽くて
伸び縮みしない糸でつるした。

最初，小物体Pに斜面方向の力を加え，小物体Qの床からの高さがlとなるようにし
て全体を静止させた。この状態における小物体Pの斜面上での位置を点Aとする。また，
運動は図の鉛直面内のみで行われるものとし，空気の抵抗は無視できるものとし，重力
加速度の大きさをgとする。

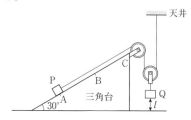

問1　全体を静止させた状態で，小物体Pに加えている斜面方向の力の大きさを求めよ。

　　点Aの位置で小物体Pに加えていた力を除いて，Pを静かに放したところ，P，Qが運動を開始した。小物体P，Qが運動を開始してからQが床に着くまでの間，糸がたるむことはなかった。

問2　小物体P，Qが運動を開始してからQが床に着くまでの間のPと天井をつないでいる糸の張力の大きさを求めよ。

　　小物体Pが斜面上の点Bに達した瞬間，小物体Qは床に達した。

問3　小物体Pが点Bを通過したときの速さを求めよ。〔獨協医大〕

基 **20** **摩擦力①** ⊘⊘

　　図のように，質量mの物体とおもりを伸び縮みしない軽いひもで結び，傾斜角30°のあらい斜面上に物体を置いて，なめらかに回転する軽い滑車にひもを通しておもりをつるした。このとき物体に結んだひもは斜面に平行となった。物体とおもりを静止させ，静かに放したところ，物体とおもりは静止したままだった。ただし，重力加速度の大きさをgとし，空気抵抗は無視できるものとする。

　　おもりの質量を徐々に増やしていったところ，質量がM_0より大きくなるとおもりは下がり始め，物体は斜面上をすべり出した。ただし，斜面と物体との間の静止摩擦係数を$\dfrac{1}{\sqrt{3}}$とする。

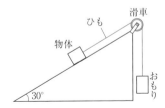

問1　物体と斜面の間にはたらく最大摩擦力の大きさをmとgを用いて表せ。

問2　斜面上をすべり出したときのおもりの質量M_0を求めよ。

　　つぎに，おもりの質量を$2m$（$>M_0$）にして，物体を再び静止させて静かに放したところ，物体は斜面上をすべった。ただし，斜面と物体との間の動摩擦係数を$\dfrac{1}{2\sqrt{3}}$とし，斜面に沿って上向きを正の向きとする。

問3　ひもの張力の大きさをT，物体の斜面に沿って上向きの加速度をaとして，物体の斜面に平行な方向についての運動方程式を書け。

問4　この加速度aの大きさは，重力加速度の大きさgの何倍か。

問5　物体が静止していた位置から斜面上を距離lすべったときの物体の速さvをg，lを用いて表せ。〔龍谷大〕

なめらかな床の上に質量M，長さlの板が置いてあり，その右端に質量mの小さなおもりを置いた。おもりと板との間の静止摩擦係数をμ，動摩擦係数をμ'とし，重力加速度の大きさをgとする。ただし，水平方向右向きを正とし，おもりの大きさは無視できるものとする。

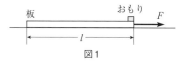

図1

図1のように，板を水平方向右向きに一定の力Fで引っ張る実験を行う。Fが小さいとき，おもりと板は一体となって右向きに加速度 ［ア］ で動き出した。このとき，おもりと板の間にはたらいている摩擦力の大きさは ［イ］ となっている。力Fを少しずつ大きくして同じ実験を行うと，Fが ［ウ］ を超えたところで，はじめておもりは板の上をすべった。Fをさらに大きくして実験を行うと，おもりは加速度 ［エ］ ，板は加速度 ［オ］ で動き出した。この実験では，おもりは板上をすべり始めてから ［カ］ の時間で板の左端から落下した。

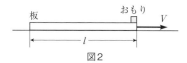

図2

次に，板をハンマーでたたいて，図2のように水平方向右向きに小さな初速度Vを与えた。するとおもりは加速度 ［キ］ ，板は加速度 ［ク］ で動き出し，おもりは板の上を ［ケ］ の時間だけすべって板の上で静止した。この実験で，おもりが板の上をすべった距離は ［コ］ になっている。　〔上智大〕

★ 22 浮力と抵抗力 [空所]

　細くて軽い糸で体積 V の金属球を吊るし，水中に静止させたあと，糸を離し，水中を落下する金属球の速さを観測した。ただし，重力加速度の大きさは g とし，水の密度と金属球の密度をそれぞれ ρ_0，ρ とする。水の深さは十分深いとし，金属球は鉛直方向に運動するものとする。

問1　金属球の質量は [ア] である。水中にある金属球にはたらく浮力の大きさは [イ] である。金属球が落下し始めた直後は水の抵抗が無視できるものとすると，金属球が落下し始めた直後の加速度の大きさは [ウ] である。

問2　金属球が水から抵抗を受けながら速さ v で落下している場合を考える。金属球が水から受ける抵抗力の大きさは金属球の速さに比例し，その比例定数を k とする。このとき，金属球の加速度の大きさは [エ] である。

問3　金属球は，水から抵抗を受けながら落下し，十分な時間が経つと一定の速さ v_f になった。v_f は [オ] と表される。

問4　同じ体積のアルミニウム球と鉄球を水中の同じ位置から静かに落下させて，じゅうぶんな時間が経過したあと，鉄球の落下速度の大きさはアルミニウム球の落下速度の大きさの [カ] 倍になる。ただし，アルミニウム球の密度は $2.7 \times 10^3 \,\mathrm{kg/m^3}$，鉄球の密度は $7.9 \times 10^3 \,\mathrm{kg/m^3}$，および水の密度は $1.0 \times 10^3 \,\mathrm{kg/m^3}$ である。また，水から受ける抵抗力の比例定数 k はアルミニウム球と鉄球で同じとする。　　〔東京工科大＋弘前大〕

★ 23 慣性力

　図のように水平面上に傾角 θ のなめらかな斜面をもつ三角台を置き，その上に質量 M の小物体Pを置いた。このとき，小物体Pと三角台の頂点までの距離は l である。小物体Pが静止している状態から，箱を大きさ b の一定の加速度で水平左向きに運動させた。重力加速度の大きさを g とする。

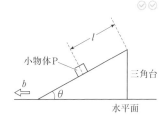

問1　小物体Pが斜面を上がるのは，b がいくらより大きいときか。

問2　小物体Pが斜面から受ける垂直抗力の大きさを求めよ。

問3　小物体Pが斜面を飛び出す瞬間の台に対する速さ v を求めよ。　　〔武庫川女子大〕

[基] **24** 動滑車②

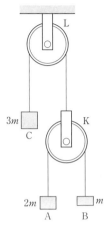

　図のように，質量$2m$，mのおもりA，Bを糸でつないで滑車Kにかけ，さらに質量$3m$のおもりCと滑車Kを糸でつなぎ，天井につるされている滑車Lにかけた。滑車と糸の質量は無視でき，また，糸と滑車の間に摩擦はないものとする。以下では，糸に伸びもたるみも生じないものとする。空気の抵抗は無視できるものとし，重力加速度の大きさをgとする。

問1　最初，おもりCを固定しておき，次におもりA，Bだけを静かに放した。おもりAの加速度はいくらか。ただし，加速度は鉛直下向きを正とする。

問2　問1の状態で，おもりCと滑車Kをつなぐ糸の張力の大きさはいくらか。

問3　次に，おもりCの固定をはずした後，A，B，Cのすべてを静かに放した。おもりA，B，Cの加速度をそれぞれa，b，cとする。ただし，すべての加速度は鉛直下向きを正とする。これらの加速度の間に成り立つ関係式を記せ。

問4　問3の状態で，おもりCの加速度cはいくらか。ただし，加速度は鉛直下向きを正とする。

問5　問3の状態で，おもりA，Bをつなぐ糸の張力の大きさはいくらか。　〔東邦大〕

基 **25** 摩擦力③ グラフ 空所 ⊘⊘

　図のように，水平でなめらかな台の上に質量 m_A の
物体Aが置かれ，その上に質量 m_B の小物体Bが置か
れている。AとBの間の静止摩擦係数は μ である。A
は軽い定滑車を通して，物体Cと軽い糸でつながって
いる。また，ばね定数 k のばねが，台の右端に固定さ
れた板に取りつけられている。この板には穴があいて

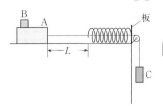

おり，AとCをつなぐ糸は，板とばねに接触することなく，板の穴とばねの中心軸を通
っている。ただし，空気の抵抗は無視できるものとし，重力加速度の大きさを g とする。
　物体Aを，ばねの左端から離れた位置で静止させ，静かに放すと，Aと小物体Bと物
体Cはともに，同じ大きさの加速度で動きはじめた。Aがばねに接触するまでの間，加
速度は一定であり，その大きさを a とする。これより，Cの質量は ［ア］ と表され，糸
の張力の大きさは ［イ］ ，AとBの間の摩擦力の大きさは ［ウ］ である。BはAの上で
動かないことから，AとBの間の静止摩擦係数の μ は ［エ］ 以上であることがわかる。
　以下では，物体Cの質量を m_C とし，a を用いずに解答を記せ。
　Aがばねと接触すると，ばねはAに押されてまっすぐに縮みはじめ，ばねがある程度
縮んだところで小物体BはAの上をすべりはじめた。Aがばねと接触してからBがすべ
りはじめるまでの間を考えると，ばねの縮みが x のときにBがAから受ける摩擦力は，
水平右向きを正として ［オ］ と表される。したがって，BがAの上をすべりはじめるの
は，ばねが自然長から ［カ］ 短くなったときである。

問　物体Aが動きはじめてから，小物体BがAの上ですべりはじめるまでの間，BがA
　　から受ける摩擦力の変化を表すグラフの概形を，横軸をAが動いた距離，縦軸を摩
　　擦力としてグラフに描け。ただし，摩擦力の正の向きを図の水平右向きにとり，グラ
　　フ中の F_0 は ［ウ］ で求めた摩擦力を，x_0 は ［カ］ で求めたばねの縮みを表している。

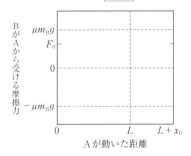

〔同志社大〕

物理基礎

グラフ

空所補充

3 | 剛体のつり合い

■ 確認問題 ‖‖

26　接合した棒の重心

図1のように，長さがそれぞれlで，質量が$2m$と
mの細い一様な棒を接合した。このようにして作った
棒の両端をA，Bとする。

問1　棒ABの重心をGとするとき，AG間の距離l_1
を求めよ。

問2　図2のように，棒ABの両端に軽い糸をつけ，
糸が鉛直に，棒が水平になるように天井につるした。
端Aにつけた糸の張力の大きさT_Aと，端Bにつけ

た糸の張力の大きさT_Bの比$\dfrac{T_A}{T_B}$を，l，l_1を用いて表せ。

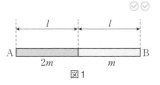

図1

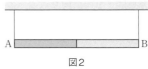

図2

〔センター試験〕

27　一様な棒のつり合い

太さが無視できる質量m，長さLの真っ直ぐで一様な棒が，水平な天井から軽い糸で，
図に示すような形でつるされて，摩擦がある水平な床の上に静止している。重力加速度
の大きさをgとする。また，棒と糸は同一鉛直面内にあるとする。

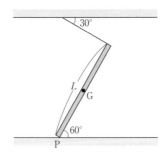

問1　糸の張力の大きさを求めよ。

問2　床から棒に作用する摩擦力の向きは床に沿って右向きと左向きのどちらか。

問3　床から棒に作用する摩擦力の大きさを求めよ。

問4　棒と床との接点Pで棒がすべらないために必要な，棒と床の間の静止摩擦係数μ_0
の最小値を求めよ。

〔昭和大〕

28 ちょうつがいによって固定された棒のつり合い

図のように長さL，質量mの一様な太さの棒の一端
A を鉛直な壁にちょうつがいで固定した。他端Bに軽
い糸をつけ，棒が水平になるように糸を壁上のC点に
固定した。棒と糸のなす角度∠ABCをθとし，棒が
A 点において受ける水平右向きの力の大きさをN，鉛
直上向きの力の大きさをS，糸の張力の大きさをTと
する。また，重力加速度の大きさをgとする。

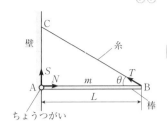

問1　棒にはたらく水平方向の力のつり合いの式を求めよ。

問2　棒にはたらく鉛直方向の力のつり合いの式を求めよ。

問3　A点のまわりの力のモーメントのつり合いの式を求めよ。

問4　Tおよび，NとSの合力の大きさFをそれぞれm，g，θを用いて表せ。　〔大分大〕

■■ 重要問題

29 重心と力のモーメント

一様な材質でできた質量m，半径$2r$の薄い円板が
ある。その中心をOとし，円板の端に2点P，Qを，
OPとOQが直交する位置にとる。この円板から，O
からQと逆向きに距離rだけ離れた点Rを中心とする
半径rの円板を取り除いた。P，Qそれぞれに軽くて
伸びない2本の糸A，Bの一端を結びつけ，図のように，
糸が鉛直になるように糸の他端を天井に固定して，こ
の物体をつるして静止させると，OQは水平になった。
重力加速度の大きさをgとする。

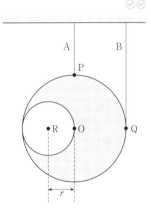

問1　この物体にはたらく重力の大きさを求めよ。

問2　この物体の重心と点Oとの距離を求めよ。

問3　糸A，Bの張力の大きさT_A，T_Bをそれぞれ求めよ。　〔愛知工業大〕

★ ■30 剛体のつり合い

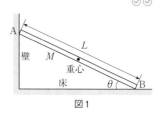
図1

水平な床上に長さL，質量Mの太さが無視できる一様な剛体の棒を置き，鉛直に立った壁に立てかける。壁と棒の間には摩擦ははたらかない。床と棒の間には摩擦がはたらき，その静止摩擦係数をμとする。棒は紙面内にあり，壁と接している棒の上端をA，床と接している棒の下端をBとする。重力加速度の大きさはgとする。

【A】 床と棒のなす角がθとなるように棒を静かに置いたところ，棒はそのまま静止していた（図1）。

問1　このときの，(a)床からの垂直抗力の大きさ，(b)壁からの垂直抗力の大きさを求め，M，g，θのうち必要なものを用いて表せ。

問2　棒が角度θで静止しているためのμとθの関係を示せ。

【B】 【A】の状態の棒の上に，棒の下端Bから棒に沿ってxの位置に質量mの小物体を静かに置いたところ，小物体と棒はそのまま静止していた（図2）。

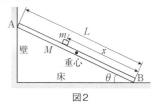
図2

問3　棒にはたらいている壁からの垂直抗力の大きさをR，床からの垂直抗力の大きさをN，床との間の静止摩擦力の大きさをFとして，棒について，(a)水平方向の力のつり合いの式，(b)鉛直方向の力のつり合いの式，(c)下端Bまわりの力のモーメントのつり合いの式を書け。

問4　小物体を棒上のどの位置に置いても棒が床上をすべることはなかったとする。このとき，(a)棒と床の間の静止摩擦力の大きさが最大となる小物体の位置x，および，(b)静止摩擦力の大きさの最大値を求め，M，m，L，g，θのうち必要なものを用いて表せ。

〔名古屋工業大〕

★ ■31 すべらない条件と倒れない条件 空所

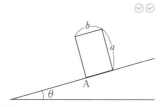

図のように，縦の長さa，横の長さbで質量mの一様な物質でできている直方体の物体が傾斜角θの斜面上に置かれている。物体と斜面との間の静止摩擦係数をμ，重力加速度の大きさをgとし，空気の抵抗は無視できるものとする。

問1　このときの物体にはたらく垂直抗力の大きさは ［ ア ］ である。また，その作用点は，図中のA点のまわりのモーメントのつり合いから，A点からの距離が ［ イ ］ の位置にある。

いま，傾斜角θをしだいに大きくしていくと，物体は斜面左下方向にすべり出すかA点を支点に傾くかのどちらかが起こる。

問2　傾くことなくすべり出す場合を考える。すべる直前の斜面の傾きを θ_1 とすると，$\tan\theta_1 =$ 　ウ　である。

問3　すべり出すことなく傾きはじめる場合を考える。傾く直前の斜面の傾きを θ_2 とすると，$\tan\theta_2 =$ 　エ　である。

問4　この物体が，すべり出すより先にA点を支点に傾くときの条件は，　オ　である。

〔東京理科大〕

≡ チャレンジ問題

32　自転車の走行条件

図のように，前輪と後輪の大きさが等しい自転車があり，その前・後輪は水平な地面に接している。運転者を含む自転車全体の重心をGとし，Gと前・後輪の中心との水平距離をそれぞれ l_A, l_B $(l_B < l_A)$ とする。また，Gの地面からの高さは h である。運転者を含む

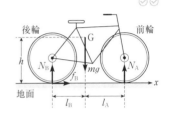

自転車全体の質量を m，重力加速度の大きさを g，前・後輪が地面から受ける垂直抗力の大きさをそれぞれ N_A, N_B とする。また，車輪と地面との間の静止摩擦係数を μ とする。車輪がすべらないとき，結局は，後輪が地面から受ける静止摩擦力 f_B を駆動力として，自転車は加速される。なおこのとき，前輪には摩擦力ははたらかない。さらに，地面上に自転車の前方(図の右方)が正の向きとなるように x 軸をとり，自転車は x 軸の正の向きに加速するものとする。ただし，空気の抵抗や車輪の回転軸の抵抗および車輪の質量は無視できるものとし，自転車は進行方向に対して左右に傾くことはないものとする。

問1　自転車が x 軸の正の向きに等速度運動 $(f_B = 0)$ しているとき，鉛直方向の力のつり合いの式とGのまわりの力のモーメントのつり合いの式より N_A を求めよ。

問2　問1において，N_B はいくらか。

問3　μ が十分大きくて車輪がすべらないとき，自転車の後輪を駆動して加速度 a $(a > 0)$ で x 軸の正の向きに加速した。このとき，駆動力を徐々に大きくしていくと，$a > a_1$ のときに前輪が地面から浮き上がった。$a \leq a_1$ のとき，x 軸方向の運動方程式と鉛直方向の力のつり合いの式とGのまわりの力のモーメントのつり合いの式より N_A を求めよ。

問4　問3において，N_B はいくらか。

問5　問3において，a_1 はいくらか。

問6　μ が小さい地面上で問3と同様の実験をしたとき，駆動力を徐々に大きくしていくと，a が a_2 を超えた瞬間に後輪がすべり出し，前輪は浮き上がらなかった。a_2 はいくらか。

〔長浜バイオ大〕

4 | 仕事とエネルギー

確認問題

基 **33** **仕事の計算** 空所

　図に示すように，傾角30°のなめらかな斜面上のA
点に質量2.0kgの物体を静かに置き，B点まで動かす。
AB間の距離は10mである。そのとき，斜面にそって
上向きに一定の力F（14.7N）を加え続ける。重力加速
度の大きさは9.8m/s²とする。

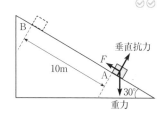

　A点からB点の間に物体に力Fのした仕事は　ア　J，
物体にはたらく重力のした仕事は　イ　J，物体にはたらく垂直抗力のした仕事は
　ウ　Jである。B点に達したときの物体の速さは　エ　m/sである。　〔大阪産業大〕

基 **34** **重力または弾性力の下での力学的エネルギー保存則**

　図1のように，水平面ABと斜面BCがなめらかに
つながっている。斜面はCで終わりその先はABと同
じ高さの水平面DEとなっている。斜面の頂上Cの高
さはhであり，水平面と斜面には摩擦はない。重力加
速度の大きさをgとする。

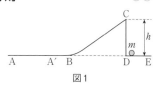

図1

　水平面DEにある質量mの小球を斜面を超えて水平面ABに移動させることを考える。

問1　小球を斜面の頂上Cまでゆっくりと持ち上げるために必要な仕事Wを求めよ。

問2　Cから小球を斜面に沿って静かにすべらせた。水平面AB上のA'での小球の速さ
　　　v_1を求めよ。

　次に，ばねを使って水平面ABにある小球を水平面
DEに戻すことを考える。図2のように，ばね定数k
のばねの左端を水平面ABに固定する。ばねの右端に
小球を接触させ，ばねを自然長から縮めてから静かに
手を離して小球を打ち出す。

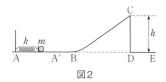

図2

問3　ばねを自然長からxだけ縮めて打ち出したとき，A'での小球の速さv_2をm，k，x
　　　で表せ。

問4　ばねをx_2だけ縮めて打ち出すと，小球が斜面の頂上Cに達したときの速さがちょ
　　　うど0になり，水平面DEに向かって自由落下した。x_2をg，m，k，hで表せ。

〔学習院大〕

[基] **35** 鉛直ばね振り子における力学的エネルギー保存則 空所 ◎◎

　図のように，質量 m の小球が，ばね定数 k の軽いつる巻きばねで天井からつるされている。重力加速度の大きさは g とし，空気抵抗や小球の大きさは無視できるものとする。

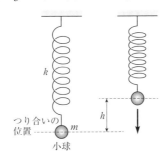

つり合いの
位置 m

小球

　つり合いの位置では，ばねの自然の長さからの伸びは | ア | である。この小球をつり合いの位置から鉛直上向きに，高さ h だけ持ち上げ，静かに放す。落下した小球が，つり合いの位置を通過するときの速度の大きさは | イ | である。また，ばねの伸びが最大となるときの小球の速度の大きさは | ウ | であり，そのときのつり合いの位置からの距離は | エ | である。

〔立命館大〕

[基] **36** 動摩擦力のした仕事と力学的エネルギー ◎◎

　図のように，水平面の左右に斜面がなめらかにつながった面がある。この面は，水平面上の長さ L の部分ABだけが粗く，その他の部分はなめらかである。質量 m の小物体を左側の斜面上の高さ h の点Pに置き，静かに手を離した。ただし，重力加速度の大きさを g とする。

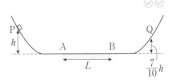

問1　小物体が点Pを出発してから初めて点Aを通過するときの速さを求めよ。

　その後，小物体はABを通過して，右側の斜面をすべり上がり，高さが $\dfrac{7}{10}h$ の点Qまで到達したのち，斜面を下りはじめた。

問2　小物体と粗い面との間の動摩擦係数を求めよ。 〔センター試験〕

基 **37** 仕事と運動エネルギー ⊘⊘

図のように長さ L，質量 $3m$ の直方体の木片を水平面上に置き，質量 m の弾丸を速さ v_0 で水平に打ち込む。弾丸は木片中を水平に直進し，弾丸に対する重力の影響は考えなくてよい。また，弾丸が木片中を直進する間に木片から受けた抵抗力の大きさは弾丸や木片の運動によらず一定で，弾丸の大きさは無視できるものとする。

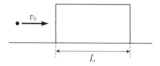

木片が水平面上を移動しないように固定して弾丸を打ち込むと，弾丸は直方体の中央の点で静止した。

問1 弾丸が木片中を移動する間に木片から受けた抵抗力の大きさを求めよ。

問2 弾丸が木片を貫通するために必要な最小の弾丸の速さを v_0 を用いて表せ。

木片を固定せず，なめらかな水平面上に静止させ，同じ弾丸を速さ v_0 で水平に打ち込むと，木片は打ち込まれた弾丸と同じ方向に動き出した。やがて，弾丸は木片に対して静止した。このときの木片の速さは $\dfrac{v_0}{4}$ であった。

問3 弾丸が木片に対して静止した時点までの木片の移動距離を求めよ。

問4 弾丸が木片中を移動した距離を求めよ。 〔日本大〕

基 **38** 力学的エネルギー保存則① 空所 ⊘⊘

図のように，水平面となめらかにつながる斜面Bがある。水平面の左端に，ばね定数 k のばねを取りつけた。そして，質量 m の小球Aをばねに押しつけ，ばねを自然長より a だけ縮めた状態にして，小球Aを静かに放した。右方向に運動しはじめた小球Aは斜面Bを上昇し，高さ h の点Pで斜面Bを離れ，空中に飛び出した。重力加速度の大きさを g とする。また，小球の大きさや摩擦，空気抵抗は無視できるものとする。

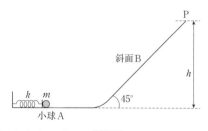

小球Aがばねから離れたときの速さは ア である。斜面Bを上昇後，点Pでの速さは イ となり，小球Aが点Pから飛び出す条件は，$a >$ ウ となる。また，小球Aの水平面からの最高点の高さは エ となる。 〔北海道大〕

★
基 **39** 力学的エネルギー保存則② ◇ ◇

バンジージャンプを物理的に考えてみる。図のように，質量mの物体を地上からの高さがhの台から，自然の長さが$\dfrac{h}{2}$のゴムひもをつけて，静止した状態から静かに落下させる。ゴムひもは，その一端が台に固定されており，自然の長さから伸びているときは，ばね定数kのばねと同様の振る舞いをする。重力加速度の大きさをgとし，物体の大きさ，ゴムひもの質量，空気抵抗は無視できるものとする。

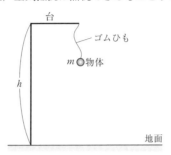

問1 物体が地上から$\dfrac{h}{2}$の高さまで落下したときの物体の速さを求めよ。ただし，物体の高さが$\dfrac{h}{2}$以上ではゴムひもはたるんでいて，物体は自由落下するものとする。

問2 物体の速さの最大値を求めよ。

問3 物体が地面に衝突しないためのkの条件を求めよ。 〔富山大〕

★ 40 非保存力のした仕事と力学的エネルギー 空所

図のように，質量mの物体Pを斜面にのせ，ばね定数kの軽いばねで板とつなぐ。板は斜面に固定されており，ばねと斜面は平行であるとする。斜面が水平となす角をθとし，斜面と物体Pの間の動摩擦係数をμとする。また，重力加速度の大きさをgとする。

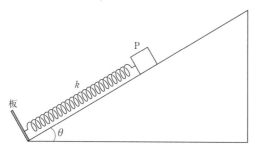

ばねを自然長からl_1 $(l_1 > 0)$だけ縮めて物体Pを静かに放すと，物体Pは斜面に沿って上向きに動き出し，ばねが自然の長さよりl_2 $(l_2 > 0)$だけ伸びた位置で速度が0になった。物体Pを放してから速度が0になるまでの間，動摩擦力が物体Pにする仕事は ア である。一方，この間に，物体Pの重力による位置エネルギーは イ だけ変化し，ばねの弾性エネルギーは ウ だけ変化する。よって，$l_2 = l_1 -$ エ となる。

〔京都産業大〕

☰ チャレンジ問題

基 **41** 2物体系の力学的エネルギー 空所 ⊘⊘

次の文の ア ～ カ に入る適切な数式または数値を，g, l, m, θ のうち必要なものを用いて表せ。

図のように，水平面とθの角をなす二等辺三角形型の固定された台がある。質量mのおもりAと質量mの箱Bが伸びない軽い糸でつながれ，頂上にある軽い滑車を通して斜面の上で静止している。最初の状態で，Aの位置は，頂上から斜面に沿って$2l$の距離にあるものとする。Bが置かれた右側の斜面には摩擦がないが，Aが置かれた左側の斜面には摩擦がある。

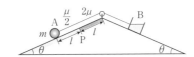

Aが置かれた場所の静止摩擦係数はμである。左側斜面の動摩擦係数は，Aが置かれた場所から斜面に沿ってlだけ進んだ地点Pまでは$\dfrac{\mu}{2}$で，Pを越えると2μとなる。また，糸と滑車の間に摩擦はなく，おもりAと滑車の大きさは無視できる。重力加速度の大きさをgとする。

箱Bの中にゆっくりと水を注ぎ，箱Bと注いだ水の質量の和が$2m$になったとき，AとBは斜面に沿って動き始めた。

Aが置かれた場所の静止摩擦係数μは ア である。

AがPに達するまでに，動摩擦力がした仕事は イ であり，それまでに，AとB（水を含む）の位置エネルギー変化の和は ウ である。したがって，AがPに達したときのAの速さは エ である。

AはPを通過したあと，摩擦の大きい領域に入り，Pから オ だけ進んだところで静止し，頂点まで到達することはなかった。

最初の状態で，手で箱Bをおさえたまま，注ぐ水の量を増やすことにする。箱Bと水の質量の合計が カ 以上になったときに手を離して動き出すようにすれば，Aは頂上まで達することができる。

〔上智大〕

★厳選 50題

物理基礎

空所補充

5 │ 運動量と力積，保存則の活用

━━ 確認問題 ━━━━━━━━━━━━━━━━━━━━━━━━━━━━━━━━━━━━━━

■ 42　力積の計算 グラフ　　　　　　　　　　　　　　　　　　⊘⊘

　速さv_0で等速直線運動している質量Mの小物体に，図
のように時刻0から時刻Tの間に速度と同じ向きに大き
さが0からFまで一定の割合で変化する力を加えた。
問1　時刻$t\,(0 \leqq t \leqq T)$までに小物体に与えられた力積の
　　大きさを求めよ。
問2　時刻$t\,(0 \leqq t \leqq T)$における小物体の速さvを求めよ。

〔南山大〕

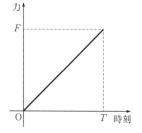

■ 43　平面内での運動量と力積　　　　　　　　　　　　　　⊘⊘

　図のように，東向きに速さ15m/sで飛んできた質量が
6.5×10^{-2}kgのボールをラケットで北向きに速さ15m/sで打
ち返した。このとき，ボールがラケットから受けた力積の向
きを方角で答えよ。また，その大きさを求めよ。ただし，衝
突する直前，直後でのボールの運動は，水平面内で行われた
ものとする。

〔東京都市大〕

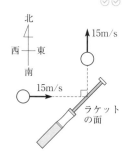

■ 44　2物体の合体　　　　　　　　　　　　　　　　　　　⊘⊘

　図1のように，速さvで進む質量mの小物体が，質量Mの静止していた物体と衝突し，
図2のように2つの物体は一体となり動き始めた。一体となった物体の運動エネルギー
を求めよ。

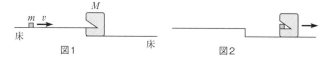

〔センター試験〕

45 2物体の分裂 ⊘⊘

図1のように、なめらかで水平な床の上で、質量Mの物体Aと質量mの物体Bが一体となって静止している。物体Aから物体Bを打ち出したところ、図2のように、物体Bは速さvで水平方向に動き出した。動き出した直後の、物体Aに対する物体Bの相対速度の大きさを求めよ。

物体A
M

物体B
m

図1

v

図2

〔センター試験〕

≡ 重要問題 ....

★ 46 一直線上の衝突 空所 ⊘⊘

小球および物体の運動方向は右向きを正とし、空気の抵抗は無視できるものとする。

問1　図のように水平でなめらかな床の上に質量m_1の小球と質量m_2の物体が置かれている。小球を初速度v_0（>0）で物体に水平にぶつけたときの小球および物体の運動について考える。ここで、物体は最初、ストッパーに固定されており、運動できないようになっている。小球が物体に弾性衝突する場合の衝突後の小球の速度は ⑦ であり、小球が非弾性衝突する場合には、小球と物体の間の反発係数（はねかえり係数）をeとすると、衝突後の小球の速度は ⑦ である。

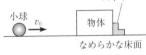

ストッパー

小球　v_0

物体

なめらかな床面

問2　次に、図のストッパーをはずした場合について考える。小球が物体に速度v_0で反発係数eの非弾性衝突したあとの小球の速度は ⑦ 、物体の速度は ⑦ と表すことができる。衝突に要した時間をΔtとすると、この衝突に際して小球が物体から受けた力積は ⑦ 、平均の力は ⑦ とかける。また、衝突により失われた力学的エネルギーは ⑦ となる。

〔滋賀県大＋立命館大〕

★厳選
50題

グラフ

空所補充

47 平面との斜衝突

図のように，水平から傾きの角 $60°$ のなめらかな斜面に質量 m のボールを水平に速さ V で衝突させたところ，鉛直上向きにはね返った。ただし，空気抵抗は無視できるものとする。

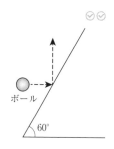

問1　斜面に衝突した直後のボールの速さを求めよ。

問2　ボールと斜面との間の反発係数(はねかえり係数)を求めよ。

問3　ボールが斜面から受ける力積の大きさを求めよ。

問4　最高点に達したあと，落ちてきたボールは斜面と再び衝突した。この2度目の衝突の直後のボールの速さを求めよ。

〔東京都市大〕

48 2物体の斜衝突 空所

同じ質量 m の2つの小物体AとBによるなめらかな水平面上での弾性衝突を考えよう。図のように，静止した小物体Bに小物体Aが速さ v_0 で衝突した。衝突後，小物体Aは図に示すように，衝突前の進行方向に対して角 θ_1 の向きに速さ v_1 で進み，また，小物体Bは小物体Aの衝突前の進行方向に対して角 θ_2 の向きに速さ v_2 で進んだ。ただし，$0<\theta_1<90°$，$0<\theta_2<90°$ の範囲とする。

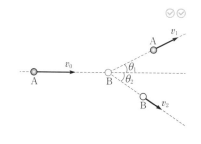

この物体系では衝突前後の運動量保存の法則が成り立つ。小物体Aの衝突前の進行方向とそれに垂直な方向において，AとBの運動量の各方向の成分の和は，衝突前後でそれぞれ保存されるので，$v_1\cos\theta_1 =$ 　ア　 と $v_1\sin\theta_1 =$ 　イ　 の関係式が得られる。また，弾性衝突では衝突前後の力学的エネルギーも保存され，$v_1{}^2 =$ 　ウ　 の関係式が成り立つ。これらの関係式から，小物体Bの衝突後の速さ v_2 を v_0 と θ_2 で表すと，$v_2 =$ 　エ　 $\times v_0$ となる。一方，小物体Aの衝突後の速さ v_1 を v_0 と θ_2 で表すと，$v_1 =$ 　オ　 $\times v_0$ となる。これらから，θ_1 と θ_2 の間には 　カ　 の関係が成り立つ。

〔近畿大〕

49 保存則の活用①

図のように，床の上に小球A，B，Cが一直線上に並んでいる。小球A，Cの質量を m，小球Bの質量を M とする。小球AとBはばね定数 k のばねでつながれている。最初ばねは自然長になっていて小球A，Bは

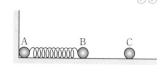

静止しているものとする。また，小球Aは壁に接している。なお，小球の運動は一直線上で起きるものとし，小球と床の間の摩擦，空気抵抗，小球の回転などは無視できるものとする。

40

問1　小球Cが左向きに一定の速さv_0で運動し小球Bに衝突後，右向きに運動方向を変えたとする。このときの衝突直後の小球Bの速さVを求めよ。はねかえり係数（反発係数）を1とする。

問2　衝突後，小球Bが静止するまでにばねがどれだけ縮むか，k, M, Vを用いて求めよ。ただし，自然長は十分長く，小球AとBが衝突することはないものとする。

問3　その後，ばねは伸びて自然長に戻る。ばねが縮み始めてから自然長に戻るまでに，壁が小球Aに与える力積の大きさをk, M, Vのうちから必要なものを用いて求めよ。

問4　ばねが自然長に戻ったあと，小球Aは壁から離れ，ばねは伸縮を繰り返しながら，小球AとBは全体として右方向に運動する。この運動において，ばねが最も縮んだときを考える。このときのばねの自然長から縮んだ長さ，および小球A，Bの速さをk, m, M, Vのうちから必要なものを用いてそれぞれ求めよ。ただし，小球BとCが再び衝突することはないものとする。

[神戸大]

★ **50** 保存則の活用②　◎◎

　図に示すように，水平な床の上になめらかに動く質量$3m$の台車が置かれている。台車には斜面A，水平面B，斜面Cがあり，台車の片方の側面は，鉛直な壁に接している。斜面Aの上で，水平面Bからの高さがhの地点から，質量mの小球を静かに放した。小球は

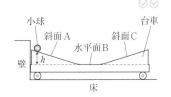

つねに台車と接して運動し，小球や台車にはたらく空気抵抗や摩擦力は無視できるものとする。重力加速度の大きさをgとする。

問1　小球が斜面Aを下り終えた。

(1)　小球が斜面Aを下り終えるまでに，斜面Aから受ける垂直抗力が小球にする仕事はいくらか。

(2)　斜面Aを下り終えたときの小球の速さはいくらか。

問2　小球は水平面Bを通過し，斜面Cを上り出すと，台車が動き出した。その後，小球は台車に対して一瞬静止した。

(3)　小球が一瞬静止した時点での床に対する台車の速さはいくらか。

(4)　小球が一瞬静止した位置は水平面Bよりいくら高いか。

(5)　この間に，小球が台車を押す力のした仕事はいくらか。

問3　小球は斜面Cを下り終え，再び水平面B上を運動している。

(6)　床に対する台車の速さはいくらか。

(7)　床に対する小球の速さはいくらか。

[愛媛大]

★厳選
50題

空所補充

51 一直線上の繰り返し衝突 空所

図のように，質量Mの直方体の箱Bがなめらかな水平面の上に置かれている。箱Bの向かい合う面Pと面Qはともにx軸に垂直で，その2面間の距離はlであり，箱の面の厚みは無視できるものとする。箱Bは，はじめ静止している。この箱Bの内部のなめらかな底面上に質量mの小球Aがあり，速度u（>0）でx軸の正の向きへ移動している。

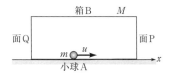

しばらくすると，小球Aは面Pに垂直に衝突し，その後，小球Aは速度u_1で，箱Bは速度v_1で，x軸方向の運動を続けた。これを1回目の衝突とする。

ここで，この衝突の際のはねかえり係数（反発係数）をeとする。ただし，eは$0 < e < 1$を満たす。1回目の衝突直後の小球Aの速度u_1は ア ，箱Bの速度v_1は イ となる。

次に，箱Bとともに動く人から見ると，1回目の衝突後の小球Aは，箱Bの底面上を面Pから面Qに向かって進み，やがて面Qで，同じはねかえり係数eで，2回目の衝突をする。1回目の衝突から，2回目の衝突までにかかる時間はe，l，uを用いて，ウ と表される。

衝突を繰り返しても，n回目の衝突直後における小球Aと箱Bの運動量の和は，1回目の衝突直前における小球Aと箱Bの運動量の和に等しいといえる。この関係は，n回目の衝突直後における小球Aの速度u_n，箱Bの速度v_n，およびm，M，uを用いて，エ と表される。

また，各衝突前後における小球Aの箱Bに対する相対速度は，はねかえり係数eによって関係づけられているので，n回目の衝突直後における小球Aの箱Bに対する相対速度$u_n - v_n$はe，n，uを用いて オ と表される。したがって，衝突を繰り返すことにより，十分に時間が経過したあとは，小球Aと箱Bは一体になって速度 カ で運動をすることがわかる。

〔立命館大〕

52 保存則の活用③　○○○

　図のように，水平な床の上に質量Mの台がある。台の曲面ABは点Oを中心とする半径Rの円周の一部であり，点Aにおいて床となめらかにつながっている。OAとOBのなす角は90°である。床の上に置かれた大きさの無視できる質量m $(m < M)$の小球を水平右側へ打ち出し，点Aから台へ入射させると，小球は曲面ABを離れることなく運動する。小球と台の曲面ABの間には摩擦はないとする。空気抵抗は無視し，重力加速度の大きさをgとする。

　はじめ，台が動かないように床に固定した。この状態で，小球を点Aから台へ入射させた。床と小球の間に摩擦はないものとする。

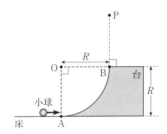

問1　小球が点Bに到達するのに必要な初速度の大きさの最小値v_0を求めよ。

問2　小球を$\sqrt{2}\,v_0$の速さで打ち出し，台に入射させたとき，点Bから真上に打ち上がり，最高到達点Pまで達した。点Pの床からの高さを，v_0を用いずに求めよ。

　次に，同じ床の上に台を固定せずに置き，再び小球を点Aから静止している台へ入射させた。床と小球，床と台の間に摩擦はないものとする。

問3　小球が点Bに到達したとき，床に対する台の速さをVとする。小球と台からなる系では，水平方向には内力を及ぼしあっているだけである。Vは，台に入射する前の小球の初速度の大きさの何倍であるか。

問4　小球が点Bに到達するのに必要な初速度の大きさの最小値v_1を求めよ。

問5　小球を初速度の大きさv_2で打ち出し，台に入射させたとき，台とともに運動する人から見て，台上の点Bから真上にRだけ打ち上がった。このときv_2はv_1の何倍であるか。

〔金沢大〕

6 | 円運動と楕円運動

確認問題

53 円運動の公式の証明 空所

図1に示すように，質量mの小物体が点Oを中心とした半径rの円周上を一定の速さvで円運動している。このとき周期Tは，rとvを用いて表すと$T = \boxed{}$となる。

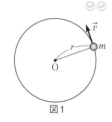

図1

1回転の角度は2πであり，1回転に要する時間がTだから，単位時間あたりの回転角，すなわち角速度ωをTで表すと$\omega = \boxed{}$となり，rとvで表すと$\omega = \boxed{}$と書ける。

次に，図2のように，小物体が点Pを通過してからΔt後に点P′を通過したとする。それぞれの時点における速度ベクトルを$\vec{v}$, $\vec{v'}$として，この小物体に生じる加速度$\vec{a}$を考える。この間の速度ベクトルの変化量は$\Delta \vec{v} = \vec{v'} - \vec{v}$であり，加速度$\vec{a}$は，$\Delta t$と$\Delta \vec{v}$を用いて表すと，$\vec{a} = \boxed{}$となる。

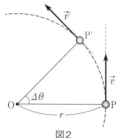

図2

図3は，図2の速度ベクトル$\vec{v}$と$\vec{v'}$の始点を重ねて描いたものである。Δtが十分小さいとき，速度変化の大きさ$|\Delta \vec{v}|$は速度の大きさvを半径とする中心角$\Delta \theta$の扇形の弧の長さに等しいとしてよいので，$|\Delta \vec{v}| = \boxed{}$である。一方，$\Delta \theta$は等速円運動の角速度$\omega$を用いると，$\Delta \theta = \boxed{}$と書ける。したがって，加速度の大きさ$a$は$v$と$\omega$を用いて表すことができ$a = \boxed{}$となる。また，$r$と$\omega$を用いて表すと$a = \boxed{}$となる。

〔甲南大〕

図3

54 円錐振り子

　図のように，点Oに固定された糸につながれた小球が水平面内で等速円運動している。糸の長さl，糸が鉛直線となす角はθで，小球の質量はmである。重力加速度の大きさをgとする。

問1　糸の張力の大きさを求めよ。

問2　円運動の角速度を求めよ。

問3　円運動の速さを求めよ。

問4　円運動の周期を求めよ。　　　　　　　　　［東京農大］

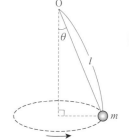

55 摩擦力による等速円運動

　図のように，水平な回転円板上に置いた質量mの小物体が，回転の中心Oから距離rの位置で円板とともにすべらずに角速度ωで等速円運動をしている。小物体と円板の間の静止摩擦係数をμ，重力加速度の大きさをgとし，空気抵抗は無視する。

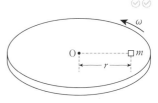

問1　小物体と円板の間にはたらく静止摩擦力の大きさを求めよ。

問2　角速度をゆっくりと増していくと，ある角速度を超えたところで小物体はすべり始めた。すべり始めないための限界の角速度の値を求めよ。　　　　　　　　　［琉球大］

56 鉛直面内の振り子の運動

　図のように，長さLの糸の一端を固定し，他端に質量mの小さなおもりをつるす。このおもりに水平方向の初速v_0を与えた。ただし，重力加速度の大きさをgとし，空気の抵抗および糸の質量は無視でき，糸は伸び縮みしないとする。

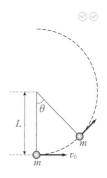

問1　速さがvのとき，おもりにはたらく向心力の大きさを求めよ。

問2　糸が鉛直からθだけ傾いたときのおもりの速さを求めよ。

問3　糸が鉛直からθだけ傾いたときの糸の張力の大きさを求めよ。

問4　$v_0 = 4.9\,\mathrm{m/s}$のとき，糸がたるみ始める角度θ_1を求めよ。ただし，$L = 0.70\,\mathrm{m}$，$g = 9.8\,\mathrm{m/s^2}$とする。　　　　　　　　　［岡山大］

57 円筒面の外側に沿ってすべる運動 ⊘⊘

図のように，なめらかな表面をもつ半径 r の円筒が，水平な床に接して固定されている。質量 m の小物体が最高点 P から静かにすべり出し，点 Q を通過して点 S で円筒表面から離れ床に落ちた。円筒の中心を点 O，∠POQ $= \theta$，重力加速度の大きさを g とする。

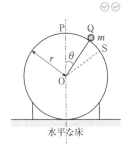

水平な床

問1 小物体が点 Q を通過するときの速さはいくらか。

問2 点 Q における小物体に作用する抗力の大きさはいくらか。

問3 ∠POS $= \theta_0$ とするとき，$\cos\theta_0$ はいくらか。

問4 点 S で円筒表面から離れる瞬間の小物体の速さはいくらか。

〔東京電機大〕

58 第一宇宙速度 空所 ⊘⊘

地球のまわりを回る人工衛星の運動について考えてみよう。地球を半径が R で球対称の質量分布をもつ全質量 M の球とする。地球の自転および公転，さらに空気などによる抵抗の影響は無視できるものとする。万有引力定数を G とする。

もし地表すれすれの円軌道で回る質量 m の人工衛星があったとすると，その速さは，$v =$ ［ア］となる。これを第一宇宙速度という。このとき，人工衛星が地球のまわりを周回する周期は ［イ］ である。この人工衛星がもつ力学的エネルギー E は運動エネルギーと位置エネルギーの和である。位置エネルギーの基準点を無限遠とすると，$E =$ ［ウ］となる。

〔東京理大〕

≡ 重要問題

59 等速円運動① ⊘⊘

図1のように，なめらかな水平面上にばね定数が k で自然長が l の軽いばねを設置し，その右端に質量 m の小さなおもりを取りつけた。ばねの他端は細い軸につなげ，軸を中心にばねが自由に回転できるようにした。この軸の平面上の位置を原点 O とする。このばねはフックの法則がつねに成り立つとする。

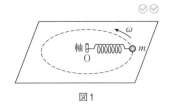

図1

おもりが水平面上で原点 O を中心として等速円運動をしている。ばねは自然長から伸びている。角速度を測定したところ ω であった。ここで $k > m\omega^2$ である。

問1 おもりの円運動の半径はばねの自然長 l に伸びを加えたものになる。ばねの伸びを求めよ。

次に図2のように，軸を鉛直上方に伸ばし，ばねの他端を水平面から高さlに固定した。おもりが水平面上で原点Oを中心に等速円運動をしている。このとき，ばねはたわまないで，軸とばねのなす角はθであった。おもりの円運動の半径は$l\tan\theta$である。

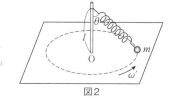

図2

重力加速度の大きさをg，角速度をω'とする。

問2　ばねの伸びをlとθを用いて表せ。

問3　角速度ω'をk，m，θを用いて表せ。

角速度がある値よりも大きい場合，おもりは平面から浮き上がって等速円運動をする。おもりがちょうど浮き上がる状況を調べてみる。

問4　おもりがちょうど浮き上がるときの角をθ_0とする。$\cos\theta_0$をk，m，g，lを用いて表せ。

問5　問4の解が存在するためには，k，m，g，lの間に，ある条件が必要である。この条件式を求めよ。

問6　おもりがちょうど浮き上がるときの角速度をgとlを用いて表せ。　　〔大阪工大〕

60 等速円運動②

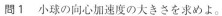

なめらかな側面をもつ円錐をその中心軸が鉛直となるように水平面に置いた。円錐の中心軸と側面とのなす角はθである。図のように，長さLの伸び縮みしない軽い糸の一端を円錐の頂点にとりつけ，他端に質量mの小球をつけた。小球を円錐の側面から離れないように，速さvの等速円運動をさせた。ただし，重力加速度の大きさをgとする。

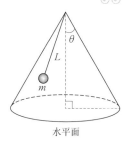

水平面

問1　小球の向心加速度の大きさを求めよ。

問2　このとき，側面から小球にはたらく垂直抗力の大きさを求めよ。

問3　等速円運動の速さを増すと，小球は側面から離れて浮き上がった。小球が側面から離れない最大の速さを求めよ。　　〔東京都市大〕

図のように, 質量 m の小球を長さ L の軽い棒につるし, 点Oのまわりに鉛直面内で円運動させる。いま, 最下点において小球に v_0 の速さを与えた。重力加速度の大きさを g とする。

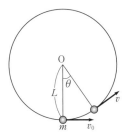

問1 棒が角度 θ 回転したとき, この位置での小球の速さ v はいくらか。

問2 小球が最高点を超えて円運動を続けるためには, v_0 はいくらより大きい必要があるか。

問3 棒を軽くて伸びない長さ L の糸に取り換えて, 同様に最下点において小球に v_0 の速さを与えた。糸がたるまないで角度 θ 回転したとき, この位置での糸の張力の大きさはいくらか。

問4 問3のとき, 糸がたるまないで, 小球が最高点を越えて円運動を続けるためには, v_0 はいくら以上必要か。 〔帝京大〕

62 非等速円運動② ⊘⊘

図のように, 斜面とO点を中心とする半径 r の半円筒からなるなめらかな面がある。斜面上のA点(高さ h)から質量 m の小物体を初速度0で放し, 面上をすべらせる。小物体の運動はすべて面に垂直な同一平面内で行われるものとする。重力加速度の大きさを g とし, 空気抵抗は無視できるものとする。

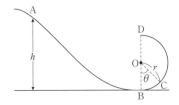

問1 半円筒上の最下点をB, 任意の点をCとし, ∠BOC = θ とする。C点を通るときの小物体の速さを求めよ。

問2 小物体がC点を通るとき, 面から受ける垂直抗力の大きさを求めよ。

問3 $h = 2r$ のとき, 小物体が半円筒面から離れる点のB点からの高さはいくらか。

問4 小物体が半円筒面の頂上D点に達するためには, A点の高さ h はいくら以上でなければならないか。 〔北海道科学大〕

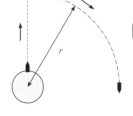

63 万有引力 空所 ⊘ ⊘

地球から人工衛星を発射し，地球を中心とする半径 r の円軌道に乗せることを考える。地球の半径を R，質量を M，重力加速度の大きさを g とし，空気抵抗は考えない。また，地球の自転の速さは人工衛星の速さに比べて十分小さいので考えなくてよいものとする。

まず，人工衛星を地表から鉛直上方に打ち上げる。万有引力定数は ⌈ ⑦ ⌉ と表せる。人工衛星が地球から無限の遠くに飛んでいくための最小の初速度の大きさは ⌈ ⑦ ⌉ である。人工衛星が打ち上げ後，地球の中心から距離 r の高さまで上昇して静止し，その後落下に転じたなら，打ち上げ直後の人工衛星の速さは ⌈ ⑦ ⌉ である。

次に，人工衛星が距離 r に到達して静止したとき，地球を回る半径 r の円軌道に沿う方向へ燃料を噴出して円軌道に移る。その直前の燃料ガスを含めた人工衛星の質量を m，噴出直後の人工衛星に対する燃料ガスの速度の大きさを u とする。このとき，円軌道での人工衛星の速さは ⌈ ⑤ ⌉ であり，噴出した燃料の質量は ⌈ ⑦ ⌉ となる。この人工衛星が地球上の観測者から見て静止して見えるためには，地球の自転周期を T_E とすると，$r = $ ⌈ ⑦ ⌉ でなければならない。 〔北里大〕

図のように地球を中心とする半径rの円軌道上を回る人工衛星について考えよう。万有引力定数をG，地球の質量をM，人工衛星の質量をmとする。ただし，地球のまわりを万有引力だけを受けて円運動や楕円運動する人工衛星についても，惑星の運動に関するケプラーの法則と同じ法則が成り立つ。

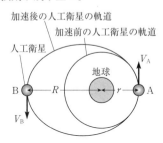

問1　地球を中心とする半径rの円軌道上を回る人工衛星の速さV_0を求めよ。

問2　この人工衛星の円運動の周期T_0を求めよ。ただし解答にV_0を用いてはならない。

図に示すように，点Aで，人工衛星の速さをV_0から，瞬時に加速して，V_Aにしたところ，人工衛星はABを長軸とする楕円軌道上を運動し，地球から最も遠ざかった点（点B）における速さはV_Bで，地球からの距離はRであった。

問3　人工衛星の力学的エネルギーが，点Aと点Bで等しいことを表す式を示せ。

問4　V_BをV_A，r，Rを用いて表せ。

問5　問3と問4の結果より，V_Bを消去してV_Aを求め，G，M，R，rを用いて表せ。

問6　比$\dfrac{V_A}{V_0}$をRとrだけを用いて表せ。

問7　図の楕円軌道上を運動する人工衛星の周期をTとする。比$\dfrac{T}{T_0}$をRとrだけを用いて表せ。

〔名古屋工大〕

☰ チャレンジ問題

65 非等速円運動③ 空所 ✅✅

　断面が図のような形状をしている曲面上で，質量 m の小球の運動を考える。小球は図で示した断面上を運動し，小球の大きさは無視できるほど小さく，小球と曲面上との摩擦はないものとする。点Aは，点B，点Cの存在している水平面より h 高い位置の曲面上の位置を示す。はじめに小球は点Aを含むなめらかな曲面上を点Bまですべり，引き続き，点Bでなめらかにつながっている水平面をすべる。また，水平面は点Cで円柱の側面となめらかにつながっている。図の点Cから点Fまでの曲線は，点Oを中心として，半径 r の円の4分の1の円弧である。なお，重力加速度の大きさを g とする。

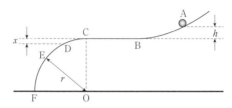

　点Aから小球を初速度0ではなしたところ，小球は点B，点Cを通り過ぎ，さらに図の点Dも通り過ぎて，点Eで曲面から離れた。ここに，点Dは点Cと点Eの間の任意の点を示し，点Cと点Dの高低差は図で示してあるように x とする。このとき，点Cにおける小球の速さは ア である。点Dにおいて小球にはたらく向心力の大きさは イ であり，点Dにおける抗力の大きさは ウ である。∠EOCが30°の場合，高さ h は，r の関数として エ と表すことができる。

　次に，点Aより高い位置から小球を初速度0ではなすことを考える。このとき，点B，点Cの存在している水平面から オ 以上で小球をはなした場合に，小球は点Cで面上から離れることがわかった。

〔日本医大〕

66 ケプラーの法則の導出 空所

ケプラーの法則は地球を回る人工衛星にも適用できる。そのとき，ケプラーの法則は(i)～(iii)のように記述される。

(i) 人工衛星は地球を1つの焦点とする楕円軌道上を運動する。

(ii) 地球と人工衛星を結ぶ線分の長さをr，線分に垂直な速度の大きさをvとしたとき，線分が単位時間に通過する面積$\left(面積速度 U = \dfrac{vr}{2}\right)$はつねに一定である。

(iii) 人工衛星の公転周期Tの2乗と，楕円の半長軸（長半径）aの3乗の比$\dfrac{T^2}{a^3}$は地球を回るすべての人工衛星に共通で一定の値になる。

地球の質量をM，人工衛星の質量をm，万有引力定数をGとする。以下の問いにしたがって，(i)，(ii)および万有引力の法則から(iii)が成り立つことを示そう。ただし，地球は静止した質点と見なしてよく，人工衛星には地球以外の天体からはたらく万有引力は考えないとする。また，万有引力の位置エネルギーの基準は無限遠にとるものとする。なお，平面上の2つの焦点からの距離の和が一定となるその平面上の軌跡が楕円である。

問1 図の点Eと点Fにそれぞれ糸の両端を画びょうで固定し，糸を鉛筆で引っぱりながら軌跡を描けば，楕円が描ける。いま，半長軸OPの長さをa，半短軸ODの長さをb，糸の長さを$2a$とすると，線分EDと線分FDの長さはaとなる。線分EPの長さをR，線分EQの長さをrとおく。鉛筆が点Pの位置にある場合を考えれば，線分FPの長さは線分EQの長さに等しいから，aはR，rを用いて　ア　と表される。三平方の定理を適用して，bはR，rを用いて　イ　と求まる。

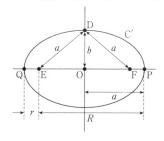

問2 (i)で記したように人工衛星が図の点E（地球）を焦点とし，最も遠い点が点P，最も近い点が点Qの楕円軌道C′をたどるとする。点Pでの速さをV，点Qでの速さをvとすれば，(ii)より面積速度が一定であることから，$VR = rv$の関係がある。

点Pでの人工衛星の力学的エネルギーは　ウ　であるが，いま，点Pと点Qでの力学的エネルギーは等しいとおき，$V = \dfrac{r}{R}v$を利用してVを消去すると，vは　エ　と求まる。周期Tは，楕円の面積Sを面積速度の大きさ$U\left(= \dfrac{vr}{2}\right)$で割った$T = \dfrac{S}{U}$で与えられる。$S$が$\pi ab$で与えられることを利用すれば，$G$，$M$，$R$，$r$を用いて$T =$　オ　と表せる。したがって，

$$\dfrac{T^2}{a^3} = \boxed{カ}$$

となり，(iii)が成り立つことがわかる。

〔近畿大〕

52

7 | 単振動

確認問題 ....

67 単振動を表す方程式 空所

質量mの小球Aを軽いばねKにつけて，なめらかな水平面上で単振動させる。時刻tにおけるAの変位xが，$x = A\sin\omega t$ $(A > 0)$ と表されたとすると，この単振動の振幅は $\boxed{(\mathcal{P})}$，周期は $\boxed{(\mathcal{I})}$ である。Aの運動方程式より，Kのばね定数は $\boxed{(\mathcal{\dot{\mathcal{P}}})}$ となる。また，Aの速さの最大値は $\boxed{(\mathcal{I})}$ であり，Aの運動エネルギーとKの弾性エネルギーの和は $\boxed{(\mathcal{\dot{\mathcal{I}}})}$ である。 〔北里大＋日本大〕

68 2本のばねに挟まれた物体の単振動

図に示すように滑らかな水平面上に質量mの物体が，ばね定数がそれぞれk_1，k_2の2つの軽いばねにつながれている。2つのばねはともに長さが自然長となるように他端が固定されており，この状態で物体は静止している。

いま物体を手で右にAだけ移動させて，時刻$t = 0$に静かに手を離したところ，物体は単振動を始めた。図のように，物体の静止位置を原点とした水平面に沿ったx軸をとり，図の右向きを正とする。

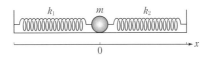

問1 位置xにおいて物体にはたらくばねの弾性力を求めよ。
問2 単振動する物体の周期を求めよ。
問3 $x = 0$の位置を通過するときの速さを求めよ。
問4 時刻tにおける物体の変位xを，tの関数として表せ。 〔昭和大〕

ばね定数kのばねの一端に質量mの小球をつなぎ，図1のように他端を天井に固定してつるす。ばねの質量と空気の抵抗は無視できるとし，重力加速度の大きさをgとする。

問1 小球をつり合いの位置で静かに離したところ，ばねは自然長からx_0だけ伸びていた。伸びの長さx_0を求めよ。

小球をつり合いの位置からAだけ引き下げ，時刻$t = 0$で静かに放したところ，小球はつり合いの位置を中心として鉛直方向に振動を始めた。図2のように時刻t（> 0）のとき，ばねの自然の長さの位置を原点として鉛直下方に測った小球の位置を$x(t)$とする。ただし，鉛直下向きをxの正の向きとする。

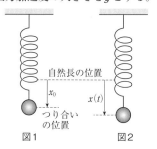

自然長の位置

x_0

$x(t)$

つり合いの位置

図1　　　図2

問2 小球の振動の角振動数ωを求めよ。

問3 $x(t)$をx_0, A, ω, tを用いて表せ。

問4 小球がつり合いの位置を通過するときの速さをA, ωを用いて表せ。

問5 小球がはじめてつり合いの位置を通過するときの時刻をωを用いて表せ。　〔琉球大〕

長さLの糸の一端を固定して他端に質量mのおもりをつけた単振り子を微小振動させたら，振動の周期はTであった。この単振り子の糸の長さを$4L$としたとき，振動の周期は ア となる。また，糸の長さはLのままとして，おもりの質量を$4m$とすると，周期は イ となる。　〔成蹊大〕

≡ 重要問題

図のように，ばね定数kの軽いばねをなめらかな水平面上に置き，ばねの一端を固定する。ばねの他端に質量$3m$の物体Aをつなぎ，物体Aと質量mの物体Bを軽くて伸び縮みしない糸でつなぐ。ばねが自然の長さからx_0だけ伸びるまで物体Bを水平面に沿って手で引いてから静かに手を放すと，物体A，Bは一体となって動き始めた。その後，ばねが自然の長さになった直後に糸はたるみ始めた。たるんだ糸は物体A，Bの運動に影響を与えないとする。ばねが最も縮むまで物体AとBが衝突することはなかった。

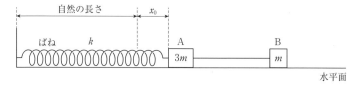

自然の長さ

x_0

ばね　k

A
$3m$

B
m

水平面

問1　物体Bから手を放してからばねが最初に自然の長さになるまでの時間を求めよ。

問2　ばねが自然の長さになったときの物体Aの速さを求めよ。

問3　ばねが最初に自然の長さになってから，次に最も縮むまでの時間を求めよ。

問4　ばねが最も縮んだ瞬間のばねの縮みを求めよ。

〔佛教大＋東邦大〕

★ ■ 72　鉛直ばね振り子②　　　◎◎

図のように，鉛直に固定した円筒の底にばね定数kの軽いばねの下端を固定し，ばねの上端に質量Mの厚さの無視できる円板を水平に取りつけた。円板が静止したとき，ばねは自然長から長さdだけ縮んでいた。円板の上方hの高さから質量mの小さな粘土塊を初速度0で落下させ，粘土塊を円板に衝突させた。粘土塊と円板は，完全非弾性衝突し，衝突後は一体となって振動した。重力加速度の大きさをgとし，空気抵抗および円筒壁面での摩擦を無視できるものとする。

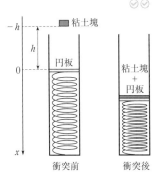

問1　粘土塊を落下させる以前に円板が静止していたときのばねの縮みdとばね定数kを結びつける関係式を記せ。

問2　円板に衝突する直前の粘土塊の速さ，および円板に衝突した直後の粘土塊の速さを求めよ。

問3　図のようにx軸をとり，衝突前の円板の静止位置をx軸の原点とし，鉛直下方をx軸の正の向きとする。衝突後に一体となった粘土塊と円板を厚さの無視できる1つの物体と見なし，この物体の位置xにおける運動方程式を記せ。ただし，物体の加速度をaとし，a, g, m, M, k, xを用いて表せ。

問4　物体の振動の中心のx座標x_0，および振動の周期Tを求めよ。

問5　ばねが最も縮んだときの物体のx座標x_1をm, M, h, dを用いて表せ。　　〔広島大〕

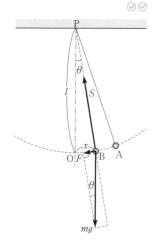

★ 73 単振り子 空所

図のように長さlの軽い糸の上端を点Pで固定し，下端に質量mのおもりをつけて鉛直面内で点Oを中心として左右に振動させる。おもりをlに比べて十分小さい振幅で振らせる。このとき，糸の質量，糸とおもりの空気抵抗は無視できるものとし，糸は伸び縮みしないものとする。また，重力加速度の大きさをgとし，円周率をπとする。

図の点Aまでおもりを移動させて静かに手を離した。このおもりにはたらく力は重力mgと糸が引く力（張力）Sである。図の点Bでおもりを最下点Oへ引き戻すはたらきをする力Fは重力の円弧に対する接線方向の成分である。このように物体を振動の中心に戻そうとする力を $\boxed{(ア)}$ という。

点Bにおいて，円弧に沿った点Oからの変位をxとする（xは右向きを正とする）。また，糸と鉛直線のなす角をθとする（反時計回りを正とする）。Fはg，m，θを用いて$F = \boxed{(イ)}$ となる。振れが小さいとき，単振り子は一直線上を往復するとみなせるので，θが十分に小さいとき，$\sin\theta$はlとxを用いて$\sin\theta = \boxed{(ウ)}$ と近似できる。よって，Fはg，l，m，xを用いて$F = \boxed{(エ)}$ のように近似できる。

おもりの接線方向の加速度をaとすると，単振り子の接線方向の運動方程式は$ma = \boxed{(エ)}$ となる。単振り子の角振動数をωとすると，ωはg，lを用いて$\omega = \boxed{(オ)}$ となる。また，単振り子の周期Tはg，lを用いて$T = \boxed{(カ)}$ となる。振幅が十分小さいとき，Tは振幅に無関係である。これを振り子の $\boxed{(キ)}$ という。

〔秋田大〕

74 浮力による単振動 空所

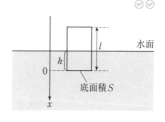

高さl，底面積Sの質量の無視できる円筒形の容器がある。この容器は鉛直方向にのみ動くことができ，底面はつねに水平であるものとする。この中に質量mのおもりを入れ，底に固定して容器を密封した。水の密度をρ，重力加速度の大きさをgとする。ただし水面の高さはつねに一定であり，大気圧の影響は無視できるものとする。

容器を水中に静かに入れ，図のように下面が水面からh（ただし$0 < h < l$）だけ沈んだところで手を離したところ，容器は静止した。このとき，容器が受ける浮力の大きさはρを使って表すと $\boxed{(ア)}$ となり，hは $\boxed{(イ)}$ と表される。

　図のように鉛直下方にx軸をとり，容器が水面から下にhだけ沈んだときの下面の位置を$x = 0$とする。この容器を下面が水面に接するまで持ち上げ時刻$t = 0$で静かに放したところ，容器の上面はつねに水上に出たまま上下にある一定の振動数で振動を続けた。ここでは水による抵抗は無視できるとする。

　容器の下面の座標をxとするとき，容器の受ける浮力の大きさは $\boxed{ウ}$ と表される。ただし$x > -h$とする。容器の加速度をaとすると，容器の運動方程式は $\boxed{エ}$ と表される。したがって振動の周期Tは $\boxed{オ}$ となる。$t = 0$で$x = -h$であり，容器の速さは0である。これより$t \geqq 0$のxをtの関数として表すと $\boxed{カ}$ となる。〔青山学院大〕

■ 75 重力トンネル　◇◇

　地球上の2つの地点を直線で結ぶトンネルを掘ることによって，高速で移動する交通機関を作ることができる。この方法は重力が動力なので，摩擦や空気抵抗をなくせば，移動にエネルギーを必要としない。図はその様子を示したもので，トンネルと地球の中心を含むようにとった断面図である。地球は半径Rの球体で，密度ρはいたるところ一定であるとする。トンネル内の物体の位置は，トンネルに沿ってx軸をとり，原点

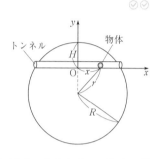

Oをトンネルの中央に選んだ座標で表す。地表での重力加速度の大きさをg，地球の質量をMとする。地球の自転によって生じる遠心力や空気抵抗および摩擦の効果は無視する。

問1　地球の密度を求めよ。また，万有引力定数をg，M，Rを用いて表せ。

問2　地球の中心から距離$r$$(r \leqq R)$にある物体にはたらく万有引力は，半径$r$の球内の全質量が球の中心に集中していると考えて得られる引力に等しく，球の外側にある質量には影響されない。このことを使って，トンネル内におかれた，地球の中心からrの位置にある質量mの物体にはたらく万有引力の大きさを求めよ。

問3　問2の結果を使って，トンネル内の位置$x$$(x \geqq 0)$にある質量$m$の物体にはたらく力の$x$成分を求めよ。また，この物体の$x$軸方向の加速度を$a$として，この方向の運動方程式を書き，物体がどのような運動をするか説明せよ。

問4　時刻$t = 0$にトンネルの入り口で静止していた物体が時刻$t = u$でトンネルの出口に到達した。uを与える式を求めよ。また，地球の半径Rを6400km（$= 6.4 \times 10^6$m），重力加速度の大きさgを10m/s^{2}として，uの値を計算し，分の単位で答えよ。

問5　トンネルの入り口に速さ$v = 0$で置いた質量mの物体について，物体の最大の速さv_Mを与える式を求めよ。また，問4で用いたRとgの数値を使って，トンネルが地球の中心を通る場合$(H = R)$の物体の最大の速さv_Mの値を計算せよ。〔中央大〕

★厳選50題

空所補充

★ **76** **遠心力と単振動** ⊘⊘

角速度ωで回転している水平な円板上の小物体の運動を考える。

図のように，円板中心を通る鉛直方向の回転軸があり，回転軸にばね定数kで質量の無視できるばねが取りつけられている。また，ばねの他端に質量mの小物体が取りつけられている。最初，小物体はストッパーで止められており，そのときのばねの長さは自然長である。このときの円板中心から小物体までの距離をLとする。円板には図のように，半径方向に溝があり，小物体はこの溝に沿って運動するが，溝と小物体の間に生じる摩擦力は無視できるものとする。また，このときの小物体の位置を原点Oとし，半径方向の外向きを正として円板上に固定したx軸を定義する。以下では角速度ωで回転する円板に固定された観測者からの視点で，x軸を用いて小物体に作用する水平方向の力や運動を考える。ここでは，空気抵抗，小物体の大きさ，重力の影響は考えなくてよいものとする。

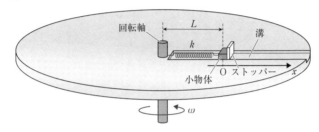

小物体の運動に影響を与えないように，すばやくストッパーを外したところ，小物体は単振動をし始めた。

問1 単振動をしている小物体に作用するx軸方向の力をxの関数として表せ。

問2 小物体が単振動するためのばね定数kの条件を求めよ。

問3 単振動の周期を求めよ。

問4 小物体の位置の最大値を求めよ。 〔福井大〕

77 鉛直ばね振り子③

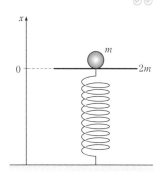

　図に示すように鉛直に立てられた軽いばねに，厚みの無視できる質量$2m$の板を固定する。その板の上に，質量mの小球を静かに置いたところ，自然長よりdだけ縮んで静止した。この位置を原点とし，鉛直上向きを正としてx軸をとる。ここから，さらにαd ($\alpha > 0$)だけ板を押し下げ静かに放したところ，板と小球は一体で動き始めた。ここで，ばねの変形はフックの法則が成立する範囲にあるとし，空気抵抗や摩擦の影響は無視する。また，重力加速度の大きさをgとし，運動は鉛直方向のみを考える。

問1　このばねのばね定数を求めよ。

問2　板と小球が一体で動いているとき，位置xでの加速度および小球が板から受ける垂直抗力を求めよ。

問3　ある位置で小球が板から離れて上昇した。小球が板から離れるためのαの条件，離れる瞬間の位置(座標)，およびそのときの小球の速さを求めよ。

問4　小球は板から離れたあと，ある高さまで上昇しその後落下した。小球の最高到達点の位置(座標)を求めよ。

問5　小球が板から離れた後，初めて板と衝突するまでの間，板は単振動をした。この単振動の中心位置(座標)と振幅を求めよ。

問6　板が小球と離れて，ちょうど1周期だけ振動したときに，小球と板が初めて衝突した。このときのαを求めよ。

〔横浜市大〕

78 摩擦のある水平面上での単振動 グラフ 空所

次の文を読んで，□に適した式を求め，あとの問いに答えよ。重力加速度の大きさをgとし，空気抵抗は無視できるものとする。ただし，ア，エ，オ，ク は，動摩擦係数μ'を使わずに答えよ。

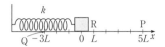

図のように，水平な床面上に質量mの物体を置きばねを取りつける。ばねは自然の長さにあり，床面と平行になるようにばねの他端を壁に固定する。物体は図のx軸上を右向きを正として運動する。物体の位置は，ばねが自然の長さにあるときの位置を原点$x=0$にとって，座標xで表す。ばね定数をkとする。また，物体と床面との間の静止摩擦係数をμ，動摩擦係数をμ'とする。ただし，物体の大きさとばねの質量は無視できるものとする。

はじめに，物体をx座標が$5L$（ただし$L>0$）の点Pまで引っ張り，時刻$t=0$で静かに手を放した。物体はx軸の負の向きに動きはじめ，x座標が$-3L$の点Qで運動の向きを反転し，x軸の正の向きに運動した。物体はx座標がLの点Rに達し，そのまま静止した。

まず，物体の点Pから点Qまでの運動を考える。この間でのばねに蓄えられた弾性エネルギーの変化は ア となる。また，この間に動摩擦力がした仕事は イ である。これら2つの量は等しいので，動摩擦係数μ'は ウ となる。物体は点Pから速さを増していき，最大の速さになったのち，徐々に減速して点Qでいったん静止した。物体が運動している間に水平方向に受ける力を右向きを正として表すと エ となる。したがって，この区間の物体の運動は，x座標の オ を中心とする単振動であることがわかる。この単振動の中心で物体の速さは最大となり，その値は カ となる。物体が点Qで反転する時刻は キ となる。

次に，物体の点Qから点Rまでの運動を考える。物体は点Qからx軸の正の向きに動きはじめ，点Rで静止した。物体が運動している間に水平方向に受ける力を右向きを正として表すと ク となり，この区間の振動の中心の位置は ケ である。

問1 物体の位置を示す座標xと時刻tとの関係を$t=0$から物体が点Rで静止するまでグラフに表せ。

問2 物体が点Qで速度が0になったあと再び動き出し，点Rで静止し続けたことから，静止摩擦係数μのみたすべき範囲を求めよ。

〔東京海洋大，北海道大〕

79 重心運動と相対運動 グラフ 空所 論述

図1のように台車Aと台車Bが水平な平面の一直線上を走っている。台車Aの後端には，ばね定数kのばねが取りつけられている。はじめ，台車Aと台車Bは，平面上をなめらかに，それぞれ速度v_A，v_Bで走っているとする。台車の速度は紙面に向かって右向きを正として，$v_B>v_A>0$であった。台車Aと台車Bの質量をそれぞれm_A，m_Bとし，ばねの質量は無視できるものとする。

しばらくすると，台車Bは台車Aに追いつき，ばねに接触してばねが縮みはじめる。ばねは，弾性力がフックの法則に従う範囲で伸縮するものとする。台車Bが台車Aのばねに接触した瞬間に，ばねと台車Bが連結した。連結後，台車Aと台車Bは振動しながら進む。連結された瞬間を時刻0とし，ばねの最大の縮みをlとする。図2に示すように，時間t経ったとき，ばねの右端はx_A，ばねの左端はx_Bだけ，それぞれ移動した。ただし，連結はエネルギーの損失なく瞬間的に行われるものとし，変位x_A，x_Bは紙面に向かって右向きを正とする。

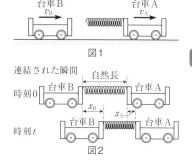

図1

図2

問1　時刻0以後の台車Aと台車Bの重心の速度を求めよ。

問2　平面に静止している人からみた，時刻tにおける台車Aと台車Bの加速度をそれぞれα_Aおよびα_Bとして，台車Aと台車Bの運動方程式を，それぞれ立てよ。ただし，加速度α_A，α_Bは，紙面に向かって右向きを正とする。

問3　次の文の ［ア］ 〜 ［エ］ に入る適切な数式を，k, l, m_A, m_B のうち必要なものを用いて表せ。

台車Bに対して静止している人からみた台車Aの運動を考える。台車Bに対して静止している人から見ると台車Aの加速度は，$\alpha_A - \alpha_B$で与えられ，台車Aと台車Bの変位の差$x_A - x_B$を用いて，$\alpha_A - \alpha_B = $ ［ア］ $(x_A - x_B)$と表される。この式より，台車Bに対して静止している人からみて台車Aは単振動する。

また，ばねの最大の縮みがlであることから，単振動の式は，$x_A - x_B = $ ［イ］ $\sin\omega t$で表すことができる。ここで，ωは角振動数を示し，$\omega = $ ［ウ］ で与えられる。したがって，単振動の周期は，［エ］ である。

問4　変位x_Bを時間tの関数として表したところ，以下のグラフ群中の(a)〜(f)のいずれかとなった。最も適したグラフを選択し記号で示せ。また，その理由も答えよ。

グラフ群

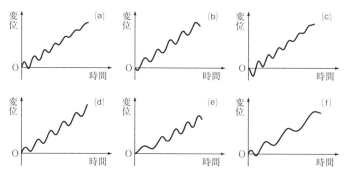

〔広島大〕

8 | 熱と温度

確認問題 ......

基 **80** **熱量の保存①** ⊘⊘

　熱容量が85J/Kの容器中に150gの水を入れたとき，全体の温度が20℃で一定になった。この中に，100℃に熱した質量120gの金属球を入れたところ，全体の温度が30℃になった。金属の比熱c〔J/(g·K)〕を求めたい。ただし，熱は水，容器，金属球の間だけで移動したものとし，水の比熱は4.2J/(g·K)とする。

問1　金属球を入れたときに水が得た熱量を求めよ。

問2　金属球を入れたときに容器が得た熱量を求めよ。

問3　金属球の比熱c〔J/(g·K)〕を求めよ。　　　　　　　　　〔東京農大〕

基 **81** **熱量の保存②** ⊘⊘

　外部との熱の出入りがなく熱容量が無視できる容器の中に，−20.0℃の氷28.0gがある。この容器の中に80.0℃の水を65.0g加えてしばらく置いたところ，氷はすべて融けて一定温度の水になった。ただし，氷の比熱を2.10J/(g·K)，水の比熱を4.20J/(g·K)，氷の融解熱を330J/gとする。

問1　−20℃の氷から0℃の氷になるまでに得た熱量を求めよ。

問2　0℃の氷がすべて融解し，0℃の水になるまでに得た熱量を求めよ。

問3　熱平衡の状態になったときの水の温度を求めよ。　　　　　〔日本福祉大〕

82 **分子の平均運動エネルギーと2乗平均速度** ⊘⊘

問1　単原子分子理想気体の1分子の平均の運動エネルギーをKとするとき，この気体の絶対温度はいくらか。ただし，気体定数をR，アボガドロ定数をN_Aとする。

問2　温度360Kの気体のヘリウムを単原子分子理想気体とみなせるとしたとき，気体分子の2乗平均速度の大きさはいくらか。有効数字2桁で答えよ。ただし，気体定数を8.31J/(mol·K)，ヘリウムの分子量を4.0とする。　　　〔藤田保健衛生大〕

83 密度を含んだ状態方程式 （空所）

物質量 n の理想気体の圧力を P，体積を V，温度を T，気体定数を R としたとき，状態方程式は ［ア］ となる。ここで，気体の1molあたりの質量を w とすると，密度 ρ は，n，w，V を用いて，$\rho =$ ［イ］ となるため，状態方程式 ［ア］ を，ρ を用いて書き直すと，

$$\boxed{ウ} = \frac{R}{w}$$ となる。R，w は気体の状態によらず一定であるため， ［ウ］ は常に一定

となる。この式は，物質量が明確に定まらない気体の状態などを考えるときに役に立つ。

〔金沢大〕

≡ 重要問題

★84 熱量の保存③ （グラフ）（空所）

4.00×10^2 W のヒーターを内蔵した容器がある。

ヒーターのスイッチが入っていない状態で，容器に 1.50×10^2 g の氷を入れると容器と氷は一様に -10.0 ℃ となった。

ヒーターのスイッチを入れると，全体の温度は図のように時間の経過とともに変化した。ただし，容器と外部との熱の出入りがなく，ヒーターの熱容量は無視

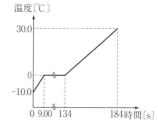

できるものとする。また，水の比熱は 4.20 J/(g·K) とする。このグラフから氷の融解熱は ［ア］ J/g で，容器の熱容量は ［イ］ J/K，氷の比熱は ［ウ］ J/(g·K) とわかる。

ヒーターのスイッチを入れてから184s後，全体の温度が30.0℃となったときにヒーターのスイッチを切った。ここで，質量 1.35×10^2 g で85.0℃の金属球を容器に入れて，十分な時間が経ったあと，全体の温度を測ったところ35.0℃になった。この金属球の比熱は ［エ］ J/(g·K) である。

〔南山大〕

★厳選
50題

物理基礎

グラフ

空所補充

★ **85** 気体分子運動論① 空所

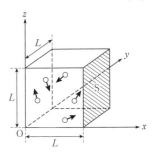

1辺の長さがLの立方体の容器が図のように置かれている。この容器の中に，1個の質量がmのN個の単原子分子からなる理想気体が入っている。分子は，他の分子とは衝突することがなく，容器の壁と衝突するまでは等速直線運動をし，壁と弾性衝突をする。

容器の中の1個の気体分子について考える。この分子の速度のx成分がv_x（$v_x > 0$）であったとする。$x = L$に位置する壁Sとの衝突により，この分子の速度のx成分は　ア　となり，1回の衝突で分子がSに与える力積の大きさは　イ　となる。この分子が時間tの間にSと衝突する回数は　ウ　回であり，この分子がtの間にSに与える力積の大きさは　エ　である。したがって，Sがこの分子から受ける力の大きさを時間的に平均した値は　オ　となる。

気体分子全体のv_x^2の平均値を$\overline{v_x^2}$とすると，SがN個の分子から受ける平均の力の大きさは　カ　となる。速度のy，z成分の2乗についての平均値をそれぞれ$\overline{v_y^2}$，$\overline{v_z^2}$とすると，分子の速度の2乗についての平均値は$\overline{v^2} = \overline{v_x^2} + \overline{v_y^2} + \overline{v_z^2}$で与えられる。分子の運動はどの方向にもかたよりなく起こっているので，$\overline{v^2}$を用いると$\overline{v_x^2} =$　キ　が成り立つ。したがって，SがN個の分子から受ける圧力は$\overline{v^2}$などを用いて，　ク　と表すことができる。一方，容器内部の気体の絶対温度をT，気体定数をR，アボガドロ定数をN_Aとすると，理想気体の状態方程式より，圧力はTなどを用いて　ケ　と表すこともできる。これらの結果を比較することで，気体分子の平均運動エネルギーがTなどを用いて　コ　と表されることがわかる。したがって，気体の内部エネルギーはTなどを用いて　サ　と表される。

〔福岡大〕

86 熱気球 空所

地表における大気
圧力 p_0
温度 T_0
密度 ρ_0

気球内
体積 V
温度 T

図のように，大気中での気球の運動を考える。完全に膨らませた気球の容積Vはつねに一定であり，気球内の空気を除いた気球本体と乗員を合わせた質量をMとする。気球は下方に開口部があるため，気球内の空気はつねに大気と等しい圧力に保たれる。また，下からバーナーで加熱することで，気球内の空気の温度を上昇させることができる。

空気は理想気体であるとし，気体定数をRとする。また，重力加速度の大きさはgとする。

この気球を地表から浮上させるための条件を考察しよう。地表での大気の圧力をp_0，温度をT_0とする。地表における大気の密度ρ_0は，単位物質量あたりの空気の質量mなどを用いて，$\rho_0 =$　ア　と表せる。

地表に置いた気球を完全に膨らむまで加熱し，さらにある程度加熱を続けた。このときの気球内の温度をT（$T > T_0$）とする。気球内の空気の密度ρは$\rho =$　イ　$\times \rho_0$と表せる。

　気球が浮き上がる条件は，気球にはたらく浮力が気球本体，乗員，および気球内の空気にはたらく重力に打ち勝つことである。ρ_0 を含む式で表すと，気球にはたらく浮力の大きさは $\boxed{\text{ウ}}$ であるから，気球が浮き上がるためには，$\rho_0 V > M$ として，気球内の温度 T を最低温度 $T_1 = \boxed{\text{エ}} \times T_0$ より高くする必要がある。

　気球の体積 $V = 2.00 \times 10^3\,\text{m}^3$，気球本体の質量 280 kg，体重 60.0 kg の乗員 2 名，地表における温度 $T_0 = 300\,\text{K}$，空気の密度 $\rho_0 = 1.20\,\text{kg/m}^3$ のとき，$T_1 = \boxed{\text{オ}}$ K となる。気球内の空気の温度の上限を 450 K とすれば，この気球が浮き上がるためには，体重 60.0 kg の乗員の上限は $\boxed{\text{カ}}$ 人である。　　　　　　　　　　　　　　　　　〔近畿大〕

☰ チャレンジ問題

87　気体分子運動論② ◎◎

　半径 r の球形の中空容器の中に物質量 n の単原子分子理想気体が入っている。理想気体の個々の分子は器壁と弾性衝突を繰り返している。重力の効果は無視できるとする。気体分子ひとつの質量を m，アボガドロ定数を N_A，気体定数を R とする。

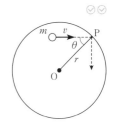

問1　図のように速さ v の気体分子が器壁の点 P に，点 P と球の中心 O とを結ぶ線（法線）と θ の角度で衝突した。
(1)　1 回の衝突による，この分子の運動量の変化の大きさを求めよ。
(2)　この分子が器壁と衝突してから，つぎに器壁に衝突するまでに進む距離を求めよ。
(3)　この分子が単位時間あたりに壁に衝突する回数を求めよ。
(4)　器壁がひとつの分子から受ける力の大きさの単位時間あたりの平均を求めよ。

問2　容器内の気体分子の速さの 2 乗平均を $\overline{v^2}$ とする。
(5)　気体分子全体が器壁に与える力の大きさを求めよ。
(6)　気体の圧力 p を，気体の体積を V として V，N_A，n，m，$\overline{v^2}$ を用いて表せ。
(7)　気体分子の平均運動エネルギーを，絶対温度を T として N_A，R，T を用いて表せ。
(8)　気体の内部エネルギーを n，R，T を用いて表せ。　　　　　　　　　〔高知大〕

9 | 理想気体の状態変化

確認問題

88 ボイル・シャルルの法則

図のように，なめらかに動く軽いピストンがついた断面積 S のシリンダー中に理想気体が封入されている。ピストンとシリンダーは断熱性で，シリンダーの中には大きさの無視できる温度調節器がついている。はじめ，気体の圧力は大気圧 P_0 に等しく，体積は V_0，絶対温度は T_0 であった。この状態を状態0とする。

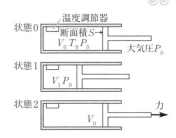

問1　状態0から，温度調節器で気体をゆっくり冷やしながら圧力一定で圧縮し，気体の体積を V_1（$< V_0$）にした。この状態を状態1とする。
(1)　状態1における気体の絶対温度を求めよ。
(2)　状態0から状態1への変化において，気体が外部からされた仕事を求めよ。

問2　状態1から，温度調節器で気体の温度を一定に保ちながらピストンをゆっくりと手で引いて，気体の体積を V_0 に戻した。この状態を状態2とする。
(3)　状態1から状態2への変化における気体の内部エネルギー変化を求めよ。
(4)　状態2における気体の圧力を求めよ。
(5)　状態2において，ピストンを引く手が加えた力の大きさを求めよ。

〔神奈川大〕

89 熱力学第一法則 空所

次の文中の ⎡(ア)⎤ 〜 ⎡(キ)⎤ にあてはまる最も適切なものを選択肢からそれぞれ選べ。ただし，同じ語句を複数回選んでもよい。

一定量の理想気体の性質に関して整理すると，以下のようになる。
(1)　熱力学第一法則によると，気体が Q の熱量を吸収し，外部に W の仕事をした場合には $\Delta U = $ ⎡(ア)⎤ と表される。
(2)　圧力を一定に保ったまま気体が膨張する過程では，気体の温度は ⎡(イ)⎤ する。このとき，気体は熱を ⎡(ウ)⎤ する。
(3)　体積を一定に保ったまま気体の圧力が下がる過程では，気体の温度は ⎡(エ)⎤ する。このとき，気体は熱を ⎡(オ)⎤ する。
(4)　気体を断熱圧縮する過程では，温度は ⎡(カ)⎤ し，圧力は ⎡(キ)⎤ する。

選択肢

0	$Q + W$	$Q - W$	上昇	下降	吸収	放出

〔甲南大〕

90 モル比熱 空所

問1 体積を一定に保って物質量nの理想気体に外部から熱量Qを与える場合を考える。温度がΔTだけ変化したとすると，定積モル比熱C_Vの定義から，$Q = \boxed{\ ア\ }$である。また，気体が外部にする仕事Wは，$W = \boxed{\ イ\ }$である。内部エネルギーの変化をΔUとすると，熱力学第一法則から，n，ΔT，および定積モル比熱C_Vを用いて，$\Delta U = \boxed{\ ウ\ }$と表される。理想気体の内部エネルギーの変化は温度変化によって定まることが知られていることから，$\Delta U = \boxed{\ ウ\ }$の関係式は定積変化に限らず成り立つ。

問2 圧力pを一定に保って物質量nの理想気体に外部から熱量を与える場合を考える。体積変化をΔVとすると，理想気体が外部にする仕事Wは，$W = \boxed{\ エ\ }$である。温度の変化をΔTとすると，理想気体の状態方程式から，Wはn，ΔT，および気体定数Rを用いて，$W = \boxed{\ オ\ }$と表すこともできる。$\boxed{\ ウ\ }$と$\boxed{\ オ\ }$および熱力学第一法則から，理想気体の定圧モル比熱C_pはC_VとRを用いて，$C_p = \boxed{\ カ\ }$と表される。

〔京都産業大〕

基 91 熱効率

熱機関が高温の物体から得た熱量をQ_1，低温の物体へ放出した熱量をQ_2とするとき，熱効率を表す式を求めよ。

〔センター試験〕

重要問題

92 状態方程式と熱力学第一法則① ◎◎

図1のように，水平を保ったまま鉛直方向になめら
かに動くピストンを備えたシリンダーがあり，内部に
物質量nの単原子分子の理想気体が封入されている。
ピストンの質量はM，ピストンの底面積はSで，シリ
ンダーとピストンはいずれも断熱材でできていて，気
体に出入りする熱は完全に遮断されているものとする。
また，シリンダー内部には体積が無視できるほど小さ
い加熱用のヒーターが設置されている。外気の圧力を
p_0，気体定数をR，重力加速度の大きさをgとする。

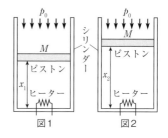

図1　　図2

最初，ピストン底面がシリンダー内底面より高さx_1の位置で静止してつりあっていた。
このときの状態を"状態1"とする。

問1 状態1におけるシリンダー内の気体の圧力p_1を，p_0, S, g, Mを用いて表せ。

問2 状態1におけるシリンダー内の気体の温度T_1を，n, R, p_0, S, g, M, x_1を用
いて表せ。

状態1より，ヒーターを用いてシリンダー内の気体に対してQの熱量をゆっくりと与
えたところ，ピストンは徐々に上昇して，図2に示すように高さx_2の位置で静止した。
このときの状態を"状態2"とする。

問3 状態1から状態2へ変化する過程で，シリンダー内の気体がピストンに対してし
た仕事Wを，p_1, S, x_1, x_2を用いて表せ。

問4 状態1から状態2へ変化する過程におけるシリンダー内の気体の内部エネルギー
の変化量ΔUと，ヒーターによって与えられた熱量Qを，いずれも，p_1, S, x_1, x_2を
用いて表せ。

その後，ピストンを動かないように固定した状態でシリンダー内の気体をゆっくりと
加熱したところ，十分に時間が経過したあとに，気体の温度は状態2よりΔT上昇して
一定温度となった。このときの状態を"状態3"とする。

問5 状態2から状態3へ変化した過程で加えた熱量が，状態1から状態2へ変化した
過程で加えた熱量Qと等しいとき，ΔTを，n, R, p_1, S, x_1, x_2を用いて表せ。

〔長崎大〕

68

★ **93** 状態方程式と熱力学第一法則② `グラフ` ◇ ◇

　単原子分子理想気体1molが，ピストンによりシリンダー内に閉じ込められていて，熱交換器によって自由に加熱や冷却をしながら，圧縮や膨張ができるようになっている。また，断熱的な体積変化も可能である。はじめ状態A（体積V_A，温度T_A）にあった気体を，2つの異なる経路（経路1と経路2）を経て体積$\dfrac{V_A}{16}$の状態Bに移すことを考える。

気体定数をRとする。なお，この理想気体の定積モル比熱は$\dfrac{3}{2}R$であり，断熱変化においては，温度T，体積Vの間に$TV^{\frac{2}{3}}=$一定，の関係が成り立つ。

　経路1では，最初に状態Aから，断熱圧縮により体積$\dfrac{V_A}{8}$に移し（これを状態Cとする），次に定圧圧縮により体積$\dfrac{V_A}{16}$の状態Bにする。

問1　状態Cにおける温度と圧力を求めよ。

問2　状態変化A→Cにおける気体の内部エネルギーの変化を求めよ。

問3　状態変化C→Bにおいて気体がされる仕事を求めよ。

問4　状態Bにおける温度を求めよ。

　経路2では，最初に状態Aから等温圧縮により，体積$\dfrac{V_A}{16}$の状態Dに移し，次に体積を一定に保ったまま加熱により状態Bにする。

問5　状態Dにおける圧力を求めよ。

問6　状態変化A→Dにおける気体の内部エネルギーの変化を求めよ。

問7　状態変化D→Bにおいて気体が受けとった熱量を求めよ。

問8　経路1と経路2のたどる圧力p，体積Vの変化の概略を縦軸にp，横軸にVをとって示せ。経路1と2の区別と，状態B，CおよびDの位置を明記すること。縦軸の値は示さなくてもよい。

問9　経路1と経路2で，気体がされる仕事はどちらが大きいか，または同じか，答えよ。

[浜松医大]

★ 厳 選
50題

グラフ

ばねつきピストン　⊘⊘

　図のような，ばね定数kの軽いばねと断面積Sのなめらか
に動く軽いピストンの取りつけられた断熱容器が大気中に置
かれている。この容器の中には，物質量$1\,\text{mol}$の単原子分子
からなる理想気体が封入されている。以下では，気体定数を
R，大気圧をp_0とする。

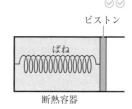

ピストン
ばね
断熱容器

　はじめ，ばねの長さは自然の長さl_0であった。

問1　この状態での気体の絶対温度を求めよ。

問2　この状態での気体の内部エネルギーを求めよ。

　次に，気体をゆっくりと加熱したところ，ばねの長さは$\dfrac{5}{4}l_0$になった。

問3　ばねの長さが$l\left(l_0 \leqq l \leqq \dfrac{5}{4}l_0\right)$のとき，気体の圧力を求めよ。

問4　ばねの長さが自然の長さl_0の状態から$\dfrac{5}{4}l_0$の長さの状態になるまでに，気体がば
ねと大気にした仕事を求めよ。

問5　ばねの長さが自然の長さl_0の状態から$\dfrac{5}{4}l_0$の長さの状態になるまでに，気体に加
えられた熱量を求めよ。　　　　　　　　　　　　　　　　　　　　　　　〔千葉工大〕

★　95　**断熱自由膨張と断熱混合**　⊘⊘

　図に示すように，容器Aと容器Bがコックのつ
いた細管でつながれている。A，B，コック，お
よび細管は，すべて断熱材でできている。また，
A内には加熱装置が取りつけられており，その装
置による容器外部との熱の出入りはない。A内の
加熱装置を除いた容積がV_0，B内の容積は$2V_0$で
ある。細管およびコック内の体積は無視できるも
のとする。気体定数をRとする。

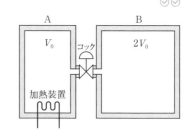

A
V_0
コック
加熱装置
B
$2V_0$

　最初，コックは閉じられた状態で，A内には圧力P_0，温度T_0の単原子分子理想気体
が入っており，B内は真空であった。

問1　A内の気体の物質量を求めよ。

問2　コックを開き十分な時間放置した。一様になったあとの気体の温度と圧力を求め
よ。

問3　コックを閉じ，加熱装置で熱を与えてA内の気体の温度を$2T_0$にした。A内の気
体とB内の気体の内部エネルギーの和を求めよ。

問4　その後，再びコックを開いて十分な時間放置したところ，全体が平衡状態に達し
た。そのときの気体の温度と圧力を求めよ。　　　　　　　　　　　　　　〔金沢大〕

★ ■96 熱サイクル①

図のように，断面積が S のシリンダーがある。シリンダーの中央にストッパー A，上端にストッパー B があり，その間をなめらかに動くピストンによって，シリンダー内部に物質量 1 mol の単原子分子理想気体が閉じこめられている。最初，シリンダー内部の気体の温度は T_0，圧力は外部の大気圧 P_0 と等しく，ピストンはストッパー A 上にあった（状態 1）。ここで，シリンダーとピストンは断熱されており，ピストンの厚さと質量は無視できるものとする。気体定数を R，重力加速度の大きさを g とする。

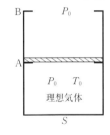

問 1　ピストンの上におもりをのせると，ピストンはストッパー A に押しつけられた。ここで，ゆっくりと内部の気体を $2T_0$ まで加熱すると，ピストンがストッパー A から離れそうになった（状態 2）。

(1)　このときの気体の圧力を求めよ。

(2)　おもりの質量を求めよ。

(3)　この過程で気体に加えた熱量を求めよ。

問 2　さらに，ゆっくりと内部の気体を加熱すると，ピストンはゆっくりと上昇した。そして，ストッパー B に触れるまで加熱した（状態 3）。

(4)　このときの気体の温度を求めよ。

(5)　この過程で気体が外部にした仕事を求めよ。

(6)　この過程で気体に加えた熱量を求めよ。

問 3　おもりを取り去ると，ピストンはストッパー B に押しつけられた。さらに，内部の気体をゆっくりと冷却すると，ピストンはストッパー B から離れそうになった（状態 4）。このとき，気体の圧力は P_0，温度は $2T_0$ となった。

(7)　この過程で，気体から取り去った熱量を求めよ。

問 4　さらに，ゆっくりと内部の気体を冷却すると，ピストンはゆっくりと下降した。そして，ストッパー A に触れるまで冷却した。このとき，気体の圧力は P_0，温度は T_0 となっており，状態 1 に戻った。

(8)　この過程で，気体が外部にした仕事を求めよ。

問 5　状態 1 から状態 2，状態 3，状態 4 を経て，状態 1 に戻るサイクルを考える。

(9)　このサイクルにおける熱効率 e を求めよ。

〔奈良女子大〕

★厳選
50題

97

熱サイクル② グラフ 空所

物質量nの理想気体を用いて，図に示すような
A→B→C→D→Aと変化させるサイクルを考える。
A→BおよびC→Dの過程は断熱変化，B→Cおよび
D→Aの過程は定圧変化である。状態Aおよび状態D
の圧力をp_1，状態Bおよび状態Cの圧力をp_2とする。
状態A，B，C，Dの絶対温度をそれぞれT_A，T_B，T_C，
T_Dとする。気体定数をR，定積モル比熱をC_Vとする。

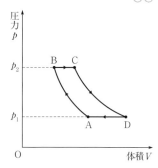

A→Bの過程における内部エネルギーの変化は
[ア] であり，理想気体が外部からされた仕事は
[イ] である。

B→Cは定圧変化である。B→Cで理想気体がした仕事は [ウ] であり，吸収した熱
量は [エ] である。

C→Dで理想気体が外部にした仕事は [オ] であり，D→Aで理想気体が外部からさ
れた仕事は [カ] である。以上から，A→B→C→D→Aの1サイクルで理想気体が外
部にする正味の仕事は [キ] となる。よって，熱効率は [ク] となる。　　　　〔京都産業大〕

≡ チャレンジ問題

98

ピストンの単振動 グラフ 空所 論述

図のように，断面積Sのシリンダーを水平に固定し，質量
Mのふたで単原子分子の理想気体を封入する。まわりの大気
圧p_0と絶対温度T_0は一定で，ふたは気密性を保ったままな
めらかに動く。

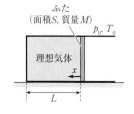

問1　次の文章の [ア] から [エ] までの空欄に適した式を
　　記せ。ただし，$|x|$がLに比べて十分に小さいときに成り

立つ近似式 $\left(1-\dfrac{x}{L}\right)^{-\alpha} \fallingdotseq 1+\dfrac{\alpha x}{L}$ を用いよ（αは実数とする）。

シリンダー及びふたが熱をよく通す等温過程を考える。ふたははじめ，シリンダー
の底からの距離がLのところで静止していた。ふたに手を添えてゆっくりと微小距離
移動させ，ふたから手を離したところ，ふたは単振動をした。ふたがはじめの位置か
ら左向きを正としてxだけ変位したとき，理想気体の圧力は [ア] となる。ただし，
xの大きさはLに比べて十分に小さいとする。よって，この単振動の周期は [イ] で
ある。

次にシリンダー及びふたが熱を通さない断熱過程を考える。ふたははじめ，シリンダーの底からの距離がLのところで静止していた。単原子分子理想気体の断熱変化では(圧力)×(体積)$^{\frac{5}{3}}$が一定である。ふたに手を添えてゆっくりと微小距離移動させ，ふたから手を離したところ，ふたは単振動をした。ふたがはじめの位置から左向きを正としてxだけ変位したとき，理想気体の圧力は $\boxed{\text{ウ}}$ となる。ただし，xの大きさはLに比べて十分に小さいとする。よって，この単振動の周期は $\boxed{\text{エ}}$ である。

問2 単振動の周期 $\boxed{\text{エ}}$ が $\boxed{\text{イ}}$ より短い理由を，理想気体の圧力と体積に関するグラフ（p-V図）を使って簡潔に述べよ。

〔山形大〕

99 熱サイクル③ グラフ

なめらかに動くピストンをもつ容器の中に$1\,\text{mol}$の単原子分子の理想気体が封入されており，この気体の状態を図に示す圧力—体積図（p-V図）のように変化させる熱機関の熱サイクルA→B→C→D→Aを考える。A→BおよびC→Dの変化は定積変化であり，B→CおよびD→Aの変化は断熱変化である。状態Aの気体の圧力と体積はそれぞれp_0とV_0であり，状態Bは状態Aのy倍（$y>1$）の圧力，状態C，Dは状態Aのx倍（$x>1$）の体積であるとする。また，断熱変化では$pV^{\gamma}=$一定（γは比熱比）が成り立つ。気体定数をRとして，問1〜問4，問6では，p_0，

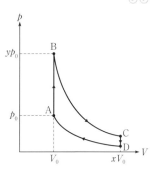

V_0，x，y，R，γのうちから必要なものを用いて答えよ。

問1 状態Bの温度T_Bを求めよ。

問2 A→Bの状態変化における，気体が外部にした仕事W_{AB}，気体が外部から得た熱量Q_{AB}を求めよ。

問3 状態Cの圧力p_Cを求めよ。

問4 B→Cの状態変化における，気体が外部にした仕事W_{BC}，気体が外部から得た熱量Q_{BC}を求めよ。

問5 状態A，B，Dの温度T_A，T_B，T_Dの大小関係を不等式によって表せ。

問6 この熱機関の熱効率eを求めよ。

問7 この熱機関で熱効率が0.5となるxの値を有効数字2桁で答えよ。このとき，単原子分子の理想気体では比熱比γは$\dfrac{5}{3}$であることを用いよ。また，必要があれば$\sqrt{2}\fallingdotseq1.41$を用いてもよい。

〔南山大〕

10 波の性質

基 100 波のグラフと基本関係式 グラフ   ✓✓

　x軸にそって張られたひもの一端を振動させて波を発生させた。図の実線は時刻 0 における波の波形を示している。時刻 0.10 s の波形は破線のようになり，山 P は山 Q の位置まで進んでいる。

問 1　この波の振幅を求めよ。

問 2　この波の波長を求めよ。

問 3　この波が進む速さを求めよ。

問 4　この波の振動数を求めよ。

問 5　この波の周期を求めよ。　　［崇城大］

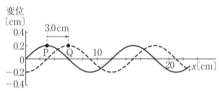

基 101 横波と縦波 グラフ   ✓✓

　図は，x軸に沿って置かれた軽くて長いばねをx軸の正の向きに伝わる縦波の，ある時刻での疎密の様子を表している。図の時刻におけるばねの各点のx軸の正

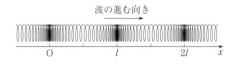

の向きの変位をy軸の正の向きの変位に，x軸の負の向きの変位をy軸の負の向きの変位に取り直して，横波のように表したグラフはどのようになるか。最も適当なものを，下の①〜④の中から 1 つ選べ。

①

②

③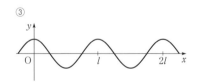

④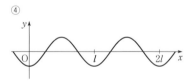

［畿央大］

102 単振動の式・波の反射と定常波 (グラフ) (空所)

正弦波とその重ね合わせについて考える。

問1 x軸の正の向きに正弦波が進行している。図1は，時刻tが0sと0.1sのときの，位置xと媒質の変位yの関係を表している。時刻t $(t \geqq 0)$における$x = 0$mでの媒質の変位が，

$$y = 0.1 \sin\left(2\pi \frac{t}{T} + \alpha\right)$$

と表されるとき，Tとαを求めよ。

問2 次の文章中の空欄 ［ア］ ，［イ］ に入る数値または語を求めよ。

x軸の正の向きに進行してきた波（入射波）は，$x = 1.0$mの位置で反射して逆向きに進み，入射波と反射波の合成波は定常波となる。図2は，ある時刻における入射波の波形を実線で，反射波の波形を破線で表している。-0.2m$\leqq x \leqq 0.2$mにおける定常波の節の位置をすべて表すと，$x = $ ［ア］ mである。また，入射波は$x = 1.0$mの位置で ［イ］ 端反射している。

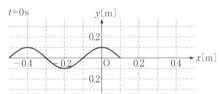

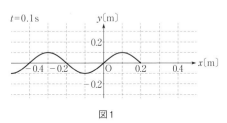

図1

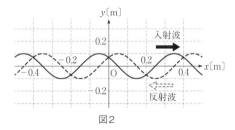

図2

〔センター試験〕

103 円形波の干渉① (空所)

水面上で20cm離れた2つの波源から，同位相の円形波が発生している。これらの波の波長が10cmであれば，波源間の線分上で，弱め合う点の数は ［ア］ 個であり，波源に最も近い点はその波源から ［イ］ cmの距離にある。 〔愛知工業大〕

[基] **104** 波のグラフ [グラフ] [空所]

以下の空欄にあてはまる数式または語を答えよ。

x軸に沿って正弦波が伝わっている。図1は時刻$t = 0$sにおける位置xでの媒質の変位yを，図2は$x = 0$mにおける時刻tでの変位yを示している。この波の振幅は [ア] m，波長は [イ] m，周期は [ウ] s，振動数は [エ] Hzである。この波はx軸の [オ] の向きに，速さ [カ] m/sで伝わる。$t = 0.35$sのとき，$x = 0.30$mにおける変位yは [キ] mである。

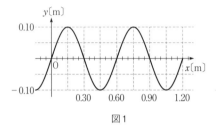

図1

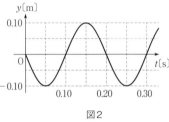

図2

〔福岡大〕

[★][基] **105** 縦波の横波表示 [グラフ]

音波は縦波として空気中を伝わっていく。音速は340m/sである。図はx軸の正の方向に伝わる音波について，時刻$t = 0$におけるx軸上の各点の空気の変位を，x軸の正の方向を正として縦軸に示したものである。このような表示方法を縦波の「横波表示」という。

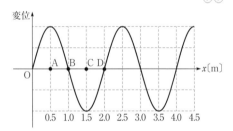

問1　この音波の波長λを求めよ。

問2　この音波の周期Tを求めよ。

問3　空気の密度が最も密になっているのは，A，B，C，Dのうちどの位置か。

問4　空気の密度が最も疎になっているのは，A，B，C，Dのうちどの位置か。

問5　空気の振動の速度が正の向きに最大になっているのは，A，B，C，Dのうちどの位置か。

問6　Aにおける空気の密度が最も疎になる時刻を，Tおよび整数nを用いて表せ。

〔東邦大〕

★ **106** 正弦波を表す式 グラフ 空所 ⊘⊘

図1はばねに結びついた物体にばねの力だけが作用
して，物体が単振動する状況である。時刻tでのばね
の自然長からの伸び$y(t)$が$y(t) = A\sin\left(\dfrac{2\pi}{T}t\right)$で表され
るとする。A，Tは定数である。

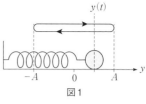
図1

問1　この単振動の位相は$\theta = \boxed{\ (ア)\ }$，振動数は
　　　$f = \boxed{\ (イ)\ }$である。

次に，x軸上に張った弦をy軸方向に振動させて，
x軸の正方向に伝わる正弦波を発生させる。図2
はある時刻の波形である。この正弦波の伝わる速
さはv，周期はTである。図2に示す波形の振幅
は波長に比べて十分小さい。

問2　この正弦波の波長は$\lambda = \boxed{\ (ウ)\ }$である。

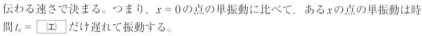
図2

問3　弦上の各点はy軸方向に単振動をするが，
　　　各点の単振動の位相はずれる。そのずれは波の
　　　伝わる速さで決まる。つまり，$x = 0$の点の単振動に比べて，あるxの点の単振動は時
　　　間$t_x = \boxed{\ (エ)\ }$だけ遅れて振動する。

問4　弦上で$x = 0$の点のy軸方向の単振動が，問1で考えた単振動と同じ$y(t)$で表さ
　　　れるとする。この場合，時刻tにおいて，あるxにおける弦のy座標$y(x, t)$は，問2
　　　と問3より，$y(x, t) = \boxed{\ (オ)\ }$となる。この$y(x, t)$が$x$軸上を正方向に伝わる正弦波
　　　を表す式である。　　　　　　　　　　　　　　　　　　　　　　　　　　　　〔大同大〕

107 反射波と定常波を表すグラフ グラフ

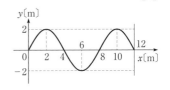

図のような正弦波がx軸の正の向きに2m/sの速さで進んでいる。このあと，この波は$x = 12$mに設けられた壁で反射され，x軸の負の向きに進む反射波も生じた。なお，図では，物質中を入射波と反射波が十分な時間伝わったときの$0 \leqq x \leqq 12$mの範囲における入射波のみを描いている。

問1 この入射波の波長および周期を求めよ。

問2 壁が自由端のとき，図の瞬間から3秒後に観察される合成波を$0 \leqq x \leqq 12$mの範囲で描け。

問3 壁が固定端のとき，図の瞬間から3秒後に観察される合成波を$0 \leqq x \leqq 12$mの範囲で描け。

問4 壁が固定端のとき，図の瞬間から4秒後に観察される合成波を$0 \leqq x \leqq 12$mの範囲で描け。

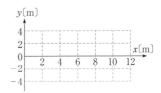

問5 壁が固定端のとき，定常波が生じた。このとき，$0 \leqq x \leqq 12$mの範囲において腹となる位置をすべて求めよ。

〔弘前大〕

---

108 円形波の干渉②

図のように，水面上で16cm離れた2点A，Bから波長4cm，振幅1cmの等しい波が同じ位相で出ている。波は波源から遠ざかっても減衰しないとする。なお，図の同心円の大きさに意味はなく，波が出ていることを表しただけである。

問1 Aから25cm，Bから37cmの点Cでの合成波の振幅はいくらか。

問2 線分AB上で全く振動しない点(節)はいくつあるか。ただし，点A，Bは除く。

問3 ABと垂直な半直線BT上で全く振動しない点(節)はいくつあるか。ただし，点Bは除く。

問4 問3の振動しない点のうち，Bから最も遠い点はBからいくらの距離にあるか。

問5 波源A，Bの振動の位相が逆である場合，線分AB上で全く振動しない点(節)はいくつあるか。ただし，点A，Bは除く。

〔長浜バイオ大〕

109 反射波と定常波を表す式 空所 ⌄⌄

以下の空欄にあてはまる式または語を答えよ。

問1 振幅A，周期T，速さvで媒質中を進む正弦波について考える。まず初めに，原点($x=0$)での媒質の変位を考える。時刻$t=0$の変位を0とすると時刻tにおける変位yは次式で表される。

$$y = A \sin \frac{2\pi}{T} t \qquad \cdots①$$

次に，正弦波がx軸の正の向きに進むときを考える。媒質上の位置x $(x>0)$における時刻tの変位y_1を考えると，この点に$x=0$での振動が伝わるのにかかる時間は ア である。したがって，変位y_1は次式で表される。

$$y_1 = A \sin \frac{2\pi}{T} (\boxed{イ}) \qquad \cdots②$$

一方，x軸の負の向きに進む波の時刻tにおける位置xでの変位y_2は，$x=0$での変位がつねにy_1と等しいとすると，次式のようになる。

$$y_2 = A \sin \frac{2\pi}{T} (\boxed{ウ}) \qquad \cdots③$$

問2 問1の②式および③式で表される2つの波の合成を考える。

y_1とy_2が重なり合った合成波の変位yは$y_1 + y_2$で与えられ，三角関数の公式

$$\sin\alpha + \sin\beta = 2\sin\frac{\alpha+\beta}{2}\cos\frac{\alpha-\beta}{2}$$

を用いると，

$$y = y_1 + y_2 = 2A \sin(\boxed{エ} \times t)\cos(\boxed{オ} \times x) \qquad \cdots④$$

が得られる。④式より，合成波の波形はx軸の正の向きにも負の向きにも進まないことがわかる。このような波を定常波という。

$x=0$ではy_1とy_2の間に カ の関係がつねに成り立つので，この位置は定常波の キ となる。さらに，④式から変位yがつねに0となる特定の位置があることがわかる。この位置ではy_1とy_2の間に ク の関係がつねに成り立つので，この位置は定常波の ケ となる。

$x=L$ $(L>0)$において変位yがつねに0となる定常波を考える。④式より，整数$n=0$, 1, 2, $\cdots$を用いると，

$$\frac{2\pi}{T} \cdot \frac{L}{v} = \boxed{コ} \qquad \cdots⑤$$

の関係が成り立つ。②式および③式で表される波の波長をnとLを用いて表すと， サ $\times L$であり，$x>0$でつねに$y=0$となる位置の中で$x=0$に最も近い位置は， シ $\times L$である。

［関西大］

110 直線波の干渉

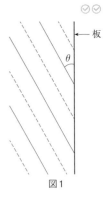

図1

水面を伝わる波について考える。水槽に深さ一定の水を用意し，波を作り出すことのできる波源と，水を仕切る板からなる装置を考える。図1はこの装置を上から見た図である。波源は常に一定の周波数で直線波（平面波）を出すことができる。波の波長はλで，速さvで進む。板の厚さは無視できるほど薄く，水槽の枠や波源自体による波の反射は無視できるものとする。また，波の進行や反射による減衰も無視できる。

図1のように，板に入射する波の波面と板との角度がθ（$0° < \theta < 90°$）となるように波源を振動させた。ここで，実線は山の波面，破線が谷の波面をそれぞれ表している。すると，水面が振動しない場所が線状に現れた（これらを節線と呼ぶ）。

問1 板によって反射した波（反射波）の山の波面と谷の波面を，図1にそれぞれ実線と破線で描き加えよ。ただし，波は板で自由端反射するものとする。また，解答には反射波の波面と板との角度を明記せよ。

問2 節線を一点鎖線で表すことにしたとき，節線の様子を表す図として最も適切なものを，図2の(ア)〜(カ)の中から1つ選び，記号で答えよ。また，節線どうしの間隔lを，λ，v，θの中から必要なものを用いて表せ。

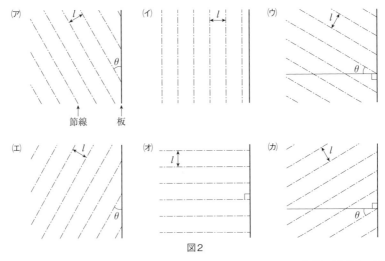

図2

問3 水面の高さが最も高くなっている位置に注目すると，この位置が節線と平行に移動しているのが観測された。移動する速さv_θを，λ，v，θの中から必要なものを用いて表せ。

〔東北大〕

80

11 音波

確認問題

基 **111** 音波の性質 空所

以下の文章が正しい記述となるように, (ア), (イ)は選択肢のいずれかを選び, ［ウ］～ ［ク］の中には適切な語句を記入せよ。

音は, 波の一種であり, 楽器のように音を発するものを音源といい, 空気中では空気を媒質としてその振動が(ア)¦縦波・横波¦となって伝わる。乾いた空気中を伝わる音の速さは, 温度の上昇とともに, (イ)¦増大・減少¦する。

音を特徴づける音の高さ, 大きさ, および音色を音の三要素という。音の高さは音波の ［ウ］, 音の強さは音波の ［エ］, 音色は ［オ］ に対応する。

管楽器の発する音は, 管内の空気の固有振動により発生したいくつかの ［カ］ 波が重ね合わされた音である。このとき, 管の長さによって ［カ］ 波の波長λが決まる。最も大きなλとなる振動を ［キ］ 振動という。

管内外の空気の温度が上昇したとき, 管から発生する ［カ］ 波のλは変わらないとすると, 音の高さが ［ク］ なる。〔金沢大 + 広島国際大〕

基 **112** 弦の振動とうなり 空所

基本振動数が360 Hzとなるように, 長さ0.450 mの弦が弦楽器に張られている。

問1 次の文章中の空欄 ［ア］, ［イ］ に入る数値を求めよ。

弦を伝わる波の速さは ［ア］ m/sである。この弦を振動数 ［イ］ Hzで振動させると, 腹が2つの定常波ができる。

問2 弦楽器から振動数360 Hzの音を発生させ, その近くでおんさを鳴らしたところ, 4秒間に8回のうなりが聞こえた。弦を張る力を少しだけ強めたところ, 弦楽器が発生する音は高くなり, その結果うなりはなくなった。おんさの振動数は何Hzか。

〔センター試験〕

物理基礎

空所補充

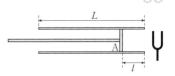

基 ▮**113** 気柱の共鳴①

　図に示すように，両端の開いた長さ L のガラス管を水平に固定し，その左端から棒のついた円板 A を差しこみ，水平方向に自由に動かせるようにする。右側の管口近くで，ある振動数のおんさをハンマーでたたいて振動させる。以下では，このガラス管の気柱の共鳴を考える。空気中の音の伝わる速さを V とし，開口端補正は無視せよ。

問1　円板 A を右側の管口付近から水平左向きにゆっくりと動かすと，円板 A の位置が管口右端から距離 l（$< L$）の地点で1回目の共鳴が起こった。おんさの振動数を l と V の中から必要なものを用いて表せ。

問2　円板 A を距離 l の地点からさらに水平左向きに動かしたとき，距離 l'（$< L$）の地点で2回目の共鳴が起こった。l' を l と V の中から必要なものを用いて表せ。

問3　2回目の共鳴が起こったとき，このガラス管の中で空気の密度変化が最大となっているすべての位置の管口右端からの距離を，l と V の中から必要なものを用いて答えよ。

　次に，円板 A をとりのぞいた。

問4　この状態におけるガラス管の気柱の固有振動数を，低い方から2つ，L と V の中から必要なものを用いて表せ。

〔京都工芸繊維大〕

▮**114**　ドップラー効果

　空気中の音波のドップラー効果について考える。音源の振動数を f，観測者の受けとる音波の振動数を f' とする。ただし，風の影響はないものとする。また，音速を $340\,\mathrm{m/s}$ とし，有効数字3桁で答えよ。

問1　静止している観測者に，音源が $20.0\,\mathrm{m/s}$ の速さで近づくとき f' はいくらか。ただし，$f = 800\,\mathrm{Hz}$ とする。

問2　観測者がある速さで，静止している音源から遠ざかるとき，$f' = 900\,\mathrm{Hz}$ であった。その速さはいくらか。ただし，$f = 1000\,\mathrm{Hz}$ とする。

問3　音源と観測者が同一直線上を同じ向きに進んでいる。音源が $20.0\,\mathrm{m/s}$ の速さ，観測者が音源の後方を $10.0\,\mathrm{m/s}$ の速さで進むとき $f' = 700\,\mathrm{Hz}$ であった。f はいくらか。

〔県立広島大〕

≡ 重要問題

★基 115 弦の振動 ⊘⊘

図1のように，線密度ρの弦の一端Aに振動装置を取りつけ，他端Bをコマで支えたのち滑車を通しておもりを吊るす。AB間の弦の長さがL，おもりの質量がMのときに，弦は基本振動数で振動した。重力加速度の大きさをgとする。ただし，振動装置を取りつけた端点Aは定常波の節となる。また，弦の張力がT，線密度がρであるとき，弦を伝わる波の速さは$\sqrt{\dfrac{T}{\rho}}$で与えられる。

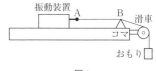

図1

問1　基本振動の波長と振動数fを求めよ。

問2　振動数がfで，3つの腹をもつ定常波となるときのおもりの質量を求めよ。

問3　振動数が$2f$で，3つの腹をもつ定常波となるときのおもりの質量を求めよ。

次に図2のように，線密度ρ，長さLの弦の端点Bに，線密度2ρの弦をつなぎ，他端Cをコマで支えたのち滑車を通しておもりを吊るす。おもりの質量を調整することで，振動数が$2f$で，Bを節としてAB間に2つの腹，BC間に3つの腹をもつ定常波となった。

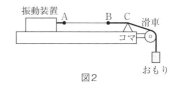

図2

問4　調整したおもりの質量を求めよ。

問5　BC間の長さを求めよ。

〔電通大〕

★
基 **116** 気柱の共鳴② ✓ ✓

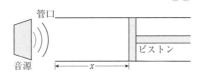

ピストンが入ったガラス管と振動数を連続的に変えられる音源が，空気中に置かれている。音源からは単一の振動数の音が出るものとする。管口からピストンまでの距離をx，音源の振動数をfとする。図のように音源をガラス管の管口付近に置き，ピストンをガラス管の管口$(x=0)$から遠ざける方向にゆっくり移動させた。$x=L_1$となったとき，はじめて共鳴した。さらに移動させると，$x=L_2$のとき，再び共鳴した。ただし，開口端補正は一定とする。

問1　ガラス管内での音波の波長を求めよ。

問2　開口端補正を求めよ。

問3　ガラス管内での音速を求めよ。

問4　$x=L_2$のとき，ガラス管内で空気の密度変化が最も激しい位置のうち，管口に最も近いのはどこか。管口からの距離で答えよ。

問5　ピストンを$x=L_2$の位置に固定し，音源の振動数をfから連続的に上げていくと，さらに高次の共鳴が起きた。このときの振動数を，fを用いて表せ。

問6　問5の時点で気温が20℃であったとする。この後，ピストンの位置が$x=L_2$のままで気温が20℃から10℃に下がったので，振動数を小さくして問5と同じ共鳴状態を得た。このときの振動数は問5で求めた振動数の何％になるか。整数で解答せよ。ただし，音速V〔m/s〕と気温t〔℃〕の間には，$V=331.5+0.6t$の関係が成り立つものとする。また，ピストンおよびガラス管は変形しないものとする。　　〔宇都宮大，鳥取大〕

★ **117** ドップラー効果の仕組み 空所 ✓ ✓

音源と観測者が一つの直線上をそれぞれ一定の速さで互いに近づいている。音源と観測者の間の距離は十分離れており，音源と観測者がすれ違うことはない。音速をVとし，風は吹いていないものとする。音源の振動数をf，音源の移動の速さをv_S，観測者の移動の速さをv_0とし，v_S，v_0はVに比べて十分小さいとする。

音源から出た音は時間tの間に距離 ［ア］ だけ伝わる。この間に音源は観測者に向かって ［イ］ だけ進んでおり，また，この間に音源は ［ウ］ 個の波を出している。［ア］ － ［イ］ の距離に ［ウ］ 個の波が含まれていることから，音源の移動する向きに進む音の波長は ［エ］ となる。また，観測者に届いた波長 ［エ］ の音波は時間t'で距離 ［オ］ だけ伝わる。この間に観測者は距離 ［カ］ だけ音源に近づいている。ゆえに，時間t'の間に観測者が観測する波の数は ［キ］ 個となる。以上より，観測者が観測する音の振動数は ［ク］ となる。　　〔群馬大〕

★ **118** 反射音のドップラー効果・うなり

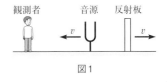
図1

図1のような順番で観測者，音源，反射板が一直線上に並んでいる。音源と反射板は，この直線に沿ってそれぞれ独立に運動できるものとする。ここで，観測者は静止している。音源は一定の振動数 f の音波を出しながら，一定の速さ v で観測者に向かって運動している。反射板は，反射面が平面であり，その面を進行方向と垂直に保ちながら，音源と同じ速さ v で音源と逆向きに運動している。風が吹いていないときの音速を V とする。v は V に比べて小さいものとする。

【A】 まず，風が吹いていない場合を考える。

問1 音源から観測者に直接届く音波の波長を求めよ。

問2 音源から観測者に直接届く音波の振動数を求めよ。

問3 動いている反射板が受けとる音波の振動数を求めよ。

問4 反射板で反射してから観測者に届く音波の振動数を求めよ。

問5 観測者が聞く単位時間あたりのうなりの回数を求めよ。

【B】 次に，風が吹いている場合を考える。

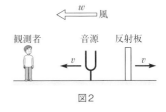
図2

　風が吹くと，音波を伝える媒質も移動するので，風と同じ向きに進む音波の速さと風と反対向きに進む音波の速さは異なる。図2に示すように，図1に加えて速さ w の一様な風が反射板から観測者に向かって吹いている状況を考える。ここで，w は V に比べて小さいものとする。

問6 音源から観測者に反射板を介さずに直接届く音波の振動数を求めよ

問7 反射板で反射してから観測者に届く音波の振動数を求めよ。

〔弘前大〕

119 弦の振動と気柱の共鳴 空所

一方の端Aを固定し，もう一方の端Bではネジによって張力を調整できるようにした長さl，線密度ρの弦が図のように台の上に張られている。弦の中央をはじき，弦に基本振動を発生させる。弦の近くにはガラス管が置かれている。ガラス管の端（管口）からピストンまでの距離dを調整することで，弦の基本振動で生じた音波による定常波をガラス管内に作ることができる。その定常波の管口付近の腹は管口の外側にあるものとする。空気中の音速をVとする。

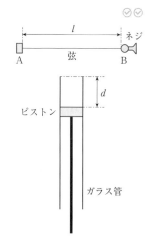

問1　弦を伝わる波の速さvは，線密度ρと張力Sを用いて$v = \rho^a S^b$と与えられる。ここで，a，bは定数である。右辺が速さの単位となるようにa，bを決めると，$a = \boxed{}$，$b = \boxed{}$となる。

問2　弦の張力がS_0のとき，弦に生じる基本振動の振動数fは$f = \boxed{}$である。

問3　弦の張力がS_0のとき，弦の基本振動で生じた音波のため，ピストンを管口から移動したとき$d = d_1$ではじめて共鳴が起こった。ピストンをさらに管口から遠ざかるように移動したところ，$d = d_2$のとき再び共鳴が起こった。このとき，管口の外側にできる腹までの管口からの距離（開口端補正）は$\boxed{}$となる。また，空気中の音速は$V = \boxed{}$である。

問4　ピストンの位置を$d = d_2$としたまま，弦の端Bのネジによって張力をS_0から徐々に増加させながら弦に基本振動を生じさせたところ，張力$S = S_1$のときガラス管で共鳴が生じた。このとき，S_1はS_0の$\boxed{}$倍である。

問5　ヘリウムと酸素を混合させた気体で充満した部屋の中に台全体を入れた。この混合気体中の音速は$\dfrac{5}{2}V$とする。混合気体の部屋の中で弦の張力をS_0からある値に変化させて基本振動を生じさせたところ，問3と同じ距離d_1とd_2で共鳴が起きた。このときの弦の張力はS_0の$\boxed{}$倍である。　　　　　　〔東京理科大〕

120 平面上のドップラー効果① 空所

図のように，振動数fの音源が直線PO上を速さuで点Oに向かって移動している。音速はVとする。時刻$t = 0$で音源は点Pにあり，観測者は点Qにいた。ここで，Qから音源の進む向きの直線に下ろした垂線と音源の進む向きの直線の交点をOとする。このとき，PO間の距離はLであり，$\angle OPQ = \theta$とする。点Pか

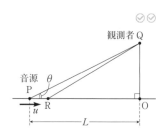

ら点Qまでの距離は$\dfrac{L}{\cos\theta}$である。したがって，時刻$t=0$に点Pから出た音が点Qに伝わる時刻t_1は　$\boxed{\text{ア}}$　である。

次に，短い時間Δtの間に，音源が速さuで点Pから右向きに点Rの位置に進んだ。このとき，点Qから点Rまでの距離QRは，　$\boxed{\text{イ}}$　となる。$(\Delta t)^2$の項を無視し，$\sqrt{1+x} \fallingdotseq 1+\dfrac{1}{2}x\,(|x|\ll 1)$という近似式を用いると，距離QRは，　$\boxed{\text{ウ}}$　となる。

点Rを出た音が点Qに伝わるのは，時刻$t_2 = $　$\boxed{\text{エ}}$　となる。Δtの間に，音源からは　$\boxed{\text{オ}}$　個の波が出るが，観測者はこれを$t_2 - t_1$の間に聞くことになる。したがって，観測者が聞く振動数f'は　$\boxed{\text{カ}}$　となる。観測者が聞く振動数f'がfとなるθは　$\boxed{\text{キ}}$　である。

[龍谷大，岐阜大]

121 平面上のドップラー効果②

静止時に振動数fの音を出す模型飛行機が，点Cを中心とした，半径lの等速円運動をしている。模型飛行機は，上空からみて，反時計回りに，速さv_Pで運動している。観測者は，点Cから$2l$離れた点Pで，この模型飛行機から発せられる音の振動数を測定している。模型飛行機の運動面は観測者の頭と同じ高さの水平面内にある。この状況を上から見たのが図1であり，横から見たのが図2である。模型飛行機の軌道と直線

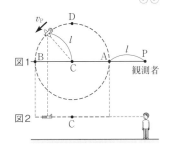

CPの交点のうち，Pに近いほうをA，遠いほうをBとする。また，点Aから模型飛行機が90°回った点をDとする。音の速さをv_Sとし，風はないものとする。

問1　点Dで発せられた音を観測するとき，その振動数を求めよ。

問2　観測者の聞く音の振動数は連続的に変化するが，このうち，一番高い振動数をf_H，一番低い振動数をf_Lとする。f_Hとf_Lを求めよ。

問3　観測者が，振動数fの音を聞き，f_Lの音を聞いたあと，再びfの音を聞くまでの時間を求めよ。

問4　問2で測定した音の振動数f_Lとf_Hの比の値が$\dfrac{7}{8}$で，一番高い振動数f_Hの音が聞こえてから一番低い振動数f_Lの音が聞こえるまでが4.0sであった。音の速さv_Sを345m/sとしたとき，v_P，lをそれぞれ求めよ。ただし，$\pi = 3.14$とする。

[岡山大]

12 反射と屈折

確認問題

▌122 水面波の屈折 空所 ⊘⊘

　沖で発生した波の進み方が，海岸に近づくにつれ，
どのように変化していくかを，段階的に深さが変わる
大きな水槽を用いて考えてみよう。図1は水槽の断面
図であり，領域A，B，Cの水深は，それぞれ，$4a$，
$2a$，aである。図2は上から見た水槽の一部を示した
ものであり，境界OPおよびQRで水深が異なっている。
この水槽の水面を伝わる波の速さvは，重力加速度の
大きさg，水深hを用いて$v = k\sqrt{gh}$で表されるものと
する。ただし，kは単位をもたない比例定数である。
また，波の速さは水深に応じてすみやかに変化し，水
槽の壁や境界での波の反射はなく，波の振幅は水深に
比べて十分に小さいものとする。

　領域Aで波長$10a$の平面波を発生させる。図2の領
域Aに示した実線は，発生させた波の山の波面を表す。この波は図に示す矢印の方向
に進み，境界OPで屈折し，領域Bを進む。

問1　領域Bの波の波長は領域Aの波の波長$10a$の何倍か。

問2　波が境界OPに入射角45°で入射したとすると，屈折角は何度になるか。

　領域Bを進んだ波は，境界QRで再び屈折して，領域Cを進む。

問3　領域Bに対する領域Cの屈折率の値を求めよ。

問4　水槽を進む波の山の波面を表す概略図として最も適切なものを次の選択肢の中か
ら選び，その番号で答えよ。

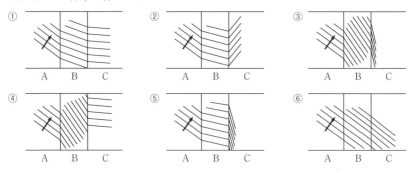

88

問5　この問題で考えた波の進み方は沖で発生した波にもあてはまる。次の文はその進み方を要約したものである。文中の　ア　～　ウ　に入る語句として最適なものを選択肢から選んで，その番号を記入せよ。

　　沖で発生した波が，水深が徐々に浅くなる海岸に近づくと，速さが　ア　，波長が　イ　，その波面は海岸線とほぼ　ウ　になる。

　ア　の選択肢
①　増加して　　　②　減少して　　　③　変化せず

　イ　の選択肢
①　長くなり　　　②　短くなり　　　③　変化せず

　ウ　の選択肢
①　平行　　　　　②　45°　　　　　③　垂直　　　　　〔名城大〕

123　光の性質　空所　⊘⊘

文中の　ア　～　コ　に入る適切な語句を，下の記号a～nの中から選べ。

　光は電磁波の一種であるが，そのうち人間の目に見えるものを　ア　という。

　ア　の色は波長（振動数）によって決まっており，赤・橙・黄・緑・青・藍・紫と変化するが，波長がもっとも短いのは　イ　である。赤よりも振動数が　ウ　光を赤外線，紫よりも振動数が　エ　光を紫外線とよぶが，これらは目には見えない。

　いろいろな波長を含んでいる光を　オ　という。この光をプリズムに入射すると，波長によって　カ　が異なるために，プリズムを通過した光は色が分かれる。この現象を光の　キ　といい，虹のように分布した色の模様を光の　ク　という。

　太陽光や白熱電球からの光は，電界（電場）があらゆる方向に振動している　ケ　の集まったものであり，自然光とよばれる。自然光が結晶などを通りぬけると，電界の振動の方向がそろった　コ　が得られる。

a	反射率	b	屈折率	c	縦波	d	横波
e	白色光	f	可視光	g	偏光	h	スペクトル
i	干渉	j	分散	k	赤色の光	l	紫色の光
m	大きい	n	小さい				

〔兵庫県大〕

124 点光源を覆う円板

図のように，水面から深さ12cmの位置に点光源が
ある。不透明な円板の中心が点光源の真上になるよう
に，水面上に円板を設置した。水の屈折率を$\frac{4}{3}$，空
気の屈折率を1とする。

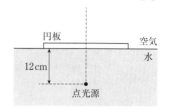

問1　点光源からの光が水面に入射するときの臨界角
　　をθとするとき，θの満たす条件を求めよ。

問2　点光源からの光が空気中に出ないようにするために必要な円板の最小の半径を求
　　めよ。

〔東北学院大〕

125 レンズの公式

レンズによる物体（光源）の像を観察する。数値は必要に応じて四捨五入により小数点
以下1桁まで示せ。

問1　図1に示すように，焦点距離15.0cmの凸レン
　　ズL_1の前方5.0cmの位置に物体を置いた。レンズ
　　を通して物体の方向を見ると，レンズの前方b_1の位
　　置に虚像が生じた。b_1を求めよ。また，像の倍率
　　m_1はいくらか。

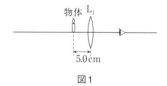

図1

問2　図2に示すように，焦点距離12.0cmの凹レン
　　ズL_2の前方8.0cmの位置に物体を置いた。レンズ
　　を通して物体の方向を見ると，レンズの前方b_2の位
　　置に虚像が生じた。b_2を求めよ。また，像の倍率
　　m_2はいくらか。

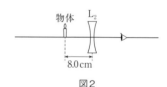

図2

問3　図3に示すように，物体とスクリーンSを
　　100.0cm離して置き，物体とスクリーンの間に焦点
　　距離fの凸レンズL_3を入れた。はじめにレンズは物
　　体のすぐ近くにあり，これをスクリーンの方へ移動
　　していくと，Aの位置にあるときスクリーン上に実
　　像が生じた。レンズをスクリーンの方へさらに移動
　　していくと，Aの位置から10.0cm離れたBの位置
　　にあるとき，スクリーン上に再び実像が生じた。f
　　はいくらか。また，レンズがAの位置にあるとき

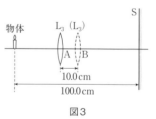

図3

の像の倍率m_3はいくらか。ただし，図3において物体，レンズおよびスクリーンの
間の距離の関係は正確ではない。

〔宇都宮大〕

126 屈折の法則の証明 空所 ⊘ ⊘

以下の空欄にあてはまる式または語を答えよ。

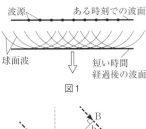

図1

図1のように，波が伝わるときには，1つの波面上のすべての点において，各点を新たな波源とする球面波が生じていると考えられる。 ア は，この球面波を イ と呼び，短い時間経過したあとの各 イ に共通に接する面が，その時刻における波の波面になると考えた。この ア の原理を用いて波の屈折を説明しよう。

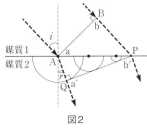

図2

図2のように，媒質1と媒質2が平面の境界で隔てられており，媒質1の中の波の速さをv_1，媒質2の中の波の速さをv_2とする。媒質1において，波面がabである平面波が境界に角度iで入射する。その瞬間，aは点Aにあり，bは点Bにある。bが時間t経過したあとに媒質2に達する点をPとすると，BPの長さは ウ となる。一方，Aで生じた イ は媒質2の中でAを中心とする半径 エ の球面上に達する。このとき，屈折波の波面は，AP上のAに近い方から順々に発生した イ に共通する面a′b′となる。屈折角をrとすると，次の式が成立する。

$$AP \times \boxed{オ} = BP = \boxed{ウ}$$
$$AP \times \boxed{カ} = AQ = \boxed{エ}$$

これより，入射角，屈折角および両媒質の中の波の速さを用いた屈折の法則は，

$$\frac{\boxed{オ}}{\boxed{カ}} = \boxed{キ} = n_{12}$$

となる。ここで，n_{12}を媒質1に対する媒質2の相対屈折率という。　　　　　〔関西大〕

127 光の屈折

光は異なる物質の境界で屈折するため，水中にある
物体は，水面下の実際の深さよりも浅いところにある
ように見える。図1のように水面下Dの深さにある物
体を上から見た場合を考える。物体からの光は，入射
角θ_1，屈折角θ_0で進む。この光が，水面を通る点をO
とする。実際に目に入る光ではθ_1とθ_0が十分小さい
として，$\tan\theta_0 \fallingdotseq \sin\theta_0$，$\tan\theta_1 \fallingdotseq \sin\theta_1$が成り立つ。た
だし，空気の屈折率をn_0，水の屈折率をn_1とする。

問1　屈折の法則より成り立つ関係式を記せ。

問2　物体のみかけの深さdをn_0，n_1，Dを用いて表せ。

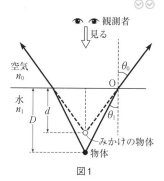

図1

水族館で水槽内の魚を見る場合も，魚は実際よりも近くにいるように見える。図2(a)
のように，屈折率n_2，厚さHの透明なアクリル樹脂でできた水槽の内側表面から距離D
のところにいる魚を見る場合を考える。空気の屈折率をn_0，水の屈折率をn_1とし，また，
$n_2 > n_1$とする。水槽表面からみかけの魚までの距離aを求める。

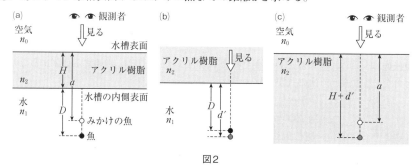

図2

問3　図2(b)のように，水槽の内側表面からDの距離にいる魚をアクリル樹脂の中から
　　観測したと仮定して，みかけの距離d'をn_1，n_2，Dを用いて表せ。

問4　図2(c)のように，空気中から見た場合，魚までのみかけの距離aは，屈折率n_2の
　　アクリル樹脂中に，水槽表面から$(H + d')$の距離に魚がいると仮定した場合のみか
　　けの距離に等しい。aをn_0，n_1，n_2，H，Dから必要なものを用いて表せ。　〔東京薬大〕

★ 128 全反射

屈折率の異なる2種類の透明な直方体の媒質1（屈折率n_1）と媒質2（屈折率n_2）を密着させて空気中に置き，図1に示すように入射した光線が境界面ABに垂直な断面内を進んでいる。空気の屈折率は1としてよく，また媒質中での光損失は無視できるものとする。

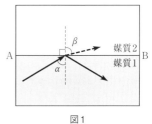

図1

問1 媒質1に入射した光線は媒質2との境界面AB で一部は反射し，一部は媒質2に透過する。入射角をαとして$\sin\alpha$を屈折角β，n_1，n_2を用いて表せ。

問2 入射角αを$0° < \alpha < 90°$の範囲で変化させたとき，境界面ABで全反射が起こるためのn_1とn_2の大小関係を不等号を用いて表せ。

問3 境界面ABで全反射が起こるときの臨界角をα_0として，$\sin\alpha_0$をn_1，n_2を用いて表せ。

図2は屈折率の異なる2種類の透明な媒質1と媒質2からなる円柱状の二重構造をした光ファイバーの概念図であり，中心軸を含む断面内を光線が進む様子を示している。図1の結果を用いて，中心軸に垂直な左側の端面から入射した光線が，媒質の境界面で全反射を繰り返しながら反対側の端面まで到達する条件を調べてみよう。媒質2の内径および外径は一定であり，光ファイバーはまっすぐに置かれているとしてよい。

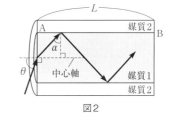

図2

問4 左側の端面への光線の入射角をθとするとき$\cos\alpha$をθとn_1を用いて表せ。

問5 光線が光ファイバー内で全反射を繰り返して反対側の端面に到達するための$\sin\theta$に対する条件をn_1，n_2を用いて表せ。

問6 $0° < \theta < 90°$のすべての入射角θに対して境界面ABで全反射を起こさせるための条件をn_1とn_2を用いて表せ。

問7 光ファイバーの全長をL，真空中での光の速さをcとするとき，問5の条件を満たす光線が左側の端面から反対側の端面に到達するまでに要する時間をc，n_1，L，θを用いて表せ。

〔法政大〕

★厳選50題

129 レンズ 論述　　　　　　　　　　　　　　　　　　　　　⊘⊘

　以下では，すべてのレンズの厚みは無視でき，物体は光軸の近くにあるものとする。

問1　図のように，凹レンズ(焦点距離f)の
　　中心Oから距離aの位置にある物体AB が
　　レンズの前方の焦点の外側にあるとき，ど
　　のような像A′B′になるか作図せよ。

問2　問1でできる像の特徴を説明せよ。

問3　凹レンズの焦点距離を12.0cmとし，
　　物体をレンズ前方24.0cmの所に置いた。
　　このとき，レンズ後方73.0cmの位置にス
　　クリーンを置いたら像は見えなかった。そ

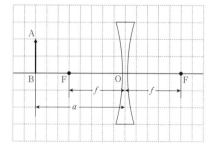

　こで，凹レンズ後方19.0cmのところに凸レンズを置いて，スクリーン上で像を結ば
　せるためには，何cmの焦点距離の凸レンズを用いればよいか。このときの，スクリー
　ン上での像の向きおよび物体に対する倍率も求めよ。

問4　問3で得られた像を，物体とスクリーンの位置をそのままに1枚のレンズを用い
　て実現するためには，焦点距離何cmのどのような種類のレンズをどこに置けばよい
　か求めよ。レンズの置く位置は，物体の位置からの距離で表せ。　　　　　〔日本女子大〕

130 凹面鏡 空所　　　　　　　　　　　　　　　　　　　　　⊘⊘

　以下の文章において　ア　～　ケ　に入れるのに適する数式または数値を求めよ。ま
た，　コ　は語句を記せ。

　図に示したような凹面鏡がある。点Qは鏡面の中心，点Oは凹面鏡の球面の中心であ
り，OとQを通る直線を光軸とよぶ。凹面鏡の光軸上の点Aから出た光が凹面鏡の点P
で反射し，点Bを通るとする。ここで，AQの長さはa，OQの長さはr，BQの長さはb
である。また，∠PAQ$= \alpha$，∠POQ$= \beta$，∠PBQ$= \gamma$とする。

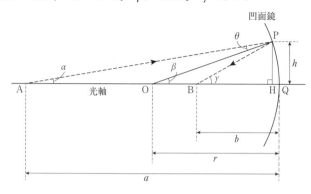

∠APO = θとすると，反射の法則より，∠OPB = ［ア］であり，△APOに注目すると，$\alpha + \theta$ = ［イ］である。同様に，△BPOに注目すると，$\beta + \theta$ = ［ウ］である。よって，$\alpha + \gamma$はβを用いて表すと，$\alpha + \gamma$ = ［エ］となる。

また，光軸付近の光のみを考えると，これらの角度α，β，γはすべて小さい。そのため，点Pから光軸に下ろした垂線と光軸との交点を点Hとすれば，点Hと点Qはほぼ一致すると考えることができる。このとき，$\tan\alpha ≒ \alpha$，$\tan\beta ≒ \beta$，$\tan\gamma ≒ \gamma$と近似でき，角度α，β，γはh，a，b，rのうち必要なものを用いると，α = ［オ］，β = ［カ］，γ = ［キ］と表すことができる。これらを$\alpha + \gamma$ = ［エ］に代入すると，

$$\frac{1}{a} + \frac{1}{b} = ［ク］$$

という結果が得られる。この式において，$a \to \infty$と考えると，$b \to$ ［ケ］となるので無限遠の光源からの平行光線は凹面鏡で反射された後ある一点に集まる。この点を凹面鏡の［コ］という。逆に，$a \to$ ［ケ］と考えると，$b \to \infty$となるので凹面鏡の［コ］を通る光線は，凹面鏡で反射された後，光軸に平行に進む。

〔北九州市立大〕

≡ チャレンジ問題

131 光の分散と虹 （グラフ）（空所）（論述） ⊘⊘

雨上がりの晴れた空に見られる虹について，その出現理由を以下のように順を追って考えてみる。

【A】 最初に虹が特定の方向に観測される理由を考える。

問1 図1で示されるように，空中に浮遊している完全な球と見なせる半径Rの雨滴を考え，これに特定の波長の光（ここでは可視光の中心付近の波長である緑色の光）が入射するとする。以下の文章の(ア)～(オ)の空欄に当てはまる数式を答えよ。

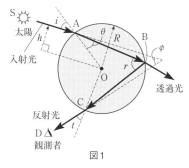

図1

光が空気中から雨滴に，その中心Oを通り入射光と平行な軸から距離hだけ離れた点Aから入射したとする。ここで距離hを半径Rで割った相対入射位置$k = \dfrac{h}{R}$

$(0 < k < 1)$を定義しておく。図1の太い矢印は雨滴の屈折率がn（$n > 1$）の場合の光路を示している。入射角iは点Aにおける表面法線方向と入射光のなす角である。入射角iと相対入射位置kの間には［ア］の関係がある。光は屈折角θの方向に屈折するが，入射角iと屈折角θの間に成り立つ関係を，i，θ，nを用いて表すと［イ］となる。ただし，空気の屈折率は1とする。そのあと，光は雨滴中を進み，

点Bで一部が図1のように角度rで反射される。このrとθの間には $\boxed{\text{ウ}}$ の関係がある。反射した光は点Cで再び屈折し，表面法線方向から角度tの方向に進み再び空気中に出る。この角度tと入射角iとの間には $\boxed{\text{エ}}$ の関係がある。雨滴に入射した光と，反射し空気中に出て来た光のなす角ϕを，角度i，θで表すと $\boxed{\text{オ}}$ となる。太陽光は平行光線とみなすことができる。したがって角度ϕは太陽Sと雨滴と観測者Dがなす角度となる。

問2 太陽光は雨滴の中心Oを通る軸から様々な距離hで入射するため，様々な方向に反射されてしまう。それにもかかわらず，虹が特定の方向に見られる理由を考察してみよう。緑色の光に対する20℃の水の屈折率の値$n = 1.337$に対して，問1の $\boxed{\text{オ}}$ の結果を用いて，角度ϕを雨滴への相対入射位置$k = \dfrac{h}{R}$ の関数として計算すると，図2

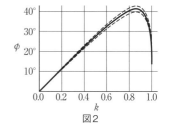
図2

の実線のようになった。図2から雨滴に入射した光が最も強く反射される角度は何度か，有効数字2桁で答えよ。またその理由を答えよ。ただし，光が雨滴の中を透過する割合は入射位置や波長によらないと仮定する。

【B】 次に虹の中で色が分かれて見える理由を考える。

問3 太陽光は様々な波長の光から構成されている。また水の屈折率nは入射光（可視光）の波長が長いほど，小さくなることが知られている。ただし$n > 1$の条件は満たされている。いま，問1で考察した緑色の光に比べ，より長い波長の光が，点Aにて雨滴に入射したとする。このとき，入射後の光路をできるだけ正確に図3に記入せよ。また，このときの角度ϕを図3中に記入し，問1の場合に比べてϕはどのように変化するか，答えよ。ただし，図3の矢印は緑色の光の光路を示している。また，点Cでの反射は無視してよい。

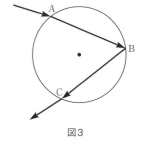
図3

問4 次に，様々なkと様々な波長の入射光に対して角度ϕを計算した。図2の実線の上下の点線は，それぞれ可視光のうち波長の最も長い入射光と最も短い入射光のどちらかに対応するものである。以下の文章の(カ)，(キ)で，正しいものを選択せよ。

　　雨滴に入射した光が強く反射される角度ϕは，光の波長が長いほど(カ)$\{$大きく・小さく$\}$なる。したがって太陽Sを背にした観測者Dから見て，地上から最も高い地点の虹の色は(キ)$\{$赤色・紫色$\}$となる。このように波長の異なる光が少しずつ異なった仰角に現れる。これが虹である。ただし，仰角とは，地平線を基準とした上向きの角度であり，0度から90度の間をとる。

〔筑波大〕

13 光の干渉

確認問題

132 光路長 空所

光が屈折率 n の媒質中を進む速さは,真空中における速さの $\boxed{\text{ア}}$ 倍である。よって,光がこの媒質中を距離 L だけ進むと,同じ時間に真空中では距離 $\boxed{\text{イ}}$ だけ進む。この距離 $\boxed{\text{イ}}$ を光路長と呼び,同一の光路長に含まれる波の数は媒質によらず等しい。

[防衛大]

133 ヤングの実験(平行近似) 空所

図1および図2のように,間隔が d の2本の平行なスリットAおよびBに波長 λ の単色光を入射させ,l 離れたスクリーン上で干渉縞(明暗の縞模様)を観測する。スクリーンはスリットから十分遠方にあり,x 軸の原点O($x=0$)はA,Bから等距離の点である。以下の文章中の $\boxed{\text{ア}}$ ~ $\boxed{\text{エ}}$ に適切な数式を入れよ。また,(a)では選択肢の中から適切な語句を選べ。ただし,$x>0$ の領域で観測される干渉縞について答えよ。

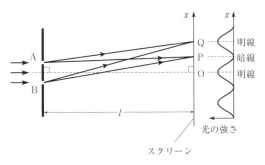

図1

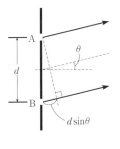

図2

観測される光の干渉縞は,各スリットで回折された2つの波の重ね合わせで考えることができる。原点Oは2つのスリットから等距離にあるので,2つの波がつねに同位相の状態で重なり,強めあって明線となる。一方,暗線の観測される点では,2つの波がつねに逆位相の状態で重なって弱め合う。したがって,原点Oに最も近い暗線が観測される点Pは $\overline{\text{BP}} - \overline{\text{AP}} = \boxed{\text{ア}}$ を満たす。スリット付近を拡大した図2に示す角度 θ を用いると,経路差 $\overline{\text{BP}} - \overline{\text{AP}}$ は $d\sin\theta$ と表される。スクリーンは十分遠方にあるので,$\sin\theta \fallingdotseq \tan\theta \fallingdotseq \dfrac{x}{l}$ と近似でき,点Pの位置は $x = \boxed{\text{イ}}$ となる。原点Oに最も近い明線は,AとBから到達する波が強め合う条件 $\overline{\text{BQ}} - \overline{\text{AQ}} = \boxed{\text{ウ}}$ を満たす点Qで観測され,その位置は $x = \boxed{\text{エ}}$ となる。スリットの間隔 d を狭めると,干渉縞の間隔は(a){広がる・変わらない・狭まる}。

[北海道大]

134 反射型の回折格子 空所

コンパクトディスク（CD）の記録面が見る方向により様々な色に見えるのは，記録面に規則正しく刻まれた溝を，反射型の回折格子とみなすことができるためである。この記録面に対してレーザー光を垂直に照射すると，レーザー光に対して角度 θ の方向に1次の回折光が観測された。このとき回折格子の格子定数（溝の間隔）を d，空気中でのレーザー光の波長を λ とすると，

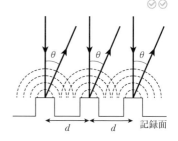

$$d = \boxed{\quad (\mathcal{P}) \quad}$$

の関係が成立する。ところが，実際のCDの記録面には空気に対する屈折率が n（$n > 1$）の透明な保護膜が均一に塗られている。保護膜中で記録面に垂直な方向に対して θ_1 の方向に進む光が，空気中で θ の方向に進むとすると，屈折の法則により，

$$\sin\theta_1 = \boxed{\quad (\mathcal{A}) \quad}$$

が成り立つ。また，保護膜中でのレーザー光の波長は，

$$\lambda_1 = \boxed{\quad (\mathcal{D}) \quad}$$

である。保護膜の厚さはレーザー光の波長に比べて十分に大きいので，格子定数を保護膜中で求めると，θ_1 と λ_1 を用いて，

$$d = \boxed{\quad (\mathcal{I}) \quad}$$

となり，これを θ と λ で表すと，先に求めた関係式 $d = \boxed{\quad (\mathcal{P}) \quad}$ に一致する。このように，保護膜の存在を考えなくても結果が同じになるのは，物理の面白いところである。

〔広島大〕

135 薄膜に垂直に入射した光の干渉

屈折率 n，厚さ d の透明な薄膜が，屈折率 n'（$n' > n$）のガラス板の上についており，それらが真空中に置かれている。図のように，この薄膜表面に垂直に真空中での波長 λ の光を入射すると，薄膜表面で反射した光と，薄膜とガラス板の境界面で反射した光とが薄膜の厚さ d の値によって，強め合ったり弱め合ったりする。

問1　薄膜表面での光の反射による位相のずれを求めよ。

問2　薄膜とガラス板の境界面での光の反射による位相のずれを求めよ。

問3　薄膜表面で反射した光と，薄膜とガラス板の境界面で反射した光の光路差を求めよ。

問4　問3の反射光が干渉によって強め合うための条件は，mを正の整数とすると，どのように表されるか。

　ガラス板の上についた同じ材質で厚さの異なる3つの透明な薄膜A，B，Cがある。それぞれの薄膜について，その表面に垂直に同じ明るさの光を波長だけを400nm（$1\,\mathrm{nm} = 10^{-9}\,\mathrm{m}$）から700nmまで連続的に変えて入射し，反射光を測定した。このとき，波長を400nmから700nmまで変える間に，薄膜A，B，Cにおいて，それぞれ，1回，3回，5回だけ，薄膜表面で反射した光と，薄膜とガラス板の境界面で反射した光とが干渉して強め合った。

問5　薄膜A，B，Cのうち，最も厚いものはどれか。　　　　　　　　　　〔千葉工大〕

≡ **重要問題** ....

★ **■136　ヤングの実験** 論述　　　　　　　　　　　　　　　　　　　　　⊘⊘

　光は水面波や音波と比べて波長が非常に短いため，回折や干渉の現象を確認しにくい。しかし，十分に狭いスリットに光を通すと光の回折や干渉を観察できる。ここでは，真空中におけるヤングの実験について考えよう。必要であれば，十分に小さなα（$|\alpha| \ll 1$）に対して$\sqrt{1+\alpha} \fallingdotseq 1 + \dfrac{1}{2}\alpha$が成り立つことを用いてもよい。

　図1において，間隔dの複スリットA，BはスリットSとはLだけ離れ，スクリーンとはlだけ離れている。ここで，AとBはSから等距離にあり，点OはABの中点とSを結んだ直線がスクリーンと垂直に交わる点である。また，Oを原点とし，上向きを正としてx軸をとり，スクリーン上の点Pの座標をxとする。ここでは，dがLやlに比べて十分小さい場合を考える。

★厳選 50題

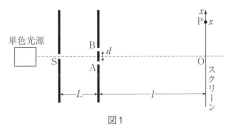

図1

空所補充

論述

単色光源から出た波長λの光を，スリットSと複スリットA，Bに通すとスクリーン上に明暗の縞(しま)模様ができた。

問1 光の波の位相に注目し，縞模様が生じるためにスリットSが果たす役割を20字〜30字で述べよ。なお，句読点も字数に含めるものとし，数式は用いないこと。

問2 $|x|$がlに比べて十分小さい場合に経路差$AP - BP$をd, x, lを用いて表せ。

問3 点Pに明線ができるための条件を$d, x, l, λ$および整数mを用いて表せ。

問4 スクリーン上の明線の間隔を求めよ。

スリットSをABに平行に上向きにわずかな距離a $(a \ll L)$だけ移動したところ，スクリーン上の明線が移動した。

問5 スクリーン上の明線が移動した向きと距離を求めよ。

スリットSをAとBから等距離の位置に戻し，図2のようにスリットBを屈折率n，厚さtの透明な薄膜でS側から覆ったところ，スクリーン上の明線が移動した。

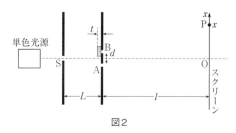

図2

問6 スクリーン上の明線が移動した向きと距離を求めよ。

問7 明線が移動したことにより，点Pで光が強め合った。この条件を満たす薄膜の屈折率のうち，最小のものを求めよ。

〔関西大＋大阪市大〕

137 回折格子 空所 ◎◎

以下の空欄にあてはまる数式または語を答えよ。

格子間隔dの回折格子に平行光線をあてて，回折格子を通って回折した光(回折光)の干渉を考える。

図1のように，回折格子の格子面に垂直に位相のそろった波長λの単色光をあてた場合を考える。

入射光の進行方向と角$θ$ $\left(-\dfrac{\pi}{2} < θ < \dfrac{\pi}{2}\right)$をなす方向に進む回折光が十分に遠方で強め合って明るくなる条件は，整数mとすると，

$$\boxed{(ア)} = mλ \qquad \cdots ①$$

である。この条件を満たす角$θ$で表される方向から少しでもずれた方向に進む回折光では，回折格子の各格子を通ったそれぞれの回折光の位相が少しずつずれているため，十分に遠方においてそれらを重ね合わせると弱め合って暗くなる。回折光が強め合って明

るくなる方向の個数は，①式を満たす角 θ の個数に等しい。したがって，$-\dfrac{\pi}{2} < \theta < \dfrac{\pi}{2}$ の範囲で回折光が強め合う方向の個数が 3 個だけ存在するための波長 λ の条件は，不等式 $\boxed{\text{イ}} \leqq \lambda < \boxed{\text{ウ}}$ を満たすことになる。

$m = 0$ のときの①式を満たす角 θ の方向に進む回折光を 0 次の回折光，$m = 1$ のときの①式を満たす角 θ の方向に進む回折光を 1 次の回折光という。単色光のかわりに白色光をこの回折格子に垂直にあてた場合，0 次の回折光は $\boxed{\text{エ}}$ 色であるが，1 次の回折光は光の色（波長）によって進行方向がわずかに異なっており，色分けされた光線となる。0 次の回折光の進行方向と 1 次の回折光の進行方向のなす角が最も大きいのは $\boxed{\text{オ}}$ 色の光である。

次に，回折格子の格子面にその法線に対して角 θ_0 をなす方向から位相のそろった波長 λ の単色光をあてた場合を考える。ただし，図 2 の θ_0，θ はこの場合をそれぞれ正にとるものとする（図 2 のような場合に，$\theta_0 > 0$，$\theta > 0$ である）。

図 2 のとき，回折格子の格子面の法線に対して角 θ をなす方向に進む回折光が十分に遠方で強め合って明るくなる条件は，整数を m とすると，$\boxed{\text{カ}} = m\lambda$ となる。

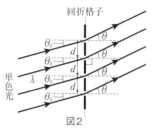

図 2

〔関西大〕

★ **138** 薄膜による干渉 空所 ⊘ ⊘

図のように，水に浮かんだ厚さ d の薄く平らな油膜に対して光が入射角 θ で入射している。点 E から油膜上の点 P を見ると，膜の上面で反射した光（経路 APEの光）と膜の底面で反射した光（経路 BCPEの光）が干渉する。ただし，入射光は平面波であり，その波面は線分 AB と平行である。また，空気と水の屈折率はそれぞれ 1.0 と 1.3，油膜の屈折率は n（> 1.3）であり，屈折率は入射光の波長によらず一定であるとする。

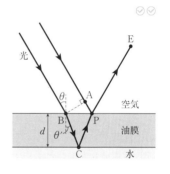

問 1 経路 APE の光と経路 BCPE の光が強め合う条件を考える。次の文中の $\boxed{\text{ア}}$ ～ $\boxed{\text{エ}}$ に適切な式を入れよ。また，(a)，(b)では ┆ ┆ 内に示した 2 つの選択肢から適切な語句を選べ。

空気中を油膜に向かって進む光が両媒質の境界面で反射するとき，光の位相は(a) ┆反転する・変化しない┆。油膜中を水に向かって進む光が両媒質の境界面で反射するとき，光の位相は(b)┆反転する・変化しない┆。よって，空気中での光の波長を λ，経路 APE と経路 BCPE の光路差を ΔL，正の整数を m（$m = 1$, 2, 3, $\cdots$）とするとき，経路 APE の光と経路 BCPE の光が強め合う条件は $\Delta L = \boxed{\text{ア}}$ と表される。

★厳選 50題

空所補充

経路BCPEの光が油膜に入射したときの屈折角をθ'とおくと，屈折の法則より $\sin\theta' = \boxed{\text{イ}}$ であり，θ'がθとnの関係式で表される。よって，ΔLはθ，n，dを用いて $\boxed{\text{ウ}}$ と表される。以上より，強め合う条件を満たす波長λ_mはθ，n，d，mのみを用いて$\lambda_m = \boxed{\text{エ}}$ と表される。

問2 白色光が$\theta = 0$で入射するときに見える色を考える。次の文中の $\boxed{\text{オ}}$ 〜 $\boxed{\text{ケ}}$ に適切な数値（有効数字2桁）または語句を入れよ。ただし，$n = 1.5$とし，可視光の色と波長の対応は右の表に従うとする。

このとき，強め合う条件を満たす波長は次のように表される。

$$\lambda_m = \frac{6d}{2m - 1}$$

dが$1.0 \times 10^2\,\text{nm}$のとき，$m = \boxed{\text{オ}}$ の波長 $\boxed{\text{カ}}$ nmの光のみが強め合うので，$\boxed{\text{キ}}$ 色に見える。

次に，dが$1.0 \times 10^5\,\text{nm}$になると，可視光の中で強め合う条件を満たす$m$の含まれる範囲は $\boxed{\text{ク}} \leqq m \leqq \boxed{\text{ケ}}$ となり，これを満たす整数mは約400個ある。したがって，様々な色の光が強め合う結果，特定の色には見えない。

[岩手大]

色	波長〔$\times 10^2\,\text{nm}$〕
赤	$6.1 \sim 7.8$
橙	$5.9 \sim 6.1$
黄	$5.7 \sim 5.9$
緑	$5.0 \sim 5.7$
青	$4.6 \sim 5.0$
藍	$4.3 \sim 4.6$
紫	$3.8 \sim 4.3$

▌139 くさび形による干渉 [論述]

真空中で図のようにガラス平板Aとガラス平板Bを重ね，一方の端に直径Dの金属の細線を，両ガラス平板が接する線と平行にはさんでくさび状の薄い空間OPQを作り，そこに屈折率nの透明な物質を充てんした。ガラス平板Aの上方からガラス平板Bに垂直に，真空における波長λの単色光を入射させて上方から肉眼で観察する

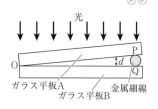

と，ガラス平板Aの下面とガラス平板Bの上面による反射光が干渉して，平行で等間隔の干渉縞が見えた。ガラス平板A，Bの屈折率はどちらもnより大きいとし，板の厚さはDより十分大きいとする。

問1 ある場所における空間の厚さ（ガラス平板A，Bの間隔）をd，mを0以上の整数とするとき，上記の縞模様が明線となる条件および暗線となる条件を求めよ。

問2 2枚のガラス平板の接触部O近傍の明るさはどうなるか。

問3 距離OQをLとするとき，干渉縞の間隔Iをn，L，D，λを用いて表せ。ただし $D \ll L$とする。

問4 k番目の明線と$k + 10$番目の明線の間隔l_0を計測して細線の直径Dを求めることを考える。Dをn，l_0，L，λを用いて表せ。

問5 $\lambda = 500\,\text{nm}$，$L = 10.0\,\text{cm}$，$l_0 = 2.5\,\text{mm}$とし，空間OPQ中に空気を充てんした。このとき，細線の直径Dを求めよ。ただし，空気の屈折率は1.00とする。

問6 細線の直径Dを大きくしていくと干渉縞はどのように変化するか。

[防衛医大]

140 ニュートンリング

図のように，屈折率n_1の平面ガラスの上に，一方が平面で他方が半径Rの球面になっている屈折率n_2の平凸レンズをのせ，レンズの真上から波長λの単色光を入射させる。ここで$n_2 \geqq n_1 > 1.0$である。これを真上から見ると，平凸レンズの下面で反射した光と平面ガラスの上面で反射した光が干渉して，接点Oを中心とする明暗の輪（リング）が同心円状に形成される。これをニュートンリングと呼ぶ。

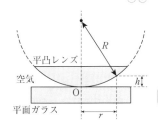

問1 平面ガラスと平凸レンズの間が空気の場合を考える。ただし，空気の屈折率は1.0である。ここで，光が，屈折率のより大きな媒質で反射するときは，位相が逆になることに注意せよ。

(1) 接点Oから平面ガラスに沿って距離rだけ離れた点における，平面と球面の距離hを，rとRを用いて表せ。ただし，hはRやrに比べて十分に小さいので，h^2を含む項は無視してよい。

(2) 接点Oからm番目（$m = 1$, 2, 3, …）の明輪の半径r_mを，m, R, λのうちの必要なものを用いて表せ。

(3) このニュートンリングを真下から観測した場合，明暗の輪は真上から観測したときと比べてどう見えるか。次のうちの正しいものを選べ。

 a 全く同じに見える。

 b 輪の明暗が反転して見える。

 c ニュートンリングは見えない。

問2 平面ガラスと平凸レンズの間を，屈折率nの液体で満たす場合を考える。

(4) 液体の屈折率nがある条件を満たすときに，ニュートンリングは観測できなくなる。その条件を表せ。

(5) ニュートンリングが観測される場合，リングの中心Oからm番目の明輪の半径r_mを，m, R, λ, nのうちの必要なものを用いて表せ。必要があれば，液体の屈折率nの値によって場合分けをすること。 〔大阪大〕

141 マイケルソン干渉計 グラフ 空所

真空中に, 図1のような装置が置かれている。光源Sから入射した波長λの単色光は, ハーフミラー上の点Oに45°の入射角で入射する。ハーフミラーとは, 光の半分を反射し, 残り半分の光を透過する鏡である。ハーフミラーによって分けられた光は, 鏡PおよびQによってそれぞれが垂直に反射され, 再び点Oに戻ってくる。鏡Pで反射されて戻ってきた光がハーフミラーを透過し, また鏡Qで反射された光がハーフミラーで反射され, これらの光の干渉が検出器Rによって観測される。なお, ハーフミラーの厚さは無視できるものとする。

OP間の距離をl_1, OQ間の距離をl_2とする。距離l_1を固定したまま, 鏡Qの位置を図1のように動かしてl_2を変化させたところ, 検出器Rで観測した光の強度(明るさ)は図2のような振る舞いを示した。この結果より, 光の波長は$λ = $ ［ア］ mであることがわかる。

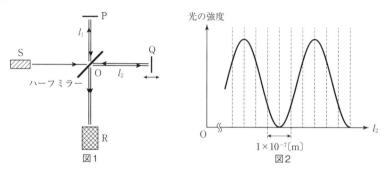

図1　図2

先ほどの装置に, 図3のように長さLのガラス管を追加し, 点Oから出て鏡Qに達する光と, 鏡Qで反射されて点Oに戻る光の両方がガラス管の中を通るようにした。ガラス管の壁は十分に薄く, またガラス管での光の反射・吸収は無視できるものとする。最初はガラス管の中も真空であった。

光源Sより先ほどと同じ波長λの光を入射した。このときに, 鏡Qの位置を調整して, 鏡Qで反射されてから検出器Rに届く光と鏡Pで反射されてから検出器Rに届く光が強め合い, 検出器Rでの光の強度が最大となるようにして, そこで鏡Qを固定した。

その後, ガラス管の中をゆっくりと空気で満たしていった。ガラス管内の空気の屈折率をnとする。ただし, nは空気の密度に依存し, 真空の屈折率1よりも少しだけ大きな値($n>1$)をとる。このとき, 光源Sを出てから検出器Rに到達する光の光路長を考える。鏡Qで反射される光と鏡Pで反射される光の光路長の差の大きさは, ガラス管内が真空だったときに比べて ［イ］ だけ変化する。

$L = 1 \times 10^{-2}$ m のときに，ガラス管内の空気の圧力を 0 から 1 気圧までゆっくりと変化させたところ，検出器 R における光の強度は図 4 のようにちょうど 10 回振動した。したがって，空気の圧力が変化する間に鏡 Q で反射される光と鏡 P で反射される光の光路長の差の大きさは波長 λ の ［ウ］ 倍だけ変化したことになる。また λ の値は ［ア］ で与えられていることから，1 気圧における空気の屈折率は $n - 1 =$ ［エ］ を満たす。

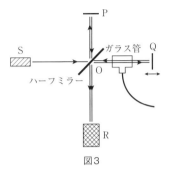

図 3

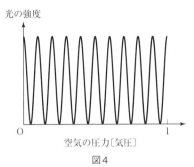

光の強度

空気の圧力〔気圧〕

図 4

〔青山学院大〕

14 電場と電位

142 静電気力

図のように，長さ$0.10\,\mathrm{m}$の軽い絶縁糸によって質量が等しい2つの小球が1点からつるされている。それぞれの小球に同じ正の電荷$2.4 \times 10^{-7}\,\mathrm{C}$を与えたところ，小球間の距離が$0.12\,\mathrm{m}$で静止した。重力加速度の大きさを$9.8\,\mathrm{m/s^2}$，クーロンの法則の比例定数を$9.0 \times 10^9\,\mathrm{N \cdot m^2/C^2}$とする。

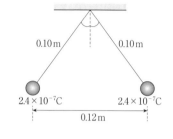

問1　2つの小球どうしが及ぼし合う静電気力の大きさを求めよ。

問2　糸の張力の大きさを求めよ。

問3　小球の質量を求めよ。

問4　次に，小球に与えた電荷を変化させたところ，絶縁糸と鉛直線とのなす角が$45°$になり静止した。このときの小球の電荷を求めよ。ただし，2つの小球の電荷は正で同じ大きさであり，$\sqrt{2} = 1.4$，$\sqrt{3} = 1.7$とする。

〔東北学院大〕

143 電場と電位

図1のように，電荷$Q\,(Q>0)$をもつ小物体が空間のある点Aに固定されている。クーロンの法則の比例定数をkとする。また，電位の基準は無限遠点にとる。

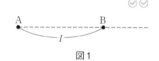

図1

問1　点Aから距離lだけ離れた点Bにおける電場の大きさを求めよ。

問2　点Bでの電位を求めよ。

問3　点Bに電荷$q\,(q>0)$をもつ小物体を置いた。この小物体にはたらく静電気力の大きさを求めよ。

問4　点Bに置いた電荷qをもつ小物体に外から力を加えて，図2に示されるように，点Aから距離$r\,(r<l)$だけ離れた点Cまでゆっくりと動かした。この間に外からの力がした仕事を求めよ。

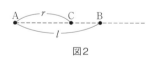

図2

〔龍谷大〕

144 電気力線と等電位線①

平面上の2点A, Bに電気量が等しい正の点電荷を固定した。

問1　点A, Bのまわりの電気力線を表す図として, 最も適当なものを下の図の**ア〜カ**のうちから1つ選べ。ただし, 電気力線の向きを表す矢印は省略してある。

問2　点A, Bのまわりの等電位線を表す図として, 最も適当なものを下の図の**ア〜カ**のうちから1つ選べ。

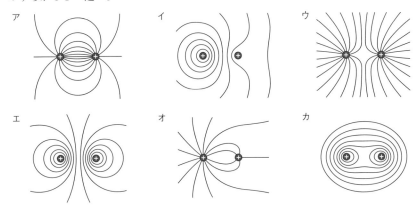

[鹿児島大]

145 一様電場①

図のように, 5.0×10^3 V/mの一様な電場の中に点Aと点Bがある。AB間の距離は2.0cmで, 線分ABと電気力線は120°の角をなしている。AB間の電位差Vを求めよ。また, 3.2×10^{-4} Cの点電荷をAからBに移動するときに必要な仕事Wを求めよ。　[大阪医大]

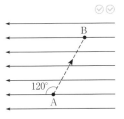

★ **146** 点電荷による電場と電位① ⊘⊘

図のようなOを原点とするxy平面上で，点A$(-a, 0)(a>0)$に電気量$-Q(Q>0)$の点電荷を，点B$(a, 0)$に電気量Qの点電荷を固定した。クーロンの法則の比例定数をk，無限遠における電位を0とする。また，重力の影響は考えないものとする。

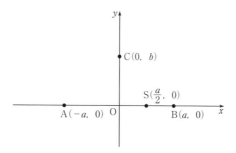

問1 点C$(0, b)(b>0)$における電場の強さと向きを求めよ。

問2 点Cにおける電位を求めよ。

質量m，電気量$q(q>0)$の点電荷を点Cから点S$\left(\dfrac{a}{2}, 0\right)$までゆっくり移動させ，そこで静かに放すと，点電荷は原点Oに向かって動きだした。

問3 点Cから点Sまで点電荷を移動させるのに外力がした仕事を求めよ。

問4 点Sで放された点電荷が原点Oを通過するときの速さを求めよ。 〔広島市大〕

147 電気力線と等電位線② ⊘⊘

真空中における電場について考える。xy平面上の2点PとP'に，それぞれ点電荷が固定して置かれている。図には，xy平面において電位Vが$-3V_0$から$3V_0$までの等電位線を電位差$V_0(>0)$ごとに描いている。ただし，重力などの外力の影響は無視できるものとする。

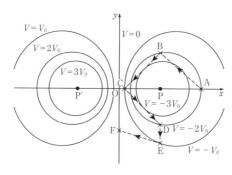

問1 2点P，P′に置かれた電荷の符号は，それぞれ正負どちらか。

問2 図中の点Fを通る電気力線を描け。ただし，その向きがわかるように電気力線上に矢印を記すこと。

問3 図中の6点A，B，C，D，E，Fのうち，電場がx軸の正の向きなのはどの点か。すべて選べ。

問4 正の電気量qをもつ小物体Sを，各区間A→B，B→C，C→D，D→E，E→Fにおいて，その区間をゆっくり移動させるのに要する正味の仕事が負であるのはどの区間か。また，0であるのはどの区間か。

問5 6点A，B，C，D，E，Fを順に線分で結んだ経路A→B→C→D→E→Fに沿って，小物体Sをゆっくり移動させるのに要する仕事を求めよ。 〔関西大〕

148 一様電場② 空所 ✓✓

一様な電場中で，支点から長さlの軽い絶縁性の糸でつり下げられている質量mの帯電した小球について考える。ただし，重力は鉛直下方にはたらいているとし，重力加速度の大きさをgとする。

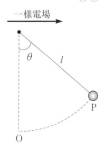

小球に電荷Q（$Q>0$）を与え，図のように，一様な電場を水平方向にかけたところ，小球は鉛直方向とθの角度をなす点Pで静止した。このとき，糸の張力の大きさは ［ア］，電場の大きさは ［イ］ と表される。

$\theta=0$の点Oでの電位を0とすると，点Pでの電位は ［ウ］ と表される。また，重力による位置エネルギーの基準を点Oとすると，点Pでの重力による位置エネルギーは ［エ］ となる。したがって，小球を点Oから静かに放したとき，点Pを通過するときの速さは ［オ］ と表される。 〔近畿大〕

電場の強さを表すものとして電気力線があり，電場が強い場所ほど電気力線は密集する。電場の強さがE_0の空間では，電場の方向と垂直な断面を通る電気力線の本数は，単位面積あたりE_0本であると定義される。

問1　電気量Qの点電荷を中心とする半径rの球面Aを考え，球面Aから出ていく電気力線の総数を考える。球面Aの表面上では，電場の方向は球面に対して垂直である。

真空の誘電率をε_0とすると，クーロンの法則における比例定数は$\dfrac{1}{4\pi\varepsilon_0}$であり，電場の強さは，クーロンの法則より，　ア　となる。球の表面積は$4\pi r^2$なので，電気力線の総数は　イ　となる。電荷が点電荷ではなく，広がりをもって分布している場合でも，閉曲面を貫いて外に出る電気力線の本数は，その内部に存在する電気量の総和によって決まる。

問2　次に，無限に広い平面Bに，単位面積あたり$q\ (q>0)$の電荷が一様に分布している場合について考えよう。

　図1にあるように，断面積Sの円筒状の閉曲面Cがあるとする。図1における閉曲面C内部の電荷がもつ電気量は　ウ　であるから，閉曲面Cを貫き外部に出る電気力線の総数は　エ　である。さて，この平面Bの閉曲面Cによる断面を表面と裏面に分けて考えると，閉曲面Cの上側の底面における電場の強さは　オ　となる。

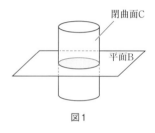

図1

問3　太さが無視できるほど細く，かつ無限に長い導体棒Dを考える。

　このような導体棒から発生する電気力線は帯電している線に垂直な方向に伸びていることが知られている。この導体棒Dによってつくられる電場を考えるため，図2に示すような長さL，半径rの円筒型閉曲面Eの中心に導体棒Dが配置されている状態を考える。

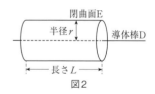

図2

　この導体棒に単位長さあたり$q\ (q>0)$の電荷を与える。閉曲面E内の導体棒の長さはLであるから，閉曲面E全体を貫く電気力線の本数は　カ　である。電気力線は閉曲面Eの側面を垂直に通過するのだから，円筒側面上での電場の強さは　キ　となる。

〔滋賀県大＋中京大〕

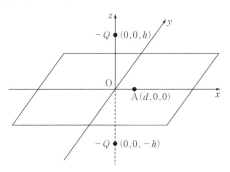

150 点電荷による電場と電位② 論述

　図のような直交座標系において，負の電気量 $-Q$ $(Q>0)$ をもつ 2 つの点電荷が z 軸上の原点 O から距離 h の点 $(0, 0, h)$ と点 $(0, 0, -h)$ のそれぞれに固定されている。ここで，xy 平面上を自由に動くことのできる質量 m，正の電気量 Q の点電荷 A を考える。この空間に電荷はこの 3 個しかなく，重力の影響は無視できるものとする。また，クーロンの法則の比例定数を k_0 とする。

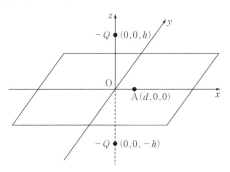

問 1　点 $(d, 0, 0)$ $(d>0)$ に点電荷 A を置き，x 軸の正の向きに大きさ v_0 の初速を与えた。点電荷 A が無限遠方に飛び去るための v_0 に関する条件を求めよ。

　点電荷 A を点 $(d, 0, 0)$ で静かにはなすと，x 軸上で原点 O を中心に振動した。

問 2　点電荷 A が点 $(x, 0, 0)$ にあるとき，受ける力の x 成分はいくらか。

問 3　d の値が h に比べてはるかに小さく，$\left(\dfrac{x}{h}\right)^2$ の大きさの項が無視できる場合，点電荷 A の振動は単振動とみなすことができることを示せ。また，この振動の周期はいくらか。必要ならば，$|s| \ll 1$ となる s と任意の実数 α に対し，$(1+s)^\alpha \fallingdotseq 1 + \alpha s$ が成り立つことを用いてもよい。

　次に，点 $(d, 0, 0)$ に点電荷 A を置き，y 軸の正の向きに大きさ v_1 の初速を与えたところ，xy 平面内で半径 d の円軌道を描いた。問 3 同様，d の値は h に比べてはるかに小さいものとする。

問 4　このときの初速度の大きさ v_1 を求めよ。また，円周を 1 周するのに要する時間を求めよ。

〔東邦大〕

151 ガウスの法則② グラフ 空所

　図のように，正の電荷が半径Rの球の内部に一様に分布しており，その電気量の総和は，Qである。この球の中心Oから距離rの位置に点Pをとる。クーロンの法則の比例定数をkとし，地球の重力や地磁気の影響は無視できるものとする。以下の空欄にあてはまる適切な数式を求めよ。ただし，$\boxed{ク}$では選択肢①～⑥のうちから適切なものを1つ選べ。

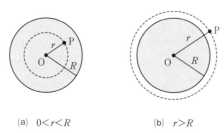

(a) $0<r<R$ 　　　　(b) $r>R$

　半径Rの球における単位体積あたりの電気量は$\boxed{ア}$である。電場の強さEは電場に垂直な面を貫く単位面積あたりの電気力線の本数に等しい。物体が正の電気量qをもっているとき，この物体から出る電気力線の本数は$4\pi kq$である。このことは，物体に電荷が連続的に分布している場合にも成り立つ。これらに従い，点Pにおける電場を求めよう。なお，ここでは，点Oを中心とする半径rの球の外側の部分の電荷は，点Pにおける電場とは無関係であると考えてよい。まず，$0<r<R$の場合，点Oを中心とする半径rの球の内部の電気量は$\boxed{イ}$であり，この半径rの球の表面を貫く電気力線の本数は$\boxed{ウ}$である。この結果，点Pにおける電場の強さは$\boxed{エ}$と表される。次に，$r>R$の場合，点Oを中心とする半径rの球の内部の電気量は$\boxed{オ}$であり，この半径rの球の表面を貫く電気力線の本数は$\boxed{カ}$である。この結果，点Pにおける電場の強さは$\boxed{キ}$と表される。距離rと電場の強さEとの関係を図示すると，$\boxed{ク}$のようになる（E-rグラフ）。

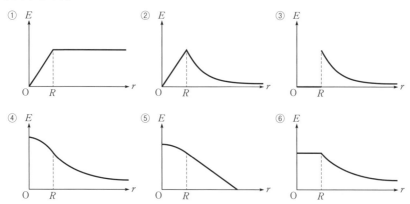

〔立命館大〕

112

15 コンデンサー

確認問題

152 コンデンサーの公式

面積$1.0\,\text{m}^2$の2枚の極板を真空中で$1.0 \times 10^{-2}\,\text{m}$離し，平行にした状態で，$6.0 \times 10^3\,\text{V}$の直流電源に接続して充電した。その後電源を切り離した。真空の誘電率を$8.9 \times 10^{-12}\,\text{F/m}$とする。

問1　この平行板コンデンサーの電気容量を求めよ。

問2　蓄えられた電気量と静電エネルギーを求めよ。

問3　この状態で極板の間隔を半分にしたとき，極板間の電位差を求めよ。

〔湘南工科大〕

153 導体の性質

平行板コンデンサーが電源に接続されている。極板間に導体を挿入すると，(ア)｜静電遮蔽・静電誘導｜現象により導体表面に電荷が現れる。この電荷の符号は，正に帯電した極板に近い側は(イ)｜正・負｜，負に帯電した極板に近い側は(ウ)｜正・負｜である。この電荷は導体内部の電場が(エ)｜0・最大｜となって導体全体が(オ)｜等電位・電位の基準｜となるように表面に分布する。

〔岡山大〕

154 誘電体の性質 空所

極板間が真空の平行板コンデンサーに電池とスイッチが直列につながれた回路がある。コンデンサーの極板の面積はS，極板間距離はdであり，間隔に比べて極板のサイズは十分に大きく，極板間の電場は一様とみなしてよいものとする。スイッチを閉じて十分に時間が経ったとき，コンデンサーの正極板に蓄えられた電荷をQ，真空の誘電率をε_0とすると，極板間の電場の強さは $\boxed{\text{(ア)}}$ である。

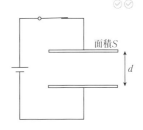

面積S

d

次に，スイッチを開いて，この平行板コンデンサーの極板間にぴったり収まるサイズの誘電体を完全に挿入する。極板上の電荷により，挿入された誘電体では分極（誘電分極）が生じる。分極によって正極板に接している誘電体表面上に誘起される電荷を$-Q'$とおくと，誘電体内部での電場の強さは $\boxed{\text{(イ)}}$ であり，この値は誘電体が挿入される前の極板間の電場の強さより小さくなっている。ここで，$\varepsilon = \boxed{\text{(ウ)}}$ とおけば，誘電体内部での電場の強さは $\dfrac{Q}{\varepsilon S}$ と表せる。εは誘電体の誘電率である。このときのコンデンサーの静電容量をε，S，dを用いて表すと $\boxed{\text{(エ)}}$ である。このあとにスイッチを閉じると，誘電体内部の電場が挿入前と同じ強さになるまで電荷が運び込まれる。

〔愛媛大〕

グラフ

空所補充

極板の間隔 d，面積 A の平行板コンデンサーがある。極板間は真空であり，真空の誘電率を ε_0 とする。

問1 図1のように，極板間に面積 A，厚さ $\dfrac{d}{2}$ で比誘電率 ε_r の誘電体を極板に平行に挿入した。このときのコンデンサーの電気容量を求めよ。

面積 αA，厚さ d で比誘電率 ε_r の誘電体を，図2のように面積 A，間隔 d の極板の間に挿入したコンデンサーを考える。ここで，α は $0<\alpha<1$ の定数である。

問2 このコンデンサーの電気容量が問1のコンデンサーの電気容量と等しくなった。このときの α を求めよ。 〔日本大〕

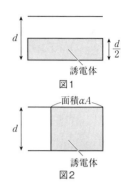

図1

図2

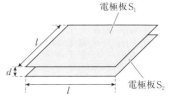

電極板S_1

電極板S_2

第4章 電磁気

▌156▐ コンデンサーの公式と極板間引力 `空所` ⊘⊘

図のように，一辺の長さlの正方形で厚さが無視できる2枚の電極板で構成された平行平板コンデンサーが誘電率ε_0の真空中に置かれている。平行平板コンデンサーの間隔はdであるが，dはlに比べて十分に小さいとする。上面の電極板S_1には電気量$+Q$（>0）の正の電荷が，下面の電極板S_2には$-Q$の負の電荷がそれぞれ一様に分布している。電極板S_2は固定されているが，電極板S_1は自由に動かすことができる。電極板S_1とS_2の間にはクーロン力以外の力はかかっていないものとする。電極板の端には，電極板に垂直な方向以外の電場はないものとする。

問1　電極板S_1に帯電している電荷$+Q$のみによってS_1とS_2との間に生じる電場$\overrightarrow{E_1}$の強さは$\dfrac{Q}{2\varepsilon_0 l^2}$と表せる。同じように電極板$S_2$に帯電している電荷$-Q$によって$S_1$と$S_2$との間に生じる電場$\overrightarrow{E_2}$は$\overrightarrow{E_1}$と強さも向きも同じであるため，電極板$S_1$と$S_2$の間に生じる合成電場の強さは　ア　となる。電極板間の電圧Vは　イ　なので，このコンデンサーの電気容量Cは，

$$C = \frac{Q}{V} = \boxed{\text{ウ}}$$

と表せる。

問2　このコンデンサーに蓄えられた電荷を0からQまで充電する過程を考える。コンデンサーに蓄えられている電気量がq（$0 \leqq q < Q$）のとき，微小な電気量Δqを電極板S_2から電極板S_1に運ぶのに必要な仕事ΔWを，$C, q, \Delta q$を用いて表すと，　エ　となる。よって，コンデンサーの電荷がQのときに蓄えられている静電エネルギーUを，C, Qを用いて表すと，　オ　となる。

問3　電極板S_1を電極板S_2と平行に保ったまま，電極板面に垂直な方向に微小な長さΔdだけ動かし，電極板間の間隔を$d + \Delta d$とした。この移動によるエネルギーの変化　カ　は，コンデンサーがされた仕事に相当する。したがって，電極板S_1を動かすのに必要な力の大きさは　キ　となる。　キ　をQ, Eを用いて表すと，　ク　となる。

〔京都産業大＋東北大〕

空所補充

導体が挿入されたコンデンサー *グラフ* ⊘⊘

真空中で**図1**のように，2枚の薄い金属板A，Bを間隔dだけ離して配置した平行平板コンデンサーの両端に起電力Vの電池とスイッチSがつないである。dは金属板の大きさに対して十分に小さく，金属板の周辺部分の電場の不均一さは無視できるとする。金属板Aは接地してあり，その電位は0Vに保たれている。**図1**のように金属板Aの位置を原点Oとして金属板に垂直な方向にx軸をとる。このコンデンサーの電気容量はCである。

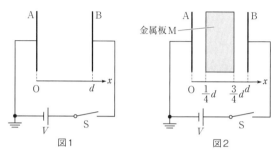

図1   図2

【A】 スイッチSを閉じて十分に時間をおいた。

問1 このコンデンサーに蓄えられている電気量と金属板A，B間の電場の強さを求めよ。

【B】 次に，スイッチSを開いた状態で**図2**のように金属板A，Bの間に厚さ$\dfrac{d}{2}$の金属板MをA，Bそれぞれからの距離が等しくなるように挿入した。

問2 金属板A，B間の座標xにおける電場の大きさをグラフに描け。

問3 金属板A，B間の座標xにおける電位をグラフに描け。

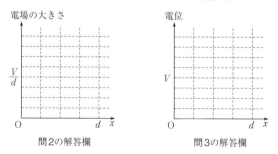

問2の解答欄   問3の解答欄

問4 金属板Mを挿入したあとのコンデンサーの電気容量はCの何倍か。

【C】 さらに，金属板を挿入したまま，スイッチSを閉じて十分に時間をおいた。

問5 金属板Bに蓄えられている電気量を求めよ。

問6 金属板A，B間の座標xにおける電場の大きさをグラフに描け。

問7 金属板A，B間の座標xにおける電位をグラフに描け。

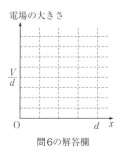

電場の大きさ

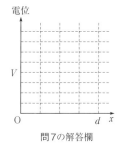

電位

問6の解答欄

問7の解答欄

〔大阪府大＋センター試験〕

★ **158** **誘電体が挿入されたコンデンサー** グラフ 空所

　図1のように，真空中に置かれた平行板コンデンサーに，電池とスイッチSWがつながれている。この電池の起電力は一定でVである。

　コンデンサーの極板面積をA，極板間隔をdとする。極板間の電場は一様であり，真空の誘電率をε_0とする。

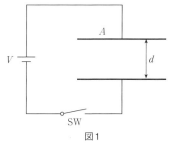

図1

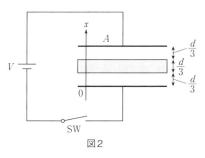

図2

問1 　□　に適する文字式を答えよ。

(1) スイッチSWを閉じて十分に時間がたったとき，極板間の電場の強さは ［ア］ である。また，このときコンデンサーの極板に蓄えられる電荷は ［イ］ である。

(2) (1)のあと，SWを開いた。この状態で，図2のように，比誘電率ε_r，幅$\dfrac{d}{3}$の誘電体を，コンデンサーのそれぞれの極板から$\dfrac{d}{3}$だけ離れた位置に，外に電荷が逃げない状態でゆっくりと極板に触れないように差し込んだ。このとき，コンデンサーの真空部分の電場の強さは ［ウ］ であり，誘電体の内部の電場の強さは ［エ］ である。よって，コンデンサーの極板間の電位差は ［オ］ である。また，コンデンサーの電気容量は ［カ］ である。

問2 図2のように，極板に垂直にx軸をとり，電池の負極側の極板との交点を原点とする。$\varepsilon_r = 2$として，横軸にx，縦軸に電位をとったグラフを描け。ただし，原点における電位を0とする。

〔龍谷大〕

159 コンデンサー内の誘電体にはたらく力 ⊘⊘

図のように，極板の間隔がd，一辺の長さがLの正方形のなめらかな極板をもつ平行板コンデンサーが電圧Vの電池につながれている。その極板の間に，上下の形が極板の形と等しく，厚さがd，誘電率がεの誘電体をゆっくりと挿入する。真空の誘電率をε_0とし，$\varepsilon > \varepsilon_0$が成り立っているものとする。

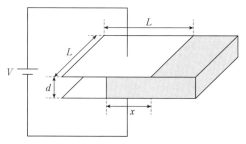

問1 誘電体がxだけ挿入されたときのコンデンサーの電気容量，およびコンデンサーに蓄えられるエネルギーを求めよ。

問2 誘電体に外力を加え，xの位置からさらに微小な距離Δxだけ誘電体をゆっくりと挿入した。このときのエネルギーの変化量を求めよ。

問3 問2で極板上の電気量の変化を求めよ。

問4 問2で電池が行う仕事を求めよ。

問5 問2で極板に沿った方向に電場から誘電体にはたらく力の大きさを求めよ。また，その力の向きを求めよ。

〔熊本大〕

160　三重極板　⊘⊘

　図のように，面積と形状が同じ3枚の金属板A，P，Bを互いに平行に並べ，A，Pは電池とスイッチSW_1を介して，A，BはスイッチSW$_2$を介して，導線で接続した。各金属板の面積はSであり，AとPの間隔はd，PとBの間隔は$2d$である。AとP，PとBはそれぞれ平行板コンデンサーを構成する。金属板の大きさはdと比べて十分に大きく，金属板の端における電場(電界)の乱れは無視できる。金属板が帯電したとき，電荷は金属板の左面，右面の一方，あるいは両方に存在し，各面で一様に分布する。電池の起電力をV_0とする。2つのスイッチは開かれ，各金属板に電荷はないものとする。A，P，Bは真空中にあり，真空の誘電率をε_0とする。

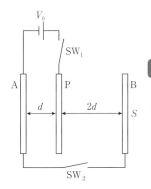

　スイッチSW_1を閉じたところ，AとPを接続する導線に電流が流れたあとに止まった。

問1　このときにPに蓄えられた電気量を求めよ。

　スイッチSW_1を開いて，スイッチSW_2を閉じると，AとBを接続する導線に電流が流れたあとに止まった。

問2　AP間の電位差とBP間の電位差が等しいことと，Pに蓄えられた電気量が保存することに注意して，Pの左面，右面にある電気量をそれぞれ求めよ。

　次にスイッチSW_2を開いて，AとPの間を比誘電率ε_rの誘電体ですきまなく満たした。

問3　このときのAP間の電位差を求めよ。

　スイッチSW_2を閉じたところ，AとBを接続する導線に電流が流れたあとに止まった。

問4　このときのAP間の電位差を求めよ。　　　　　　〔琉球大〕

16 直流回路

確認問題

161 抵抗と抵抗率 空所

問1 金の抵抗率は$2.5 \times 10^{-8}\,\Omega\cdot\mathrm{m}$，鉄の抵抗率は$1.0 \times 10^{-7}\,\Omega\cdot\mathrm{m}$である。金を使って鉄と同じ抵抗値の抵抗器を作る場合は，長さを同じとするならば，断面積が鉄の場合に比べて　ア　倍のものを使う必要がある。

問2 抵抗率$5.0 \times 10^{-3}\,\Omega\cdot\mathrm{m}$の物質を使って断面積$6.0\,\mathrm{mm}^2$，長さ$120\,\mathrm{mm}$の抵抗器A を作った。この抵抗器Aに$5.0\,\mathrm{V}$の電圧をかけたとき，流れる電流は　イ　Aである。

問3 問2の抵抗器Aと同じ物質を使って，抵抗器Aと同じ体積で，長さを$30\,\mathrm{mm}$にした抵抗器Bを作った。抵抗器Bの抵抗は約　ウ　Ωである。

問4 問2，3の抵抗器Aと抵抗器Bを並列に接続した。合成抵抗は約　エ　Ωになる。

問5 問2，3の抵抗器Aと抵抗器Bを並列に接続したものに，$5\,\mathrm{V}$の電源を接続し，20秒通電した。抵抗器AとBで発生するジュール熱は，合わせて約　オ　Jである。

〔日本福祉大〕

162 キルヒホッフの法則

図のように電池と抵抗とスイッチからなる回路がある。そして，$R_1 = 1.0\,\Omega$，$R_2 = 2.0\,\Omega$，$R_3 = 3.0\,\Omega$，$E_1 = 2.0\,\mathrm{V}$，$E_2 = 7.0\,\mathrm{V}$であった。

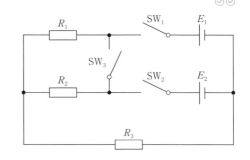

問1 スイッチSW_1とSW_3を閉じ，SW_2を開いたとき，R_3を流れる電流の大きさを求めよ。

問2 問1のときにR_2を流れる電流の大きさを求めよ。

問3 スイッチSW_1とSW_2を閉じ，SW_3を開いたとき，R_1に流れる電流の向きと大きさを求めよ。

問4 問3のとき，R_2とR_3に流れる電流の大きさを求めよ。

問5 問3の回路の状態で，抵抗R_1に電流が流れないようにするために抵抗R_3を交換することにした。どの抵抗値の抵抗器に交換すればよいか。

〔東京農大〕

163 **コンデンサーを含んだ回路** 空所

図のように，抵抗 r，電気容量がそれぞれ C，$2C$ のコンデンサー C_1，C_2 とスイッチSが接続された回路がある。

はじめSは開いている。コンデンサー C_1 にはあらかじめ電荷がたくわえられており，その両端の電圧は V_0 であった。一方，コンデンサー C_2 には電荷はたくわえられていない。

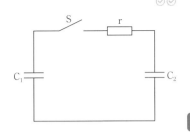

この状態でスイッチSを閉じた。その直後の抵抗 r の両端の電圧は ア となる。十分な時間が経過したあと，コンデンサー C_2 の両端の電圧は イ となる。電荷がコンデンサー C_1 から C_2 に移動したことにより，コンデンサー C_1 が失った静電エネルギーは ウ となる。また，抵抗 r に発生したジュール熱は エ となる。 〔秋田大〕

164 **電球を含んだ回路** グラフ 空所

ある電球Pに様々な大きさの電圧を加え，そのとき電球に流れる電流を測定したところ，図1のような電流 − 電圧特性が得られた。有効数字2桁で以下の問いに答えよ。

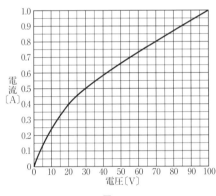

図1

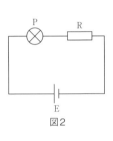

図2

問1　電球Pを30Vで点灯するとき，電球Pの抵抗値は ア Ω，消費電力は イ W である。また，70Vで点灯するとき，電球Pの抵抗値は ウ Ω となる。

問2　次に，電球Pと抵抗値60Ωの抵抗Rおよび起電力60Vで内部抵抗が無視できる電源Eを図2のように接続した。このとき，電球Pの両端にかかる電圧 V と回路を流れる電流 I の間の関係は，V，I を用いて表すと エ と表現できる。したがって，図1から $I =$ オ A，$V =$ カ V であることがわかる。 〔中京大〕

第4章 電磁気

物理基礎

グラフ

空所補充

165 オームの法則とジュールの法則 空所

長さ l，断面積 S の導線の両端に起電力が V の電池を接続して回路を作る。電池の内部抵抗は無視できるものとする。導線内部の自由電子は電場からの力を受けて加速される。一方で自由電子には速度に比例する抵抗力が運動方向と逆向きに作用する。したがって，自由電子は電場による力と抵抗力がつり合うような速さ v で運動する。導線内部に生じる電場の強さは ［ア］ であるので，電気素量を e とすると，自由電子が電場から受ける力の大きさは ［イ］ である。自由電子が受ける抵抗力の大きさは比例定数を k とおくと $kv = $ ［イ］ となるので，

$$v = \boxed{\text{ウ}} \quad\quad\quad\quad\quad \cdots ①$$

が得られる。導線の単位体積あたりに存在する自由電子の数を n とすると，導線の断面を単位時間に通過する自由電子の個数は，体積 Sv に含まれる自由電子の個数と等しいので，［エ］ である。したがって，導線を流れる電流を n，S，e，v を用いて表すと，

$$I = \boxed{\text{オ}} \quad\quad\quad\quad\quad \cdots ②$$

である。銅の場合，単位体積あたりの自由電子の数は $n = 8.5 \times 10^{28}\,/\mathrm{m}^3$ である。断面積 $S = 1.0 \times 10^{-6}\,\mathrm{m}^2$ の導線に $1.0\,\mathrm{A}$ の電流が流れているとき，電気素量を $e = 1.6 \times 10^{-19}\,\mathrm{C}$ として自由電子の速さを求めると $v = \boxed{\text{カ}}\,\mathrm{m/s}$ となる。

①式と②式より I と V の関係式を導くと $I = \boxed{\text{キ}}$ となるので，導線の抵抗を $R = \boxed{\text{ク}}$ とおくとオームの法則が得られる。よって，この導線の抵抗率は ［ケ］ となる。導線全体を移動している自由電子の個数を n，S，l を用いて表すと ［コ］ であり，これらの電子が電場から受ける仕事率の総量 P を n，S，e，v，V を用いて表すと，

$$P = \boxed{\text{サ}} \quad\quad\quad\quad\quad \cdots ③$$

である。③式に②式を代入すると $P = \boxed{\text{シ}}$ が得られる。この式は，導線を移動する電子が電場から受ける仕事がジュール熱と等しいことを示している。

〔山口大〕

166 キルヒホッフの法則と合成抵抗 空所

図のように，抵抗 R_1，R_2，R_3，R_4 とスイッチ S を接続した。抵抗 R_1，R_2，R_3 の抵抗値はそれぞれ R，$2R$，$2R$ である。端子 CD 間に電源を接続し，一定の電流 I を流した。

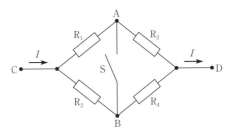

問1 抵抗 R_4 の抵抗値を ［ア］ とするとき，スイッチ S を閉じても AB 間のスイッチ S に電流が流れない。このとき，CD 間の合成抵抗は，スイッチ S の開閉にかかわらず ［イ］ である。

問2 抵抗 R_4 の抵抗値が $7R$ である場合を考える。スイッチ S を閉じたとき，AB 間のスイッチ S を流れる電流は，A から B へ流れる電流を正とすると，［ウ］ である。このときの CD 間の合成抵抗は ［エ］ である。　　〔北九州市大〕

167 電流計と電圧計 空所 論述

次の文章を読んで，□□□ に適した式または数値を求めよ。また，｜　｜には最も適した語句を，本問題末の語群から選べ。さらに，問に答えよ。

【A】 電流計と電圧計を用いて電流・電圧を測定することを考える。回路のある部分の電流を測定するには，測定したい部分に電流計を｜ (ア) ｜接続する。また，回路中のある2点間の電圧を測定するためには，測定したい部分に電圧計を｜ (イ) ｜接続する。しかし，実際には電流計や電圧計には内部抵抗があるため，回路全体の抵抗が変化して，測定したい部分の電流や電圧が変わってしまう。したがって，電流計の内部抵抗は｜ (ウ) ｜ことが，電圧計の内部抵抗は｜ (エ) ｜ことが望まれる。

電流計に流すことのできる電流には限度があるが，より大きな電流を測定する場合は，電流計に抵抗を並列に接続することで，測定範囲が広げられる。ここで，内部抵抗が 2Ω，最大 $200\,\mathrm{mA}$ まで測れる電流計を用いて，最大 $1\,\mathrm{A}$ の電流を測定する装置を考える。そのためには，［オ］ Ω の抵抗を接続すればよい。このような抵抗を，分流器と呼ぶ。このとき，電流計と分流器の合成抵抗は ［カ］ Ω である。

問 電流計と同じ内部構造をもつ電圧計は，電流計から作製することができる。そこで，内部抵抗が 2Ω，最大 $200\,\mathrm{mA}$ まで測れる電流計を用いて，最大 $10\,\mathrm{V}$ の電圧を測定できる電圧計を作製することを考える。このとき，何 Ω の抵抗を，電流計に対してどのように接続すればよいか説明せよ。

【B】　次に，図1と図2に示すような2つの回路において測定した電流と電圧の値より抵抗Rを求めることを考える。ここで，電流計の内部抵抗をr_A，電圧計の内部抵抗をr_Vとし，導線の抵抗値は無視できるものとする。図1の回路の電圧計はV_1，電流計はI_1の値を示し，図2の回路では図1の測定値とは異なり，電圧計はV_2，電流計はI_2の値を示した。図1の回路で，$\dfrac{V_1}{I_1}$は $\boxed{(キ)}$ と求められる。したがって，図1の回路で測定したV_1とI_1を用いてRを求めた場合，その値には $\mid\;(ク)\;\mid$計の内部抵抗の影響が含まれる。図2の回路では，$\dfrac{V_2}{I_2}$は $\boxed{(ケ)}$ と求められ，その値はRよりもつねに $\mid\;(コ)\;\mid$。以上の結果より，測定するRの値が非常に大きい場合は，$\mid\;(サ)\;\mid$ の回路が適切となる。

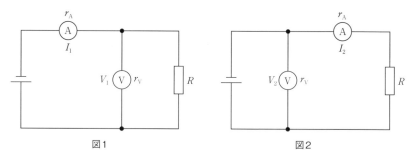

図1　　　　　　　　　　　　　　　　図2

語群

| 大きい | 小さい | 並列 | 直列 | 電流 | 電圧 | 直流 | 交流 |
| 単独 | 多重 | 抵抗に等しい | 図1 | 図2 | | | |

〔滋賀県大〕

124

★ **168** RC回路 グラフ 空所 ◡ ◡

次の文中の空欄に入る数式を答えよ。ただし，　エ　は解答群から最も適当なものを1つ選べ。

図のように，内部抵抗の無視できる起電力Eの電池に，抵抗値r，R_1，R_2の抵抗r，R_1，R_2，電気容量Cのコンデンサー，スイッチS_1，S_2が接続された回路がある。抵抗r，R_1，R_2以外の抵抗は無視できる。はじめ，スイッチS_1，S_2は開いており，コンデンサーに電荷は蓄えられていない。

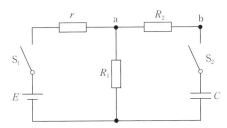

時刻$t = 0$にスイッチS_1を閉じた。このとき，抵抗R_1に流れる電流の大きさは　ア　である。

続いて時刻$t = t_1$にスイッチS_2を閉じた。コンデンサーにははじめ電荷は蓄えられていないので，スイッチS_2を閉じた直後，抵抗R_2には回路上の点aから点bの向きに大きさ　イ　の電流が流れる。スイッチS_2を閉じてから十分に時間が経過したとき，コンデンサーには電気量$Q_0 = $　ウ　の電荷が蓄えられている。また，スイッチS_1を閉じてから抵抗rに流れる電流Iの時間変化は，　エ　のようになる。

その後スイッチS_1を開くと，抵抗R_2に再び電流が流れた。スイッチS_1を開く直前に，コンデンサーに蓄えられている電気量はQ_0であるので，スイッチS_1を開いた直後，抵抗R_2にbからaの向きに流れる電流の大きさをC，R_1，R_2，Q_0のうち必要なものを用いて表すと，　オ　となる。スイッチS_1を開いたあとに抵抗R_2を流れる電流は時間とともに減少し，やがて0になった。スイッチS_1を開いてから抵抗R_2を流れる電流が0になるまでに，抵抗R_2で発生したジュール熱の総量をC，R_1，R_2，Q_0のうち必要なものを用いて表すと，　カ　である。

★厳選
50題

グラフ

空所補充

① I

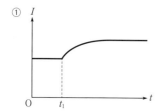

② I

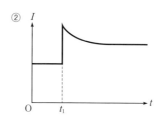

③ I

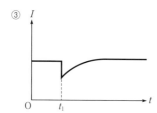

④ I

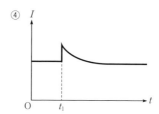

⑤ I

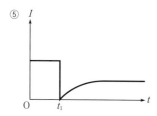

⑥ I

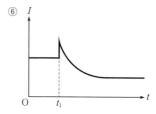

⑦ I

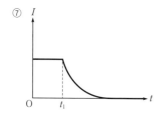

⑧ I

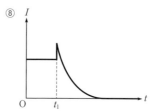

〔明治大〕

★ **169** コンデンサーの接続① ⊘ ⊘

　電気容量がCのコンデンサー1，$2C$のコンデンサー2，$3C$のコンデンサー3，抵抗，スイッチS_1，スイッチS_2，および内部抵抗の無視できる起電力Eの電池を図のように接続した。S_1，S_2，および導線の抵抗は無視できる。はじめ，S_1，S_2は開いており，いずれのコンデンサーにおいても蓄えられた電気量は0であった。

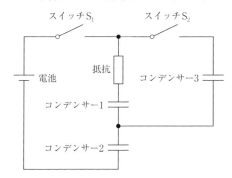

問1　S_2を開いたままでS_1を閉じ，コンデンサー1と2を充電した。

(1)　コンデンサーの充電が完了したあと，S_1を開いた。コンデンサー1に蓄えられた電気量とエネルギーを求めよ。

問2　次に，S_1を開いたままでS_2を閉じ，じゅうぶん時間が経過した。

(2)　コンデンサー1に蓄えられた電気量を求めよ。

(3)　S_2を閉じてから十分に時間が経過するまでに，抵抗で生じたジュール熱の総量を求めよ。

問3　そのあとに，スイッチS_1，S_2をともに閉じて，じゅうぶん時間が経過した。

(4)　コンデンサー3に蓄えられた電気量を求めよ。　　　　　　　　　　　　〔徳島大〕

★ **170** ダイオードを含んだ回路 グラフ 空所 ⌄⌄

価電子(原子内の電子のうち, 他の原子との結合に関わる電子)が4個の純粋なケイ素(Si)やゲルマニウム(Ge)の結晶に, アンチモン(Sb)のような価電子が5個の原子をわずかに加えると, キャリア(電流の担い手)が ア である イ 型半導体ができる。また, 純粋なケイ素(Si)やゲルマニウム(Ge)の結晶に, インジウム(In)のような価電子が3個の原子をわずかに加えると, キャリアが ウ である エ 型半導体ができる。

イ 型半導体と エ 型半導体を接合させ, 両端に電極をつけたものをダイオードという。ダイオードの イ 型半導体の側の電極を電池の負極に, エ 型半導体の側の電極を電池の正極に接続する(順方向の電圧を加える)と, ダイオードに電流が流れるが, 電池を逆に接続する(逆方向の電圧を加える)と, 電流は流れない。このように, ダイオードは電流を一方向のみに流す作用をもつ。この作用を オ 作用という。

図1のような電流−電圧特性をもつダイオードDと, 抵抗値が50Ωの抵抗R, 可変抵抗R_X, スイッチS_1, S_2, 内部抵抗の無視できる起電力6.0Vの電池Eを用いて, 図2のような電気回路をつくった。ただし, 図1のグラフの横軸はダイオードに加わる順方向の電圧を表し, 2.0Vを超えると電流が流れ始める。

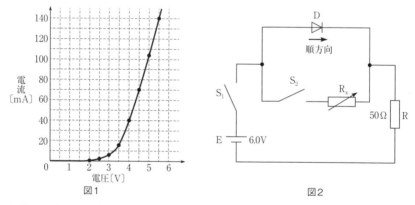

図1　　　　　　　　　　　　　　図2

まず, スイッチS_2を開いた状態でスイッチS_1を閉じると, 抵抗Rに流れる電流と同じ電流がダイオードDに流れ, このときダイオードDに加わる電圧と電流には図1のグラフが表す関係が成立する。これらのことから, このときにダイオードDには カ Vの電圧が加わり, 抵抗Rには キ mAの電流が流れることがわかる。

次に, 可変抵抗R_Xの抵抗値を100Ωにして, スイッチS_1, S_2を閉じると, ダイオードDには ク Vの電圧が加わり, 抵抗Rには ケ mAの電流が流れる。ここで, 可変抵抗R_Xの抵抗値を コ Ω以下にすると, ダイオードDに電流が流れなくなる。

〔関西大〕

171 コンデンサーの接続②

　図のように，2つのスイッチS_1，S_2，電気容量がそれぞれC_1，C_2 $(C_2 > C_1)$のコンデンサーC_1，C_2，抵抗値Rの抵抗，起電力Eの電源からなる回路がある。はじめ，スイッチは2つとも開いており，各コンデンサーは帯電していない。電源の内部抵抗は無視できるものとする。

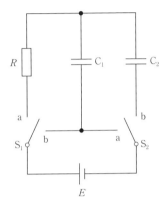

　スイッチS_1，S_2を同時に図のa側に接続した。〔操作1〕

問1　接続した瞬間に抵抗を流れる電流を求めよ。

問2　十分に時間が経過したあと，抵抗を流れる電流およびコンデンサーC_1に帯電した電気量を求めよ。

　次に，スイッチS_1，S_2を同時にa側からb側に切り替え〔操作2〕，十分に時間を経過させた。

問3　コンデンサーC_1，C_2に帯電した電気量をそれぞれ求めよ。

　このあと，操作1を行い，十分に時間が経過してから操作2を行った。

問4　操作2を行って十分に時間を経過させたあと，コンデンサーC_2に帯電した電気量を求めよ。

　この一連の手順(操作1→操作2)を最初から数えてn回繰り返した。各操作は十分に時間を経過させてから行った。

問5　コンデンサーC_2に帯電した電気量$Q_2^{(n)}$を，$(n-1)$回目の電気量$Q_2^{(n-1)}$を用いて示せ。

問6　繰り返し回数nを十分大きくすると，コンデンサーC_2に帯電した電気量は一定値$Q_2^{(\infty)}$になった。電気量$Q_2^{(\infty)}$を求めよ。

〔横浜市大〕

17 電流と磁場

=== 確認問題 ||||||||||||||||||||||||||||||||||||||||||||||||||||||||||||||||||||||

172 電流が作る磁場①

図のように，xy平面上に2本の直線導線A，Bが
y軸と平行に固定されている。導線A，Bは原点O
からそれぞれa離れており，導線Aには$+y$方向に，
導線Bには$-y$方向にそれぞれ電流Iが流れている。
導線は十分に長く，$a>0$，$I>0$とする。

問1　原点Oに発生する磁場の強さと向きを求めよ。

問2　点P$(2a, 0)$に発生する磁場の強さと向きを
　　　求めよ。

問3　次に，点Pを中心に半径$\dfrac{a}{2}$の1回巻き円形

コイルを図のように置き，コイルに電流を流したところ，点Pに発生する磁場が0に
なった。コイルに流した電流の大きさと向きを求めよ。　　　　　　　　　〔東北学院大〕

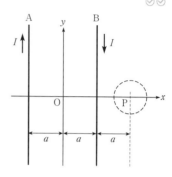

173 電流が磁場から受ける力①　空所

図のように，2本の細くて十分長い導線AとBが，真空中に
距離rだけ離れて平行に固定されており，Aには大きさIの電
流が，Bには大きさ$3I$の電流が，それぞれ図の矢印の向きに流
れている。このとき，Bの長さLの部分がAから受ける力の大
きさは　ア　であり，この力の向きは図の　イ　である。ただ
し，真空の透磁率をμ_0とする。　　　　　　　　　〔北里大〕

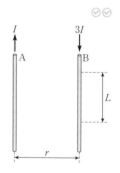

174 電流が磁場から受ける力とローレンツ力 空所

電流は，磁場から力を受ける。磁場から力を受けているのは，荷電粒子であると考えられている。運動する荷電粒子が磁場から受ける力を ア という。磁束密度Bの磁場中で磁場と垂直に置かれた長さlの導線に，負の電荷をもつ荷電粒子である自由電子による電流Iが流れているとする。この導線が磁場から受ける力の大きさは イ である。

また，導線の断面積をS，自由電子の電気量の大きさをe，自由電子の平均移動速度の大きさをv，数密度（単位体積あたりの自由電子数）をnとすると，電流Iは ウ と表され，磁力線に対して垂直に速さvで移動している負の電荷をもつ1個の自由電子が磁場から受ける力の大きさfは エ となる。 〔中京大〕

175 ローレンツ力① 空所

大きさBの磁束密度をもつ一様な磁場中で，質量m，正の電気量qの小物体Aを磁束密度に対して垂直な方向に投射したところ，Aは半径rの等速円運動をした。このとき，Aの速さは ア である。また，この円運動の周期は イ である。ただし，重力の影響は考えないものとする。 〔北里大〕

176 電流が作る磁場② ◇◇

図のように，東西南北に4つの方位磁針a，b，c，dを配置した水平板の中央を導線が鉛直方向に貫いている。導線と4つの方位磁針との距離はすべて等しくLである。地球の磁場の方向は北向きと一致しているとする。

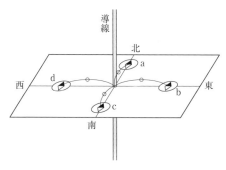

問1　導線に鉛直上向きに電流Iを流したとき，方位磁針aの位置に電流が作る磁場の大きさを求めよ。また，その向きを方角で答えよ。

問2　問1のとき，方位磁針aは北向きから角度θ振れて静止した。地球の磁場の水平成分の大きさH_0を，電流の作る磁場の大きさHを用いて表せ。

問3　電流$I = \sqrt{3}\pi$A，距離$L = 6.0$cmのとき，角度$\theta = 30°$となった。地球の磁場の水平成分の大きさH_0を求めよ。

問4　問3のとき，方位磁針b，c，dの状態はどのようになっているか。下の解答群の中から最も適切なものを選べ。

問5　問3のときから電流Iを3倍にすると，方位磁針b，c，dの状態はどのようになるか。下の解答群の中から最も適切なものを選べ。

解答群

① bは南向きになり，cは西向きに振れ，dは北向きのまま

② bは北向きのまま，cは東向きに振れ，dは北向きのまま

③ bは北向きのまま，cは西向きに振れ，dは北向きのまま

④ bは北向きのまま，cは西向きに振れ，dは南向きになる

⑤ bは南向きになり，cは東向きに振れ，dは南向きになる

⑥ bは北向きのまま，cは東向きに振れ，dは南向きになる

地球の磁場は地球内部に流れる電流によって作られていて，地球は大きな電磁石とみなすことができる。地球の磁場の磁束密度の大きさは，地表ではほぼ4×10^{-5}Tである。

これを円形コイルのモデルを用いて考える。地球内部に円形コイルがあるとし，その半径を3×10^6mとする。円形コイルが中心に作る磁束密度の大きさと，地球表面に作る磁束密度の大きさは同じと仮定する。そして地球の透磁率μを真空中の値と同じ，$4\pi \times 10^{-7}$N/A^{2}と見なす。

問6　コイルに流れる電流の大きさを有効数字1桁で求めよ。

問7　方位磁針のN極はほぼ北を向くことから，地球の北極は電磁石の何極にあたると考えられるか。

〔大阪産業大＋京都産業大〕

▮177 電流が磁場から受ける力②　◇◇

図1のように，質量m，長さLの導体棒XYの両端に，質量の無視できる変形しない導線を垂直に接続し，導体棒XYが水平を保って動けるように空中につるした。導体棒XYには，XからYに向かって大きさI_1の電流が流れている。

鉛直方向に一様な磁場をかけ，その磁場を徐々に強くしていったところ，磁束密度の大きさがBのときに，導線は図2のように，鉛直方向からの角度がθとなって静止した。

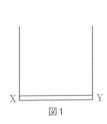

図1

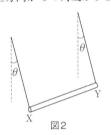

図2

問1　導体棒XYに流れている電流が磁場から受ける力の大きさを，L，I_1，Bを用いて表せ。

問2　この磁場の向きは鉛直上向き，下向きのどちらか。

問3　導線の張力，導体棒に加わる重力，および導体棒が磁場から受ける力のつり合いから，Bをm，L，I_1，θ，および重力加速度の大きさgを用いて表せ。

磁場をかけていない図1の状態に，大きさI_2の電流が流れている十分に長い導体棒Pを置いたところ，図3のように導線の鉛直方向からの角度がϕで導体棒XYは静止した。このとき，2本の導体棒は平行で同じ高さにあり，導体棒間の距離がdであった。

問4　導体棒Pが導体棒XYの位置に作る磁束密度の大きさを，I_2，d，および空気の透磁率μを用いて表せ。

問5　電流の大きさI_2を，m，g，d，ϕ，L，I_1，μを用いて表せ。

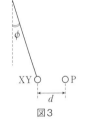

図3

〔佐賀大〕

★ **178** ローレンツ力② 空所 ◎✓ ✓✓

図のような直交座標系O-xyzにおいて，一様磁場中の電子の運動を考える。磁束密度の大きさはB，電子の質量はm，電子の電荷は$-e$（ただし，$e>0$）とする。電子の運動は真空中で行われ，重力の影響は無視できるものとする。

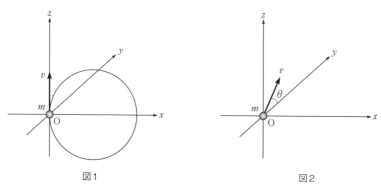

図1   図2

問1 図1のように，電子を原点Oからz軸の正の向きに速さvで入射させたところ，電子がxz平面でy軸の負方向から見て時計まわりの円軌道を描いた。このときの磁場の向きは $\boxed{\text{ア}}$ 軸の $\boxed{\text{イ}}$ の向きであり，電子が磁場から受ける力の大きさは $\boxed{\text{ウ}}$ である。また，この円の半径は $\boxed{\text{エ}}$ であり，電子がはじめて原点Oに戻るまでの時間は $\boxed{\text{オ}}$ である。

問2 次に，大きさBの磁束密度を問1と同じ向きにかけ，図2のように，電子を原点Oからyz平面内でy軸と角θをなす向きに速さvで入射させた。このとき，電子は時間 $\boxed{\text{カ}}$ ごとに $\boxed{\text{キ}}$ 軸を横切りながら，らせん運動をする。電子が原点Oに入射してから，次に $\boxed{\text{キ}}$ 軸を横切ったときの $\boxed{\text{キ}}$ 軸の座標は $\boxed{\text{ク}}$ である。 〔東京理大〕

★ **179** ホール効果 空所 ◎✓ ✓✓

次の文章の空欄にあてはまる式を求めよ。ただし， $\boxed{\text{ウ}}$ ～ $\boxed{\text{オ}}$ は解答群の中から正しいものを1つ選べ。

幅w，長さl，高さhの直方体で抵抗率ρの半導体試料を考える。図のように幅方向にx軸，長さ方向にy軸，高さ方向にz軸をとる。座標軸の向きは図に示すとおりとする。試料の6つの面のうちx軸に垂直な面を面X$^+$，面X$^-$，y軸に垂直な面を面Y$^+$，面Y$^-$，z軸に対して垂直な面を面Z$^+$，面Z$^-$とする。この試料に対してy軸の正の向きに大きさ一定

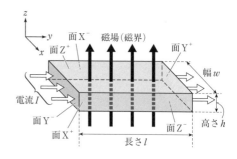

の電流Iを流した。このとき，この電流に対する半導体試料の抵抗は $\boxed{ア}$ である。その後，z軸の正の向きに一様な磁場（磁界）を加えた。試料を貫く磁束の大きさをΦとすると，磁束密度の大きさは $\boxed{イ}$ である。

磁場が加わると，試料内部のキャリアにはローレンツ力がはたらき，キャリアの電荷の正負に関わらずキャリアは $\boxed{ウ}$ に集められる。キャリアの分布が不均一になると，試料内部には $\boxed{ウ}$ とその対面の間に一定の電位差（ホール電圧）V_Hと電場（電界）が発生し，やがてキャリアにはたらくこの電場による力とローレンツ力がつりあう。発生した試料内部の電場の向きが $\boxed{ウ}$ からその対面であった場合，試料内のキャリアは $\boxed{エ}$ であると判断できるため，半導体試料は $\boxed{オ}$ 半導体であると判断できる。

電気素量をe（ただし$e>0$），試料内部のキャリアの速さをvとするとキャリア1個にはたらくローレンツ力の大きさは $\boxed{カ}$ である。単位体積あたりのキャリア数をnとし，y軸の正の向きに電流が一様に流れているとすると試料を流れる電流Iはキャリアの速さvを用いて①式と書ける。

$$I = \boxed{キ} \qquad\qquad\qquad\qquad\qquad \cdots①$$

電場による力の大きさ $\boxed{ク}$ とローレンツ力の大きさがつり合うことから②式が成り立つ。

$$\boxed{ク} = \boxed{カ} \qquad\qquad\qquad\qquad\qquad \cdots②$$

②式を用いて①式からvを消去し，式を整理すると$n = \boxed{ケ}$ と表すことができる。つまり，試料寸法，電流値，ホール電圧等がわかれば試料中の単位体積あたりのキャリア数nを測定することができる。

解答群

a 面X$^+$	b 面X$^-$	c 面Y$^+$	d 面Y$^-$	e 面Z$^+$
f 面Z$^-$	g 電子	h 陽子	i 中性子	j ホール（正孔）
k p型	l n型	m 真性		

〔関西大〕

★厳選
50題

空所補充

180 サイクロトロン 空所

次の文の ア ， ウ ～ カ に
入る最も適当な数式を求めよ。また，
イ に入る最も適当な語句を記せ。

図1のように，金属でできたDの形
をした中空の電極P，Qを，隙間を開
けて向かい合わせ，P，Qに高周波電
源を接続する。隙間には荷電粒子が出
てくるイオン源があり，Pには荷電粒
子の取り出し口がある。図1の装置を
一様な磁場の中に置くと，イオン源か
ら出た荷電粒子は，PQ間の電位差に

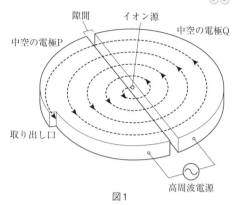

図1

より加速されてPに入り，円軌道を描いてPを出る。再びPQ間でさらに加速されてQ
に入る。これを繰り返し，荷電粒子を加速させる装置をサイクロトロンという。

図2はサイクロトロンを真上から見た図であり，Qの中心Rから出る荷電粒子がどの
ように加速されるのかを考える。荷電粒子の電荷を q $(q>0)$，質量を m，磁場の磁束
密度の大きさを B とし，重力の影響は無視でき，荷電粒子の初速度は0であるものとす
る。図2の面内にRを原点として x，y軸を設定し，紙面を裏から表に貫く向きに z軸を
図3のように設定する。磁場の向きは x，y，z軸のいずれかに平行な向きである。

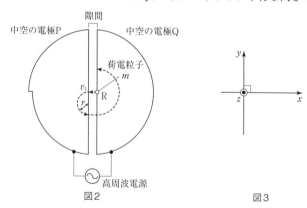

図2　　　　　　　　　　図3

Pに対するQの電位が V_0 $(V_0>0)$ となった瞬間，点Rに静止していた荷電粒子が電場
から力を受けて運動し始めるとする。荷電粒子が点RからPQ間の隙間を動く間，Pに
対するQの電位は V_0 で一定であると考えてよい。よって，Pに達した瞬間の荷電粒子
の速さ v_1 は $v_1 = $ ア で，運動の向きは x軸の負の向きである。

P内に入った荷電粒子は磁場からローレンツ力だけを受け，$x-y$ 平面内で円運動をする。荷電粒子が図2のような円軌道を描くためには，磁場の正の向きは $\boxed{\text{イ}}$ でなければならない。P内の荷電粒子の円軌道の半径は v_1 などを用いて $\boxed{\text{ウ}}$ と表される。荷電粒子がPに入ってから半周してPから出るまでにかかる時間 t_1 は $t_1 = \boxed{\text{エ}}$ となり，t_1 は荷電粒子の速さや円軌道の半径によらず一定であることがわかる。よって，高周波電源の周波数 f を調節し，この時間 t_1 の間にPQ間の電位の正負が入れ替われば，荷電粒子がPQ間の隙間を移動するたびに，電場から力を受けて加速されることになる。ただし，荷電粒子がPQ間の隙間を通過する時間は t_1 に比べて十分に短く無視できるものとする。高周波電源の電圧 V が時刻 t の関数として $V = V_0 \cos 2\pi f t$ と表されるとすると，このように荷電粒子が加速され続けるためには，f と t_1 とはある関係を満たしていなければならない。荷電粒子が加速され続けるための f の最小値は t_1 を用いて表すと $f = \boxed{\text{オ}}$ である。

　荷電粒子が取り出し口から出てきたときの円運動の半径が R のとき，運動エネルギーは $\boxed{\text{カ}}$ になる。　　　　　　　　　　　　　　　　〔関西大〕

18 電磁誘導

確認問題

181 磁場中を平行移動する導体棒に生じる誘導起電力 ⊘⊘

問1 図1のように, z軸の正の向きの一様な磁束密度Bをもつ磁場内に, lの間隔でxy面内でy軸に平行に置かれた2本の導線レールKL, MNがある。LN間を抵抗でつなぎ, レールをまたぐように長さlの軽い導体棒PQを置く。これにひもをつけて引き, y軸の正の向きに導体棒が辺LNに対して平行を保ちながら, 一定の速さvでなめらかに動くものとする。ただし辺LNはx軸に平行に置かれている。

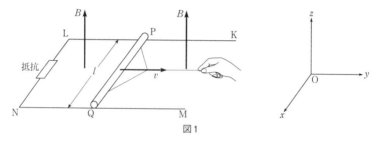

図1

(1) ある時刻から時間Δtが経過する間に移動する導体棒PQのy軸方向への移動距離を求めよ。

(2) このとき導体棒PQとレールで囲まれる部分PLNQの面積の増加量を求めよ。

(3) 導体棒PQに誘導される起電力の大きさを求めよ。

(4) このとき導体棒PQを流れる電流の向きを答えよ。

問2 図2のように, z軸の正の向きの一様な磁束密度Bをもつ磁場中に, 導体棒PQをx軸に平行におく。次に, この導体棒を, xy面内でx軸に平行を保ちながら, y軸の正の向きに一定の速さvで動かすとき, 導体棒内の自由電子について考える。ただし, 電気素量をeとする。

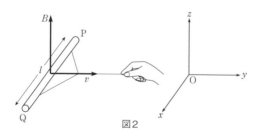

図2

(5) この電子が磁場から受けるローレンツ力の大きさを求めよ。

(6) この力によって電子は導体中を移動し導体の両端P，Qは帯電する。この帯電によって導体棒中に生じる電場の大きさを求めよ。

(7) この帯電によって導体棒PQの両端に生じる電位差を求めよ。 〔宮崎大〕

▎182 磁場中を回転する導体棒①

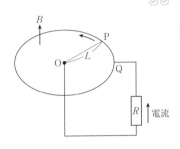

　図のように，磁束密度の大きさがBの鉛直上向きの一様な磁場中に，半径Lの円形導線を，その中心が点Oにくるようにして水平面に配置する。この水平面には，点Oを中心として回転できる長さLの導体棒OPも配置されている。点Oと円形導線上の点Qは抵抗値Rの抵抗で結ばれている。円形導線と導体棒の電気抵抗，回路を流れる電流がつくる磁場は無視できる。また，抵抗に示した矢印の向きを電流の正の向きとする。

　導体棒に外力を加え続けることにより，円形導線の上から見て反時計回りとなる図の矢印の向きに，一定の角速度ωで導体棒を回転させた。このとき，導体棒と円形導線の間の摩擦は無視できるものとする。

問1　導体棒が単位時間あたりに磁場を横切る面積を求めよ。

問2　導体棒に発生する誘導起電力の大きさを求めよ。

問3　抵抗に流れる電流の大きさを求めよ。また，電流の向きは正の向きか，負の向きか答えよ。

問4　導体棒を一定の角速度ωで回転させるために必要な単位時間あたりの仕事を求めよ。 〔金沢大〕

183 磁束密度が変化するコイルに生じる誘導起電力 グラフ ◎◎

一辺の長さがaの正方形の形状をした3回巻きのコイルが真空中に置かれていて，磁束密度の大きさがBの一様な磁場がコイルの正方形の面に対してつねに垂直にかかるようになっている。図のように，$t = 0$から$t = t_1$の間に$B = B_0$から$B = 0$に直線的に変化させる。このとき，$t = 0$から$t = t_1$の間において，コイルに発生する誘導起電力の大きさを求めよ。

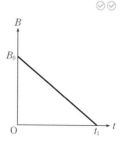

〔日本医大〕

184 磁石の通過による電磁誘導 グラフ ◎◎

図1(a)，(b)のように，薄いプラスチック板でできた斜面の裏に，図1(c)で示したようなエナメル線を巻いて作った円形コイルを取りつけた。この斜面の上端で磁石を静かに放すと，磁石は図1(a)に示した破線に沿って斜面をすべり，コイルの真上を通った。ただし，斜面と磁石の間の摩擦は無視できるとする。また，磁石の上面はN極，下面はS極であり，磁石は斜面上でつねに等加速度直線運動をするものとする。

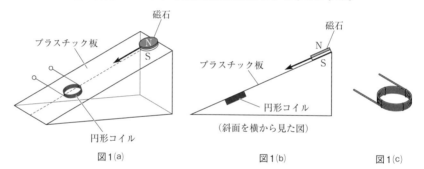

図1(a)　　　　　　　図1(b)　　　　　　図1(c)

問1　コイルの両端の端子に検流計を接続した。最初，磁石を斜面の上端で静かに放すと，磁石はコイルの真上を通過して検流計の針が振れた。次に，下の(ア)または(イ)のいずれかの操作のみを行って，それぞれ磁石を同じように斜面の上端からコイルの真上を通過させた。このときに検流計の針の振れの大きさは，(ア)・(イ)のいずれの操作も行っていない最初の場合と比べてそれぞれどのようになるか。大きくなる，変わらない，小さくなるのいずれかで答えよ。ただし，コイルのエナメル線の抵抗は無視できるものとする。

(ア)　磁石を，より強い磁石と取り替える。

(イ)　コイルの巻き数を半分にする。

問2　次に，図2のように，形状と巻き数がともに同じ2つのコイルA，Bを用意し，これらを斜面の裏側に同じように取りつけた。磁石を斜面の上端で静かに放し，これら2つのコイルの真上を通過させるときにコイルに生じる電圧をオシロスコープで測定した。このとき，コイルA，Bのそれぞれの両端に生じる電圧の時間変化を表すグ

140

ラフとして最も適当なものを，下の①～④のうちから１つ選べ。ただし，**図２**の矢印の向きに電流が流れたときの測定電圧を正とする。また，グラフにおいて，電圧と時間の１目盛あたりの値および原点の時刻は，A，Bの場合で同じとする。

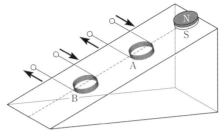

図2

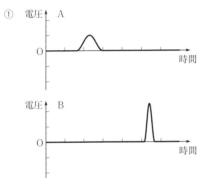

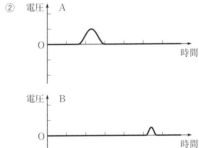

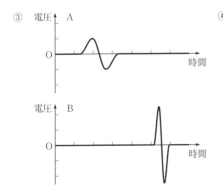

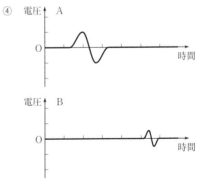

〔センター試験〕

★ 185 磁場中を平行移動する導体棒① ⊘⊘

図のように，平行な2本のレールSS′，TT′が間隔 l で水平面と角度 θ をなしておかれており，レールの上端S，Tはレールに垂直に導体で接続されている。水平面上に，STと平行に x 軸を，x 軸と垂直に y 軸をとる。鉛直上向きには磁束密度の大きさ B の一様な磁場がかけられている。2本のレール上に，質量 m で電気抵抗をもつ一様な金属棒Aをレールに垂直になるようにのせたところ，金属棒Aはつねにレールと接した状態でレールに垂直なまま運動した。レールは十分長く，運動の間，金属棒はレールにのっている。重力加速度の大きさを g とし，レールと金属棒Aの間の摩擦力，レールと導体の抵抗，誘導電流が作る磁場はすべて無視できるものとする。

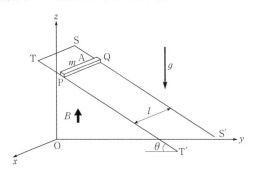

問1 図のように，金属棒Aがレールと接している点をP，Qとし，その間の抵抗値を R とする。金属棒Aの速さを v とする。

(1) 閉回路PQSTに生じる誘導起電力の大きさを B，v，l，θ を用いて表せ。

(2) 閉回路に流れる電流の大きさを B，v，l，θ，R を用いて表せ。また，電流は金属棒Aを，P→QあるいはQ→Pのいずれの向きに流れるか答えよ。

(3) 磁場が金属棒Aに及ぼす力の大きさを B，v，l，θ，R を用いて表せ。また，その向きを答えよ。

(4) レールに沿った方向についての金属棒Aの運動方程式を，その方向の加速度を a として表せ。加速度はレールを下る方向を正とする。

問2 十分に時間が経つと，金属棒Aは一定の速さ v_0 となる。

(5) v_0 を B，l，R，m，g，θ を用いて表せ。また，このとき金属棒Aを流れる電流の大きさを B，l，m，g，θ を用いて表せ。

(6) 重力が単位時間あたりにする仕事を B，l，R，m，g，θ を用いて表せ。また，この仕事は何に使われるかを答えよ。

〔奈良女子大〕

■**186** 磁場中を平行移動する導体棒② 空所

次の文章の空欄 ア にあてはまる語句， ア 以外の空欄にあてはまる数式を求めよ。

図のように，長さLの1辺に起電力Eの電源，抵抗値Rの抵抗，スイッチSをつないだ，長いコの字型の平行な導体レールがある。質量Mの導体棒を，図のように接点C，Dで導体レールと接触させて閉じた回路をつくる。この回路は水平におかれており，導体棒にかかる重力は接点C，Dに均等にかかっている。重力加速度の大きさをgとする。接点C，Dでの導体棒と導体レールとの間の静止摩擦係数はμであり，導体棒は，導体レールと動摩擦係数μ'で接触しながらレールに沿って動くことができる。回路は，鉛直方向の一様な磁束密度の大きさBの磁場中にある。また，抵抗R以外の導体の抵抗，および電源の内部抵抗は無視できるものとし，回路に流れる電流が作る磁場は，磁束密度Bの一様な磁場に比べて無視できるものとする。

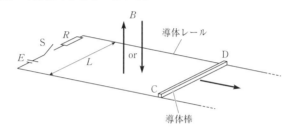

図の回路で，スイッチSを閉じたところ，導体棒が図の矢印の向きに動きだした。これは電流の流れる導体棒が磁場から力を受けたからである。導体棒が磁場から受けた力の向きから，図の磁場の向きは鉛直 ア 向きであることがわかる。静止していた導体棒が動きだすためには， イ より大きな力が必要である。したがって，このとき抵抗値Rには ウ の条件が必要となる。動き始めたあと，導体棒の速さは，増大しながらしだいに値v_0に近づき，十分時間がたったあとに，導体棒は速さv_0で等速直線運動を続けた。これは，導体棒が磁場から受ける力と，導体棒と導体レールの間にはたらく摩擦力がつり合っているからである。

導体棒が速さv_0で等速直線運動をしているとき，回路に生じる誘導起電力の大きさは，v_0などを用いて エ と表される。したがって，このとき導体棒に流れる電流の大きさIは，$I =$ オ と表され，導体棒が磁場から受ける力の大きさFは，v_0などを用いて$F =$ カ と表される。したがって，導体棒の速さv_0をE, R, B, Mなどを用いて表すと，$v_0 =$ キ となる。このとき導体棒と導体レールの間の摩擦で失われる単位時間あたりのエネルギーをUとすると，UはE, R, B, v_0などを用いて$U =$ ク と表される。また，導体棒の速さがv_0のとき，抵抗Rに単位時間あたりに生じる熱量Qは，v_0などを用いて$Q =$ ケ と表され，このとき電源の電力Pは，v_0などを用いて$P =$ コ と表される。したがって，U, Q, Pの間にはエネルギー保存則にしたがう関係があることがわかる。

〔中央大〕

★ **187** 磁場中を回転する導体棒② グラフ 空所 ◇◇

次の文中の空欄 ［ア］ ～ ［オ］ にあてはまる式を求めよ。また，空欄 ［(a)］ ～ ［(c)］ にはあてはまる向きを，図1の1～6の矢印の中から選べ。また，問に答えよ。

図1のように，鉛直上向きの磁束密度Bの一様な磁場中に，導線でできた点Oを中心とする半径aの円形コイルが水平に置かれている。円形コイルの上には長さaの細い導体棒の一端Pがのせられ，導体棒の他端は，点Oの位置で，磁場に平行な回転軸に取りつけられている。導体棒OPは点Oを中心として，端Pがつねに円形コイルと接触しながら，水平面内でなめらかに回転することができ，そのときの導体棒と円形コイルの間の摩擦は無視できる。回転軸も導体であり，回転軸と円形コイルの間に抵抗値Rの抵抗RとスイッチSを接続している。

スイッチSを開いて，導体棒を点Oを中心として鉛直上方から見て反時計まわりに，一定の角速度ωで回転させる。このとき点Oから距離rの点に位置する導体棒中の電気量$-e$の電子が磁場から受ける力の大きさは ［ア］ で，その向きは図1の矢印 ［(a)］ の向きである。

問 電子が磁場から受ける力は，導体棒中に生じる電場から電子が受ける力とつり合う。導体棒中に生じる電場の強さは点Oからの距離によって異なる。図2にOP間の各点における電場の強さのグラフを，横軸に点Oからの距離をとり，縦軸を適切に定めて描け。

次に，スイッチSを閉じて，導体棒を点Oを中心として鉛直上方から見て反時計まわりに，一定の角速度ωで回転させる。導体棒に生じる起電力の大きさは ［イ］ で，導体棒を流れる電流の向きは図1の矢印 ［(b)］ の向きである。このとき，抵抗Rで消費される電力は ［ウ］ である。導体棒に電流が流れることにより導体棒全体が磁場から受ける力は，大きさが ［エ］ で，図1の矢印 ［(c)］ の向きである。導体棒を一定の角速度ωで回転させるために必要な仕事率は ［オ］ である。

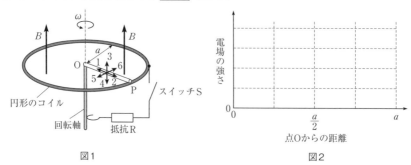

図1　　　　　　図2

〔同志社大〕

144

▌188 磁場中を平行移動するコイル グラフ ⊘⊘

　図のように，紙面をxy平面とし，紙面の裏から表の向きをz軸とする。磁場を，$0<x<2a$の領域にのみ，磁束密度の大きさB_0でz軸の正方向に加えた。このとき，辺の長さがaとbである長方形のコイルを，$x<0$の領域に配置する。ただし，辺BCとy軸は平行であるとする。そして，コイルをx軸の正方向に，一定の速さvで動かすことを考える。時刻をtと表し，コイルの一辺BCが$x=0$に達したとき$t=0$とする。コイルの抵抗をRとし，自己インダクタンスを無視する。

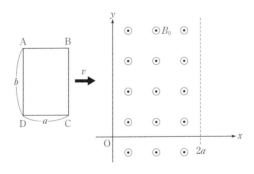

問1　時間$0 \leqq t \leqq \dfrac{4a}{v}$において，コイルを貫く磁束と時刻$t$の関係をグラフにせよ。グラフには，磁束の最大値を記すこと。磁束はz軸の正方向に貫くときを正とする。

問2　時間$0 \leqq t \leqq \dfrac{4a}{v}$において，図の反時計回りを電流の正の向きとして，コイルに生じる誘導電流と時刻tの関係をグラフにせよ。グラフには，誘導電流の最大値と最小値を記すこと。

問3　時間$0 \leqq t \leqq \dfrac{4a}{v}$において，コイルを一定の速さで動かすために，辺BCに加えている外力と時刻tの関係をグラフにせよ。ただし，x軸の正方向を力の正の向きとする。グラフには，外力の最大値と最小値を記すこと。

問4　時間$0 \leqq t \leqq \dfrac{4a}{v}$において，コイルに発生した熱エネルギーを求めよ。

問5　時間$0 \leqq t \leqq \dfrac{4a}{v}$において，外力のした仕事量を求めよ。　　　〔関西学院大〕

図1のようにひと巻きコイルの上方に磁石がある。コイルの面積は0.3m²である。磁石のN極がコイルの方を向いている。この磁石を手で動かしコイルに向かって運動させる。コイルには回路配線が取りつけられており、10Ωの抵抗とスイッチがつながれている。図1にあるように配線の途中に電極AとBを取りつけ、回路中の起電力をA点を基準としたB点の電位で測る。回路及びコイルの抵抗は考えない。

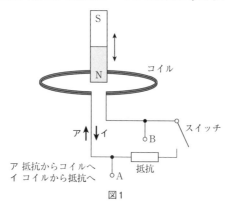

ア 抵抗からコイルへ
イ コイルから抵抗へ

図1

問1　スイッチを開いたままにしておきコイルを運動させると、コイルをつらぬく磁束密度は下向きを正として時間とともに図2のように変化した。このときの回路の起電力の時間変化を、グラフに描け。縦軸に起電力の最大値と最小値を明記すること。

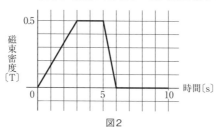

図2

問2　最大の起電力が発生している時にスイッチを閉じた。このときに流れる電流の向きは図1の矢印において、抵抗からコイルに向かう方向(ア)か、それともコイルから抵抗に向かう方向(イ)か、どちらかを答えよ。

問3　問2で流れる電流の大きさを求めよ。ただしコイルの自己インダクタンスは十分小さいとする。

問4　この電流は運動する磁石に対してどのようなはたらきをするか述べよ。　〔岡山大〕

190 非一様磁場中を平行移動するコイル

1辺の長さがaの正方形コイル PQRS がある。このコイルは，単位長さあたりの電気抵抗がrで，質量は無視でき，変形しないものとする。

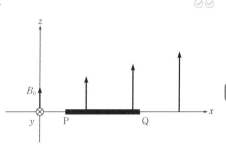

図のようなxy平面に垂直な磁場がある場合を考える。この磁場の磁束密度の大きさは，y軸方向には一定で，x軸方向には正の向きに単位長さあたり一定の割合b（>0）で増加している。また，y軸上の磁束密度は，大きさがB_0で，z軸の正の向きを向いている。コイル PQRS は，この磁場中のxy平面（$z = 0$）に，辺 PS と辺 QR がy軸と平行に，かつ辺 PQ と辺 SR がx軸と平行になるようにおかれている。

問1 xy平面上の$x>0$の領域における磁束密度の大きさをxの関数として表せ。

コイルをxy平面内の$x>0$の領域で一定の速さvでx軸の正の向きに動かす。ただし，辺 PS と辺 QR をy軸と平行に，かつ辺 PQ と辺 SR をx軸と平行に保つ。なお，コイルの自己インダクタンスとコイルを流れる電流のつくる磁場は無視できるものとする。

問2 コイルに生じる誘導起電力の大きさを求めよ。

問3 コイルに流れる誘導電流の大きさと向きを求めよ。向きはz軸の正方向から見て時計回りか反時計回りかで答えること。

問4 コイルをx軸の正の向きに一定の速さvで動かすために加えるべき外力の大きさを求めよ。

問5 コイルに加えた外力がする仕事の仕事率を求めよ。

問6 コイルに発生する単位時間あたりのジュール熱を求めよ。　〔早稲田大〕

191 ベータトロン 空所 ⊘⊘

磁束を変化させることにより電場(電界)を発生させ，それを利用して電子を加速する装置をベータトロンという。以下で，その原理について考えてみよう。

図1はベータトロンの仕組みを表したものである。質量 m，電気量 $-e$ をもつ電子が，磁場(磁界)中を磁場に垂直な方向に速さ v で半径 r の円軌道を描いて運動している。磁束密度は，円軌道の中心からの距離のみによって決まり，円軌道上で B_1，円軌道の内側では平均して B_0 である(図2)。

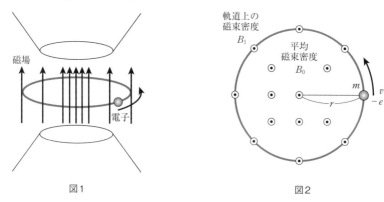

図1　　　　　　　　　　　　図2

問1 円軌道上の磁束密度 B_1 の磁場により，電子には運動方向に垂直に大きさ $\boxed{}$ のローレンツ力がはたらく。電子はローレンツ力を向心力として等速円運動をするので，

$$v = \boxed{} \qquad\qquad\qquad \cdots①$$

という関係が成り立つ。

問2 次に，図3のように，電子の軌道の内側の平均磁束密度 B_0 をわずかな時間 t_0 の間に b_0 だけ増加させたときに，電子が半径を変えずに加速される条件について考えよう。

電子の軌道で囲まれる領域の磁束は $\boxed{}$ だけ増加するので，ファラデーの電磁誘導の法則から，円軌道に沿って大きさ $\boxed{}$ の誘導起電力が生じる。このとき，円軌道にそって電場が生じる。電子はこの電場により，大きさ $\boxed{}$ の力を受け加速される。その加速度の大きさは $\boxed{}$ である。この加速度の大きさで t_0 の時間だけ加速されるので，電子の速さは $\boxed{}$ だけ増加する。

さて，電子を加速するためにはその軌道半径を一定に保つ必要がある。そのために，電子の速さがvから$v +$ (キ) へ増加する間に，軌道上の磁束密度もB_1から$B_1 + b_1$へと増加させ，円軌道の半径が変わらないようにした。半径が変わらないので，①式を導いたのと同じやり方で，

$$v + \boxed{(キ)} = \frac{er(B_1 + b_1)}{m} \qquad \cdots ②$$

という関係が成り立つことがわかる。②式から①式を引くことにより，電子の軌道半径を変えずに加速するための条件として，$b_1 = \boxed{(ク)}$ が得られる。

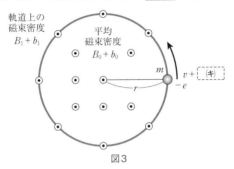

図3

19 コイルと交流回路

確認問題

192 コイルの自己誘導 空所

コイルに磁石を近づけたり遠ざけたりするとコイルに電流が流れる。このようにコイルを貫く磁束が時間的に変化したときにコイルに発生する起電力を　ア　とよぶ。このとき，　ア　の大きさはコイルを貫く磁束の単位時間あたりの変化に比例し，これを　イ　の電磁誘導の法則という。

図1のように起電力 V の電池，抵抗 R の抵抗，スイッチ，コイルを直列につないだ回路を考える。スイッチを入れるとコイルに電流 I が流れ始めるが，同時に流れた電流によりコイル自身が磁場(磁界)を作り始める。スイッチが入った直後，電流 I が大きくなるのとともに，コイルに生じる　ア　は電流 I の変化を　ウ　向きに流れるため，スイッチを入れてからの電流 I の変化はコイルがないときに比べて　エ　なる。

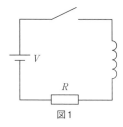

図1

このように回路自身が作る磁界によって電流 I の変化を　ウ　向きの　ア　が生じる現象を　オ　とよぶ。

電流の大きさが微小時間 Δt の間に i から Δi だけ増加するとき，コイルに生じる誘導起電力の大きさは $L\dfrac{\Delta i}{\Delta t}$ である。L を　カ　と呼ぶ。この誘導起電力に逆らって外部電源が微小電荷を移動させるのに必要な仕事は $\Delta W =$　キ　である。横軸に i，縦軸に Li をとってグラフを描くと図2のような比例関係が得られ，ΔW は斜線の長方形の面積に等しくなる。したがって，大きさ I の電流が流れているコイルに蓄えられているエネルギー U は，ΔW を $i = 0$ から $i = I$ まで加算して $U =$　ク　となる。

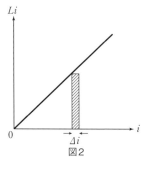

図2

問1 空欄　ア　，　イ　に入る最も適切なものを選択肢から1つずつ選べ。
①　電気力　　　　②　誘導起電力　　　③　クーロン力
④　ローレンツ　　⑤　マクスウェル　　⑥　ファラデー

問2 空欄　ウ　，　エ　に入る最も適切なものを選択肢から1つずつ選べ。
①　妨げる　　　　②　促進する　　　　③　無視する
④　ゆるやかに　　⑤　急激に　　　　　⑥　同じに

問3　空欄 オ ， カ に入る最も適切なものを選択肢から1つずつ選べ。

① 静電誘導　　　　　　② 自己誘導　　　　　　③ 相互誘導

④ 自己インダクタンス　⑤ 自己インピーダンス

⑥ 相互インダクタンス　⑦ 相互インピーダンス

問4　空欄 キ ， ク に入る式を答えよ。　　　　　　　　　　〔東京農大＋近畿大〕

基 **193** **変圧器と送電** 空所　　　　　　　　　　　✓ ✓

変圧器と送電について考える。

問1　変圧器において，1次コイルの巻数N_1と2次コイルの巻数N_2の比が
$N_1 : N_2 = 10 : 1$の場合，1次コイル側に100Vの交流電圧を加えたとき，2次コイル側の電圧は何Vか。

問2　次の文章中の空欄 ア ～ ウ に入れる式または語を答えよ。

　発電所から送電線に送り出される交流の電圧をV，電流をIとすると，その電力は ア と表される。送電線の抵抗値がRであるとき，送電線で消費される電力は， イ となる。したがって，同じ電力量を送るとき，送電線での電力損失を小さくするには，発電所で変圧器を使い，電圧を ウ して送電すればよい。　　〔センター試験〕

194 **実効値** 空所　　　　　　　　　　　✓ ✓

抵抗の両端に電圧Vを加えたとき，この抵抗に電流Iが流れた。このとき抵抗で消費される電力PはI，Vを用いて，

$$P = \boxed{ア} \qquad\qquad\qquad \cdots ①$$

と表される。

　発電所から送電された電気は，家庭の近くで変圧され，交流の電気として各家庭に供給される。いま，抵抗の両端に$V_{AC} = V_0\sin\omega t$で表される交流電圧を加えた。ただし，ωは角周波数である。このとき，この抵抗に流れる電流I_{AC}も時間とともに変化するが，電圧に対する電流の位相は同じであるから，$I_{AC} = I_0 \times \boxed{イ}$である。ここで，$V_0$，$I_0$はそれぞれ交流電圧と交流電流の最大値である。時刻$t$における各瞬間に抵抗で消費される電力$P_{AC}$は，$V_0$，$I_0$，$\omega$，$t$を用いて表すと ウ であり，その最大値は エ である。

$\overline{\sin^2\omega t} = \dfrac{1}{2}$より，$P_{AC}$を1周期にわたって時間平均した消費電力$\overline{P}$は，$P_{AC}$の最大値の

$\dfrac{1}{2}$倍となることがわかる。ここで，$I_e = \dfrac{I_0}{\sqrt{2}}$，$V_e = \dfrac{V_0}{\sqrt{2}}$とおくと，$\overline{P}$は$I_e$と$V_e$を用いて オ と表され，①式の表記と一致する。このようなI_eを交流電流の実効値，V_eを交流電圧の実効値といい，通常，交流電圧や交流電流の値は実効値で示す。したがって，家庭用コンセントに供給されている100Vの交流電圧の最大値は，有効数字2桁で考えると，およそ カ であることがわかる。　　〔関西大〕

195 リアクタンスと位相差 グラフ 空所

以下の2つの交流回路に関する文章中の空欄に入る適切な数式または記号を答えよ。 (イ) , (ウ) , (キ) , (ク) は問題文末の解答群から選び，記号で答えよ。必要であれば，三角関数の公式

$$\cos(\alpha \pm \beta) = \cos\alpha\cos\beta \mp \sin\alpha\sin\beta$$
$$\sin(\alpha \pm \beta) = \sin\alpha\cos\beta \pm \cos\alpha\sin\beta$$

を用いよ。また以下の回路において，電圧とは図中の点bに対する点aの電位をいい，電流は矢印が示す向きを正とする。

図1に示すように，振幅 V_0，角周波数 ω （周期 T，ただし $T = \dfrac{2\pi}{\omega}$） の交流電源と自己インダクタンス L のコイルからなる回路がある。回路に流れる電流 I が時刻 t において $I = I_0\sin\omega t$ であるとき，コイルの電圧 V_L を考えてみる。微小時間 Δt の間に電流が ΔI 変化する場合，V_L は下記の式となる。

$$V_L = L\frac{\Delta I}{\Delta t}$$

ここで，$\Delta I = I_0\sin\omega(t + \Delta t) - I_0\sin\omega t$ とし，また，$\cos\omega\Delta t \fallingdotseq 1$，$\sin\omega\Delta t \fallingdotseq \omega\Delta t$ と近似すれば，V_L は L, I_0, ω, t を用いて，次式で表される。

$$V_L = \boxed{\quad(ア)\quad} \qquad\qquad\cdots①$$

①式より，I の位相は V_L の位相と比べて $\boxed{(イ)}$。よって，V_L の時間変化のグラフは $\boxed{(ウ)}$ となる。また，V_L は電源電圧と等しいので，I_0 は L, V_0, ω を用いて $I_0 = \boxed{(エ)}$ と表される。よって，コイルのリアクタンスは $\boxed{(オ)}$ と表される。

図2に示すように，交流電源と電気容量 C のコンデンサーからなる回路がある。時刻 t において電源電圧が $V_C = V_0\cos\omega t$ であるとき，コンデンサーのa側極板に蓄えられる電荷 Q は，電源電圧とともに時間変化して $Q = CV_0\cos\omega t$ となる。微小時間 Δt の間の Q の変化を ΔQ とすると，回路に流れる電流 I は次式となる。

$$I = \frac{\Delta Q}{\Delta t}$$

ここで，$\Delta Q = CV_0\cos\omega(t + \Delta t) - CV_0\cos\omega t$ とし，また，先と同様の近似をすれば，I は C, V_0, ω, t を用いて，次式で表される。

$$I = \boxed{\quad(カ)\quad} \qquad\qquad\cdots②$$

②式より，I の位相は V_C の位相と比べて $\boxed{(キ)}$。よって，I の時間変化のグラフは $\boxed{(ク)}$ となる。また，電流の最大値 I_0 は C, V_0, ω を用いて $I_0 = \boxed{(ケ)}$ と表される。よって，コンデンサーのリアクタンスは $\boxed{(コ)}$ と表される。

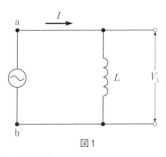

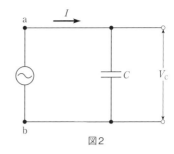

図1　　　　　　　　　　　　　　図2

(イ)，(キ)の解答群

① $\dfrac{\pi}{2}$ 進んでいる　　② $\dfrac{\pi}{2}$ 遅れている

③ 逆位相である　　④ 同位相である

(ウ)，(ク)の解答群

①
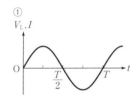

②
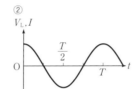

③
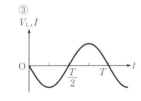

④
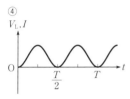

⑤
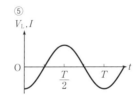

〔大分大〕

196 自己誘導と相互誘導 （グラフ）

図1のように，絶縁体で覆われた細い導線を半径rで一様にn_1回巻いた長さlのコイルK_1と抵抗値Rの抵抗Rからなる回路を真空中に置いた。コイル内部の磁束密度は一様であり，コイル外部の磁束密度とコイルの抵抗は無視できる。真空の透磁率をμ_0とする。

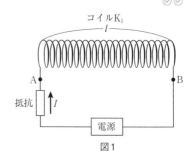

図1

問1　コイルK_1に電流Iを流したとき，コイル1巻きの断面を貫く磁束は比例定数βを用いてβIで与えられる。βを求めよ。ただし，電流Iは図の矢印の向きを正とする。

問2　時刻tから$t+\Delta t$の間にコイルK_1を流れる電流がΔIだけ変化したとき，コイルK_1に生じる誘導起電力をβ, n_1, ΔI, Δtを用いて表せ。ただし，点Aに対する点Bの電位が正のときの起電力を正とする。また，点A，点Bは図1で与えられているものとする。

問3　コイルK_1の自己インダクタンスをβ, n_1を用いて表せ。

問4　コイルK_1の誘導起電力が時刻$t \geqq 0$で$-V_0$ $(V_0 > 0)$の一定値になるように電源の電圧を変化させた。時刻$t < 0$でコイルK_1に電流は流れていなかったとする。時刻$t \geqq 0$のとき，コイルK_1に流れる電流Iと電源の起電力をβ, n_1, t, R, V_0の中から必要なものを用いてそれぞれ表せ。ただし，電源の起電力は電流Iの正の向きを正とする。

次に，図2のようにコイルK_1の外側に細い針金をコイルK_1と同じ向きにn_2回巻いて，コイルK_1よりも長さの短いコイルK_2を作製し，コイルK_1に図3に示すような時刻tの関数として電流Iを流した。

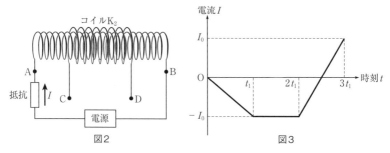

図2　　　　　　　　　　図3

問5　コイルK_2の相互インダクタンスMをβ, n_2を用いて表せ。

問6　コイルK_2には誘導起電力が生じる。$0 \leqq t \leqq 3t_1$における点Cに対する点Dの電位の時間変化をグラフに描け。ただし，縦軸の目盛りをt_1, I_0, Mを用いて表すこと。また，点C，点Dは図2で与えられているものとする。

〔首都大東京〕

図のような，起電力がEの電池E，抵抗値がR_1，R_2の電気抵抗R_1，R_2，自己インダクタンスがL_0のコイルL，スイッチSからなる回路がある。コイルの巻き線の抵抗と電池の内部抵抗は無視できるものとし，Sを入れる前までは，コイルを含む回路には電流は流れていないものとする。

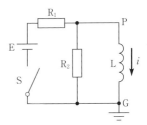

Sを閉じた直後のPのGに対する電位は ア である。Sを閉じてから，十分に時間が経過したあと，抵抗R_2を流れる電流の大きさは イ であり，コイルに流れる電流の大きさは ウ である。

次に，Sを開いた。その直後に抵抗R_2を流れる電流の大きさは エ であり，PのGに対する電位は オ である。また，コイルLを図の矢印の向きに流れる電流iが単位時間あたりに変化する割合は カ である。Sを開いてから十分に時間が経過するまでの間に，抵抗R_2で発生する全ジュール熱は キ である。

問1 文章中の空欄 ア 〜 キ にあてはまる式または数値を答えよ。

問2 横軸にSを開いてからの時間tを取り，縦軸にコイルの誘導起電力eを取るとき，GP間の誘導起電力の時間変化を表すグラフとして最も適当なものを解答群の中から1つ選べ。ただし，誘導起電力の向きがPからGのときに，誘導起電力の符号が正であるものとする。

解答群

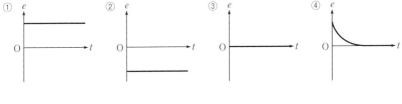

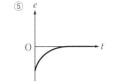

〔東京理大〕

★ **198** LC回路 （グラフ）（空所）

図のように起電力 V の電池E，電気容量 C のコンデンサーC，インダクタンス L のコイルLおよびスイッチSからなる回路がある。

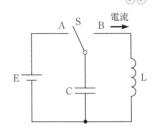

最初，Cには電荷が蓄えられていない。まず，Sを図のA側に接続し，十分に時間がたったとき，Cに蓄えられた電気量は ［ア］，静電エネルギーは ［イ］ である。次に，Sを図のB側に接続したところ，LとCからなる回路に周波数 ［ウ］ の電気振動が起こった。スイッチをB側に接続した瞬間を時刻 0 とすると，振動電流が最初に最大になるのは時刻 ［エ］ で，振動電流の最大値は ［オ］ である。

また，振動電流の周期を T，最大値を I_0，Cの極板間の電圧の最大値を V_0 とするとき，振動電流とCの極板間の電圧の時間に対する変化をグラフに表すと ［カ］ となる。ただし，電流は図の矢印の向きを正とし，電圧はS側の極板が高電位のときを正とする。

［カ］ の選択肢

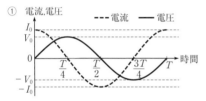

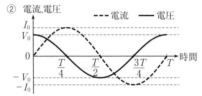

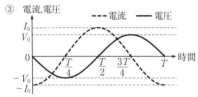

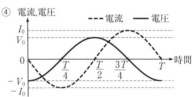

〔南山大〕

199 交流発電 空所

以下の空欄にあてはまる式を求めよ。必要ならば、微小量 Δt に対する近似式

$$\frac{\Delta(\sin\omega t)}{\Delta t} \fallingdotseq \omega\cos\omega t,$$

$$\frac{\Delta(\cos\omega t)}{\Delta t} \fallingdotseq -\omega\sin\omega t$$

が成り立つことを用いよ。

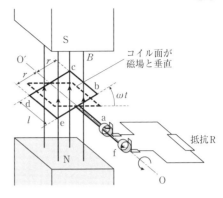

図のように、磁束密度の大きさ B の一様な磁場中で、長方形の1巻きコイルを回転軸 OO′ のまわりに一定の角速度 ω で、O から見て反時計まわりに回転させる。回転軸 OO′ は磁場に対して垂直であり、コイルの辺 cd の中点と be の中点を通る。コイルの辺 bc と de の長さは l、cd と be の長さは $2r$ である。コイルの終端を端子 a および f に接続し、その端子間に抵抗値 R の抵抗 R を接続して回路を作る。コイルの面が磁場と垂直になる瞬間を時刻 0 とし、時刻 t のときのコイルの回転角 ωt を図に示すようにとる。$t = 0$ のときにコイルを貫く磁束を正とすると、時刻 t のとき、コイルを貫く磁束は ア である。時刻 t の端子 f の電位は、端子 a を基準として、 イ である。また、時刻 t の瞬間に抵抗で消費される電力は ウ であり、平均消費電力 $\overline{P}$ は エ である。抵抗に流れる電流の実効値を I_e とすると、$I_e =$ オ であり、$\overline{P}$ を I_e を含んだ式で表すと $\overline{P} =$ カ となる。

〔同志社大〕

★ 200 RLC 並列回路

図のように、抵抗値が R の抵抗、自己インダクタンスが L のコイル、電気容量が C のコンデンサーを並列に接続した RLC 並列回路に、角周波数が可変で内部抵抗を無視できる交流電源をつなぐ。時刻 t における電源電圧 V は、最大値を V_0、角周波数を ω として、$V = V_0\sin\omega t$ と表される。ただし、V は点 a が点 b よりも高電位のときを正とする。また、電流は図の矢印の向きを正とする。

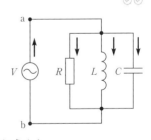

問1 抵抗、コイル、コンデンサーに流れる電流をそれぞれ求めよ。

問2 電源を流れる電流を求めよ。

問3 RLC 並列回路のインピーダンス（合成リアクタンス）を求めよ。必要ならば、数学公式

$$a\sin\theta + b\cos\theta = \sqrt{a^2 + b^2}\sin(\theta + \alpha), \quad ただし \tan\alpha = \frac{b}{a}$$

を用いよ。

問4 RLC 並列回路のインピーダンスが最大となるときの角周波数を求めよ。 〔富山県大〕

201 RLC直列回路

図に示すような，点aと点bの間に抵抗値
Rの抵抗，点bと点cの間に自己インダクタ
ンスLのコイル，点cと点dの間に電気容量
Cのコンデンサーを直列に接続した回路を考
える。点aと点dの間に振幅V_0，角波数ω
の交流電圧を加えた。このとき回路に流れる

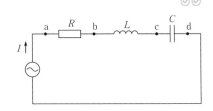

電流は図の矢印の向きを正として，正弦波$I = I_0 \sin\omega t$で表されるものとする。ここで，
tは時刻を表す。必要に応じて次の三角関数に関する公式を用いよ。

$$\sin x \sin y = \frac{1}{2}\{\cos(x-y) - \cos(x+y)\}$$

問1 抵抗にかかる電圧V_R（点bに対する点aの電位）をR，L，C，I_0，ω，tのうち必
要なものを用いて表せ。

問2 コイルにかかる電圧V_L（点cに対する点bの電位）をR，L，C，I_0，ω，tのうち
必要なものを用いて表せ。

問3 コンデンサーにかかる電圧V_C（点dに対する点cの電位）をR，L，C，I_0，ω，t
のうち必要なものを用いて表せ。

RLC直列回路全体の電圧V（点dに対する点aの電位）は，
$V_0\sin(\omega t + \theta) = ZI_0\sin(\omega t + \theta)$の形で表せる。ここで，$\theta$は電流に対する位相差を表す。

問4 ZをR，L，C，ωを用いて表せ。

問5 回路全体での消費電力は，周期的に電流の2倍の角周波数で変動する項と変動し
ない項の和として表せる。周期的に変動する項および変動しない項をV_0，Z，ω，t，
θのうち必要なものを用いて表せ。

交流電源の電圧を変えないで，角周波数ωを変えたところ，角周波数ω_0で回路を流
れる電流の実効値が最大になった。

問6 角周波数ω_0をR，L，Cのうち必要なものを用いて表せ。

問7 角周波数がω_0のときに回路全体で消費される1周期の平均電力$\overline{P}$をR，V_0を用
いて表せ。

交流電源の電圧を変えないで，角周波数をω_0から下げていったところ，角周波数ω_1
で回路全体で消費される1周期の平均電力が問7で求めた$\overline{P}$の半分になった。

問8 角周波数ω_1をR，L，Cを用いて表せ。 〔千葉大〕

20 電子と光

確認問題

202 電子の発見 空所

以下の $\boxed{\text{ア}}$ ～ $\boxed{\text{エ}}$ にあてはまる語句を下の解答群から選べ。

物質の構成要素の理解は最近の100年あまりの間にめざましく進み，原子の内部構造までも明らかになってきた。電子は原子を構成する要素の1つで，その発見は，J.J.トムソンによって行われた真空放電において $\boxed{\text{ア}}$ から出る $\boxed{\text{ア}}$ 線の研究に端を発する。$\boxed{\text{ア}}$ 線は，電界や磁界をかければ軌道が曲げられることから電荷をもった粒子の流れであり，その軌跡をくわしく調べることで，粒子の電気量を質量で割った $\boxed{\text{イ}}$ という量が求められた。この値は電極の物質の種類によらず一定で，粒子は電子と命名された。

その後，電気量に最小単位があることが，微細な油滴の空気中での運動を観察したミリカンの実験により明らかになった。この最小単位を $\boxed{\text{ウ}}$ という。電子が $\boxed{\text{ウ}}$ と同じ大きさの電荷をもつとすれば，$\boxed{\text{イ}}$ から電子の質量を求めることができる。このようにして求められた電子の質量は原子の質量に比べて極めて小さかったことから，原子の質量のほとんどは電子以外の部分によることがわかった。そしてこの部分は $\boxed{\text{エ}}$ の電荷をもち，電子と電気的につり合って原子が中性になっているはずである。

解答群

陽極	陰極	正	負	電荷比	比電荷	電気素量
電気容量	原子量	原子核	原子番号			〔横浜国大〕

203 光電効果の歴史 空所

以下の文章が正しい記述となるように，$\boxed{\text{ア}}$，$\boxed{\text{イ}}$，$\boxed{\text{キ}}$，$\boxed{\text{ク}}$ の中に適切な語句，あるいは人名を記せ。$\boxed{\text{ウ}}$ ～ $\boxed{\text{カ}}$，$\boxed{\text{ケ}}$，$\boxed{\text{コ}}$ 中には以下の｛ ｝内の語句を選択し記せ。

｛波長，強さ，屈折率，干渉，高速性，比例，反比例，直線的，粒子，独立，直進，
波動，光量子仮説，物質波仮説｝

1860年代に電磁気学の基礎方程式が完成し，それから予言される電磁波（電場と磁場が互いに変動しながら伝わる波）の存在は，その後の実験で検証され，光も電磁波の一種であると理解された。しかし，19世紀後半になると，電磁気学では理解できない現象が発見され，20世紀の科学革命の1つである量子力学の誕生につながっていった。その代表的な1つは $\boxed{\text{ア}}$ と呼ばれ，金属に短波長の光を当てると，$\boxed{\text{イ}}$ がその表面から飛び出す現象である。レーナルトらの詳細な研究によると，以下のような特徴があることがわかった。

1. 金属に当てる光の振動数がある値 ν_0 よりも小さいと，どんなに光の $\boxed{\text{ウ}}$ を増しても，$\boxed{\text{イ}}$ は放出されない。

2．逆に，金属に当てる光の振動数がν_0よりも大きいと，［イ］は光の［ウ］によらず放出される。

3．放出された［イ］の運動エネルギーの最大値は，光の［ウ］によらず，光の振動数とともに［エ］に増加する。

4．また，当てる光の振動数を一定にし，光の［ウ］を変化させると，単位時間あたりに放出される［イ］の数は，光の［ウ］に［オ］して増減する。

これらの現象は光の［カ］性と矛盾しており，電磁気学の枠組みでは説明できなかった。特に，光の［ウ］は光の振幅の2乗に比例していて，光は電場と磁場からなっている波なので，振幅を大きくすればいつか［イ］は必ず飛び出すはずであると，考えられる。［ア］以外にも，高温の物体から放射される電磁波の振動数とエネルギー密度の関係の測定結果は，電磁波のエネルギーは連続的な値を取ることができるという電磁気学の理論と矛盾していた。［キ］は，ある振動数νの電磁波のエネルギーは$h\nu$という最小単位の正の整数倍しか取れないと仮定することによって，この測定結果を説明することに成功した。h（［キ］定数）は量子力学における最も重要な物理定数である。

一方，アインシュタインは，［キ］が導入した振動数νの電磁波の最小エネルギーは，1個の［ク］と呼ばれる粒子のエネルギーであると解釈し，振動数νの電磁波はこれらの粒子の集まりの流れであるとして，レーナルトらが見つけた［ア］の特徴を理解することができた。この仮説は［ケ］と呼ばれる。電磁波の［コ］的側面が，［ア］を説明する決定的役割を果たしているのである。

〔兵庫県大〕

204 電子ボルト 空所 ✓✓

電気素量を1.6×10^{-19}C，プランク定数を6.6×10^{-34}J·s，光速を3.0×10^8m/sとする。波長5.0×10^{-10}mのX線の光子1個がもつエネルギーは［ア］Jであり，ジュール〔J〕で表すと非常に小さな値となる。そこで，電子や光子などの小さな粒子のもつエネルギーを表すときには，次のように定められた電子ボルト〔eV〕を用いる。「1eV＝1個の電子を電位差1Vで加速したときに電子の得る運動エネルギー」したがって，［ア］Jを電子ボルトで表すと［イ］eVとなる。

〔関西大〕

205 物質波の波長 ✓✓

電子や陽子などの物質粒子は粒子としての性質と同時に波動としての性質ももっている。これらの粒子にともなう波動は物質波と呼ばれている。荷電粒子の質量と電荷の大きさをそれぞれmおよびe，プランク定数をhとする。

問1　運動量の大きさがPの荷電粒子における物質波の波長λをPとhで表せ。

問2　問1の荷電粒子が初速0から電圧Vで加速されたときの運動エネルギーEをeとVで表せ。

問3　問2で加速された荷電粒子の速さがvのとき，Eをmとvで表せ。

問4　問1のλをe，h，m，Vで表せ。

〔岩手医大〕

▌206 トムソンの実験 空所 ⊘⊘

以下の文章中の ア ～ キ に入る適切な数式を e, E, l, L, m, v_0 を用いて表せ。

電子の比電荷を測定するため，J.J.トムソンは1897年に電子を真空中で飛行させる実験を行った。その測定の原理は以下のとおりである。

【A】 図に示すように真空中にx軸，y軸，z軸を定める。x軸の正の方向は紙面の右向きである。y軸は紙面に対して垂直であり，正の方向は紙面の表から裏側を向く。z軸の正の方向は紙面の上向きであるとする。また，$0 \leqq x \leqq l$の空間をDとする。電子が飛行した軌跡を検出するため，十分に広い蛍光板を$x = L$の位置にx軸に対して垂直となるように置く。ただし，$L > l$であるとする。

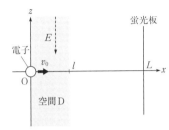

z軸の負の方向を向く一様な電界(電場)が空間Dのみに存在し，電界の強さはEであり，時間に対して一定であるとする。そして，時刻tが$t = 0$のときに電子が原点Oを速度v_0でx軸の正の方向に通過したとする。ただし，電子の質量をm，電気量を$-e$ $(e > 0)$として，重力の影響は無視できるとする。

まず，電子が空間Dを通過する間，電子が電界から受ける力の大きさは ア となるため，電子の加速度のz軸に平行な成分は，$a_z = $ イ となる。したがって，時刻が$t = $ ウ のときに電子が空間Dを抜け出るため，この時刻での電子の位置のz座標は，$z_1 = $ エ である。また，この時刻での電子の速度のz軸に平行な成分は，$v_z = $ オ である。

次に，電子が空間Dを抜け出たあとは力を受けない。したがって，蛍光板にあたった電子の位置のz座標は，

$$z_2 = \boxed{\text{カ}} \qquad \cdots ①$$

となる。

【B】 上記の【A】の場合と同様に，z軸の負の方向を向く一様な電界が$0 \leqq x \leqq l$の空間Dに存在し，電界の強さはEであるとする。併せて，y軸の正の方向を向く一様な磁界(磁場)を空間Dに加えた場合を考える。

時刻が$t = 0$のときに電子が原点Oを速度v_0でx軸の正の方向に通過したとする。磁界の磁束密度の大きさが，v_0とEを用いて，

$$B = \boxed{\text{キ}} \qquad \cdots ②$$

と表される値に調整されていれば，電子が空間Dを通過する間に電子が電界から受ける力と磁界から受ける力はつねにつり合う。これにより電子はx軸上を偏向せずに直進し，蛍光板にあたった電子の位置のz座標は0となる。

実験ではこのような状況となるBを測定することで②式よりv_0を求め，得られたv_0と

上記の【A】の場合で測定されたz_2を用いて，①式より$\dfrac{e}{m}$の値を決定した。 〔三重大〕

207 ミリカンの実験

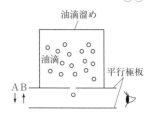

電気素量eの大きさについて考察するため，次のような実験を行った。図のような，平行で距離d離れた２枚の平行極板に，電圧がかけられる装置を用意し，平行極板が水平になるように置いた。極板の上方にある油滴溜め中の球体（半径r）の油滴に，ある電気量Q（>0）を与え，この油滴を極板にある小さな穴から極板間に落下させ，顕微鏡で観察した。重力加速度の大きさをg，油滴の密度をρ_0とする。

極板間に電圧をかけない状態での油滴を追跡したところ，油滴は，極板間を空気の影響を受けながらゆっくり落下し，最終的に一定の速さv_0となった。

油滴は空気による抵抗力を受ける。速さvが遅い場合，半径rの油滴が受ける空気からの抵抗力の大きさは半径と速さに比例し，比例定数をkとしてkrvと表される。

問１ 速さv_0のときの力のつり合いの式を記せ。

問２ 速さv_0のときの油滴の半径rをv_0などを用いて求めよ。

次に，極板間に大きさVの電位差を与えたところ，極板間の油滴は上昇を始め，一定の速さv_Eとなった。

問３ 極板間の電場の向きと大きさを求めよ。向きは，図中のA，Bで答えよ。

問４ 速さv_Eのときの力のつり合いの式を記せ。

問５ 油滴の半径は大変小さいので直接測定することは難しい。Qを，rを用いずに表せ。

問６ 測定された油滴の電荷を下記に示す。この値が電気素量eの整数倍であるとして，eを有効数字３桁で求めよ。ただし，油滴の電荷は$10e$を超えないとする。

$7.95 \times 10^{-19}\,\mathrm{C}$

$4.82 \times 10^{-19}\,\mathrm{C}$

$3.12 \times 10^{-19}\,\mathrm{C}$

$12.80 \times 10^{-19}\,\mathrm{C}$

問７ 電子の比電荷が$1.76 \times 10^{11}\,\mathrm{C/kg}$のとき，電子の質量を有効数字３桁で求めよ。

〔関西医大＋愛知教育大〕

★ 208 光電効果① グラフ 空所

以下の文章中の ⑦ ～ ㋕ に入る適切な数式または語句を記せ。また， ㋖ ， ㋗ に入る適切な数値を有効数字２桁で求めよ。

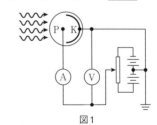

図１のような装置を用いて実験を行った。ほぼ真空のガラス管内に金属板Kと陽極Pが封入されている。電子の質量をm，電子の電荷を$-e$，光の速さをc，プランク定数をhとする。金属板Kは接地されている。金属板Kに光を照射すると電子はそこから陽極Pに向かって飛び出した。この現象を ⑦ 効果という。

図1

振動数および光の強さが一定の光をKに照射し，KP
間の電圧を可変抵抗によって変えながら電流の変化を調
べたところ，図2のようになった。電圧が $-V_0$ のとき
に電流が0であることから，電子の最大運動エネルギー
は V_0 を用いて　イ　と表せる。

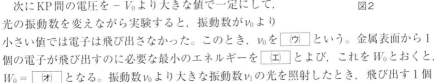

図2

　次にKP間の電圧を $-V_0$ より大きな値で一定にして，
光の振動数を変えながら実験すると，振動数が ν_0 より
小さい値では電子は飛び出さなかった。このとき，ν_0 を　ウ　という。金属表面から1
個の電子が飛び出すのに必要な最小のエネルギーを　エ　とよび，これを W_0 とおくと，
$W_0 =$ 　オ　となる。振動数 ν_0 より大きな振動数 ν_1 の光を照射したとき，飛び出す1個
の電子の最大運動エネルギーは式　カ　で示される。

　以下，$c = 3.0 \times 10^8$ m/s，$h = 6.6 \times 10^{-34}$ J·s，$e = 1.6 \times 10^{-19}$ C とする。

　金属板Kに3.6Wの強さで波長 4.4×10^{-7} m の光を照射した。1分間に照射された光
子の数は　キ　個である。この光子すべてが電子を飛び出させ，その電子がすべて陽極
Pに到達したとすると，回路に流れる電流は　ク　Aである。　〔金沢医大〕

★ **209** コンプトン効果 空所 ◎◎

　X線の粒子性について考える。電子の質量を m，電子の電気量を $-e$，プランク定数
を h，光の速さを c とする。また，数値を求めるときには，$m = 9.11 \times 10^{-31}$ kg，
$h = 6.63 \times 10^{-34}$ J·s，$c = 3.00 \times 10^8$ m/s を用いよ。

　図のように，原点に静止している電子に，x 軸の正方
向へ入射させた波長 λ のX線を当てると，xy 平面上にお
いて，電子はX線の入射方向に対して角度 ϕ の方向に速
さ v ではね飛ばされた。また，散乱X線の波長は λ' となり，
xy 平面上において，入射方向に対して角度 θ の方向に進
んだ。この現象を，1個のX線の光子と1個の電子の弾
性衝突として考える。

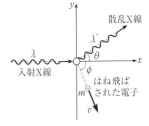

　衝突の前後における運動量の保存の法則から，入射方向（図の x 方向）について，

$$\frac{h}{\lambda} = \boxed{\text{ア}} \quad \cdots ①$$

が成り立つ。また，これと垂直な方向（図の y 方向）について，

$$0 = \boxed{\text{イ}} \quad \cdots ②$$

が成り立つ。衝突の前後におけるエネルギーの保存の法則から，

$$\frac{hc}{\lambda} = \boxed{\text{ウ}} \quad \cdots ③$$

が成り立つ。

①，②，③式から，以下のようにして衝突によるX線の波長の変化を求める。①式と②式からφを消去すると，

$$(mv)^2 = \boxed{\text{エ}} \qquad \cdots ④$$

となる。④式と③式からvを消去することにより，

$$\lambda' - \lambda = \boxed{\text{オ}} \times \left(\frac{\lambda'}{\lambda} + \frac{\lambda}{\lambda'} - 2\cos\theta \right) \qquad \cdots ⑤$$

となる。波長の差$|\lambda' - \lambda|$がλに比べて十分小さい場合には，$\dfrac{\lambda'}{\lambda} + \dfrac{\lambda}{\lambda'} \fallingdotseq 2$と近似できるので，

$$\lambda' - \lambda \fallingdotseq \boxed{\text{オ}} \times (2 - 2\cos\theta) \qquad \cdots ⑥$$

となる。入射X線の波長が$\lambda = 7.09 \times 10^{-11}\,\mathrm{m}$のとき，$\theta = 90.0°$の方向に散乱されるX線の波長は$\lambda' = \boxed{\text{カ}}\,\mathrm{m}$である。　　　　〔九州工大〕

★ **210** **ブラッグの実験と物質波** 空所　　　　　　　　　　☑ ☑

　　結晶の原子の間隔と同程度の波長をもつX線を結晶に当てると，結晶内の原子は規則的に並んでいるため，X線に対し回折格子としてはたらき，$\boxed{\text{ア}}$現象を起こす。これをX線回折といい，この現象を利用して，結晶の原子の間隔を求めることができる。図のように，波長λのX線を結晶面（格子面）と角θをなす方向から入射させると，X線は多くの結晶面内の原子によって散乱され，いろいろな方向に進む。

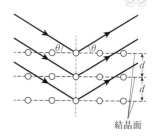

結晶面

　　散乱されたX線が$\boxed{\text{ア}}$して強め合うのは，結晶面に対して反射の法則を満たし，かつ，隣りあう2つの結晶面で反射されたX線が$\boxed{\text{イ}}$（同位相か逆位相かで答えよ）となる場合である。結晶面の間隔をdとしたとき，隣りあう2つの結晶面で反射されたX線の経路の差はdとθを用いて$\boxed{\text{ウ}}$と表せ，この経路の差がλの$\boxed{\text{エ}}$倍になれば反射した2つのX線は$\boxed{\text{イ}}$となり強め合う。この条件を表す式はd，n，θ，λを用いて，$\boxed{\text{オ}}$（ただし，$n = 1$，2，3，$\cdots$）と表され，これをブラッグの条件という。

　　ド・ブロイは，質量をもつ粒子も波動性をもつと予言した。この波を$\boxed{\text{カ}}$といい，特に粒子が電子のときの波を電子波という。電子の質量をm，速さをv，プランク定数をhとすると，この電子波の波長λ_0は$\boxed{\text{キ}}$と表せる。その後，デビソン，ガーマー，菊池正士らによって，結晶の原子の間隔と同程度の波長をもつ電子線を結晶に当てるとX線回折と同様の回折現象が生じることが確かめられた。　　　　〔福島県医大〕

211 光電効果② グラフ 論述

19世紀末から20世紀のはじめにかけて，光は波としての性質と粒子としての性質の両方をもつことがわかってきた。光の粒子性を示す実験について考える。

金属にさまざまな振動数の光をあてて，飛び出してくる電子（光電子という）の運動エネルギーの最大値K_Mを測定する。ナトリウムでは，図1のような関係が得られた。振動数が5.6×10^{14} Hzより小さいと，どんなに強い光をあてても光電子は飛び出さなかった（この振動数を限界振動数という）。

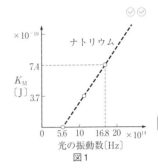

図1

問1　プランク定数の値を求めよ。

問2　ナトリウムについて，仕事関数（金属から自由電子1個を外に取り出すために必要な仕事の最小値）を求めよ。

問3　亜鉛の仕事関数が6.9×10^{-19} Jであるとき，限界波長（その波長より長い波長の光をあてても光電子が飛び出さない波長）を求めよ。ただし，光速を3.0×10^8 m/sとする。

問4　亜鉛について，当てる光の振動数と光電子の運動エネルギーの最大値K_Mとの関係はどのようになると考えられるか。解答欄の図中に実線で示せ。

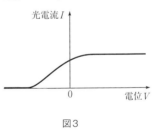

問4の解答欄

図2のような装置を使って光電管のC極に振動数と強さが一定の光をあて，可変抵抗を用いてC極を基準にしたP極の電位Vを変化させる。電位Vと回路を流れる光電流Iとの関係を調べると図3のようになった。

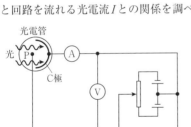

図2

図3

問5　C極にあてる光の振動数は変えないで，光の強さを強くすると電位Vと光電流Iの関係はどのようになるか。解答欄の図中に実線で示せ。なお，図中の破線は，図3の電位Vと光電流Iの関係を表している。

問6　C極にあてる光の強さは変えないで，光の振動数を大きくすると電位Vと光電流Iの関係はどのようになるか。解答欄の図中に実線で示せ。なお，図中の破線は，図3の電位Vと光電流Iの関係を表している。

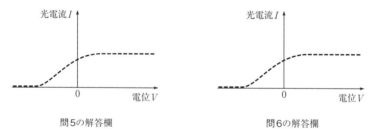

| 問5の解答欄 | 問6の解答欄 |

問7　限界振動数よりも小さい振動数の光では，どんなに強い光をあてても光電子が飛び出さないことを光の波動性では説明できないのはなぜか。　〔東京医歯大〕

212 電子線回折によるブラッグの実験 空所 ⊘⊘

質量 m，電気量 $-e$ $(e>0)$ の静止している電子を真空中で電圧 V で加速すると，電子の運動量の大きさは　ア　となる。プランク定数を h とすると，このときの電子線の波長は　イ　である。

図1のように，真空中で加速電圧 V で加速された電子線が，結晶表面に対して角 θ で入射し，屈折せずに結晶内でも直進したとする。規則正しく原子が配列している格子面は結晶表面と平行で，格子面の間隔が d であるとき，隣りあう格子面で散乱された電子線が干渉によって強め合うための条件式は，ブラッグ反射の条件によって，正の整数を k として　ウ　と与えられる。

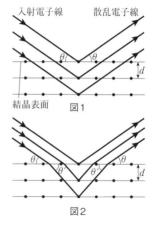

真空中に比べて結晶内の電位が V_0 だけ高いとすると，結晶に入るときに電子はこの電位差によって加速される。この現象は，電子線が結晶表面で屈折して結晶に入ると考えることができる。図2のように，結晶表面に対して角 θ で入射した電子線が表面で屈折し，結晶内では表面と電子線のなす角が θ' になったとする。この結晶の電子線についての絶対屈折率 n は，θ と θ' を用いて $n =$　エ　と表される。また，V_0 と加速電圧 V を用いて $n =$　オ　と表される。

屈折を考慮に入れると，隣りあう格子面で散乱された電子線が干渉によって強め合うための条件式は，n，d，θ，e，m，V，h と正の整数 k を用いて　カ　と与えられる。電位 V_0 が加速電圧 V に比べて十分に小さいとき，屈折による電子線の方向の変化 $\Delta\theta = \theta' - \theta$ は，θ に比べて十分小さい。

このとき，$\cos(\theta + \Delta\theta) \fallingdotseq \cos\theta - \Delta\theta \cdot \sin\theta$ と近似できることを用いると，n と θ を用いて $\Delta\theta \fallingdotseq$　キ　と近似できる。さらに，$|x| \ll 1$ のとき成り立つ近似式 $(1 + x)^\alpha \fallingdotseq 1 + \alpha x$ を用いると，V，V_0，θ を用いて $\Delta\theta \fallingdotseq$　ク　$\times \dfrac{1}{V}$ と近似でき，屈折による電子線の方向の変化は加速電圧 V に反比例することがわかる。　〔同志社大〕

21 原子と原子核

確認問題

213 原子核と核子の発見 空所

以下の文章が正しい記述となるように，(ア)，(イ)，(キ)の｜　　｜内の選択肢から最も適切なものを選べ。また，｜ ウ ｜〜｜ カ ｜，｜ ク ｜〜｜ コ ｜にあてはまる適切な語句または式を求めよ。

「原子」の語源は，ギリシャ語で「分割できないもの」を表す言葉である。しかし現代では，原子は正の電荷をもつ原子核と原子核を取り巻く電子からなり，原子核はさらに複数の粒子に分割できることが知られている。原子の半径は(ア)｜10^{-5}, 10^{-10}, 10^{-15}｜m程度であり，原子核の半径は(イ)｜10^{-5}, 10^{-10}, 10^{-15}｜m程度である。原子核は，元素記号をXとして，｜ ウ ｜をA，｜ エ ｜をZとすれば${}^A_Z X$と記述される。原子核と他の粒子が衝突して別の原子核になる反応を原子核反応または核反応という。1919年にラザフォードは｜ オ ｜とも呼ばれるヘリウム原子核${}^4_2 He$を窒素原子核${}^{14}_7 N$に衝突させることにより水素原子核${}^1_1 H$が出てくることを観測し，人工的に核反応が起こることを示した。水素原子核${}^1_1 H$は，いろいろな原子核の衝突でたたき出され，また最も軽い原子核であるために，原子核の構成粒子だと考えられ，｜ カ ｜と呼ばれる。1932年にチャドウィックは，ベリリウムにヘリウム原子核${}^4_2 He$を衝突させたときに出てくる放射線は｜ カ ｜とほぼ同じ質量で(キ)｜逆符号の電荷をもつ，電荷をもたない｜別の粒子であることを確かめ，この粒子を｜ ク ｜と名づけた。｜ ク ｜も原子核の構成粒子である。｜ ウ ｜は，原子核に含まれる｜ カ ｜の数と｜ ク ｜の数の和であり，｜ エ ｜は原子核に含まれる｜ カ ｜の数である。核反応の前後では，｜ ウ ｜，｜ ケ ｜，運動量，エネルギーの4つの物理量のそれぞれの総和が保存される。ここでエネルギーとは，運動エネルギーと静止エネルギーEとの総和である。静止エネルギーとは，静止した物体の質量に対応するエネルギーであり，アインシュタインが示した「質量とエネルギーの等価性」から，物体の質量mと光の速さcとの間に$E = $｜ コ ｜の関係がある。

〔金沢大〕

214 水素原子スペクトル

水素原子の線スペクトルについて考える。ただし，プランク定数$h = 6.6 \times 10^{-34}$ J·s，真空中の光速$c = 3.0 \times 10^8$ m/s，リュードベリ定数$R = 1.1 \times 10^7$ m^{-1}とする。

問1　水素原子内の電子が，ボーアの量子条件で量子数3の状態から量子数2の状態へ移るときに放出する光の波長λを求めよ。また，その光子1個のエネルギーEを求めよ。

問2　水素原子内の電子が，量子数3の状態から基底状態へ移るときに放出する光の光子1個のエネルギーは，問1で求めたエネルギーの何倍か。

〔弘前大〕

空所補充

215 X線の発生

図1に示すように，真空中で陰極から飛び出した電子を V の電圧で加速して金属（陽極）に衝突させたところ，図2に示すようなスペクトルのX線が発生した。電子の電気量の大きさを e，質量を m とし，プランク定数を h，真空中の光の速さを c とする。

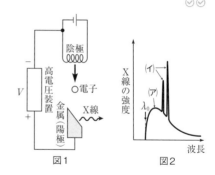

図1　図2

問1　図2で，強度が波長に対して連続的に変化するX線（図中の(ア)），および，強く現れるX線（図中の(イ)）はそれぞれ何と呼ばれているか，名称を答えよ。

問2　電圧 V で加速された電子が衝突して発生するX線の最短波長 λ_0 を，c, e, h, V を用いて表せ。なお，電子が陰極から飛び出した際の初速度は無視してよい。

問3　次の文章の｜　｜内から，適切な語句を選べ。

　　V の大きさを大きくすると，λ_0 は(A)｜長くなる・変化しない・短くなる｜。また，このとき，強く現れるX線（図中の(イ)）の波長は(B)｜長くなる・変化しない・短くなる｜。

〔山形大＋兵庫医大〕

216 原子核の質量とエネルギー

原子核の質量は，これを構成する核子の質量の和よりも小さくなる。ある原子の原子番号を Z，その質量数を A，原子核の質量を m_0，陽子と中性子の質量をそれぞれ m_p および m_n，光速を c とする。

問1　原子核の質量と，これを構成する核子の質量の和との差 Δm を式で表せ。

問2　問1で表した質量の差を何と呼ぶか。

問3　問2に相当するエネルギーは原子核の結合エネルギー B である。この B を式で表せ。

問4　核子1個あたりの結合エネルギーを式で表せ。

問5　この結合エネルギーのもととなる力を答えよ。

〔香川大〕

217 放射線 空所

放射線には主なものとして，α 線，β 線，γ 線がある。右表は，それぞれの放射線の性質についてまとめたものである。ただし，β 線については β^- 崩壊によって生じるものに限定して考える。なお，「β^- 崩壊」は「β 崩壊」とも呼ばれる。

放射線	正体	電荷
α 線	(ア)	(エ)
β 線	(イ)	(オ)
γ 線	(ウ)	(カ)

問1　表中の(ア)～(ウ)にあてはまる最も適切なものを，下の語句群から選べ。ただし，同じものを繰り返し選んでもよい。

語句群

H原子核　　　電子　　　超音波　　　He原子核　　　ニュートリノ

衝撃波　　　Ne原子核　　　ヒッグス粒子　　　電磁波

問2　表中の(エ)～(カ)にあてはまる最も適切なものを，下の選択肢から選べ。ただし，同じものを繰り返し選んでもよい。e は電気素量である。

選択肢

$+4e$　　　$+3e$　　　$+2e$　　　$+e$　　　0

$-e$　　　$-2e$　　　$-3e$　　　$-4e$

問3　表中の放射線の透過力の強さ，および電離作用の強さの大小関係について述べた，以下の文章中の　(キ)　～　(コ)　にあてはまる最も適切なものを，下の①～③から選べ。ただし，同じものを繰り返し選んでもよい。

透過力が最も強いのは　(キ)　で，最も弱いのは　(ク)　である。一方，電離作用が最も強いのは　(ケ)　で，最も弱いのは　(コ)　である。

①　α 線　　　②　β 線　　　③　γ 線

〔長崎大〕

218 素粒子 空所

以下の文章の　(ア)　～　(オ)　に適切な語句，数値または式を入れなさい。

陽子や中性子は3個のさらに小さな粒子（素粒子）から構成される。これらの素粒子を一般に　(ア)　という。陽子や中性子は，通常「アップ」，「ダウン」と呼ばれる2種類の　(ア)　から構成されており，アップ，ダウンはそれぞれ電気素量の $\dfrac{2}{3}$ 倍，$-\dfrac{1}{3}$ 倍の電荷をもつ。アップをu，ダウンをdと表せば，陽子と中性子はアルファベット3文字の組合せでそれぞれ　(イ)　，　(ウ)　と表される。一方，自然界には　(エ)　種類の基本的な力が存在し，これらを媒介する粒子をゲージ粒子という。たとえば光子は　(オ)　力を媒介するゲージ粒子である。

〔聖マリアンナ医大〕

★ ■219 ボーアの水素原子模型

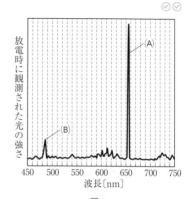

図1

高温の気体から放射される光は，その気体に含まれる原子に特有の複数の輝線が規則的にとびとびに分布する線スペクトルを示す。メタン（CH_4）ガスを用いて放電したところ，図1の波長の範囲において，(A), (B)で示した2本の線スペクトルが観測された。これらの線スペクトルは，放電中に発生した水素原子の線スペクトルに対応している。そこで，この水素原子の線スペクトルの波長の規則性を理論的に導き，観測結果と比較することを考える。

水素原子は，1つの陽子と1つの電子から構成されている。ここで，陽子は電子に比べて非常に重いため静止しているものとし，電子は陽子からのクーロン力を向心力として半径rで速さvの等速円運動をしている模型を考える。電子の質量をm，電子の電荷を$-e$，陽子の電荷をe，光速をc，クーロンの法則における比例定数は真空中においてkとする。

問1 この等速円運動をしている電子の半径方向の運動方程式をk, r, m, v, eを用いて表せ。

問2 問1から，等速円運動の速さvをk, r, m, eを用いて表せ。

問3 電子の位置エネルギー（U）と運動エネルギーの和である全力学的エネルギー（E）をk, r, eを用いて表せ。なお，電子の位置エネルギーは等速円運動の中心（陽子の位置）から無限遠の位置を基準（$U=0$）とする。

問2と問3の結果から，角速度ωや全力学的エネルギーEはrに対して連続的に変化することがわかる。このため，上記の原子模型では，観測された水素原子のとびとびの線スペクトルは説明できない。そこでボーアの水素原子模型を考える。ボーアは，水素を封入した放電管から出る複数の線スペクトルの波長を説明するため，水素原子の電子の円運動について

$$mvr = n\frac{h}{2\pi} \quad (n = 1, \ 2, \ 3, \ \cdots)$$

という量子条件を仮定した。nは量子数であり，この式は電子の軌道半径rが，整数nによってとびとびの値に制限されることを意味している。

問4 この量子条件の式と問1で求めた運動方程式から，rをn, m, e, k, hを用いて表せ。

問5 問3と問4の結果を利用し，水素原子の電子の量子数nに対するエネルギー準位E_n $(n = 1, \ 2, \ 3, \ \cdots)$を$h$, n, m, e, kを用いて表せ。

問6　E_nは$n=1$のときエネルギーが最も低く，このエネルギー準位の状態を水素原子の基底状態という。nの値が大きくなるにつれて電子はより高いエネルギーをもつ励起状態となり，電子の軌道は外側へと移る。電子がエネルギー準位E_nからそれよりも低いエネルギー準位$E_{n'}$（$n>n'$）に移るとき，これらの差のエネルギー$E_n-E_{n'}$をもつ光子が1つ放出される。この光子の振動数をνとおいたとき，νをh, n, n', m, e, kを用いて表せ。

問7　振動数νに対する波長をλとし，リュードベリ定数Rを，

$$R = \frac{2\pi^2 k^2 m e^4}{ch^3}$$

とおいたとき，問6で求めた式を変形して$\dfrac{1}{\lambda}$をR, n, n'を用いて表せ。

問8　図2に示すように，水素原子の線スペクトル群のうち，問7で求めた式において$n'=1$の場合をライマン系列，$n'=2$の場合をバルマー系列，$n'=3$の場合をパッシェン系列と呼ぶ。図1の水素原子の(A)と(B)の線スペクトルはどちらもバルマー系列に属するが，その中で最も波長が長いのが(A)の線スペクトルである。(A)はnがいくつのエネルギー準位によるものか答えよ。

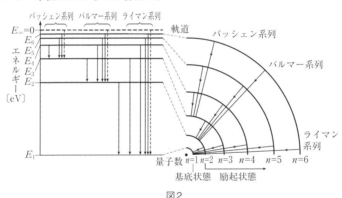

図2

問9　電気的に中性な原子において，電子を無限遠まで引き離すのに要するエネルギーをイオン化エネルギーと呼ぶ。電子が基底状態（$n=1$）にある水素原子のイオン化エネルギーは何eVか。導出において，リュードベリ定数を$R = 1.10 \times 10^7$/m，プランク定数を$h = 6.63 \times 10^{-34}$J・s$= 4.14 \times 10^{-15}$eV・s，光速を$c = 3.00 \times 10^8$m/sとし，有効数字3桁で答えよ。　　　　　　　　　　　　　　　　　　　　　　　　　　　　　　　　〔大阪府大〕

★ **220** 　質量欠損と結合エネルギー　空所　論述　　　　　　　　　　　　　⊘⊘

　原子核は，正の電荷をもつ陽子と，電荷をもたない中性子の複合体である。陽子と中性子を総称して核子とよぶ。陽子の間には電気的な斥力がはたらくが，それよりもはるかに強い引力が核子の間にはたらくために，核子は狭い空間に集まって原子核を形成する。この強い力を核力とよぶ。原子核の質量を精密に測定すると，その原子核をつくる

核子を互いに引き離して，ばらばらの状態にしたときの，核子の質量の総和よりも小さくなっていることがわかる。この質量差を質量欠損とよぶ。

アインシュタインの相対性理論によると，質量はエネルギーと等価であり，静止している質量 m の粒子は，真空中の光速度を c として，$E = $ ⎡ア⎤ のエネルギーをもつ。この質量とエネルギーの等価性から，原子核の質量欠損は次のように理解されている。すなわち，『核子集団は，核力により強く結びついて原子核を形成しており，その結合エネルギーの分だけ，原子核の質量が減少し，それが質量欠損として観測されている。』

おもな原子核の，核子1個あたりの結合エネルギー（結合エネルギーを原子核の質量数で割った値）のグラフと表を図に示す。このグラフをみると，核子1個あたりの結合エネルギーは，質量数が大きくなるにつれて増加し，$^{56}_{26}$Fe原子核のあたりで最大になり，さらに質量数が大きくなると，緩やかに減少する傾向がある。核子1個あたりの結合エネルギーに，このような差があることから，核分裂反応などの核反応の前後で，原子核の質量差に相当するエネルギーが解放される。

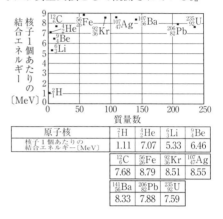

原子核	$^2_1$H	$^4_2$He	$^9_4$Be	$^9_4$Be
核子1個あたりの結合エネルギー〔MeV〕	1.11	7.07	5.33	6.46

	$^{12}_6$C	$^{56}_{26}$Fe	$^{92}_{36}$Kr	$^{107}_{47}$Ag
	7.68	8.79	8.51	8.55

	$^{141}_{56}$Ba	$^{206}_{82}$Pb	$^{235}_{92}$U
	8.33	7.88	7.59

問1　空欄 ⎡ア⎤ にあてはまる適切な式を記せ。

問2　$^{206}_{82}$Pb原子核の質量を M，陽子と中性子の質量をそれぞれ m_p，m_n としたとき，$^{206}_{82}$Pb原子核の質量欠損を表す式を M，m_p，m_n を用いて表せ。

問3　$^{56}_{26}$Fe原子核の核子1個あたりの結合エネルギーの値から，$^{56}_{26}$Fe原子核の結合エネルギーをMeV単位で求めよ。

問4　核分裂反応の一例として，$^{235}_{92}$U原子核が中性子1個を吸収して $^{141}_{56}$Ba原子核と $^{92}_{36}$Kr原子核および3個の中性子となる反応が知られている。$^{235}_{92}$U，$^{141}_{56}$Ba，$^{92}_{36}$Kr原子核の核子1個あたりの結合エネルギーの値から，1個の $^{235}_{92}$U原子核の分裂によって，解放されるエネルギーをMeV単位で求めよ。

問5　陽子や重陽子などの軽い原子核どうしが結びつく核融合反応によっても，エネルギーが解放される。その理由を説明せよ。

〔愛知教育大〕

▌221▌　核反応と保存則① ✓✓

2つの重水素 $^2_1$H による核融合により，三重水素 $^3_1$H と水素 $^1_1$H が生じる核融合反応

$$^2_1\text{H} + ^2_1\text{H} \longrightarrow ^3_1\text{H} + ^1_1\text{H}$$

について考える。重水素 $^2_1$H，三重水素 $^3_1$H，水素 $^1_1$H の質量はそれぞれ2.0136u，3.0155u，1.0073uである。ここで，uは統一原子質量単位であり，1uをエネルギーに換算すると931MeVである。

2つの重水素 $^2_1$H が一直線上において互いに逆向きに同じ速さで衝突し，この核融合反応が起こるとする。核融合反応が起こる前，2つの重水素 $^2_1$H が十分離れて運動して

いるとき，重水素$^2_1$Hの運動エネルギーはともに0.60 MeVであったとする。核融合反応により生じた三重水素$^3_1$Hと水素$^1_1$Hは，核融合反応後に一直線上を互いに逆向きに進む。

問1 この核融合反応1回における質量の減少量を求めよ。

問2 この核融合反応1回において放出されるエネルギーを求めよ。

問3 この核融合反応により生じた三重水素$^3_1$H，水素$^1_1$Hの質量をそれぞれm_3, m_1とすると，三重水素$^3_1$Hと水素$^1_1$Hの力学的な運動を考える場合には，質量の比はおよそ$m_3 : m_1 = 3 : 1$である。2つの重水素$^2_1$Hが衝突する前，それらの運動量の和は0であり，核融合反応前後で運動量保存則が成り立つことを用いて，核融合反応後の水素$^1_1$Hの速さは三重水素$^3_1$Hの速さの何倍になるかを求めよ。

問4 この核融合反応後の水素$^1_1$Hの運動エネルギーは，三重水素$^3_1$Hの運動エネルギーの何倍になるかを求めよ。

問5 2個の重水素$^2_1$Hがもっていた運動エネルギー，核融合反応によって発生したエネルギーの和が保存され，核融合反応後の水素$^1_1$Hと三重水素$^3_1$Hの運動エネルギーとなる。核融合反応後の三重水素$^3_1$Hの運動エネルギーを求めよ。 〔日本大〕

★ **|222|** **原子核の崩壊と半減期** 空所 ⊘ ⊘

次の文中の ［ア］〜［キ］にあてはまる語句，式，数値を答えよ。ただし，［オ］には，あてはまる原子を次の例にならって記せ。 例：$^{12}_6$C

ウランやラジウムなどの原子核は不安定であり，自然に［ア］を出して他の原子核に変わる。これを原子核の崩壊という。自然に［ア］を出す性質をもつ物質を放射性物質という。

天然の元素はα崩壊とβ崩壊をくり返して安定な元素に変化する系列がある。例えば原子番号92のウラン^{238}Uは，α崩壊とβ崩壊をくり返して原子番号82の鉛^{206}Pbになって安定する。質量数や原子番号の変化から，その間にα崩壊を［イ］回，β崩壊を［ウ］回行うことがわかる。

放射性同位元素である質量数14の炭素(^{14}C)は，宇宙線により大気中の質量数14の窒素(^{14}N)から生成される。このときの核反応においては原子番号が［エ］して，質量数は変わらないので，^{14}Nの原子核に中性子が入射して，［オ］が反跳する核反応により生成される。

その生成される量と，^{14}Cのβ崩壊によって失われる量が等しくなり，大気中に安定に存在する^{12}Cに対する^{14}Cの割合はつねに一定に保たれる。植物は枯れた時点からそれ以降二酸化炭素を取り込まなくなるので，植物中の^{14}Cはβ崩壊によって減少する。炭素の取り込みが終わった時点での^{14}Cの原子の数をN_0，^{14}Cの半減期をTとすると，時間tのあとに崩壊しないで残っている数Nは，$N = $［カ］と表される。

ある古い木片中の^{12}Cに対する^{14}Cの割合が，大気中の割合と比べて3分の1であった。上記のことから，この木片の炭素の取り込みが終わったのは，有効数字2桁で約［キ］年前であることが推定される。ただし，^{14}Cの半減期Tは約5700年とする。また，$\log_{10} 2 = 0.30$, $\log_{10} 3 = 0.48$とする。 〔広島国際大〕

223 ラザフォード散乱 空所

1909年ラザフォードの研究室で，ガイガーとマースデンは薄い金ぱくにラジウムからのα粒子を照射し，ほとんどのα粒子は素通りするが，一部のα粒子が入射方向から大きく曲げられる現象を観測した。この結果から，ラザフォードは，原子の中心には原子の質量の大部分と正電荷をもった極めて小さな原子核があり，そのまわりを電子が運動していると考えた。金の原子核との間にはたらくクーロンの法則に従う電気力によって，α粒子がどのように散乱されるのかを考えてみよう。

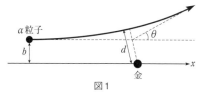

図1

α粒子は $^4_2$He 原子核である。α粒子は電子に比べて極めて大きな質量をもち，電子との衝突ではα粒子の向きはほとんど変わらない。一方，金の原子核はα粒子の50倍近い質量があり，金の原子核はほとんど動かない。そこで図1のように，金の原子核は x 軸上に静止し，α粒子は十分遠方では x 軸に平行に x 軸からの距離 b で入射すると考える。金の原子核との間に電気力による斥力がはたらかない場合はα粒子は直進するが，斥力があるため距離 b で入射した場合に最も近づける距離 d は b よりも大きくなり，入射方向に対して散乱角 θ で散乱される。

電気素量を e，金の原子番号を Z とし，クーロンの法則の比例定数を k とすると，金の原子核の中心から距離 r 離れた点にα粒子がある場合，α粒子は原子核の電気力による斥力を受ける。電気力による位置エネルギー U を，k, Z, e, r を用いて表すと，$U =$ ［ア］ となる。ただし，無限遠を位置エネルギーの基準とする。x 軸からの距離 b を様々に変えた場合に，$b = 0$ のときα粒子が最も金の原子核に近づく。このときの距離を $d = d_{min}$ とすると，力学的エネルギー保存則より，k, Z, e, およびはじめの運動エネルギー K を用いて，$d_{min} =$ ［イ］ と表すことができる。この結果，ラザフォードのモデルにより実験で観測されるような大きな散乱角をもつα粒子を再現できることがわかった。

α粒子の運動エネルギー K を $K = 1.34 \times 10^{-12}$ J として，金の原子番号 $Z = 79$，電気素量 $e = 1.6 \times 10^{-19}$ C，クーロンの法則の比例定数 $k = 9.0 \times 10^9$ N·m²·C^{-2} を用いて計算すると，α粒子が金の原子核に最も近づく距離は，$d_{min} =$ ［ウ］ m となる。金の原子核の大きさはこの $d_{min} =$ ［ウ］ m よりも小さいはずである。したがって，原子の大きさ 10^{-10} m に比べて，原子核の大きさがかなり小さいことがわかり，照射したほとんどのα粒子が素通りすることも理解できる。

一方，1903年にトムソンは原子全体に一様な正電荷が広がり，その中に負の電荷をもつ電子が分布している原子モデルを提案していた。図2のように，電気量 Ze が一様に帯

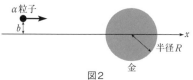

図2

電した半径Rの球に，中心からb（$b \leqq R$）離れてα粒子が速さvで入射する場合を考えよう。ここで，α粒子が原子に入射する際には電子を無視して考える。

原子を通過するα粒子にはたらく斥力の大きさFは，半径b内の電荷Qのみを考え，$F \fallingdotseq k\dfrac{2eQ}{b^2}$と粗く見積もることができる。ここで，$Q = \boxed{\text{エ}}$なので，$k$，$Z$，$e$，$b$，$R$を用いて表すと$F \fallingdotseq \boxed{\text{オ}}$となる。

α粒子が球を横切る時間を大雑把に$\Delta t \fallingdotseq \dfrac{R}{v}$とし，入射方向に対して垂直な向きの速度の変化量の大きさをΔvとすると，入射方向に対して垂直な向きの運動量の変化量の大きさは，$m\Delta v \fallingdotseq F\Delta t$と見積もることができる。$\alpha$粒子のはじめの運動エネルギー$K$，$k$，$Z$，$e$，$b$，$R$を用いて$\dfrac{\Delta v}{v}$を表すと，$\dfrac{\Delta v}{v} \fallingdotseq \boxed{\text{カ}}$となる。$\dfrac{\Delta v}{v}$は$b = R$の場合に最も大きくなるため，$b = R$として$\dfrac{\Delta v}{v}$を大きめに見積もることとし，$K = 1.34 \times 10^{-12}\,\text{J}$，$R = 1.0 \times 10^{-10}\,\text{m}$，$Z = 79$，$e = 1.6 \times 10^{-19}\,\text{C}$，$k = 9.0 \times 10^9\,\text{N} \cdot \text{m}^2 \cdot \text{C}^{-2}$を用いて計算すると$\dfrac{\Delta v}{v} \fallingdotseq \boxed{\text{キ}}$となる。散乱される角度を$\theta$とすると，$\dfrac{\Delta v}{v} \ll 1$の場合には$\tan\theta \fallingdotseq \dfrac{\Delta v}{v}$と近似できる。さらに，$\tan\theta \ll 1$の場合には$\theta \fallingdotseq \tan\theta$と近似できるため，散乱角を有効数字1桁で求めると，$\theta \fallingdotseq \boxed{\text{ク}}\,°$となる。実験で観測されるような大きな散乱角を説明できないことがわかる。

〔芝浦工大〕

224 核反応と保存則②

原子炉中の一連の核反応A，Bについて考える。

核反応A　$^6\text{Li} + {}^1\text{n} \longrightarrow {}^7\text{Li} \longrightarrow {}^4\text{He} + {}^3\text{H}$

核反応B　$^3\text{H} + {}^2\text{H} \longrightarrow {}^4\text{He} + {}^1\text{n}$

ただし，結合エネルギーを，$^2\text{H}：2.2\,\text{MeV}$，$^3\text{H}：8.5\,\text{MeV}$，$^4\text{He}：28.3\,\text{MeV}$，$^6\text{Li}：32.0\,\text{MeV}$とする。解答はMeVの単位で小数点以下第一位まで求めよ。

問1　核反応Aにより生じるエネルギーの値を求めよ。ただし，^6Liと^1nは静止しているとみなすことができるとする。

問2　核反応Aで生じたエネルギーがすべて生成された原子核の運動エネルギーとなった場合，^3Hの運動エネルギーの値を求めよ。原子核の質量は，$^1\text{n}：1.0\,\text{u}$，$^3\text{H}：3.0\,\text{u}$，$^4\text{He}：4.0\,\text{u}$を用いよ。

問3　続く核反応Bにおいて，問2で求めた運動エネルギーをもった^3Hが静止した^2Hと衝突・核反応した結果生じる運動エネルギーの和を求めよ。ただし，核反応で生じたエネルギーはすべて生成された^4Heと^1nの運動エネルギーになるものとする。

問4　問3において，^3Hの進行方向と直角に^1nが発射されたときの^1nの運動エネルギーの値を求めよ。原子核の質量は，$^1\text{n}：1.0\,\text{u}$，$^3\text{H}：3.0\,\text{u}$，$^4\text{He}：4.0\,\text{u}$を用いよ。

〔名古屋市大〕

[著者紹介]

三幣　剛史
（さんぺい　つよし）

駿台予備学校物理科講師。京都大学工学部卒。
授業では基礎から東大・京大レベルまで幅広い
クラスを担当し，多くの教材や模試の作成にも
携わっている。
大学での専門分野は流体力学，カオス理論。
趣味は書道。

□ 編集協力　㈱ファイン・プランニング　奥川幸二
□ 図版作成　㈲デザインスタジオエキス.

シグマベスト
**三幣剛史の
ベストセレクト物理
大学入試標準問題集**

著　者　三幣剛史
発行者　益井英郎
印刷所　中村印刷株式会社
発行所　株式会社文英堂
　　　　〒601-8121　京都市南区上鳥羽大物町28
　　　　〒162-0832　東京都新宿区岩戸町17
　　　　（代表)03-3269-4231